21世纪全国本科院校土木建筑类创新型应用人才培养规划教材

房屋建筑学（下：工业建筑）

主　编　钱　坤　吴　歌

副主编　包　新　杨元新

主　审　姜　平

北京大学出版社
PEKING UNIVERSITY PRESS

内容简介

本套书共分为《房屋建筑学》（上：民用建筑）、《房屋建筑学》（下：工业建筑）两册。《房屋建筑学》（上：民用建筑）着重阐述民用建筑设计与建筑构造的基本原理和应用知识，内容包括：概论、建筑平面设计、建筑剖面设计、建筑体型和立面设计、民用建筑构造概论、基础和地下室、墙体、楼地层构造、楼梯及其他垂直交通设施、屋顶、门窗、变形缝、民用建筑工业化等。《房屋建筑学》（下：工业建筑）着重阐述工业建筑设计与建筑构造的基本原理和应用知识，工业构造部分讲述了装配式钢筋混凝土结构厂房及钢结构厂房两种构造组成。内容包括：概论、单层厂房平面设计、单层厂房剖面设计、单层厂房立面及室内设计、单层厂房定位轴线的标定、单层厂房生活间设计、单层厂房围护墙及门窗构造、单层厂房屋面构造、单层厂房天窗构造、钢结构厂房构造、单层厂房地面及其他构造、多层厂房建筑设计、特殊工业厂房设计等。

本书可作为土木工程专业及工程管理专业的教学用书，也可作为电气、给排水、暖通等专业的教学参考书，还可作为从事建筑设计与建筑施工的技术人员的参考书。

图书在版编目(CIP)数据

房屋建筑学(下：工业建筑)/钱坤，吴歌主编. —北京：北京大学出版社，2009.8
(21世纪全国本科院校土木建筑类创新型应用人才培养规划教材)
ISBN 978-7-301-15646-9

Ⅰ.房… Ⅱ.①钱… ②吴… Ⅲ.①房屋建筑学—高等学校—教材②工业建筑—高等学校—教材
Ⅳ.TU22 TU27

中国版本图书馆CIP数据核字(2009)第137413号

书　　名：房屋建筑学(下：工业建筑)
著作责任者：钱　坤　吴　歌　主编
责任编辑：吴　迪
标准书号：ISBN 978-7-301-15646-9/TU·0098
出　版　者：北京大学出版社
地　　址：北京市海淀区成府路205号　100871
网　　址：http://www.pup.cn　http://www.pup6.cn
电　　话：邮购部62752015　发行部62750672　编辑部62750667　出版部62754962
电子邮箱：pup_6@163.com
印　刷　者：北京宏伟双华印刷有限公司
发　行　者：北京大学出版社
经　销　者：新华书店
787毫米×1092毫米　16开本　16.25印张　375千字
2009年8月第1版　2012年5月第4次印刷
定　　价：26.00元

前　言

房屋建筑学是土木工程专业、工程管理专业的必修课程之一，它是一门研究建筑空间组合与建筑构造理论和方法的专业课，该课程具有内容丰富、信息量大、综合性强、与实际工程联系紧密等特点。房屋建筑学课程的设置，其主要目的是培养学生具有从事中小型建筑方案设计和建筑施工图设计的初步能力，并为后续课程奠定必要的专业基础知识。本书继承了以往房屋建筑学教材的理论精华，紧密结合国家标准图集、新规范、新标准，引用的节点构造均为我国现行节能建筑构造。本书结构合理、层次清晰，每章均有教学目标与要求、本章小结、本章相关的背景知识及本章习题，既方便教师教学，也方便学生学习，充分体现教材的指导性。本书可作为土木工程专业及工程管理专业的教学用书，也可作为电气、给排水、暖通等专业的教学参考书，还可作为从事建筑设计与建筑施工的技术人员的参考书。

《房屋建筑学》（下：工业建筑）各章的执笔人如下：

第 1 章　王福阳　杨元新

第 2 章　包　新　王若竹

第 3 章　包　新　吴　歌

第 4 章　包　新　金玉杰

第 5 章　钱　坤　杨元新

第 6 章　钱　坤　金玉杰

第 7 章　钱　坤　杨元新

第 8 章　吴　歌　钱　坤

第 9 章　吴　歌　张风锐

第 10 章　王若竹　钱　坤

第 11 章　吴　歌　包　新

第 12 章　王若竹　许君臣

第 13 章　吴　歌　包　新

各执笔人单位：

钱坤、吴歌、包新、王若竹、金玉杰、王福阳、许君臣　　吉林建筑工程学院

杨元新　　吉林省林业勘察设计研究院

本书主审为吉林建筑工程学院姜平。

本书在编写过程中，得到邹建奇、尹新生教授的大力支持，在此表示衷心的感谢。

本书在编写过程中，参考并引用一些公开出版和发表的文献和著作，谨向其作者表示诚挚的谢意。

由于编者水平有限，缺点和不足之处在所难免，敬请读者批评指正。

编　者

2009 年 6 月

目录

第1章 概论

【教学目标与要求】

- 熟悉工业建筑设计特点
- 掌握工业建筑的分类
- 了解工业建筑的设计任务及要求
- 了解厂房内常用的起重运输设备
- 熟悉单层厂房的结构组成
- 掌握装配式钢筋混凝土单层厂房的构件组成

1.1 工业建筑的特点、分类

工业建筑是指从事各类工业生产及直接为生产服务的房屋，直接从事生产的房屋包括主要生产房屋、辅助生产房屋，这些房屋常被称为“厂房”或“车间”。“车间”原是企业中直接进行生产工作的生产单位，可由若干生产工段或生产小组构成；“车间”也指厂房。而为生产服务的储藏、运输、水塔等房屋设施不是厂房，但也属工业建筑。这些厂房和所需要的辅助建筑及设施有机地组织在一起就构成了一个完整的工厂。

1.1.1 工业建筑的特点

工业建筑与民用建筑一样，除了要满足适用、安全、经济、美观需求以外，在设计原则、建筑用料和建筑技术等方面，两者也有许多共同之处。但由于生产工艺复杂多样，在设计配合、使用要求、室内采光、屋面排水及建筑构造等方面，工业建筑又具有如下特点：

(1) 厂房的建筑设计是在工艺设计人员提出的工艺设计图的基础上进行的，建筑设计在适应生产工艺要求的前提下，应为工人创造良好的生产环境并使厂房满足适用、安全、经济和美观的要求。

(2) 由于厂房中的生产设备多、质量大，各部生产联系密切，并有多种起重运输设备通行，致使厂房内部具有较大的敞通空间。例如，有桥式吊车的厂房，室内净高一般均在8 m以上；有6 000 t以上水压机的锻压车间，室内净空可超过20 m，厂房长度一般均在数十米以上；有些大型轧钢厂，其长度可多达数百米甚至超过千米。

(3) 当厂房宽度较大时，特别是多跨厂房，为满足室内采光、通风的需要，屋盖上往往设有天窗，为了屋面防水、排水的需要，还应设置屋面排水系统(天沟及雨水管)。这些设施均使屋盖构造复杂。由于设有天窗，室内大都无天棚，屋盖承重结构袒露于室内。

(4) 在单层厂房中，由于其跨度大，屋盖及吊车荷载较重，多采用钢筋混凝土排架结构承重；在多层厂房中，由于楼面荷载较大，广泛采用钢筋混凝土骨架承重。对于特别高大的厂房，或有重型吊车的厂房，或高温厂房，或地震烈度较高地区的厂房，宜采用钢骨架承重。

1.1.2 工业建筑的分类

工业生产的类别繁多，生产工艺不同，分类亦随之而异，在建筑设计中常按厂房的用途、内部生产状况及层数进行分类。

1. 按厂房的用途分类

(1) 主要生产厂房：指进行产品加工的主要工序的厂房。例如，机械制造厂中的铸工车间、机械加工车间及装配车间等。这类厂房的建筑面积较大，职工人数较多，在全厂生产中占重要地位，是工厂的主要厂房。

(2) 辅助生产厂房：指为主要生产厂房服务的厂房。例如，机械制造厂中的机修车间、工具车间等。

(3) 动力类厂房：指为全厂提供能源和动力的厂房。例如，发电站、锅炉房、变电站、煤气发生站、压缩空气站等。动力设备的正常运行对全厂生产特别重要，故这类厂房必须具有足够的坚固耐久性，妥善的安全措施和良好的使用质量。

(4) 储藏类建筑：指用于储存各种原材料、成品或半成品的仓库。由于所储物质的不同，在防火、防潮、防爆、防腐蚀、防变质等方面将有不同要求。设计时应根据不同要求按有关规范、标准采取妥善措施。

(5) 运输类建筑：指用于停放各种交通运输设备的房屋。例如，汽车库、电瓶车库等。

2. 按车间内部生产状况分类

(1) 热加工车间：指在生产过程中散发出大量热量、烟尘等有害物的车间。如炼钢、轧钢、铸工、锻压车间等。

(2) 冷加工车间：指在正常温度、湿度条件下进行生产的车间。如机械加工车间、装配车间等。

(3) 有侵蚀性介质作用的车间：指在生产过程中会受到酸、碱、盐等侵蚀性介质的作用，对厂房耐久性有影响的车间。这类车间在建筑材料选择及构造处理上应有可靠的防腐蚀措施。例如，化工厂和化肥厂中的某些生产车间，冶金工厂中的酸洗车间等。

(4) 恒温恒湿车间：指在温度、湿度波动很小的范围内进行生产的车间。这类车间室内除装有空调设备外，厂房也要采取相应的措施，以减少室外气象对室内温、湿度的影响。例如，纺织车间、精密仪表车间等。

(5) 洁净车间：指产品的生产对室内空气的洁净程度要求很高的车间。这类车间除对室内空气进行净化处理，将空气中的含尘量控制在允许的范围内以外，厂房围护结构应保证严密，防止大气灰尘的侵入，以保证产品质量。例如，集成电路车间、精密仪表的微型零件加工车间等。

车间内部生产状况是确定厂房平、剖、立面及围护结构形式和构造的主要因素之一，设计时应予充分注意。

3. 按厂房层数分类

1) 单层厂房

单层厂房(如图 1.1 所示)，广泛地应用于各种工业企业，约占工业建筑总量的 75%。它对具有大型生产设备、振动设备、地沟、地坑或重型起重运输设备的生产有较大的适应性，例如，冶金、机械制造等工业部门。单层厂房便于沿地面水平方向组织生产工艺流程、布置生产设备，生产设备和重型加工件荷载直接传给地基。也便于工艺改革。

(a) 单跨厂房

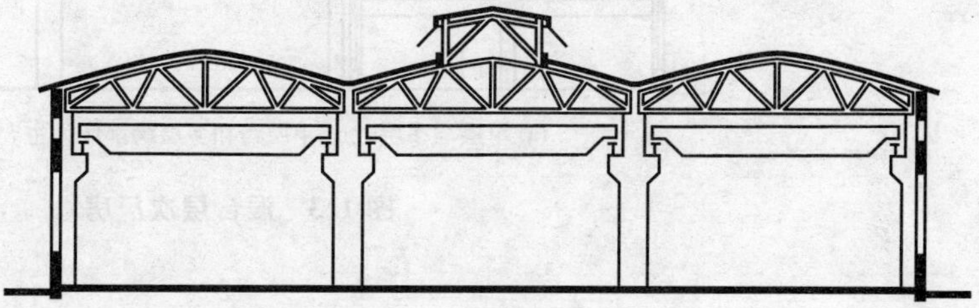

(b) 多跨厂房

图 1.1 单层厂房

单层厂房按跨数的多少有单跨与多跨之分。多跨大面积厂房在实践中采用的较多，其面积可达数万平方米，单跨用得较少。但有的生产车间，例如，飞机装配车间和飞机库常采用很大(36～100 m)的单跨厂房。

单层厂房占地面积大，围护结构面积也大(特别是屋顶的面积)，各种工程技术管道较长，维护管理费高。厂房偏长，立面处理单调。

2) 多层厂房

多层厂房(如图 1.2 所示)，对于垂直方向组织生产及工艺流程的生产企业(如面粉厂)和设备及产品较轻的企业具有较大的适应性，多用于轻工、食品、电子、仪表等工业部门。因它占地面积小，更适用于在用地紧张的城市建厂及老厂改建。在城市中修建多层厂房，还易于适应城市规划和建筑布局的要求。

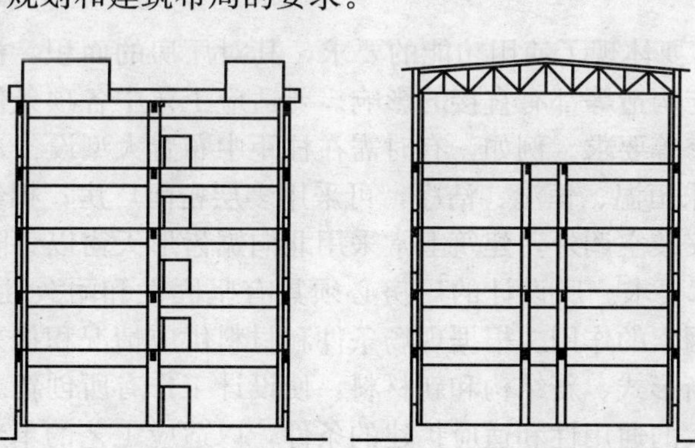

图 1.2 多层厂房

3) 混合层次厂房

混合层次厂房(如图 1.3 所示)，是既有单层跨又有多层跨的厂房，单层跨和多层跨都作为主要使用厂房。

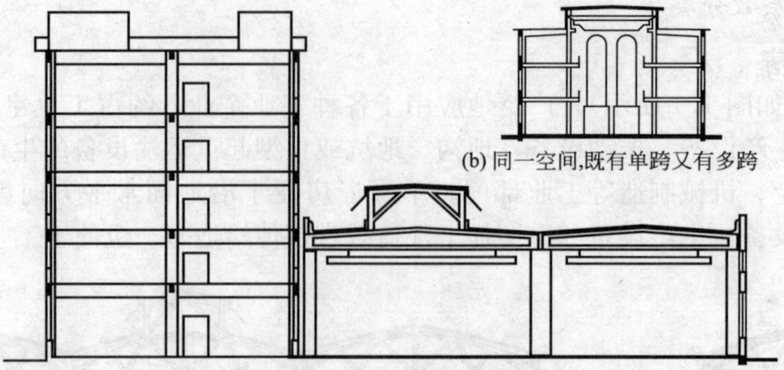
(b) 同一空间,既有单跨又有多跨

(a) 单层与多层毗连,单层跨和多层跨都作为主要使用厂房

图 1.3　混合层次厂房

1.2 工业建筑设计任务及设计要求

1.2.1　工业建筑设计任务

工业建筑设计应在分析建设单位提供的任务书的基础上，按工艺专业人员提出的生产工艺要求，确定厂房的平面形状和组合方式、柱网尺寸、剖面形式、层高和层数、建筑体型，确定合理的结构方案和围护结构类型，完成细部设计，协调建筑与结构和设备各专业之间的关系，最终完成全部施工图。

1.2.2　工业建筑设计要求

(1) 生产工艺的需要体现了使用功能的要求，其对厂房的面积、柱距、高度、平剖形式、细部尺寸、结构与构造等都有直接的影响。要适应工艺中各项条件，要满足设备的安装、操作、运转、检修等要求。例如，有时需在柱距中布置大型设备，可采用大柱距 12～24 m；精密仪器厂要求恒温、恒湿、洁净，可采用多层密闭厂房；棉纺厂为避免断纱，要求室内温度稳定，除安装空调外，建筑上常采用北向锯齿形天窗以免阳光直射。

(2) 满足有关技术要求。所设计的厂房必须具有坚固性和耐久性，使其能经受外力、化学侵蚀等各种不利因素的作用。根据现场条件和材料供应情况积极采用先进技术，努力创造适合我国国情的新形式、新结构和新材料，使设计工作有所创新。

应使厂房具有较大的通用性和适应扩建的条件，以适应工艺的革新、改造和扩大生产规模的需要。应遵守《建筑模数协调统一标准》(GBJ 2—1986)与《厂房建筑模数协调标准》(GBJ 6—1986)的规定，合理选择建筑参数(柱距、跨度、高度)，以便采用标准及通用构件，有利于建筑设计标准化、构配件生产工厂化、施工机械化和管理科学化，从而提高厂房建筑工业化的水平。

(3) 要有良好的综合效益。工业建筑设计中要注意提高建筑的经济、社会和环境的综合效益，三者之间不可偏废，不能片面强调其中一个或两个而忽视其他。在经济效益方面，既要注意节约建筑用地和建筑造价，降低材料消耗和能源消耗，缩短施工周期，又要有利于降低日常维修、管理费用，防止盲目、重复建设，或可能出现投资效果差的现象。在社会效益方面，应使工业建筑投产以后，在它所影响范围内的社会生活素质发生有利变化，例如，人口素质、国民收入、文化福利、社会安全等方面。在环境效益方面，应使工业建筑投产以后，在它所影响范围内的环境质量符合国家有关部门规定的质量标准，要综合治理废水、废气、控制生产的噪声，注意保持生态平衡。

(4) 满足卫生等方面要求。对生产中所产生的有害因素，应采取必要的措施保证工人的健康。因此要求厂房应有良好的采光和通风条件以及正常的工作环境，并注意室内装修和色彩的处理以利于减轻工人的疲劳，从而提高产品质量与生产效率。例如，高温车间应采取合理的厂房剖面形式，使通风顺畅以利排除热量及有害气体；噪声较大的生产车间，应从工艺设备及建筑方面采取消声、减声及隔声措施。

(5) 与总平面及环境协调，注意美观。根据生产工艺流程，人物流组织、气候、防火、卫生等要求，确定厂房的位置及平面尺寸。在此基础上注意厂房的立面造型的处理，把建筑美与环境美结合起来，创造出良好的室内外工作环境。

1.3 厂房内部的起重运输设备

为在生产中运送原材料、成品或半成品，以及安装、检修生产设备，厂房内就应设置必要的起重运输设备。其中各种形式的吊车与土建设计关系密切，需要充分了解。常见的有单轨悬挂式吊车、梁式吊车和桥式吊车等。

1. 单轨悬挂式吊车

单轨悬挂式吊车(如图 1.4 所示)按操纵方法的不同有手动及电动两种。吊车由运行部分和起升部分组成，安装在工字形钢轨上，钢轨悬挂在屋架(或屋面大梁)的下弦上，它可以布置成直线或曲线形(转弯或越跨时用)。为此，厂房屋顶应具有较大的刚度，以适应吊车荷载的作用。

单轨悬挂式吊车适用于小型起重量的车间，一般起重量为 5 kN～50 kN。

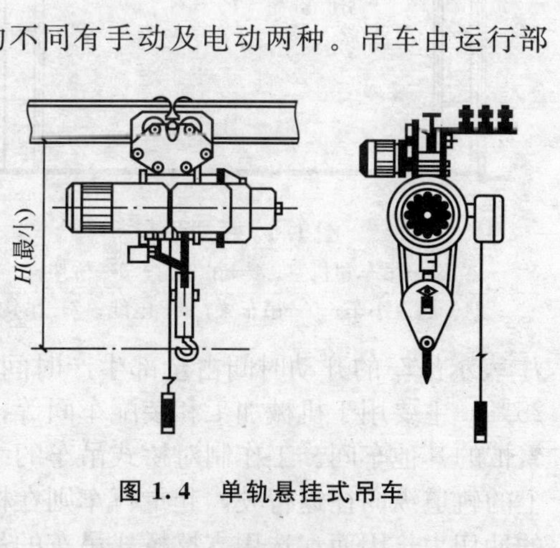

图 1.4 单轨悬挂式吊车

2. 梁式吊车

梁式吊车(如图 1.5 所示)也分手动及电动的两种，手动的多用于工作不甚繁忙的场合或检修设备之用。一般厂房多用电动梁式吊车，可在吊车上的司机室内操纵，也有的可在地面操纵。梁式吊车由起重行车和支撑行车的横梁组成，横梁断面为“工”字形，可作为起重行车的轨道，横梁两端有行走轮，以便在吊车轨道上运行。吊车轨道可悬挂在屋架下弦上

(如图 1.5(a)所示)或被支撑在吊车梁上，后者通过牛腿等支撑在柱子上(如图 1.5(b)所示)。梁式吊车适用于小型起重量的车间，起重量一般为 10 kN～50 kN。确定厂房高度时，应考虑该吊车净空高度的影响，结构设计时应考虑吊车荷载的影响。

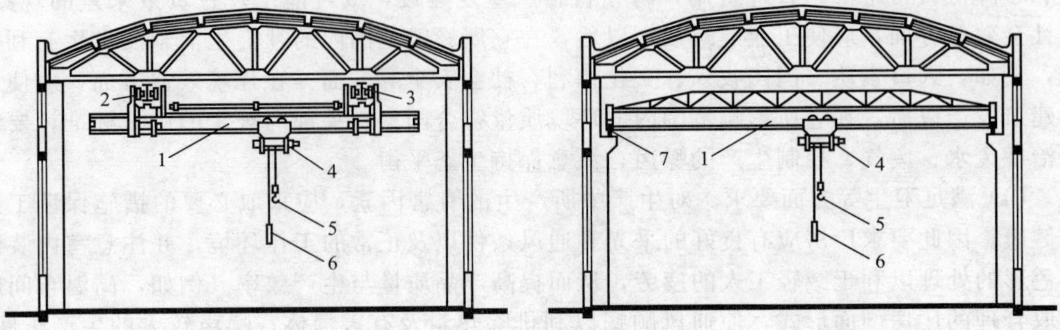

(a) 悬挂梁式吊车　　(b) 支承在梁上的梁式吊车

图 1.5　梁式吊车

1—钢梁；2—运行装置；3—轨道；4—提升装置；5—吊钩；6—操纵开关；7—吊车梁

3. 桥式吊车

桥式吊车(如图 1.6 所示)由起重行车及桥架组成，桥架上铺有起重行车运行的轨道(沿厂房横向运行)，桥架两端借助车轮可在吊车轨道上运行(沿厂房纵向)，吊车轨道铺设在柱子支撑的吊车梁上。桥式吊车的司机室一般设在吊车端部，有的也可设在中部或做成可移动的。

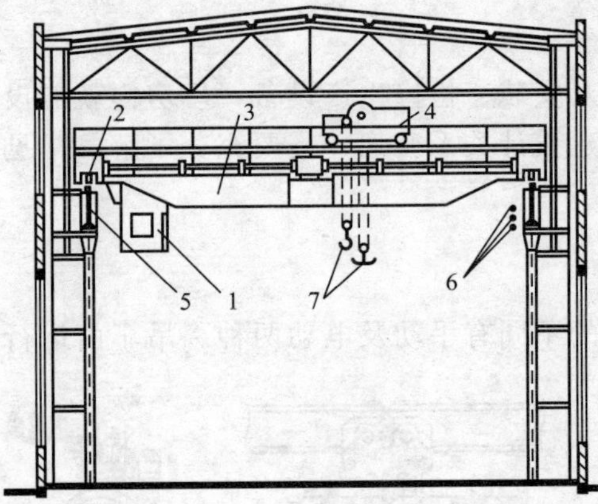

图 1.6　桥式吊车

1—吊车司机室；2—吊车轮；3—桥架；
4—起重小车；5—吊车梁；6—电线；7—吊钩

桥式吊车的起重量为 50 kN 至上千 kN。适用于 12～36 m 跨度的厂房。桥式吊车的吊钩有单钩、主副钩(即大小钩，表示方法是分数线上为主钩的起重量，分数线下为副钩的起重量，例如，50/20、100/25)和软钩、硬钩之分。软钩为钢丝绳挂钩，硬钩为铁臂支撑的钳、槽等。

桥式吊车按工作的重要性及繁忙程度分为轻级、中级、重级工作制，用 J_c 来表示。J_c 表示吊车的开动时间占全部生产时间的比率。轻级工作制 $J_c=15\%$；中级工作制 $J_c=25\%$，主要用于机械加工和装配车间等；重级工作制 $J_c=40\%$，主要用于冶金车间和工作繁忙的其他车间。工作制对桥式吊车的结构强度影响较大。桥式吊车的支撑轮子沿吊车梁上的轨道纵向往返行驶，起重行车则在桥架上往返行驶。它们在起动和制动时会产生较大的冲切力。因而在选用支撑桥式吊车的吊车梁时必须注意这些影响。

当同一跨度内需要的吊车数量较多，且吊车起动重量相差悬殊时，可沿高度方向设置双层吊车，以减少吊车运行中的相互干扰。设有桥式吊车时，应注意厂房跨度之间和吊车跨度之间的关系，使厂房的宽度和高度满足吊车运行的需要，并应在柱间适当位置设置通向吊车司机室的钢梯及平台。当吊车为重级工作制或其他需要时，还应沿吊车梁侧设置安全走道板，以保证检修和人员行走的安全。

桥式吊车在工业建筑中应用很广，但由于所需净空高度大，本身又很重，故对厂房结构是不利的。因此，有的研究单位建议采用落地龙门吊车代替桥式吊车，这种吊车的荷载可直接传到地基上，因而大大减轻了承重结构的负担，便于扩大柱距以适应工艺流程的改革。但龙门吊车行驶速度缓慢，且多占厂房使用面积，所以目前还不能有效地替代桥式吊车。

除上述几种吊车形式外，厂房内部根据生产特点的不同，还有各式各样的运输设备，例如，火车、汽车，拖拉机制造厂装配车间的吊链，冶金工厂轧钢车间采用的辊道，铸工车间所用的传送带，此外还有气垫等较新的运输工具，这些就不一一详述了。

1.4 单层厂房的结构组成

1.4.1 单层厂房的结构体系

单层厂房的结构体系，按承重方式的不同，有墙体承重体系、骨架承重体系、空间结构体系。

1. 墙体承重体系

承重砌体墙(如图 1.7 所示)是由墙体承受屋顶及吊车起重荷载，在地震区还要承受地震荷载。其形式可做成带壁柱的承重墙，墙下设条形基础，并在适当位置设置圈梁。

承重砌体墙经济实用，但整体性差，抗震能力弱，这使它的使用范围受到很大的限制。根据《建筑抗震设计规范》(GB 50011—2001)的规定，只适用于以下场合：

(1) 单跨和等高多跨且无桥式吊车的车间、仓库等。

(2) 6～8 度设防时，跨度不大于 15 m 且柱顶标高不大于 6.6 m。

(3) 9 度设防时，跨度不大于 12 m 且柱顶标高不大于 4.5 m。

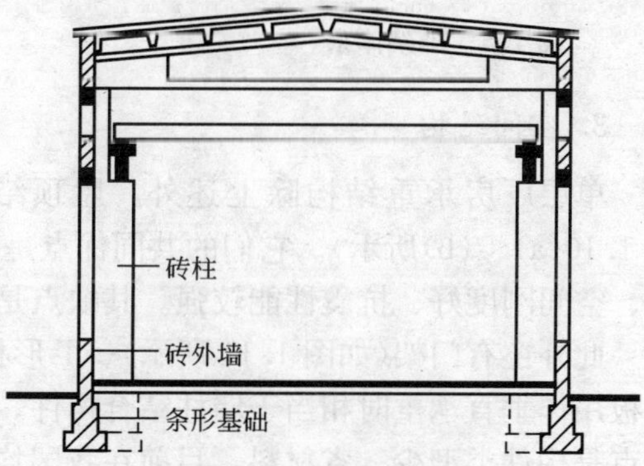

图 1.7 承重砖墙单层厂房

2. 骨架承重体系

当厂房的跨度、高度、吊车荷载较大及地震烈度较高时，广泛采用骨架承重结构。骨架结构由柱基础、柱子、梁、屋架等组成，以承受各种荷载，这时，墙体在厂房中只起围护或分隔作用。厂房常用骨架结构主要有排架结构及刚架结构。

1) 排架结构

排架结构是单层工业厂房中广泛采用的一种形式。它的基本特点是柱子、基础、屋架

(屋面梁)均是独立构件。在连接方式上，屋架(屋面梁)与柱子的连接一般为铰接，柱子与基础的连接一般为刚接(如图 1.8 所示)。排架和排架之间，通过吊车梁、联系梁(墙梁或圈梁)、屋面板等构成支撑系统，其作用是保证排架的横向稳定性。

2) 刚架结构

刚架是横梁和柱子以整体连接方式构成的一种门形结构。由于梁和柱子是刚性节点，在竖向荷载作用下柱子对梁有约束作用，因而能减少梁的跨中弯矩；同样，在水平荷载作用下，梁对柱子也有约束作用，能减少柱内的弯矩。刚架结构比屋架和柱组成的排架结构轻巧，可以节省钢材和水泥。由于大多数刚架的横梁是向上倾斜的，不但受力合理，且结构下部的空间增大，对某些要求高大空间的建筑特别有利。同时，倾斜的横梁使建筑的屋顶形成折线形，建筑外轮廓富于变化。

由于刚架结构受力合理，轻巧美观，能跨越较大的跨度，制作又很方便，因而应用非常广泛。一般用于体育馆、礼堂、食堂、菜场等大空间的民用建筑及工业建筑。但其刚架的刚度较差，当吊车起重量超过 10 kN 时不宜采用。

刚架按结构组成和构造方式的不同，分为无铰刚架、两铰刚架，三铰刚架，如图 1.9 所示。

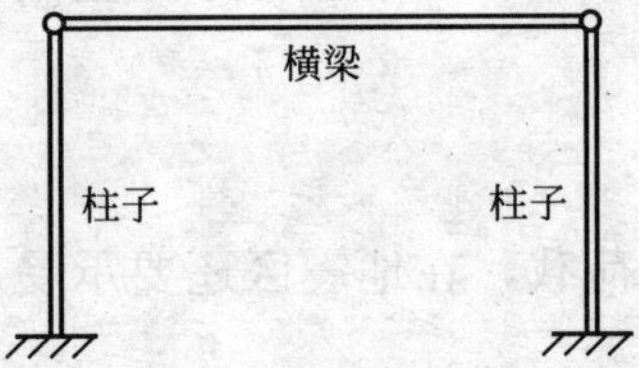

图 1.8　排架体系

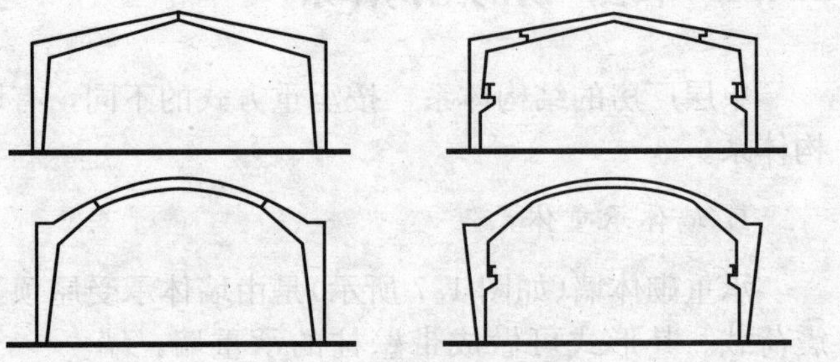

图 1.9　刚架结构

3. 空间结构

单层厂房承重结构除上述外，屋顶结构还可用折板、壳体及网架等空间结构(如图 1.10(a)、(b)所示)。它们的共同优点是传力受力合理、能较充分地发挥材料的力学性能、空间刚度好、抗震性能较强。其缺点是施工复杂、现场作业量大、工期长。

此外还有门架(如图 1.11 所示)、T 形板等结构。门架相当于柱子与梁结合的构件。T 形板用作垂直承重时相当于墙柱结合构件，用作屋顶时相当于梁板结合构件。它们的共同特点是构件类型少、省材料，目前在我国均被较小型的厂房所采用。

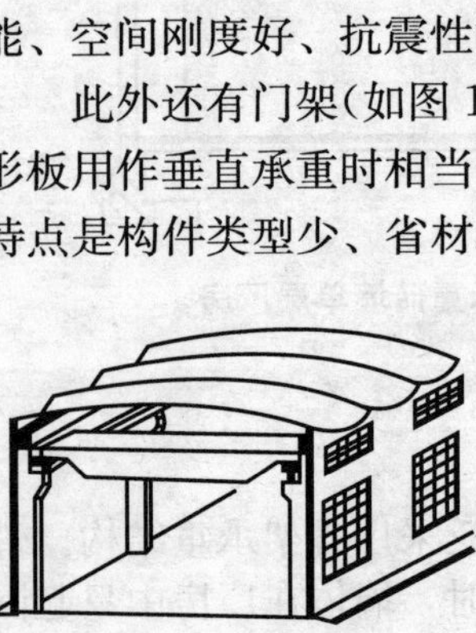

(a) 双曲壳结构

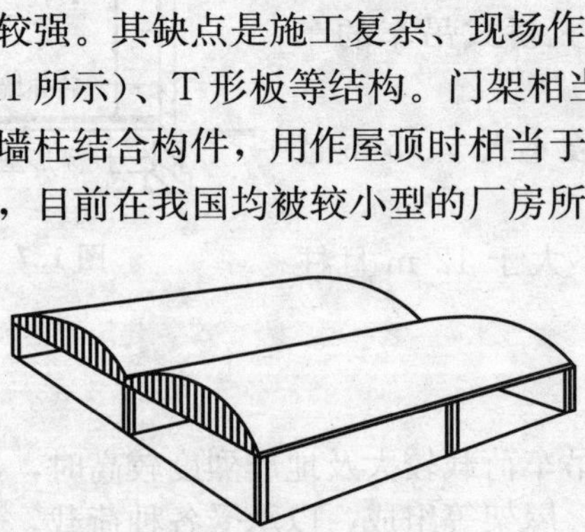

(b) 筒壳结构

图 1.10　空间结构

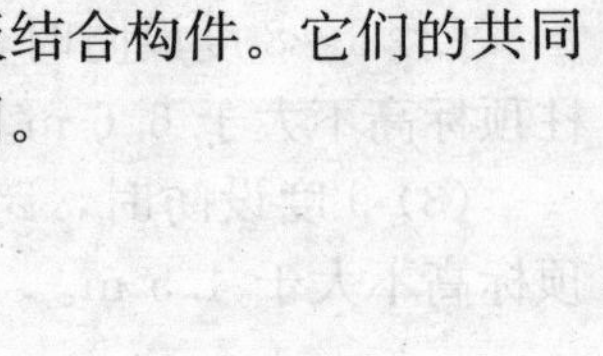

图 1.11　门架结构

1.4.2 装配式钢筋混凝土排架结构组成

装配式钢筋混凝土排架结构坚固耐久，可预制装配。与钢结构相比，这种结构可节约钢材、造价较低，故在国内外的单层厂房中被广泛应用。装配式钢筋混凝土结构自重大，抗震性能不如钢结构。图 1.12 所示为装配式钢筋混凝土排架组成的单层厂房，由图 1.12 可知，装配式钢筋混凝土单层厂房主要由承重构件和围护构件两部分组成。

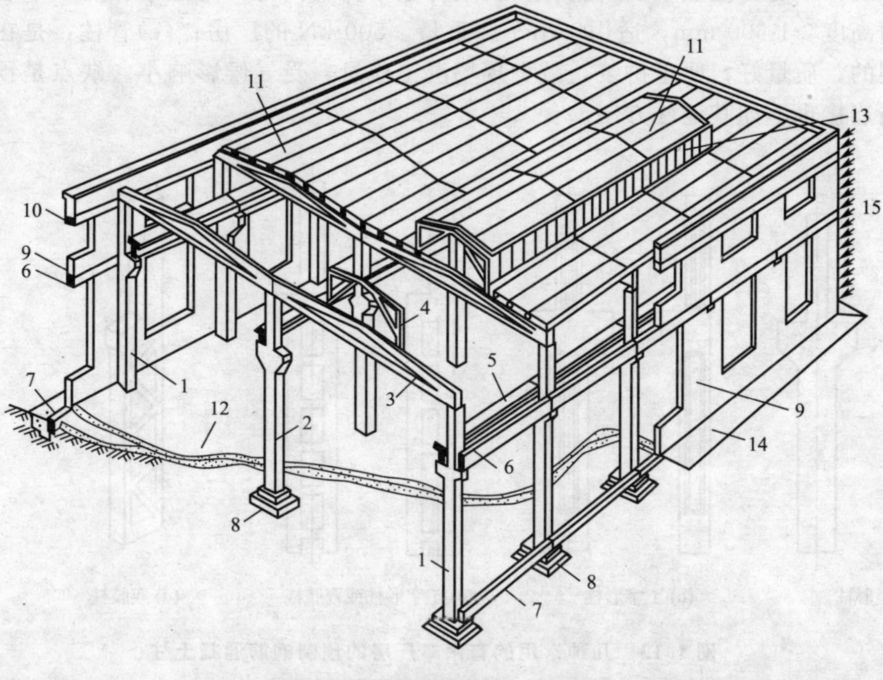

图 1.12 单层厂房装配式钢筋混凝排架及主要构件

1—边列柱；2—中列柱；3—屋面大梁；4—天窗架；5—吊车梁；6—联系梁；7—基础梁；8—基础；9—外墙；10—圈梁；11—屋面板；12—地面；13—天窗扇；14—散水；15—风力

1. 承重构件

厂房承重结构由横向骨架和纵向连系构件组成。横向骨架包括屋面大梁(或屋架)、柱子、柱基础。它们承受屋顶、天窗、外墙及吊车荷载。纵向连系构件包括大型屋面板(或檩条)、联系梁、吊车梁等。它们能保证横向骨架的稳定性，并将作用在山墙上的风力和吊车纵向制动力传给柱子。此外，为了保证厂房的整体性和稳定性，往往还要在屋架之间和柱间设置支撑系统。组成骨架的柱子、柱基础、屋架、吊车梁等厂房的主要承重构件，关系到整个厂房的坚固耐久性及安全性，必须予以足够的重视。

(1) 柱：它是厂房结构的主要承重构件，承受屋架、吊车梁、支撑、联系梁和外墙传来的荷载，并把它传给基础。单层厂房的山墙面积大，所受风荷载也大，故在山墙中部设抗风柱，使墙面受到的风荷载，一部分由抗风柱上端通过屋顶系统传到厂房纵向骨架上去，一部分由抗风柱直接传至基础。柱常用形式如图 1.13 所示，各形式的优缺点如下所述：

(a)矩形柱：外形简单，制作方便，两个方向受力性能较好。缺点是：混凝土不能充分发挥作用，混凝土用量多，自重大。适用于吊车起重量≤50 kN，轨顶标高≤7.5 m的厂房，截面高度≤700 mm，常用500 mm；(b)工字形柱：将横截面受力较小的中间部分混凝土省去，节约混凝土约30%～50%，截面高度600～1 600 mm，常用900 mm～1 200 mm，适用于吊车起重量≤300 kN，轨顶标高≤20 m的厂房；(c)如柱截面高度较大，为减轻重量和便于穿越管道，还可在腹板上开孔。当开孔的横向尺寸小于截面高度的一半、竖向尺寸小于相邻两孔之间的净距时，按工字形柱计算，否则，按双肢柱计算；(d)双肢柱：由两根承受轴向力的肢杆和连系两肢杆的腹杆组成，腹杆有水平和倾斜两种。平腹杆施工方便，上方便于安装管线，但受力性能不如斜腹杆；斜腹杆基本为轴向力，弯矩小，所以节省材料。双肢柱截面高度≥1 600 mm，适用于吊车起重量≥500 kN的厂房；(e)管柱：是在离心制管机上成型的，质量好，便于拼装，减少现场湿工作量，受气候影响小。缺点是预埋件较难做，与墙连接也不如其他柱方便。

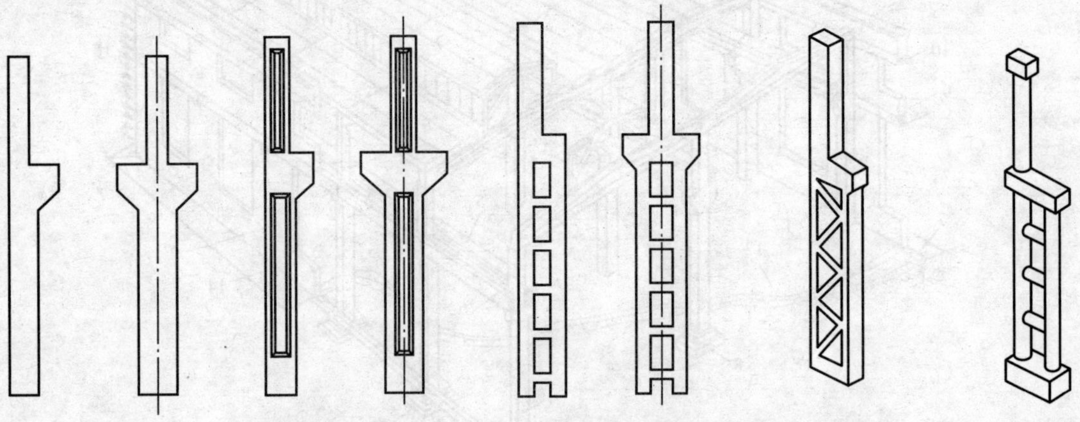

(a) 矩形柱　(b) 工字形柱　(c) 工字形柱或双肢柱　(d) 双肢柱　(e) 管柱

图 1.13　几种常用的有吊车厂房的预制钢筋混凝土柱

(2) 基础。它承受柱子和基础梁传来的全部荷载，并传至地基。

(3) 屋架。它是屋盖结构的主要承重构件，承受屋盖上的全部荷载，再由屋架传给柱子。钢筋混凝土屋架的一般形式及应用范围如表1-1所示。

表 1-1　钢筋混凝土屋架的一般形式及应用范围

序号	名称	形式	跨度/m	特点及适用条件
1	钢筋混凝土单坡屋面大梁		6 9	1. 自重大 2. 屋面刚度好 3. 屋面坡度为1/8～1/2 4. 适于振动及有腐蚀性介质厂房
2	预应力混凝土双坡屋面大梁		12 15 18	1. 自重大 2. 屋面刚度好 3. 屋面坡度为1/8～1/2 4. 适于振动及有腐蚀性介质厂房

（续）

序号	名称	形式	跨度/m	特点及适用条件
3	钢筋混凝土三铰拱屋架	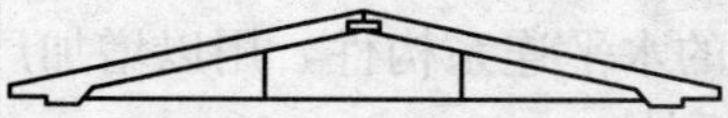	9 12 15	1. 构造简单、自重小、施工方便，外形轻巧 2. 屋面坡度：卷材屋面为1/5，自防水屋面为1/4 3. 适用于中小型厂房
4	钢筋混凝土组合屋架	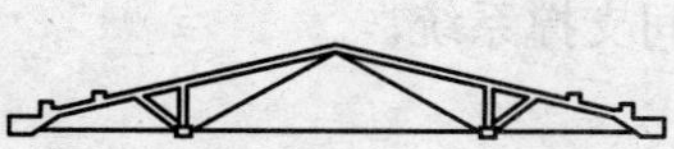	12 15 18	1. 上弦及受压腹杆为钢筋混凝土，受拉杆件为角钢，构造合理，施工方便 2. 屋面坡度为1/4 3. 适于中小型厂房
5	预应力混凝土拱形屋架		18 24 30	1. 构件外形合理，自重轻，刚度好 2. 屋架端部坡度大，为减缓坡度，端部可特殊处理 3. 适于跨度较大的各类厂房
6	预应力混凝土梯形屋架		18 21 24 27	1. 外形较合理 2. 屋面坡度为1/5～1/15 3. 适于卷材防水的大中型厂房
7	预应力混凝土梯形屋架		18 21 24 30	1. 屋面坡度小，但自重大，经济效果较差 2. 屋面坡度为1/10～1/12 3. 适于各类厂房，特别是需要经常上屋面清除积灰的冶金厂房
8	预应力混凝土折线屋架		15 18 21 24	1. 外形较合理 2. 适用于卷材防水屋面的大、中型厂房 3. 屋面坡度为1/5～1/15
9	预应力混凝土折线形屋架		18 21 24	1. 上弦为折线，大部分坡度为1/4。在屋架端部设短柱，可保证屋面有同一坡度 2. 适用于有檩体系的槽瓦等自防水屋面
10	预应力混凝土直腹杆屋架	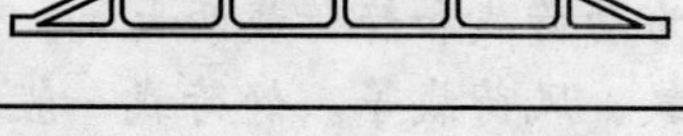	18 24 30	1. 无斜腹杆，构造简单 2. 适用于有井式天窗及横向下沉式天窗的厂房

(4) 屋面板。它铺设在屋架、檩条或天窗架上，直接承受板上的各类荷载(包括屋面板自重、屋面围护材料、雪、积灰、施工检修等荷载)，并将荷载传给屋架。

(5) 吊车梁。它设置在柱子的“牛腿”上，承受吊车和起重、运行中所有荷载(包括吊车自重、吊车最大起重量、吊车起动或制动时所产生的横向制动力、纵向制动力以及冲击荷载)，并将其传给柱子。

(6) 基础梁。它承受上部砖墙的重量，并把它传给基础。

(7) 联系梁。它是厂房纵向柱列的水平连系构件，用以增加厂房的纵向刚度，承受风荷载或上部墙体的荷载，并传给纵向列柱。

(8) 支撑系统构件。支撑构件的作用是加强结构的空间整体刚度和稳定性。它主要传递水平风荷载以及吊车产生的水平制动力。支撑构件设置在屋架之间的称为屋盖结构支撑系统，设置在纵向柱列之间的称为柱间支撑系统。

2. 围护构件

(1) 屋面。它是厂房围护构件的主要部分，受自然条件直接影响，必须处理好屋面的排水、防水、保温、隔热等方面的问题。

(2) 外墙。厂房外墙通常采用自承重墙形式，除承自重及风荷载外，主要起防风、防雨、保温、隔热、遮阳、防火等作用。

(3) 门窗。起交通、采光、通风作用。

(4) 地面。它满足生产使用要求，提供良好的劳动条件。

此外还有吊车梯、平台、屋面检修梯、走道板以及地坑、地沟、散水、坡道等。

本章小结

1. 工业建筑既要达到适用、安全、经济、美观效果，且在设计配合、使用要求、室内采光、屋面排水及建筑构造等方面又具其自身特点。

2. 建筑设计中常按用途、内部生产状况及层数对厂房进行分类。

3. 工业建筑设计应在生产工艺要求的基础之上进行。

4. 厂房内的起重运输设备常见的有单轨悬挂式吊车、梁式吊车和桥式吊车等。

5. 单层厂房的结构体系，按承重方式的不同，有墙体承重体系、骨架承重体系、空间结构体系。厂房常用的骨架结构主要有排架结构及刚架结构。

6. 排架结构厂房承重结构由横向骨架和纵向连系构件组成。横向骨架包括屋面大梁(或屋架)、柱子、柱基础。它们能保证横向骨架的稳定性，并将作用在山墙上的风力和吊车纵向制动力传给柱子。厂房围护构件主要有屋面、外墙、门窗、地面等。

知识拓展——单层厂房荷载传递

单层工业厂房中的荷载，可以分为动荷载和静荷载两大类。动荷载主要由吊车运行时起动和制动力构成，此外还有地震荷载、风荷载等。静荷载一般包括建筑物的自重、吊车的自重、雪荷载、积灰荷载等。上述荷载的传递路线可以分为竖向荷载、横向水平荷载、纵向水平荷载 3 部分。其传递路线如图 1.14、图 1.15、图 1.16 所示。

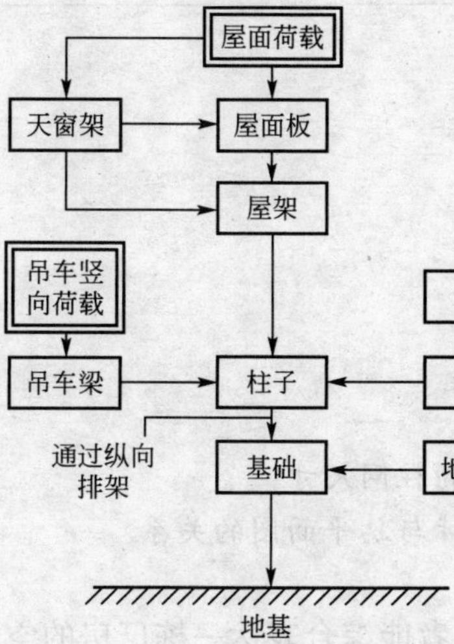

图 1.14 竖向荷载

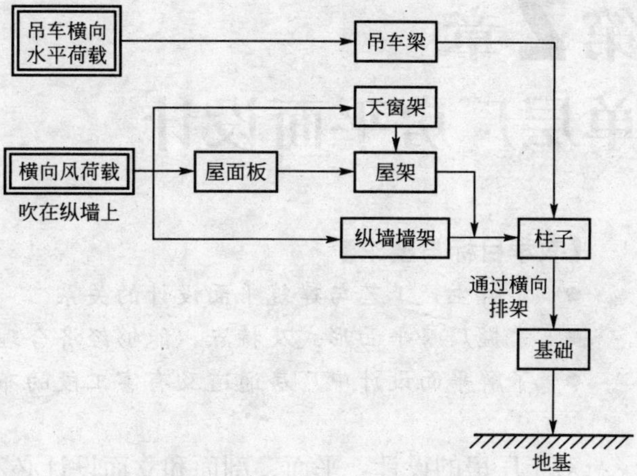

图 1.15 横向水平荷载

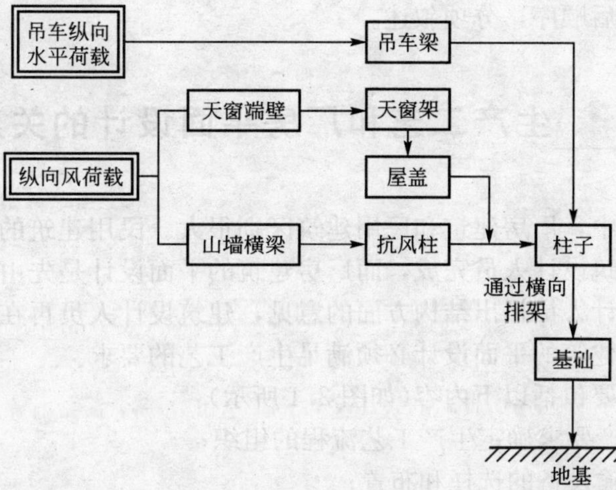

图 1.16 纵向水平荷载

本章习题

1. 什么是工业建筑？有何特点？如何分类？
2. 工业建筑设计应满足哪些要求？
3. 工业建筑常用的起重运输设备有哪几种？如何划分其工作制？
4. 单层厂房常用的结构体系有哪几种？各自结构特点？
5. 单层装配式钢筋混凝土厂房由哪些构件组成？

第2章 单层厂房平面设计

【教学目标与要求】

- 了解生产工艺与建筑平面设计的关系
- 掌握厂房平面形式及特点，能够经济合理地确定厂房的柱网尺寸
- 了解平面设计中厂房通道及有害工段的布置及平面设计与总平面图的关系

对于厂房的设计，平面、剖面和立面设计必不可少。这三者能综合表达一栋厂房的空间尺度，是不可分割的整体。设计时必须统一考虑三者之间的关系，设计平面的同时考虑竖向的尺度关系，设计剖面和立面的同时也要考虑平面的功能布局和使用要求等。现为叙述方便和根据设计的先后顺序，分项叙述。

2.1 生产工艺和厂房平面设计的关系

在建筑的平面设计中，厂房建筑和民用建筑区别很大。民用建筑的平面设计主要是根据建筑的使用功能由建筑设计人员完成，而厂房建筑的平面设计是先由工艺设计人员进行工艺平面设计，结构设计人员提出结构方面的意见，建筑设计人员再在此基础上进行厂房的建筑平面设计。厂房建筑的平面设计必须满足生产工艺的要求。

生产工艺平面图主要包括以下内容(如图 2.1 所示)：

(1) 根据产品的生产要求确定生产工艺流程的组织；

(2) 生产和起重运输设备的选择和布置；

(3) 厂房面积的大小和不同产品生产工段的划分；

(4) 运输通道的宽度及布置；

(5) 生产工艺对厂房建筑设计的要求，例如，采光、通风、防腐、防爆、防辐射等。

厂房平面形式的选择直接影响到厂房的生产条件、作业环境、运输路线布置和结构选型。为了作出合理、适用、经济的平面设计，建筑设计人员必须深入研究，搜集有关资料，加强有关生产工艺方面知识，以便于提高设计水平。

厂房的平面设计首先要满足生产工艺的要求，其次建筑设计人员在平面设计中应使厂房平面形式简洁、规整，面积经济、合理，构造简单易于施工；平面设计建筑参数符合《厂房建筑模数协调标准》(GBJ 6—1986)，使构件的生产满足工业化生产的要求；选择合适的柱网使厂房具有较大的通用性；正确地解决厂房的采光和通风；合理地布置有害工段及生活用室；妥善处理安全疏散及防火措施等。这些问题直接影响到厂房的使用质量、建筑造价和施工速度。为了解决这些问题使厂房平面设计达到适用、经济、合理，还需要与工艺设计人员和结构设计人员、卫生工程技术人员密切合作，充分协商，全面考虑。

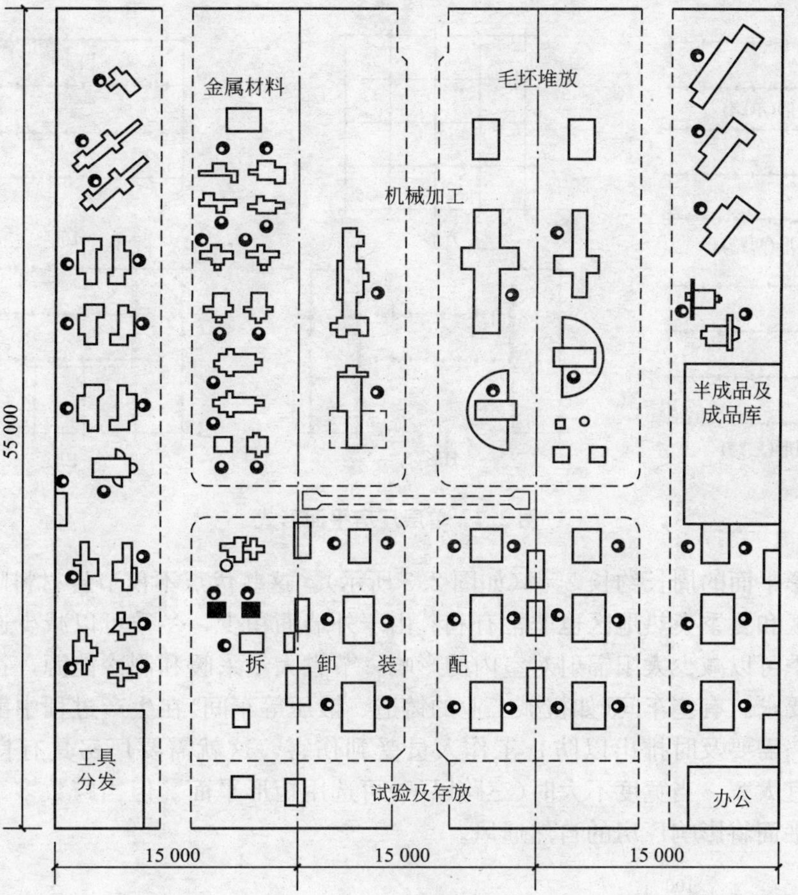

图 2.1 生产工艺图

2.2 平面形式及其特点

2.2.1 按照厂房使用性质分类

按照厂房使用性质、生产工艺流程及生产特征分类，平面形式通常有单跨矩形、多跨矩形、方形、L 形、Π 型、E 形和 H 形等几种平面形式可以选择(如图 2.2 所示)。

单跨矩形是平面形式中最简单的，它是构成其他平面形式的基本单位。当生产工艺流程要求或者生产规模较大时，可以采用多跨组合的平面，其组合方式随工艺流程而定，可以是多跨平行矩形、方形、L 形、E 形和 H 形等几种平面形式。

矩形平面厂房的尺度因工艺流程和厂房面积大小而异。有的边长比较大，有的不大，即纵横边长接近，形成方形或近似方形平面。在满足工艺条件的前提下，矩形和方形平面在实际工程中选用较多，和 L 形、E 形和 H 形平面对比，其平面简单、利于抗震、易于设计和施工，且综合造价较为经济。例如，面积相同的情况下，矩形、L 形平面外围结构

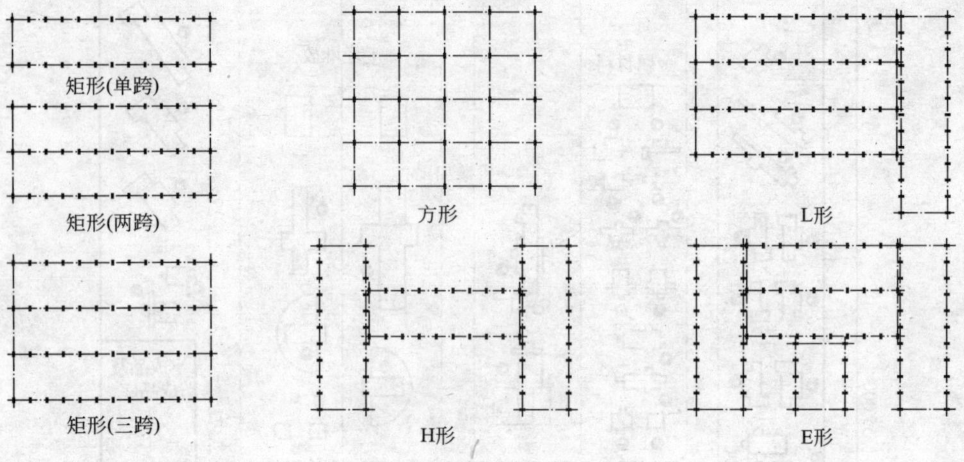

图 2.2　单层厂房平面形式

的周长比方形平面的周长约长 25%(如图 2.3 所示)。这些优点不仅节省材料降低造价，对冬季寒冷地区和夏季炎热地区也非常有利。由于外墙面积少，冬季可以减少通过外墙的热量损失，夏季可以减少太阳辐射对室内的影响，节省大量采暖和制冷能源，符合国家关于节能的国策要求。有些车间(如机械工业的铸造、锻压等车间)在生产过程中散发出大量的热量和烟尘，需要及时排出以防止工作人员受到伤害，这就需要厂房具有良好的自然通风，厂房不宜太宽。当宽度不大时(三跨以下)可选用矩形平面。但当跨数多于三跨时，如果仍用矩形平面将影响厂房的自然通风。

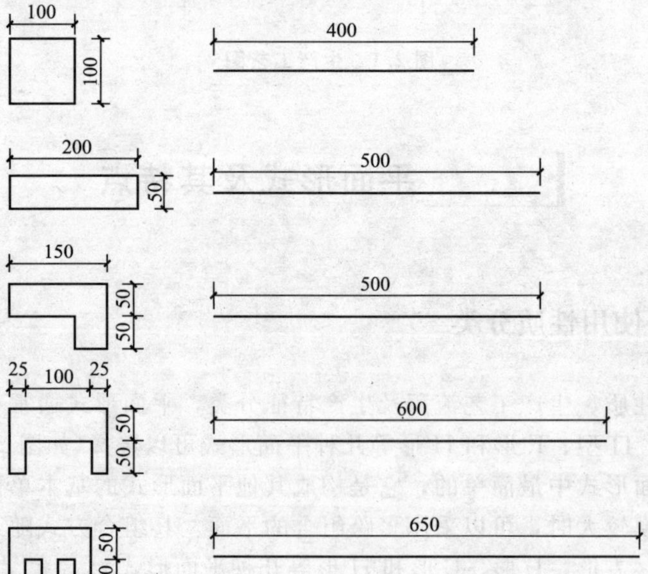

图 2.3　平面形式周长比较

注：建筑面积均为 10 000 m²。

近方形或方形平面在通用性方面优于其他平面形式。其特点是纵横两个方向都能布置生产线及运输路线。若工艺技术改造或转产，平面格局改变方便灵活，不受柱距的限制，具有更大的通用性。

L形、E形和H形平面的特点是厂房外墙周长较长，内部宽度不大，可以有良好的室内采光、通风、散热条件，有利于改善室内工作环境。但因为这些平面形式有纵横跨相交，垂直相交处构件类型增多，构造复杂，也引起设计、施工及后期使用维护上的不便。此外，由于其平面形式复杂，为了防止受到温度变化、不均匀沉降和地震引起的结构破坏，要有选择的设置变形缝。同时，又由于其较长的外墙造价、寒冷地区采暖及维修费均较高，室内各种工程管线也较长，因此，对于这些平面形式要根据实际情况，慎重选择。对有较大量烟尘和热量且超过三跨的车间宜将其一跨或二跨和其他跨相垂直布置形成L形，以争取更长的可开窗的墙面。当产量较大、产品品种较多、厂房面积很大时，则可采用E形和H形平面。

2.2.2 按照厂房工艺流程分类

生产工艺流程有直线式、直线往复式和垂直式3种：

(1) 直线式：即原料由厂房一端进入，成品由对侧运出，如图2.4(a)所示。其特点是厂房平面形式多为矩形平面，简单规整，内部各工段间联系紧密，运输线路顺捷，可以是单跨或者多跨平行布置。外墙面积较大，采光、通风较好，构造、施工简单。

(2) 直线往复式：原料和产品由厂房同一端进出，如图2.4(b)、(c)、(d)所示。其特点是厂房平面形式常为多跨并列的矩形平面或方形，工段联系紧密、运输线路和工程管线短捷、形状规整、节约用地、外墙面积较小、对节约材料和保温隔热有利。

(3) 垂直式：由于工艺需要，工段流程出现垂直相交，如图2.4 (f)、(g)、(h)所示。其特点是厂房平面形式常为L形、Π形和E形，其工艺流程紧凑、运输线路及工程管线较短、外墙面积较大、采光通风较好。但纵横跨相交处的构造、施工复杂。

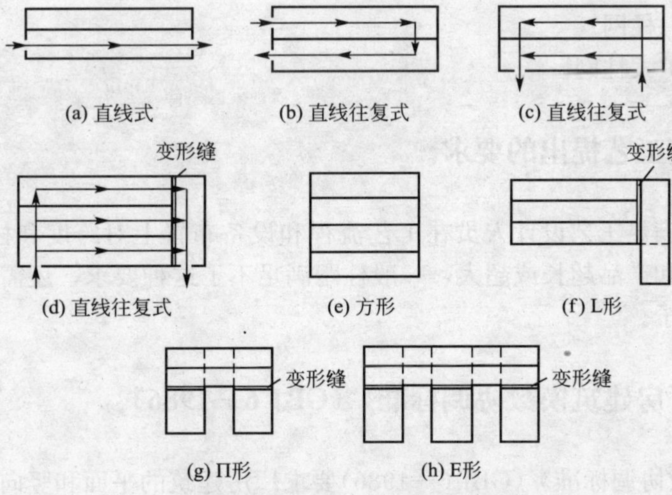

图2.4 单层厂房工艺流程示意图

2.3 柱网的选择

在骨架结构厂房中，柱子是竖向承重的主要构件。柱子在平面上排列所形成的网格称为柱网。柱网是用定位轴线来定位体现，柱子在纵横定位轴线相交处设置。柱子在纵向定位轴线间的距离称为跨度，横向定位轴线间的距离称为柱距。柱网的选择实际上就是选择厂房的跨度和柱距(如图 2.5 所示)。

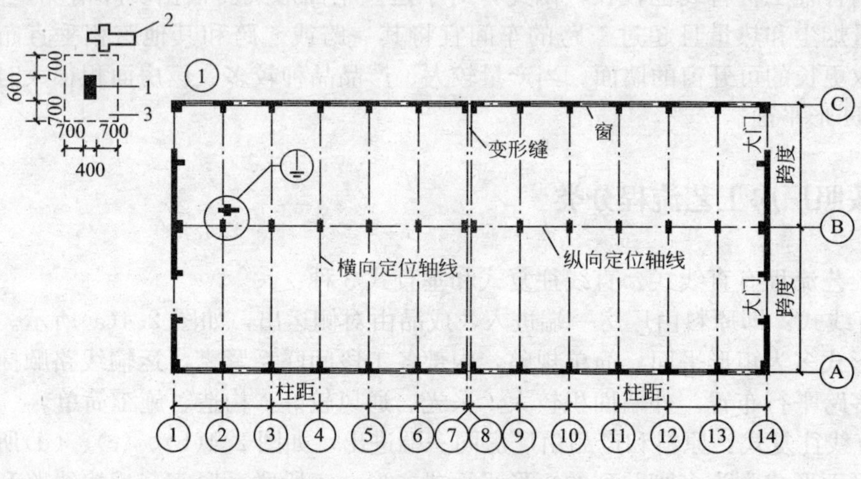

图 2.5　柱网布置示意图

1—柱子；2—生产设备；3—柱基础轮廓

柱网选择须满足以下设计要求：

(1) 满足生产工艺提出的要求；

(2) 遵守《厂房建筑模数协调标准》(GBJ 6—1986)；

(3) 调整和统一柱网；

(4) 尽量选用扩大柱网。

2.3.1　满足生产工艺提出的要求

柱网选择时要满足工艺设计人员在工艺流程和设备布置上对跨度和柱距的大小要求。特殊情况由于设备和产品超长或超大，一般柱距满足不了这种要求，还需要在一定范围内少设一根或几根柱子。

2.3.2　遵守《厂房建筑模数协调标准》(GBJ 6—1986)

《厂房建筑模数协调标准》(GBJ 6—1986)要求厂房建筑的平面和竖向协调模数的基数值均应取扩大模数 3 M。M 为基本模数符号，1 M 等于 100 mm。

厂房的跨度在 18 m 和 18 m 以下时，应采用扩大模数 30 M 数列，即 9、12、15、18

m；在 18 m 以上时，应采用扩大模数 60 M 数列，即 18、24、30、36 m。

厂房的柱距应采用扩大模数 60M 数列，即 6、12 m。

厂房山墙处抗风柱柱距宜采用扩大模数 15 M 数列，即 3、4.5、6、7.5 m 等。

遵守《厂房建筑模数协调标准》(GBJ 6—1986)可以减少厂房构件的尺寸类型，提高厂房建设的工业化水平，加快施工速度。

2.3.3 调整和统一柱网

厂房内部因工艺要求，有时会拔掉一些柱子，或出现大小柱距不均匀的现象，给结构设计、施工带来复杂性，也降低通用性。这时就要全面考虑调整柱距，最好使柱距统一或采用扩大柱网。

2.3.4 尽量选用扩大柱网

厂房设计时尽量选用扩大柱网，可以提高厂房的通用性和经济合理性，如 12×18 m、12×24 m 等。扩大柱网的优点如下所述。

1. 可以提高厂房的通用性

由于现代社会科学技术的高速发展，厂房内部的生产工艺流程和生产设备不可能是一成不变的，每隔一个时期就需要更新设备和重新组织生产线，这就需要厂房具有较大的通用性。使厂房不仅满足现在生产的要求，而且还能适应将来生产的需要。厂房通用性的具体标志之一，就是要有较大的柱网。

2. 扩大生产面积，节约用地

扩大柱网能扩大生产面积。小柱网的柱子多，柱子本身占用的面积也大；同时，柱子周围有桥式吊车运行死角，还有为防止基础冲突不能太近布置基础较深的设备，造成较大车间内部空间浪费。扩大柱网可便于布置设备，扩大生产面积，相应的也可缩小厂房的建筑面积，节约用地，降低建筑造价。

3. 扩大柱网能加快建设速度

扩大柱网可减少厂房的构件数量，显著加快施工进度。

4. 扩大柱网能提高吊车的服务范围

在有桥式吊车的厂房中，吊车起重量愈大其吊钩的极限位置距离柱子的距离就愈远，因此吊车的服务范围也就愈小，即出现了所谓的“死角”。扩大厂房跨度，可减小死角面积，有效地提高工业建筑面积的利用率，增加吊车的服务范围。

据综合分析，不管有无吊车，18 m 和 24 m 两个跨度的适应性都较强、应用面较广、利用率较高、较为经济合理。在工艺无特殊要求的情况下，一般不宜再扩大跨度，而应扩大柱距。

6 m 柱距是柱网中的的基本柱距，很多地区的预制构件厂都有与之配套的相关系列构件模具，施工方便快捷。但个别厂房由于设备大小或布置的要求，6 m 柱距不够，厂房通用性也受到相应限制，便使用了扩大柱网，将柱距扩大到12 m、18 m等。扩大柱网有利于布置设备、扩大生产面积。

2.4 厂房交通设施及有害工段的布置

2.4.1 厂房交通设施

厂房内部交通设施的布置设计应满足下列要求：

1. 生产工艺和人流通行的要求

工人在厂房内的走动、上下班的通行以及原材料、成品、半成品的运送，都需要在厂房内设通道。建筑设计人员根据车间生产性质、人流量和行车宽度等进行设计。

2. 防火、疏散的要求

在紧急情况发生时，为保证人们迅速、安全的疏散，厂房内应布置安全的通道和疏散门。其数量、位置、疏散距离要满足《建筑设计防火规范》(GB 50016—2006)有关规定。

厂房的安全出口应该分散设置，且相邻两个安全出口最近边缘之间的水平距离不应小于5 m。

2.4.2 特殊要求及有害工段的布置

在做厂房平面设计时，产生高温、有害气体、烟、雾、粉尘的工段应布置在全年主导风向的下风侧，且靠外墙、通风条件良好，并应避免采用封闭式或半封闭式的平面形式。产生高温的工段的长轴，宜与夏季盛行风向垂直或呈不小于45°的交角布置。

要求洁净的工段应布置在大气含尘浓度较低、环境清洁、人流货流不穿越或少穿越的地段，并应位于散发有害气体、烟、雾、粉尘的污染源全年最小频率风向的下风侧。洁净厂房的布置，应符合现行国家标准《洁净厂房设计规范》(GB 50073—2001)的规定。

要求有温度调节的工段不宜靠外墙布置，而应布置在厂房的中部，避免受到外界气象的影响。湿房间不宜靠外墙布置，避免外墙内表面出现凝结水和构造复杂。

产生强烈震动的工段，应避开对防震要求较高的建筑物、构筑物布置，其与有防震要求较高的仪器、设备的防震间距应符合有关规范的规定。

产生高噪声的工段，宜相对集中布置，并用封墙将此工段和其他工段隔开。其周围宜布置对噪声较不敏感、有利于隔声的工段，其与相邻设施的防噪声间距，应符合国家现行的噪声卫生防护距离的规定。

易燃、易爆危险品工段的布置，应保证生产人员的安全操作及疏散方便，布置在靠外墙处，以便利用外墙的窗洞进行通风和爆炸时便于泄压并应符合国家现行的有关标准的规定。

2.5 工厂总平面图对厂房平面设计的影响

工厂总平面是由建筑物、构筑物及交通联系等部分组成的。工厂总平面图设计，应根据国家标准《工业企业总平面设计规范》(GB 50187—1993)，在总体规划的基础上，根据工业企业的性质、规模、生产流程、交通运输、环境保护，以及防火、安全、卫生、施工及检修等要求，结合场地的自然条件，确定建筑物、构筑物及交通联系部分的位置。

单体厂房建筑是组成工厂总平面的一部分，工厂总平面中的诸多因素对厂房平面形式有着直接的影响和约束(如图 2.6 所示)。

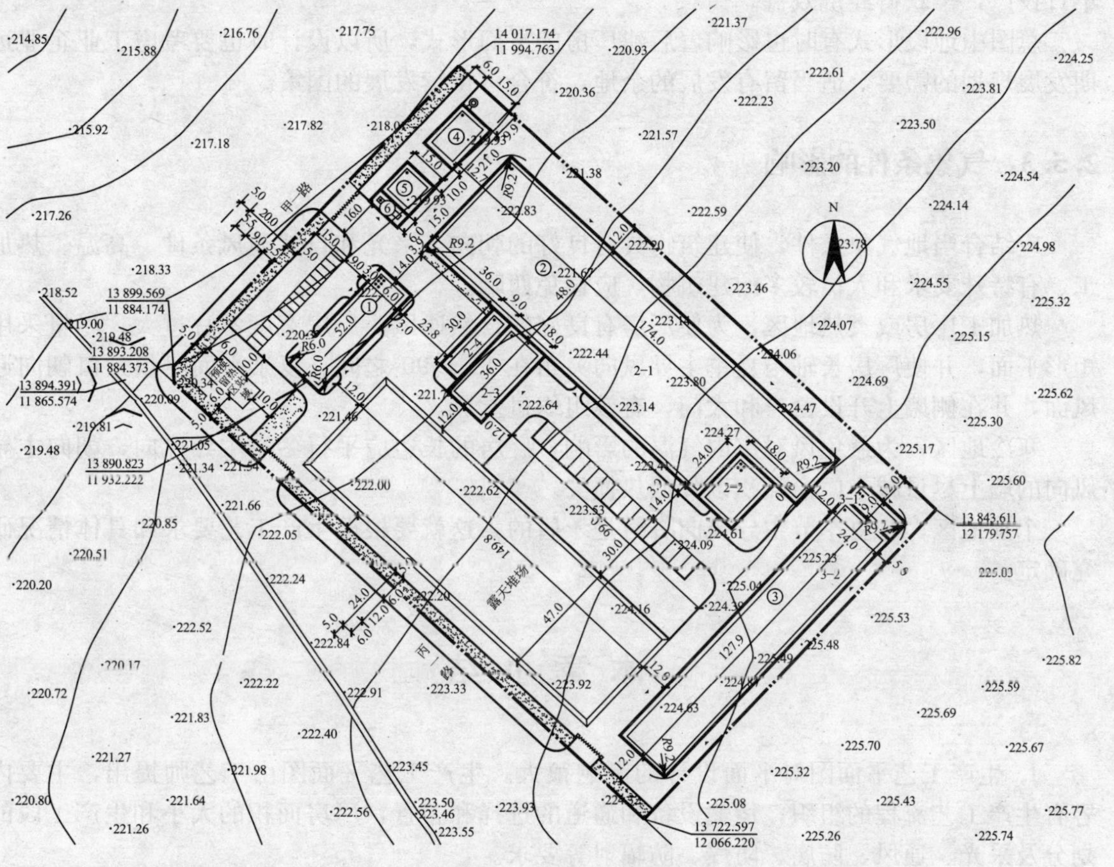

图 2.6 总平面示意图

①办公楼；②生产车间；③库房；④锅炉房；⑤高压配电；⑥低压配电

2.5.1 交通流线的影响

工厂是由建筑物和构筑物及交通联系部分有机组成的，其中任何一个构件不是孤立的，而是有机的结合，并在生产中和周围其他部分有着密切的联系。其具体表现为人物流的交通流线组织。人物流的交通流线组织应符合工业企业总体规划要求，并应根据生产需要、当地交通运输现状和发展规划，结合自然条件与总平面布置的要求，全面考虑，统筹安排。厂房人流主要出入口及生活间、货流的出入口位置都要受到交通流线的影响，并要求运输路线短捷、不迂回不交叉，避免相互干扰。

2.5.2 厂区地段的影响

《工业企业总平面设计规范》(GB 50187—1993)规定：工业企业总平面设计，必须贯彻执行十分珍惜和合理利用土地的方针，因地制宜、合理布置、节约用地，提高土地的利用率。在此基础上，进行厂房单体改建、扩建、新建设计，都要受到地段的影响。不同地段中，为减少土石方工程和投资、加快施工进度，厂房平面形式在工艺条件许可的情况下应适应地形，避免过分强调平整、简单、规整，尽量减少投资，加快施工进度，使厂房能早日投产，早获得经济效益。

总图中地段形式有时也影响着后建厂房的平面形式，所以设计时也要考虑工业企业远期发展规划的需要，适当留有发展的余地，符合可持续发展的国策。

2.5.3 气象条件的影响

应结合当地气象条件，使建筑物具有良好的朝向、采光和自然通风条件。高温、热加工、有特殊要求和人员较多的建筑物，应避免西晒。

热加工厂房或炎热地区，为使厂房有良好的自然通风，厂房宽度不宜过大，尽量采用矩形平面，并使厂房长轴与夏季主导风向夹角在45°～90°之间。复杂平面尽量开口朝向迎风面，并在侧墙上开设窗户和大门，有效组织过堂风。

寒冷地区，为避免风对室内气温的影响，厂房的长边应平行冬季主导风向，朝向主导风向的墙上尽量减小门窗面积以降低热损失。

个别地区，冬夏季节主导风向有时是矛盾的，这就要根据生产工艺要求和具体情况研究确定。

本章小结

1. 生产工艺平面图对平面设计的影响很大。生产工艺平面图由工艺师提出，主要内容有生产工艺流程的组织，运输设备和通道的选择和布置，厂房面积的大小和生产工段的划分及采光、通风、防腐、防爆、防辐射等要求。

2. 厂房的平面设计首先要满足生产工艺的要求，其次要求平面形式简洁、规整，面积经济、合理，构造简单易于施工，符合模数协调标准，选择合适的柱网，正确地解决厂房的采光和通风，合理地布置有害工段及生活用室，妥善处理安全疏散及防火措施等。

3. 厂房的平面形式有矩形、方形、L形、E形和H形等几种可以选择。其中近似方形或方形平面在平面格局布置方面灵活方便，具有更大的通用性。

4. 柱网的选择必须满足生产工艺的要求，柱距、跨度要遵守《厂房建筑模数协调标准》(GBJ 6—1986)，尽量调整和统一柱网，选用扩大柱网。

5. 厂房内部交通设施的布置应满足生产工艺和人流通行的要求以及防火、疏散的需要。特殊要求及有害工段的布置要合理、安全、适用。

6. 生产工艺平面图是厂房平面设计需考虑的首要因素，工厂总平面图里的交通流线、厂区地段、气象条件对平面设计的影响也很大，需要综合考虑。

知识拓展——厂房有关消防的平面设计知识

在厂房的平面设计中，消防是很重要的一块内容，直接关系到人身设备和物资的安全。根据厂房生产中使用或产生的物资性质及其数量等因素，将生产的火灾危险性分为甲、乙、丙、丁、戊类；根据有关的防火规范确定耐火等级、防火分区、疏散出口及距离。《建筑设计防火规范》(GB 50016—2006)规定如下：

(1) 厂房根据生产的火灾危险性分为甲、乙、丙、丁、戊共计5类，如表2-1所示。

表2-1 生产的火灾危险性分类

生产类别	使用或产生下列物资的生产的火灾危险性特征
甲	1. 闪点小于28 ℃的液体 2. 爆炸下限小于10%的气体 3. 常温下能自行分解或在空气中氧化能导致迅速自燃或爆炸的物资 4. 常温下受到水或空气中水蒸气的作用，能产生可燃性气体并引起燃烧或爆炸的物资 5. 遇酸、受热、撞击、摩擦、催化以及遇到有机物或硫黄等易燃的无机物，极易引起燃烧或爆炸的强氧化剂 6. 受撞击、摩擦或与氧化剂、有机物接触时能引起燃烧或爆炸的物资 7. 在密闭设备内的操作温度大于或等于物资本身自燃点的生产
乙	1. 闪点大于或等于28 ℃，但小于60 ℃的液体 2. 爆炸下限大于或等于10%的气体 3. 不属于甲类的氧化剂 4. 不属于甲类的化学易燃危险固体 5. 助燃气体 6. 能与空气形成爆炸性混合物的浮游状态的粉尘、纤维、闪点大于或等于60 ℃的液体雾滴
丙	1. 闪点大于或等于60 ℃的液体 2. 可燃固体
丁	1. 对不燃烧物资进行加工，并在高温或熔化状态下经常产生强辐射热、火花或火焰的生产 2. 利用气体、液体、固体作为燃料或将气体、液体进行燃烧作其他用的各种生产 3. 常温下使用或加工难燃烧物资的生产
戊	常温下使用或加工不燃烧物资的生产

(2) 厂房的耐火等级、层数和每个防火分区的最大允许建筑面积应该符合表2-2所列的规定。

(3) 厂房的安全出口应分散布置。每个防火分区、一个防火分区的每个楼层，其相邻两个安全出口最近边缘之间的水平距离不应小于5 m。

(4) 厂房的每个防火分区、一个防火分区内的每个楼层，其安全出口的数量应经计算确定，且不应少于两个；当符合下列条件时，可设置一个安全出口：

表 2-2 厂房的耐火等级、层数和防火分区的最大允许建筑面积

生产类别	厂房的耐火等级	最多允许层数/层	每个防火分区的最大允许建筑面积/m^2			
			单层厂房	多层厂房	高层厂房	地下、半地下厂房，厂房的地下室、半地下室
甲	一级 二级	除生产必须采用多层者外，宜采用单层	4 000 3 000	3 000 2 000	— —	— —
乙	一级 二级	不限 6	5 000 4 000	4 000 3 000	2 000 1 500	— —
丙	一级 二级 三级	不限 不限 2	不限 8 000 3 000	6 000 4 000 2 000	3 000 2 000 —	500 500 —
丁	一、二级 三级 四级	不限 3 1	不限 4 000 1 000	不限 2 000 —	4 000 — —	1 000 — —
戊	一、二级 三级 四级	不限 3 1	不限 5 000 1 500	不限 3 000 —	6 000 — —	1 000 — —

① 甲类厂房，每层建筑面积小于或等于 100 m^2，且同一时间的生产人数不超过 5 人；

② 乙类厂房，每层建筑面积小于或等于 150 m^2，且同一时间的生产人数不超过 10 人；

③ 丙类厂房，每层建筑面积小于或等于 250 m^2，且同一时间的生产人数不超过 20 人；

④ 丁、戊类厂房，每层建筑面积小于或等于 400 m^2，且同一时间的生产人数不超过 30 人；

⑤ 地下、半地下厂房或厂房的地下室、半地下室，其建筑面积小于或等于 50 m^2，经常停留人数不超过 15 人。

(5) 地下、半地下厂房或厂房的地下室、半地下室，当有多个防火分区相邻布置，并采用防火墙分隔时，每个防火分区可利用防火墙上通向相邻防火分区的甲级防火门作为第二安全出口，但每个防火分区必须至少有一个直通室外的安全出口。

(6) 厂房内任一点到最近安全出口的距离都不应大于表 2-3 所列的规定。

表 2-3 厂房内任一点到最近安全出口的距离 m

生产类别	耐火等级	单层厂房	多层厂房	高层厂房	地下、半地下厂房或厂房的地下室、半地下室
甲	一、二级	30	25	—	—
乙	一、二级	75	50	30	—
丙	一、二级 三级	80 60	60 40	40 —	30 —

（续）

生产类别	耐火等级	单层厂房	多层厂房	高层厂房	地下、半地下厂房或厂房的地下室、半地下室
丁	一、二级 三级 四级	不限 60 50	不限 50 —	50 — —	45 — —
戊	一、二级 三级 四级	不限 100 60	不限 75 —	75 — —	60 — —

（7）厂房内的疏散楼梯、走道、门的各自总净宽度应根据疏散人数，按表 2-3 的规定经计算确定。但疏散楼梯的最小净宽度不宜小于 1.1 m，疏散走道的最小净宽度不宜小于 1.4 m，门的最小净宽度不宜小于 0.9 m。当每层人数不相等时，疏散楼梯的总净宽度应分层计算，下层楼梯总净宽度应按该层或该层以上人数最多的一层计算。

首层外门的总净宽度应按该层或该层以上人数最多的一层计算，且该门的最小净宽度不应小于 1.2 m，如表 2-4 所示。

表 2-4　厂房疏散楼梯、走道和门的净宽度指标　　m/百人

厂房层数	一、二层	三层	≥四层
宽度指标	0.6	0.8	1

本章习题

1. 单层厂房平面设计的内容是什么？影响厂房平面形式的主要因素是什么？
2. 生产工艺与单层厂房平面设计的关系是什么？厂房的平面形式及特点是什么？
3. 什么是柱网？确定柱网的原则是什么？常用的柱距、跨度尺寸有哪些？
4. 单层厂房平面设计与总平面图的关系是什么？

第3章 单层厂房剖面设计

【教学目标与要求】

- 了解剖面设计的影响因素及其与平面设计的关系
- 掌握厂房各部分与标高的确定原则
- 掌握厂房通风和采光的设计
- 了解屋面排水对剖面的影响

单层厂房剖面设计主要指厂房横向剖面设计。剖面设计的合理与否，直接关系到厂房的使用。结构形式、生产工艺要求、采光通风要求及屋面排水方式等是影响剖面设计的重要因素。

3.1 生产工艺和厂房剖面设计的关系

不仅厂房平面形式受生产工艺的影响，厂房的剖面形式也受其影响。生产工艺直接影响厂房的建筑空间和剖面形式。厂房的生产特点、生产设备的体形、起重运输工具的种类和原料及产品尺寸的不同，也使厂房的剖面形式出现跨度和高度的不同以及屋面采光、通风和排水构造的不同。

厂房的剖面设计要考虑以下设计要求：

(1) 满足生产工艺的要求，确定适用经济的厂房高度；

(2) 厂房剖面设计建筑参数符合《厂房建筑模数协调标准》(GBJ 6—1986)；

(3) 满足厂房的采光、通风、防排水及围护结构的保温、隔热等设计要求；

(4) 选择经济合理、易于施工的构造形式。

3.2 厂房高度的确定

厂房内部的不同高度是剖面设计的主要内容，生产工艺对高度的确定起决定因素。

厂房高度是室内地面到屋顶承重结构下表面之间的距离。如果厂房是坡屋顶，则厂房高度是由地面到屋顶承重结构的最低点的垂直距离。由于柱子是厂房竖向承重的主要构件，所以厂房高度常为柱顶标高。

3.2.1 生产工艺对柱顶标高的影响

1. 无吊车厂房

柱顶标高是按最大生产设备的高度和安装、检修时所需的净空高度等确定的。同时也应考虑符合《工业企业设计卫生标准》(GBZ 1—2002)的要求，及《厂房建筑模数协调标准》(GBJ 6—1986)和空间心理感觉的要求。

无吊车的厂房自室内地面至柱顶的高度应为扩大模数3M数列。砖混结构厂房的柱顶标高可符合1M数列。

2. 有吊车厂房

《厂房建筑模数协调标准》(GBJ 6—1986)规定：有吊车的厂房自室内地面至柱顶的高度应为扩大模数3M数列。室内地面至支承吊车梁的牛腿面的高度在7.2 m以下时应为扩大模数3M数列；在7.2 m以上时，宜采用扩大模数6M数列，如7.8、8.4、9.0、9.6 m等。

有吊车厂房的剖面实际是要设计柱顶标高和牛腿标高(如图3.1所示)。

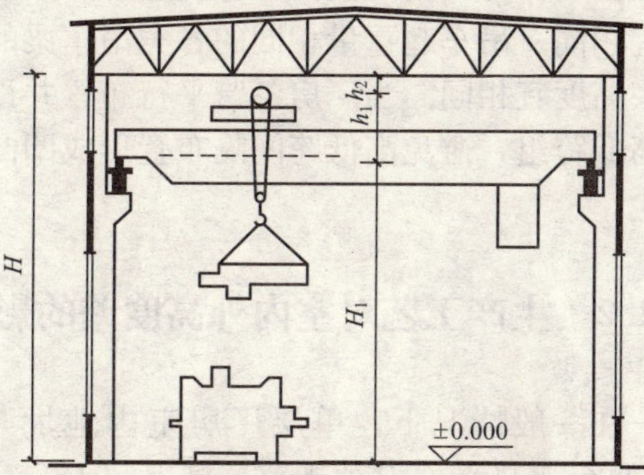

图3.1 厂房高度的确定

柱顶标高的计算公式为

$$H=H_1+h_1+h_2$$

式中：H——柱顶标高(m)，符合3M的模数；

H_1——吊车轨顶标高(m)，由工艺人员提出；

h_1——吊车轨顶至小车顶面的高度(m)，根据吊车样本查出；

h_2——小车顶面到屋架下弦底面之间的安全运行空隙(mm)，一般为220～300 mm，根据《通用桥式起重机限界尺寸》(GB/T 14405—1993)查出。

工艺人员提出的吊车轨顶标高H_1为牛腿标高与吊车梁高、吊车轨高及垫层厚度之和，据此已知条件可以得出牛腿标高，并使之符合《厂房建筑模数协调标准》(GBJ 6 1986)的规定。根据牛腿标高及吊车梁高、吊车轨高及垫层厚度可以反推出实际的轨顶标高。其值可能与工艺人员提出的轨顶标高有差异，因此最后轨顶标高的确定应以等于或大于工艺设计人员提出的轨顶标高为依据而定。H_1值重新确定后，再进行H值的计算，并使之符合3M的模数。

3. 其他影响柱顶高度的因素

通用性对厂房高度的影响：为使厂房具有较大的通用性，适应现代社会经济的高速发展和生产设备的快速更新，有时把厂房的计算高度增大一些，作为储备。

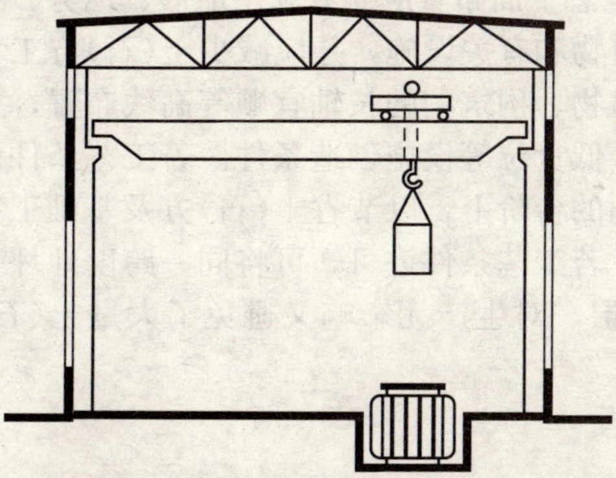

图3.2 某厂房变压器修理工段

造价对厂房高度的影响：在确定厂房高度时，要注意有效地节约并利用厂房的空间，这是降低建筑造价的有效途径之一。如果特殊的高大设备或有特殊要求的高空间操作环节可采取个别处理，不使其影响整个厂房的高度。在不影响生产工艺情况下，可以把某些高大设备卧进地下或布置在两榀屋架之间使其充分利用厂房的空间，避免提高整个厂房的高度，减少浪费。如图3.2所示为某厂房的变压器修理工段，修理大型变压器芯子时，需将芯子从变压器中抽出，设计人员将其卧进室内地面下3 m深的地坑内进行抽芯操作，使轨顶标高由11.4 m降到8.4 m，减少了浪费。

多跨平行布置不等高厂房对厂房高度的影响：由于生产工艺和设备布置的要求，厂房横剖面会出现两种或两种以上的柱顶标高及厂房横剖面高低错落的现象。这种剖面形式使屋面构造复杂、构件类型增多、施工麻烦、造价增加、后期维护问题多等。据此，《厂房建筑模数协调标准》(GBJ 6—1986)规定：在工艺有高低要求的多跨厂房中，当高度差不大于1.2 m时，不宜设置高度差。在不采暖的多跨厂房中，当高跨一侧仅有一个低跨，且高度差不大于1.8 m时，也不宜设置高度差(不适用于空调厂房或由于取消高度差而需增设天窗的厂房)。在设有不同起重量吊车的多跨等高厂房中，各跨支承吊车梁的牛腿面标高宜相同。吊车起重量相同的各类吊车梁的端头高度宜相同。不同跨度的屋架与屋面梁的端头高度宜相同。当厂房各跨平行布置并设有高度差时，宜尽量将同高跨的集中布置，形成高低跨组，避免高低跨间隔布置形成凹凸形的屋顶形式，使构造复杂，低跨处易积雪和灰尘。

3.2.2 生产工艺对室内外高度差的影响

在一般情况下，单层厂房室内地坪与室外地面须设置高差，以防雨水浸入室内。《工业企业总平面设计规范》(GB 50187—1993)规定：建筑物的室内地坪标高应高出室外场地地面设计标高，且不应小于0.15 m。为了便于运输工具进出厂房和不加长门口坡道的长度影响厂区路网，这个高度差也不宜太大，一般取150 mm。建筑物位于可能沉陷的地段、排水条件不良地段和有特殊防潮要求、有贵重设备或受淹后损失大的车间和仓库，应根据需要加大建筑物的室内外高度差。有运输要求的建筑物室内地坪标高应与运输线路标高相协调。在满足生产工艺和运输条件下，建筑物的室内地坪可做成台阶。

在地势平坦的地区建厂，为便于工艺布置和生产运输，整个厂房地坪宜取一个标高。

丘陵地区由于地形凸凹不平造成地势高低起伏较大，在这样的地形面上建厂，如果将厂房地坪做成一个标高，势必要挖大量土(石)方，造成施工慢、造价高、工期长，厂房不能很快投产。因此应依山就势，因地制宜，选择厂房地坪标高，避免造成较大浪费。《工业企业总平面设计规范》(GB 50187—1993)规定：总平面布置应充分利用地形、地势、工程地质及水文地质条件，合理地布置建筑物、构筑物和有关设施，并应减少土(石)方工程量和基础工程费用。当厂区地形坡度较大时，建筑物、构筑物的长轴宜顺等高线布置，并应结合竖向设计，为物料采用自流管道及高站台、低货位等设施创造条件。若工艺条件许可，可将厂房不同跨度的地坪标高分别布置在不同的台阶上，以节省土(石)方及基础工程量。当跨度垂直等高线布置，地形坡度又较陡时，若工艺条件许可，可将同一跨度地坪分段布置在不同标高的台阶上，也可将局部做成两层，对生产无影响又避免了大量土(石)方，节省了开支，加快了工期。

3.3 天然采光和厂房剖面设计的关系

3.3.1 天然采光标准

厂房利用太阳光进行采光照明，创造良好光环境的方式成为天然采光。太阳是照明的光源。天然采光设计是充分利用日光资源，提供高质量的采光条件。包括适宜的亮度空间分布、适宜的光照方向、光色以及显色性质。天然光由天空的直射光和天空漫射光组成，由于漫射光稳定、均匀，在采光设计中，天然光往往是指漫射光。

由于天然光强度高、变化快，不好控制。因此，我国《建筑采光设计标准》(GB/T 50033—2001)规定，在采光设计中，天然采光标准以采光系数为指标。

照度是单位面积上接受到的光通量的多少，是衡量照射在室内工作面上光线强弱的主要单位。照度的单位是 lx，称为勒克斯。

采光系数是在室内给定平面上的一点，由直接或间接地接收来自假定和已知天空亮度分布的天空漫射光而产生的照度与同一时刻该天空半球在室外无遮挡水平面上产生的天空漫射光照度之比。这样，不管室外照度如何变化，室内某一点的采光系数是不变的。采光系数用符号 C 表示。公式表示为

$$C=(E_n/E_w)\times100\%$$

式中：E_n——在全阴天空漫射光照射下，室内给定平面上的某一点的照度(lx)；

E_w——在全阴天空漫射光照射下，与室内某一点照度同一时间、同一地点，在室外无遮挡水平面上由天空漫射光所产生的室外照度(lx)。

工业生产按照加工的精细程度，对采光的要求有所区别。《建筑采光设计标准》(GB/T 50033—2001)给出不同作业场所工作面上的采光系数标准值(见表 3-1)，侧面采光系数标准采用最低值 C_{min} 作为标准，顶部采光取采光系数平均值 C_{av} 作为标准。

表 3-1 视觉作业场所工作面上的采光系数标准

采光等级	视觉作业分类		侧面采光		顶部采光	
	作业精确度	识别对象的最少尺寸 d/mm	室内天然光临界照度/lx	采光系数 C_{min}/(%)	室内天然光临界照度/lx	采光系数 C_{ar}/(%)
Ⅰ	特别精密	$d\leqslant0.15$	250	5	350	7
Ⅱ	很精密	$0.15<d\leqslant0.3$	150	3	225	4.5
Ⅲ	精密	$0.3<d\leqslant1.0$	100	2	150	3
Ⅳ	一般	$1.0<d\leqslant5.0$	50	1	75	1.5
Ⅴ	粗糙	$d>5.0$	25	0.5	35	0.7

工作面上照度差别大，视力反复适应宜产生疲劳，影响工人操作，降低劳动生产率。为了防止视觉疲劳，工作面上要光线均匀。采光标准中规定了厂房的采光均

匀度为假定工作面上的采光系数的最低值与其平均值之比。顶部采光时，Ⅰ～Ⅳ级采光等级的采光均匀度不小于0.7。为保证采光均匀度不小于0.7的规定，相邻两天窗中线间的距离不大于工作面至天窗下沿高度的2倍。侧面采光时，由于照度变化大，不可能均匀，所以未作规定。

工业建筑的采光等级分为Ⅴ级(见表3-2)。

表3-2　部分工业建筑的采光等级举例

采光等级	生产车间和场所名称
Ⅰ级	特别精密机电产品加工、装配、检验，工艺品雕刻、刺绣、绘画
Ⅱ级	很精密机电产品加工、装配、检验，通信、网络、视听设备的装配与调试，服装裁剪、缝纫及检验，精密理化试验室、计量室、主控室，印制品的排版、印制，药品制剂等
Ⅲ级	机电产品加工、装配、检修，一般控制室，木工、电镀、油漆、铸工，理化试验室，造纸、石化产品后处理，冶金产品冷轧、热轧、拉丝、粗炼等
Ⅳ级	焊接、冲压剪切、锻工、热处理，食品、烟酒加工和包装，日用化工产品，金属冶炼，水泥加工与包装，配、变电所等
Ⅴ级	发电机厂主厂房，压缩机房、风机房、锅炉房、电石库、乙炔库、氧气瓶库、汽车库、大中件储存库，煤的加工等

我国各地光气候差别较大，因此，《建筑采光设计标准》(GB/T 50033—2001)中将我国划分为5个光气候区(如图3.3所示)，采光设计时，各光气候区取不同的光气候系数K。表3-1中采光系数标准值都是以Ⅲ类光气候区为标准给出的。在其他光气候区，各类建筑的工作面上的采光系数标准值应为标准中给出的数值乘以相应的光气候系数所得到的数值。

图3.3　中国光气候分区

注：按年平均总照度(klx) Ⅰ：$E_q \geqslant 28$，Ⅱ：$26 \leqslant E_q < 28$，Ⅲ：$24 \leqslant E_q < 26$，Ⅳ：$22 \leqslant E_q < 24$，Ⅴ：$E_q < 22$。

图 3.3 上中国国界线系按照中国地图出版社 2006 年出版的《中华人民共和国地图》绘制。

3.3.2 天然采光要求

采光设计应注意光的方向性，避免对工作产生遮挡和不利的阴影，如果是精密加工，天然光线应从左侧方向射入。

采光设计也要避免在工作面产生眩光，措施有：

(1) 作业区应减少或避免直射阳光；

(2) 工作人员的视觉背景不宜为窗口；

(3) 为降低窗亮度或减小天空视域，可采用室内外遮挡设施；

(4) 窗结构的内表面或窗周围的内墙面，宜采用浅色饰面。

3.3.3 厂房采光面积的确定

厂房采光面积的确定，经常根据厂房的采光、通风、美观等综合要求，先大致确定开窗口的面积和位置，然后再根据厂房的采光要求进行校核，确定是否符合采光标准值。采光计算的方法很多，最简单的方法是利用《工业企业采光设计标准》(GB 50033—2001)给出的窗地面积比的方法。窗地面积比是指窗口面积和室内地面面积之比。利用窗地面积比可以简单地估算出采光窗口面积(见表 3－3)。

表 3－3 采光窗地面积比

采光等级	侧 窗	矩形天窗	锯齿形天窗	平 天 窗
Ⅰ	1/2.5	1/3	1/4	1/6
Ⅱ	1/3	1/3.5	1/5	1/8
Ⅲ	1/4	1/4.5	1/7	1/10
Ⅳ	1/6	1/8	1/10	1/13
Ⅴ	1/10	1/11	1/15	1/23

当以侧窗采光为主时，采光计算点以侧面采光计算点来控制；当侧面采光不满足宽度时，应由顶部采光补充，其不满足区域所需的窗口面积可按《工业企业采光设计标准》(GB 50033—1991)表 5.0.1 所列的窗地面积比确定。

3.3.4 天然采光方式

天然采光方式主要有侧面采光、顶部采光 、混合采光 3 种。一般工业建筑经常采用侧面采光或混合采光。

1. 侧面采光

侧面采光分单侧采光和双侧采光。单侧采光的有效进深为侧窗口上沿至地面高度的1.5～2.0倍，即单侧采光房间的进深一般不超过窗高的1.5～2.0倍，单侧窗光线衰减情况如图3.4所示。如果厂房的进深很大，超过单侧采光所能解决的范围时，就要用双侧采光或加以人工照明。

在有吊车的厂房中，因为有挡光的吊车梁，所以常将侧窗分上下两层布置，上层称为高侧窗，下层称为低侧窗(如图3.5所示)。为使吊车梁不遮挡光线，高侧窗下沿距吊车梁顶面应有适当距离，一般取600 mm左右(如图3.5所示)。低侧窗下沿即窗台高一般应略高于工作面的高度，站着工作为1 400～1 500 mm，坐着工作一般取800 mm左右。沿侧墙纵向工作面上的光线分布情况和窗间墙的宽度有关，窗间墙以等于或小于窗宽为宜。如果沿墙工作面上要求光线均匀，可减少窗间墙的宽度或取消窗间墙做成带形窗。

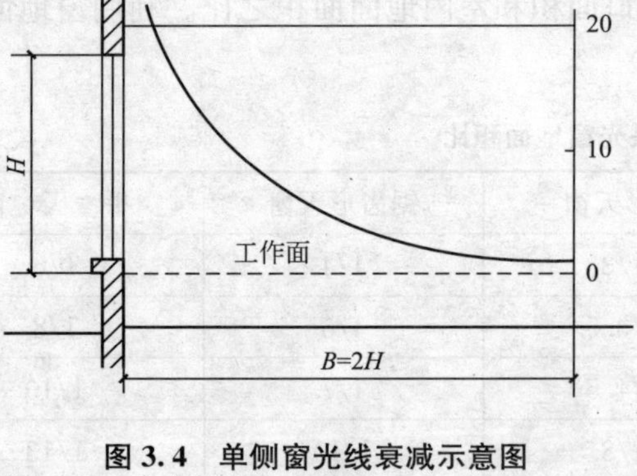

图3.4 单侧窗光线衰减示意图

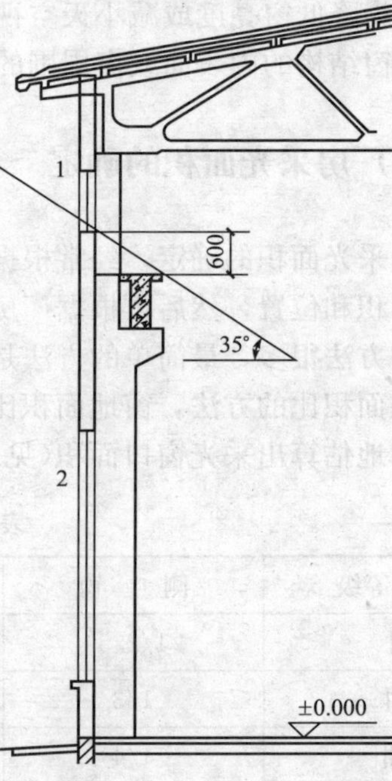

图3.5 高低侧窗示意图

1—高窗；2—低窗

2. 顶部采光

顶部采光形式包括矩形天窗、锯齿形天窗、平天窗等。

1) 矩形天窗

矩形天窗应用非常广泛，一般是南北方向，室内光线均匀、直射光较少、不易产生眩光。一般用于粗糙工作或者中等精密加工的车间。由于玻璃面是垂直的，可以快速排水，宜于防水，有一定的通风作用，矩形天窗厂房剖面如图3.6所示。为了获得良好的采光效果，合适的天窗宽度为厂房跨度的1/2～1/3。两天窗的边缘距离L应大于相邻天窗高度和的1.5倍，矩形天窗宽度与跨度的关系如图3.7所示。

图 3.6 矩形高低窗布置采光图

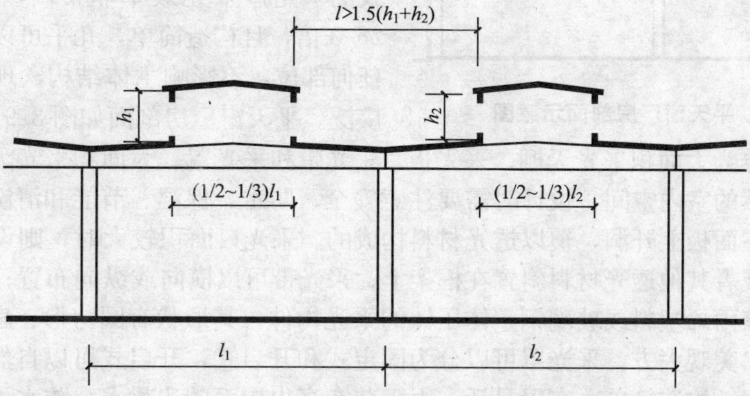

图 3.7 矩形天窗宽度与跨度的关系

2）锯齿形天窗

某些厂房由于生产工艺的特殊要求，例如，纺织厂，为了使纱线不易断头，厂房内要保持一定的温度和湿度，要有空调设备；印染厂的印花车间，要求室内光线稳定、均匀，无直射光进入室内，避免产生眩光，不增加空调设备的负荷。这种厂房常采用窗口向北的锯齿形天窗，充分利用天空的漫射光采光。锯齿形大窗的厂房剖面如图 3.8 所示。

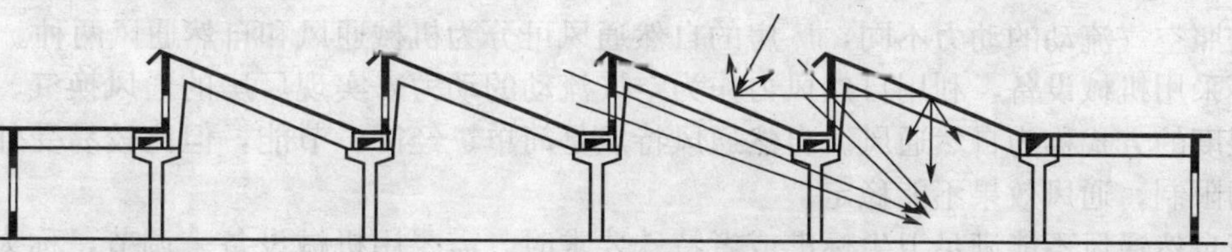

图 3.8 锯齿形天窗厂房剖面

锯齿形天窗采光效率高，在满足同样采光标准的前提下，锯齿形天窗可比矩形天窗节约窗户面积 30%左右。原因在于锯齿形的天窗厂房工作面不仅能得到从天窗透入的光线，而且还由于屋顶表面的反射增加了反射光。由于玻璃面积小且又朝北，因而在炎热地区对防止室内温度过高也有好处。

3）横向天窗

横向天窗是利用屋架上下弦之间的空间作为采光口，不另设天窗架，适合于跨度较大，厂房高度较高的车间和散热量不大、采光要求高的车间。由于其造价较低、采光面大、效率高、光线均匀，因此，经常被采用。若受建设地段和采光要求的限制，厂房不得不东西向布置时，为避免西晒，可采用这种天窗。横向天窗有两种：①突出于屋面；②下沉于屋面，即所谓横向下沉式天窗。梯形和平行弦屋架坡度平缓，端头较高，多在侧边布置下沉天窗。折线形和拱形屋架由于屋架端部上下弦之间的空间过低，多在跨中布置下沉天窗。横向天窗的缺点是窗扇形状受屋架形式限制、构造复杂、厂房纵向刚度较差、防水问题要特别注意。

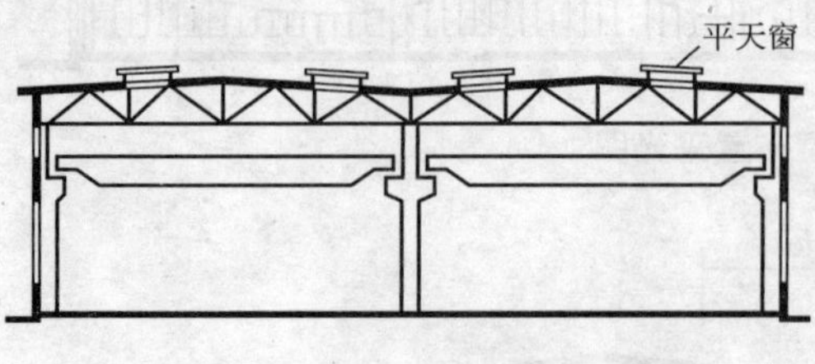

图 3.9　平天窗厂房剖面示意图

4) 平天窗

平天窗是在屋面板上设置的水平或接近水平的采光口，包括各种形式的采光罩。这种形式的采光口采光效率非常高，比矩形天窗高2～3倍，且构造简单，几乎可以安装在屋顶的任何部位，不影响主体结构，现在使用的非常广泛。平天窗厂房剖面如图 3.9 所示。

平天窗可分为大面积采光天棚、采光板、采光带和采光罩。大面积采光天棚主要是营建一个接近大自然的室内空间，设计时需要注意安全、防水、保温、节能和清洗。带形或板式天窗多数是在屋面板上开洞，覆以透光材料构成的。采光口面积较大时，则设三角形或锥形框架，窗玻璃或者其他透光材料斜置在框架上；采光带可以横向或纵向布置；采光罩是一种用有机玻璃、聚丙烯塑料或玻璃钢整体压铸的采光构件，其形状有圆穹形、扁平穹形、方锥形等多种形状，美观大方。采光罩可以分为固定式和开启式，开启式可以自然通风。采光罩的特点是质量轻、构造简单、布置灵活，由于装在高出屋面的边梁上，防水可靠。平天窗的优点是采光效率高。缺点是在采暖地区，玻璃上容易结露；在炎热地区，通过平天窗透进大量的太阳辐射热；在直射阳光作用下工作面上眩光严重，要考虑遮阳，安全防脱落问题也要考虑。此外，平天窗在尘多雨少地区容易积尘，为防止采光效果降低需要经常清洁维护。

3.4 自然通风和厂房剖面设计的关系

按照空气流动的动力不同，厂房的自然通风可分为机械通风和自然通风两种。

不采用机械设备，利用自然风力作为空气流动的动力来实现厂房的通风换气、调节室内温湿度的方式称为自然通风。自然通风特点是简单、经济、节能，但比较易受外界气象条件的限制，通风效果不能稳定。

当自然通风不能满足卫生标准或者特殊要求时，需要用机械设备来调节，称为机械通风。机械通风是依靠通风机来实现通风换气的，它要耗费大量的电能，设备投资及维修费高，但其通风稳定、可靠。

除个别的生产工艺有特殊要求的厂房和工段采用机械通风外，一般厂房通风设计时首选自然通风或以自然通风为主，辅之以简单的机械通风。为有效地组织好自然通风，在剖面设计中要正确选择厂房的剖面形式，合理布置进、排风口的位置，使外部气流不断地进入室内，迅速排除厂房内部的热量、烟尘及有害气体，创造良好的生产工作环境。

3.4.1 自然通风的基本原理

自然通风是利用空气的热压和风压进行通风换气的。

1. 热压通风

部分有热源的厂房内部生产时排放出大量热量，使厂房内部的气温比室外高。当室内空气温度升高时，体积膨胀、密度变小，和室外低温度、较高密度的空气形成了压力差。此时如果在建筑物的下部开设门窗口，由于室外空气所形成的压力要比室内空气所形成的压力大，则室外的冷空气就会经由下部门窗口进入室内，室内的热空气由厂房上部开的窗口(天窗或高侧窗)排出室外。进入室内的冷空气又被热源加热变轻，上升后由厂房上部窗口排出室外，冷空气又补充进来。如此循环，就在厂房内部形成了空气流动，达到了通风换气的目的。如图3.10所示为热压通风原理。

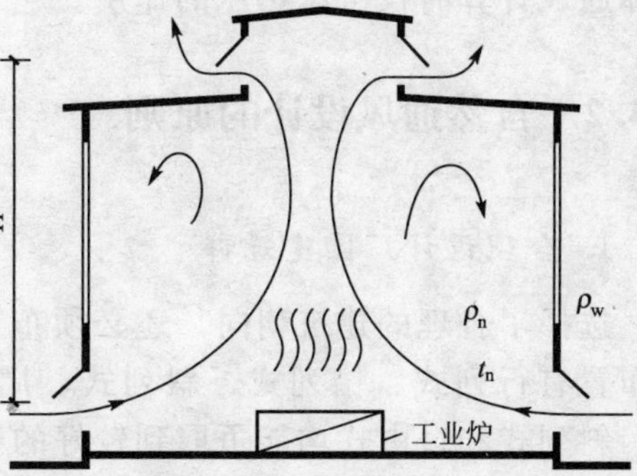

图3.10 热压通风原理图

这种厂房内外温度差形成的空气压力差称为热压。热压愈大，自然通风效果愈好。其计算公式为

$$\Delta P = gH(\rho_w - \rho_n)$$

式中：ΔP——热压(Pa)；

g——重力加速度(m/s^2)；

H——上下进排风口的中心距离(m)；

ρ_w——室外空气密度(kg/m^3)；

ρ_n——室内空气密度(kg/m^3)。

公式表明，热压的大小与上下进排风口中心线的垂直距离以及室内外温度差成正比。为了加强热压通风，厂房建筑设计时，可以设法增大上下进排风口的垂直距离。

2. 风压通风

当风吹向房屋时，迎风墙面空气流动受阻，风速减小，使风的动能变为静压，作用在建筑物的迎风面上，使迎风面上所受到的压力大于大气压，从而在迎风面形成正压区。风在受到迎风面的阻挡后，从建筑物的屋顶及两侧快速绕流过去。绕流作用增加的风速使建筑物的屋顶、两侧及背风面受到的压力小于大气压，形成负压区。若在建筑物迎风面及背风面开设洞口，气流就会从正压区流向负压区，形成室内外的通风换气，如图3.11所示。

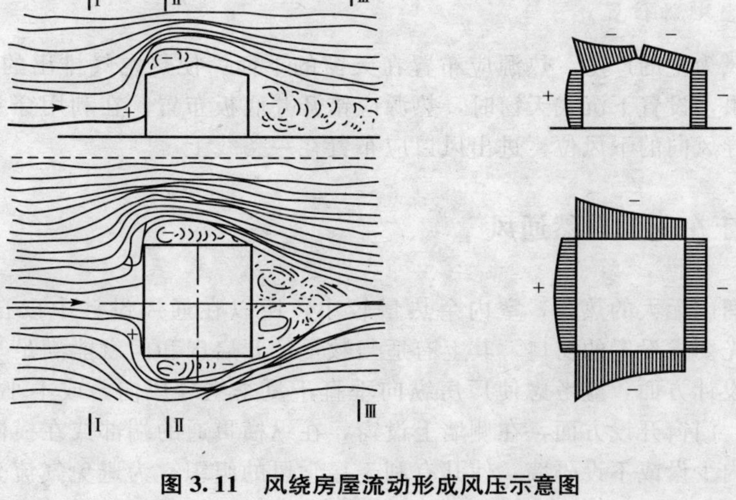

图3.11 风绕房屋流动形成风压示意图

室内的自然通风一般是热压作用和风压作用的综合结果。从组织自然通风设计的角度看，风压通风对改善室内环境的效果比较显著。但是，由于室外风速和风向经常变化，在实际通风计算时仅考虑热压的作用。

3.4.2 自然通风设计的原则

1. 合理设计厂区建筑群

选择了合理的建筑朝向，还必须布置好建筑群体，才能组织好室内通风。建筑群的平面布置有行列式、错列式、斜列式、周边式、自由式等，从自然通风的角度考虑，错列式、斜列式和自由式均能争取到较好的朝向，自然通风效果良好。建筑物的高低错落也应考虑加以排列，以有利于通风。

2. 选择合适的建筑朝向

为了组织好自然通风，应限制厂房宽度并使其长轴垂直于当地夏季主导风向。从减少建筑物的太阳辐射和组织自然通风的综合角度来说，厂房南北朝向是最合理的。

3. 导风设计

选择合适的门窗及设施，可以起到很好的挡风、导风的作用。中轴旋转窗扇、水平挑檐、挡风板、百叶板、外遮阳板及绿化均是挡风、导风经常用到的，这些可以用来很好的组织室内通风。

4. 厂房开口位置适当

如果进风口和出风口都设在中央，室内气流分布好。进风口直对着出风口，会使气流直通，风速较大，但风场影响范围小。人们把进风口直对着出风口的风称为穿堂风。如果进出风口错开，风场影响的区域会较大。如果进出风口都开在正压区或负压区一侧或者整个房间只有一个开口，则通风效果较差。为了获得舒适的通风，开口的高度应较低，使气流能够作用到人身上，同时增大上下进排风口的垂直距离，高侧窗和天窗可以使顶部热空气更快导出。通常，取出风口比进风口面积大，对于自然通风更有利。

5. 合理布置热源位置

以热压通风为主的厂房，热源应布置在天窗的下面，使热空气排出的路线短捷顺畅，为提高通风效果，设置下沉式天窗时，热源应错开井底板布置。在利用穿堂风时，热源应布置在夏季主导风向的下风位，进出风口应布置在一条线上。

3.4.3 冷加工车间的自然通风

冷加工车间内无大的热源，室内余热量较小，所以在通风设计中以自然风压通风为主，一般按采光要求设置的窗口，其上有适当数量的开启扇和门就能满足车间的通风换气要求。在朝向设计方面，应考虑使厂房纵向垂直于夏季主导风向，或不小于45°倾角，并限制厂房宽度。门窗开设方面，在侧墙上设窗，在纵横贯通的端部或在横向贯通的侧墙上设置大门，室内少设或不设隔墙，使其有利于穿堂风的组织。为避免气流分散，影响穿堂风的流速，冷加工车间不宜设置通风天窗，但为了排除积聚在屋盖下部的热空气，可以设置通风屋脊。

3.4.4 热加工车间的自然通风

热加工车间内除了有大量的热源外，还可能有灰尘和有害气体。因此热加工车间更要充分利用热压原理，合理设置进排风口位置，有效地组织自然通风，给厂房室内一个健康的环境，如图 3.12 所示。

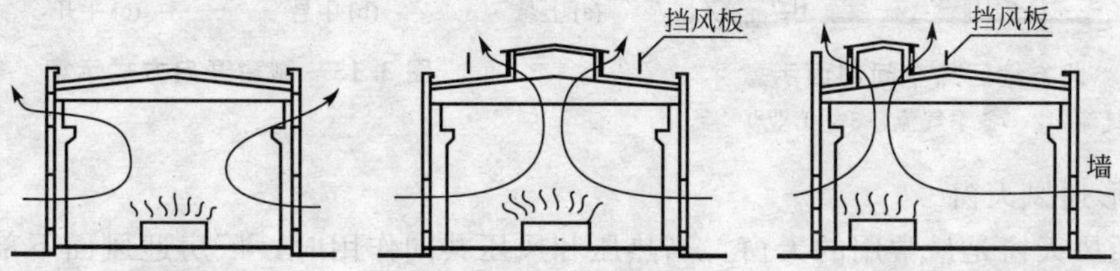

图 3.12 排气口位置

1. 进排风口设计

我国南北区域气候差异较大，建造地区不同，热加工车间进、排风口布置也应不同。南方地区夏季炎热、时间长，冬季时间短、气候温和。南方地区散热量大的车间的剖面形式如图 3.13 所示。墙下部为开敞式，屋顶设通风天窗。为防雨水溅入室内，窗口下沿应高出室内地面 60～80 cm。因为冬季不冷，无需调节进排风口面积控制风量，故进排风口可不设窗扇，但为防雨水飘入室内，必须设挡雨板。

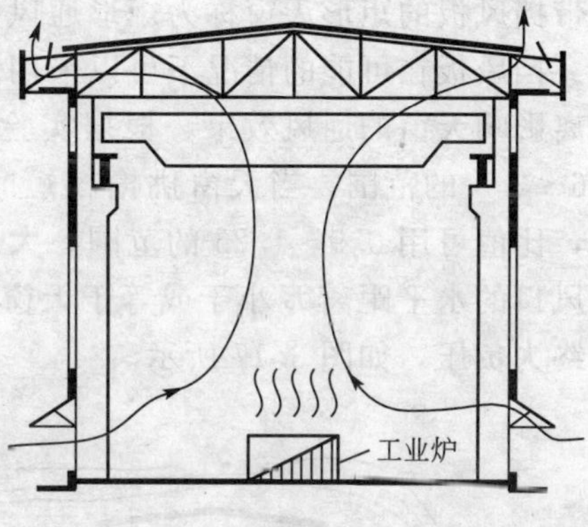

图 3.13 南方地区热车间剖面示意

对于北方地区散热量很大的厂房由于冬季、夏季温差较大，进排风口均须设置窗扇。常用厂房剖面形式如图 3.14 所示。夏季可将进排风口窗扇开启组织通风，根据室内外气温条件，调节进排风口面积进行通风。冬季，应关闭下部进风口，开上部(距地面大于2.4～4.0 m)的进气口，以防冷气流直接吹至工人身上，对健康有害。

侧窗窗扇开启方式有上悬、中悬、立旋和平开 4 种。其中，平开窗、立旋窗阻力系数小、流量大、方便开启，立旋窗可以导向，因而常用于进气口的下侧窗。其他位置须开启的侧窗可以用中悬窗(开启角度可达 80°)，便于开关。上悬窗开启费力，局部阻力系数大，不常用，因此，排风口的窗扇也常用中悬窗，如图 3.15 所示。

2. 通风天窗的选择

如果仅靠侧窗通风不能满足要求，厂房建筑往往在屋顶上设置通风天窗。通风天窗的类型主要有矩形和下沉式两种。

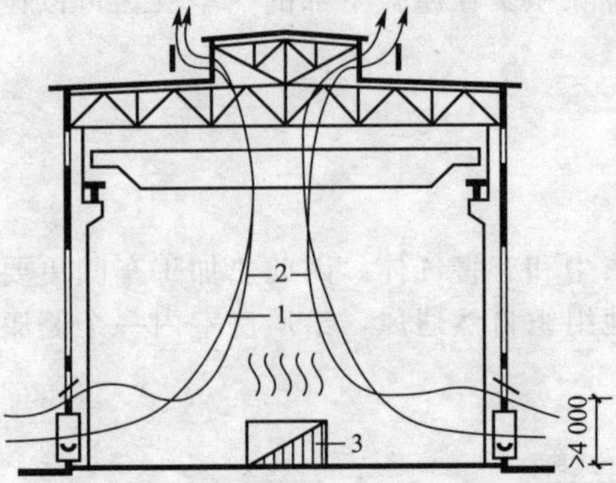

图 3.14　北方地区热车间剖面示意

1—夏季气流；2—冬季气流；3—工业炉

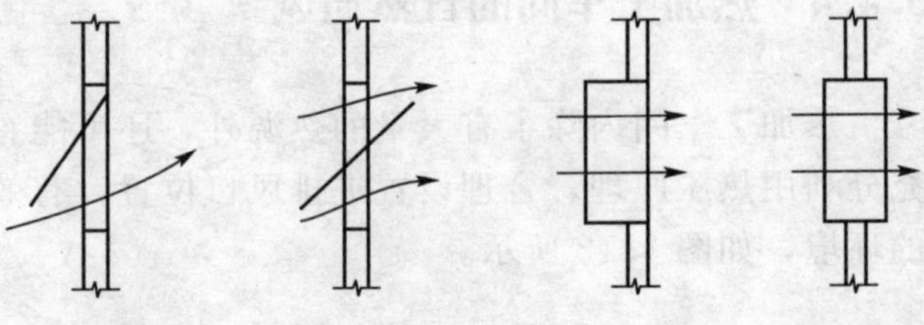

图 3.15　侧窗开启方式示意

1) 矩形通风天窗

矩形通风天窗是最常用的天窗。当热压和风压共同作用时，厂房迎风面下部开口的热压和风压的作用方向是一致的，因此，从下部开口的进风量比热压单独作用时大，如图 3.16 所示。如果风压大于热压时，上部开口不能排风，从而形成所谓的“倒灌风”的现象。为了避免这种现象，需要在天窗侧面设置挡风板，当风吹到挡风板时会产生气流飞跃，在天窗口与挡风板之间形成负压区，保证天窗在任何风向的情况下都能稳定排风。这种带挡风板的矩形天窗称为矩形通风天窗或避风天窗。

挡风板在可能的情况下可以采用倾斜的安装方式，以增强抽风能力。挡风板与窗口的距离影响天窗的通风效果，根据实验，挡风板距天窗的距离 L 和天窗口高 h 的比值应在 0.6～2.5 的范围。当天窗挑檐较短时，比值可用 1.1～1.5 的范围；当天窗的挑檐较长时，比值可用 0.9～1.25 的范围。大风多雨地区此值还可偏小。当平行等高跨两矩形天窗排风口的水平距离 L 小于或等于天窗高度 h 的 5 倍时，可不设挡风板，因为该区域的风压始终为负压，如图 3.17 所示。

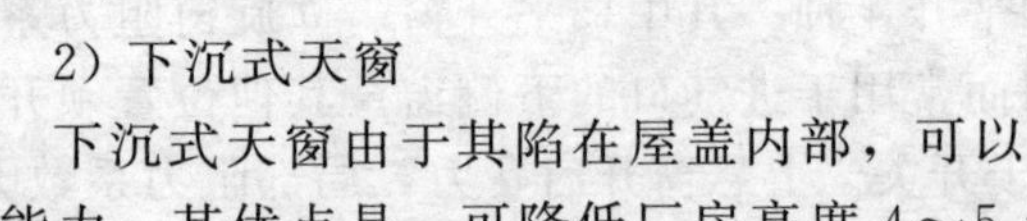

图 3.16　矩形通风天窗

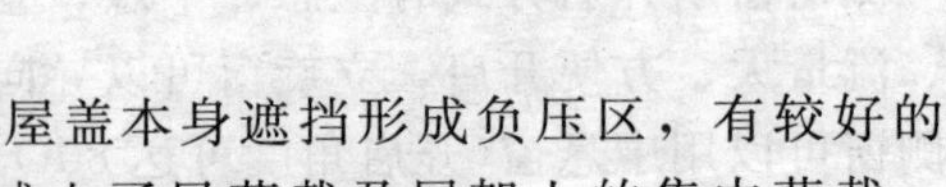

图 3.17　天窗互起挡风作用

2) 下沉式天窗

下沉式天窗由于其陷在屋盖内部，可以利用屋盖本身遮挡形成负压区，有较好的通风能力。其优点是：可降低厂房高度 4～5 m，减少了风荷载及屋架上的集中荷载，可相应减小柱、基础等结构构件的尺寸，节约建筑材料，降低造价；由于重心下降，抗震性能好；由于通风口处于负压区，通风稳定；布置灵活，热量排除路线短，采光均匀等。其缺点是：屋架上下弦受扭，屋面排水复杂，因屋面板下沉有时室内会产生压抑感。

下沉式通风天窗有纵向下沉式、横向下沉式以及井式下沉式 3 种布置方式。

(1) 纵向下沉天窗是沿厂房的纵向将一定宽度的屋面板下沉(如图 3.18 所示)，可布置在屋脊处或屋脊两侧。

(2) 横向下沉式天窗每隔一个柱距或几个柱距就将整个跨度的屋面板下沉(如图 3.19 所示)。

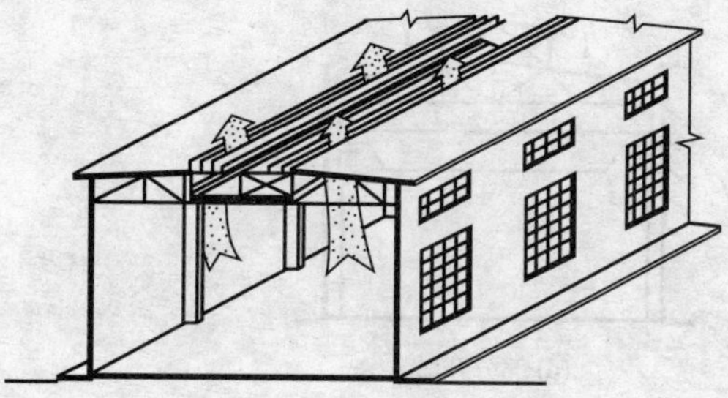

图 3.18 纵向下沉式天窗

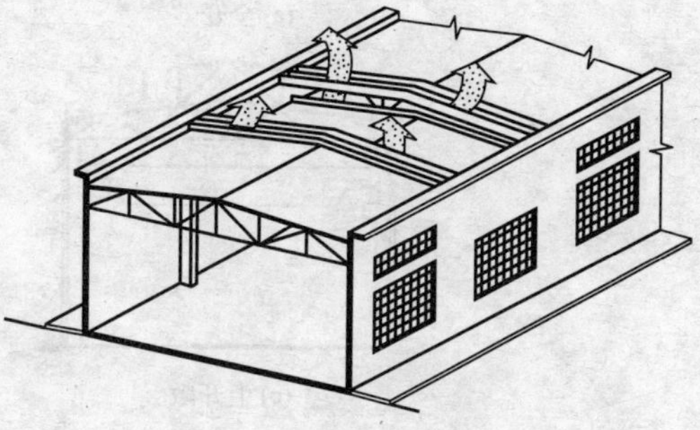

图 3.19 横向下沉式天窗

(3) 井式下沉式天窗是每隔一个柱距或几个柱距将一定范围的屋面板下沉。形成天井。可设在跨中(如图 3.20 所示)，也可设在跨边，形成中井式或边井式天窗。

除矩形通风天窗、下沉式通风天窗外，还有通风屋脊、通风屋顶(如图 3.21 所示)，在通风口处设置挡雨片或者挡风板，挡风板可以做成活动的，以便冬天关闭。在南方气候炎热地区的热加工车间，除采用通风天窗外，也可采用开敞式外墙，除了设置挡雨板挡雨外，不设窗扇，如图 3.22 所示。

图 3.20 井式下沉式天窗

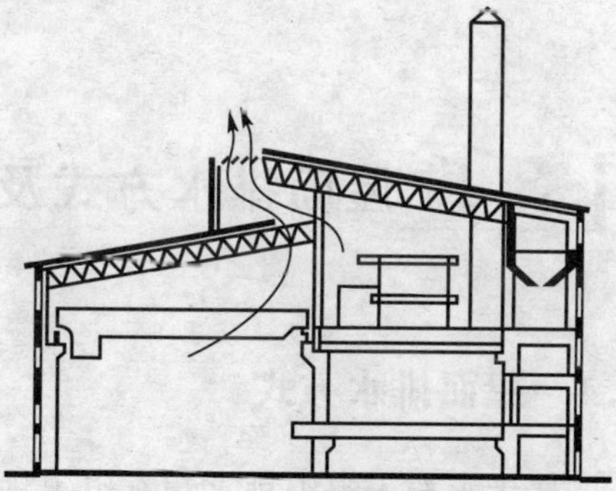

图 3.21 通风屋顶示意

3. 其他通风措施

在高低跨厂房中，为有效地组织通风，也可将高跨适当抬高，增大进、排风口高度差。此时不仅侧窗进风，低跨的天窗也可以进风，但低跨天窗与高跨之间的距离不宜小于 24～40 m，以免高跨排出的污染空气进入低跨。

在等高跨厂房中，应将冷热跨间隔布置，并用轻质吊墙把二者分隔，吊墙距地面 3 m 左右。实测证明，这种措施通风有效，气流可由冷跨流向热跨，热气流由热跨通风天窗排出，气流速度可达 1 m/s 左右，如图 3.23 所示。

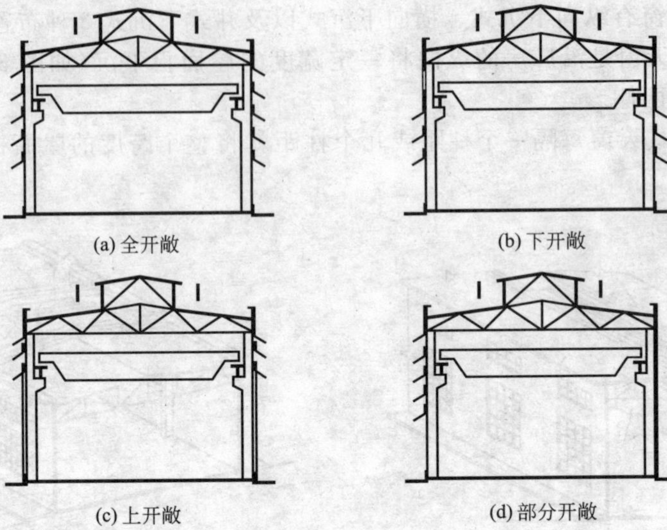

图 3.22 开敞式厂房剖面示意

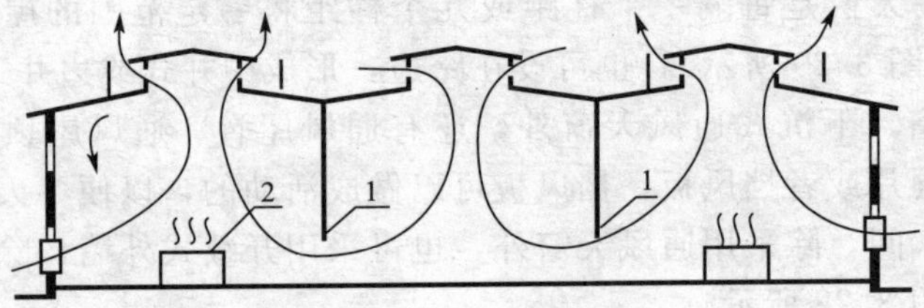

图 3.23 热源布置示意

1—吊墙；2—热源

3.5 屋面排水方式及其他问题对厂房屋顶形式的影响

3.5.1 屋面排水方式

厂房排水有无组织排水和有组织排水两种。其中有组织排水又分为外排水和内排水两种，如图 3.24 所示。

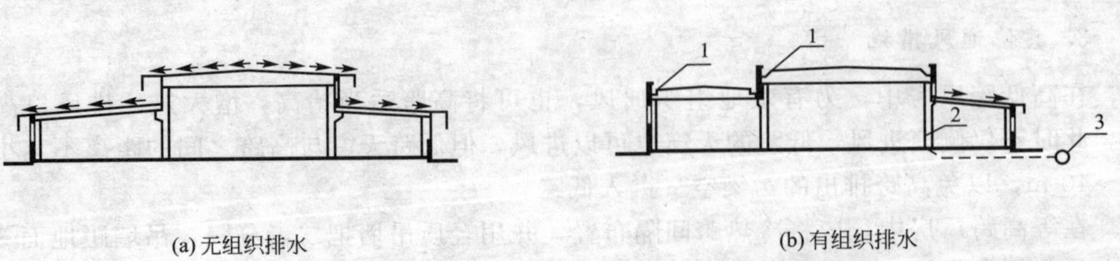

1—天沟; 2—雨水管; 3—地下排水面网

图 3.24 排水方式示意图

在多跨厂房中，为了排除雨水及考虑屋顶结构的特点，常把屋顶做成内天沟的多脊双坡形式，坡度在1/5～1/12之间。其特点是屋顶承重构件结构合理，材料消耗少，如图3.25所示。

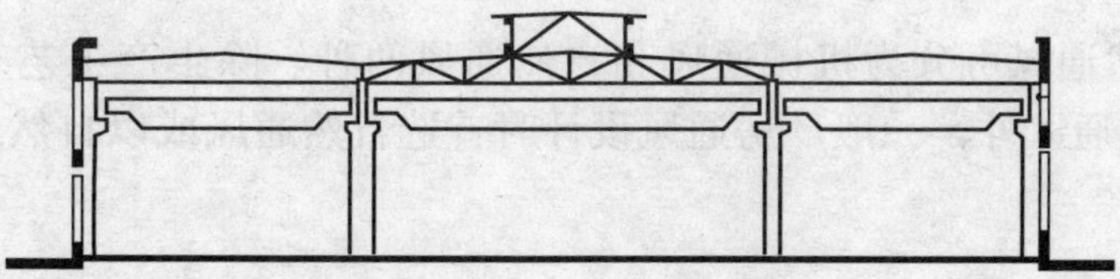

图 3.25 多脊双坡示意图

在厂房排水设计中也可以将惯用的多脊双坡排水改为缓长坡排水，经验证明，它不仅减少了天沟、雨水管及地下排水管网的数量，也简化了构造、降低了造价、减少了后期维修的麻烦，保证了生产的正常进行，如图3.26所示。

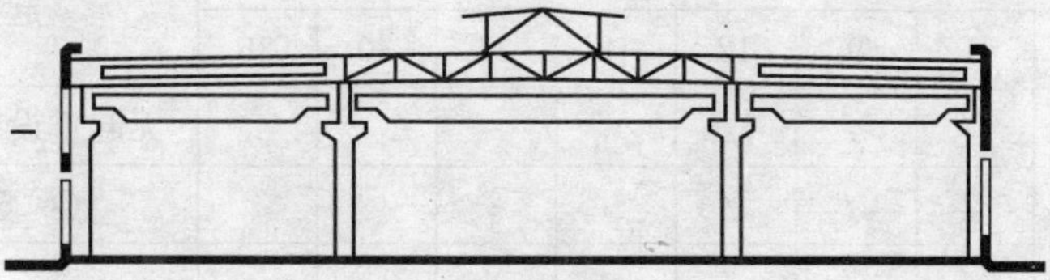

图 3.26 缓长坡排水示意图

3.5.2 其他问题

在剖面设计中还应考虑保温与隔热问题。

在采暖的厂房中，围护结构应具有一定得保温性能，在构造设计上也要具有严密性。尽量选择面积大小合适的门窗，合理、简洁的厂房剖面形式，使厂房的外墙散热面积最小，以降低能耗、节省能源。

夏季炎热地区，对厂房要考虑隔热措施，通常是使厂房的外墙面积较大以增加散热面积，做双层通风屋顶，以降低屋面内表面温度，减少对房间的热辐射。

本章小结

1. 厂房的剖面设计首先要考虑满足生产工艺的要求，确定适用经济的厂房高度；其次厂房剖面设计建筑参数应符合《厂房建筑模数协调标准》(GBJ 6—1986)；以及满足厂房的采光、通风、防排水及围护结构的保温、隔热等设计要求；构造的选择应经济合理，易于施工。

2. 厂房高度是室内地坪到屋顶承重结构下表面之间的距离。由于柱子是厂房竖向承重的主要构件，厂房高度常为柱顶标高。厂房的柱顶标高和牛腿标高应该遵守《厂房建筑模数协调标准》(GBJ 6—1986)。

3. 厂房天然采光设计是充分利用日光资源，提供高质量的采光条件。天然采光方式主要有侧面采光、顶部采光 、混合采光 3 种。一般工业建筑经常采用侧面采光或混合采光。厂房采光面积的确定，经常利用《工业企业采光设计标准》(GB 50033—1991)给出的窗地面积比的方法。

4. 厂房的自然通风可分为机械通风和自然通风两种。除生产工艺有特殊要求的厂房和工段需采用机械通风外，一般厂房通风设计时首选自然通风或以自然通风为主，辅之以简单的机械通风。

知识拓展——单层厂房的剖面常用尺寸

表 3-4　单层厂房剖面常用尺寸

厂房室内地面至柱顶的高度/m	厂房跨度/m							起重运输设备/t
	6	9	12	18	24	30	36	
3.0～3.9	√	√	√					无起重设备或有悬挂起重设备
4.2～4.5	√	√	√					$Q<5$ t，Q 为起重量
4.8～5.1	√	√	√	√	√			$Q<5$ t
5.4～5.7	√	√	√					
6.0～6.3	√	√	√	√	√	√		
6.6～6.9			√					
7.2	√	√	√	√	√	√	√	
7.8			√	√	√	√	√	
8.4			√	√	√	√	√	5 t$\leqslant Q \leqslant$12.5 t
9.6			√	√	√	√	√	5 t$\leqslant Q \leqslant$20 t
10.8				√	√	√	√	5 t$\leqslant Q \leqslant$32 t
12.0				√	√	√	√	8 t$\leqslant Q \leqslant$50 t
13.2～14.4					√	√	√	8 t$\leqslant Q \leqslant$50 t
15.8～18.0						√	√	20 t$\leqslant Q \leqslant$50 t

本章习题

1. 厂房高度的含义是什么？如何确定厂房高度？厂房其他各部分的高度与标高如何确定？

2. 厂房采光方式有哪些？

3. 天然采光的基本要求是什么？什么是采光系数？

4. 侧面采光具有哪些特点？天窗采光的类型与特点是什么？
5. 如何利用“窗地面积比”的方法进行采光计算？
6. 自然通风的基本原理是什么？
7. 如何布置热加工车间的进、排气口？
8. 通风天窗的类型与特点是什么？
9. 屋面排水对剖面有什么样的影响？

第4章 单层厂房立面及室内设计

【教学目标与要求】

- 了解厂房建筑立面设计的因素
- 掌握厂房建筑立面设计的手法
- 了解厂房建筑室内设计的要求

单层厂房的外部立面形象和内部空间处理的恰当与否会给人们某种精神方面的感受，如何根据生产工艺、施工水平、经济条件和建筑美学的处理手段设计出简洁明快、充分体现工业建筑特色的建筑形象是建筑设计人员要认真考虑。单层厂房的立面和室内设计是以生产性质和厂房体型组合为前提来考虑。厂房体型和内部空间组合设计必然受到生产工艺、结构形式、基地环境、气候条件以及环保要求等因素的制约。

4.1 立面设计

4.1.1 厂房立面设计以生产性质和厂房体型组合为基础

(1) 不同的生产工艺流程有着不同的平面布置和剖面处理手段，由此形成的厂房体型也不同。轧钢、造纸等工业，由于其生产工艺流程是直线的，多采用单跨或单跨并列体型，体型简洁；中小型机械工业一般采用垂直式生产流程，内部空间连通，厂房高度差一般差距不大，厂房的体型多为方形或长方形的多跨组合；重型机械厂的金工车间，由于产品和设备大小相差很大，厂房体型起伏较多；铸造车间往往各跨的高宽均有不同，有出屋面的设备，露天跨的吊车栈桥、烟囱等，体型组合较为复杂。

由于生产的机械化、自动化程度的提高及节约用地和投资，在国外常采用方形或长方形大型联合厂房。存散碎材料的储仓建筑多采用适于生产工艺的各种拱形或三角形剖面的通长体型。

(2) 结构形式对厂房体型和外立面有着直接影响。同是一种生产工艺，可以采用不同的建筑结构方案。厂房屋顶的承重结构形式在很大程度上决定着厂房的体型。如厂房的平屋顶、双坡屋顶、拱形和壳体屋顶等，造成的立面效果截然不同。

(3) 气象条件对厂房的体型组合也有一定的影响。炎热地区由于通风散热的要求，厂房体形多舒展、开敞，外墙周长较长，开窗数量较多，面积较大。寒冷地区由于防寒保温的要求，厂房的体形一般集中、紧凑，窗数量少，面积也较小。降雨量大的地区一般坡屋顶，降雨量小的地区一般平屋顶。

厂房的立面设计就是运用建筑构图规律在已有的厂房体形基础上利用柱子勒脚、门窗、墙面、线脚、雨篷等构件，进行有机的组合与划分，使立面取得简洁大方、比例恰当、节奏自然、色调质感协调统一的效果。

4.1.2 厂房立面设计常用的划分手法

厂房的立面设计常采用垂直、水平和混合等3种立面划分手法。

1. 立面垂直划分

单层厂房的纵向外墙，多为简单、扁长的条形，采用垂直划分可以改变墙面的扁平比例，使厂房显得雄伟、挺拔。这种组合大多根据外墙的结构特点，在一个柱距内利用柱子、侧窗等构件构成竖向线条的重复单元，然后进行有规律地重复分布，使立面具有垂直方向感，形成垂直划分。

厂房里吊车梁上下设的高低侧窗与凸出外墙面的柱子作竖向组合，在吊车梁处留有实墙面与窗洞形成明显的虚实对比，垂直的柱子与水平向的条窗和墙板，构成了既有垂直线条，又有水平连系的立面体系，使厂房的立面处理既达到完整统一，又有变化，取得了较好的整体效果。

综合起来看，垂直划分的立面设计主要是采用长墙短分的手法，以重点处理的窗户所垂直排列的侧窗成组分隔，既节奏分明，又打破了单调感，取得较好的立面效果，如图4.1所示。

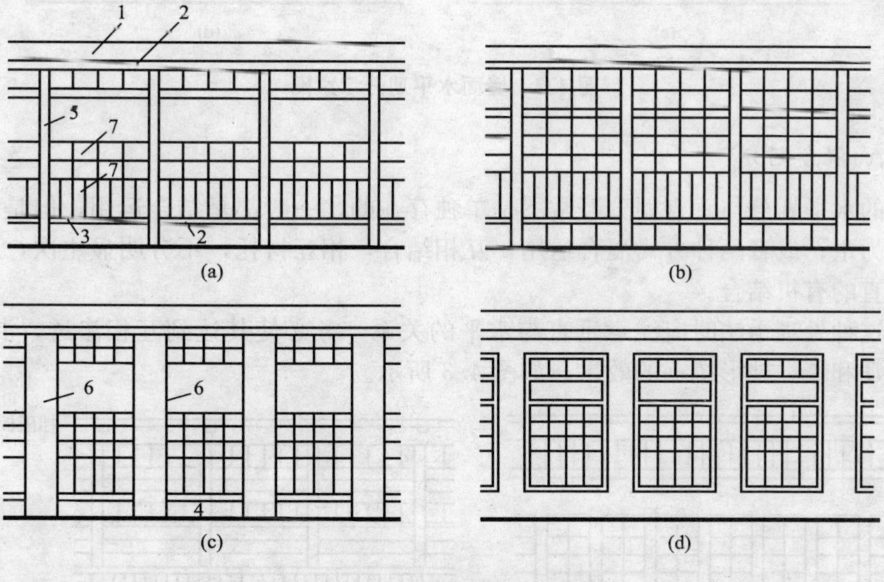

图4.1 墙面垂直划分示意图

1—女儿墙；2—窗眉线或遮阳板；3—窗台线；4—勒脚；5—柱；6—窗间墙；7—窗

2. 立面水平划分

厂房水平划分通常的处理手法是在水平方向设通长的带形窗，并可以用通长的窗眉线或窗台线，将窗连成水平条带；或者利用檐口、勒脚等水平构件，组成水平条形带；在开敞式外墙的厂房里，设置挑出墙面的多层挡雨板，用阴影的作用使水平线条更加突出；大型装配式墙板厂房，常以与墙板相同大小的窗户代替墙板，构成通长水平带形窗。也有用涂层钢板和淡色透明塑料制成的波纹板作为厂房外墙材料，它们与其他颜色墙面相间布置自然构成不同色带的水平划分，形成水平方向的线条，这样既可简化围护结构，又利于建筑工业化。

水平划分的外形简洁、舒展、大方，很多厂房立面都采用了这种处理手法(如图 4.2 所示)。

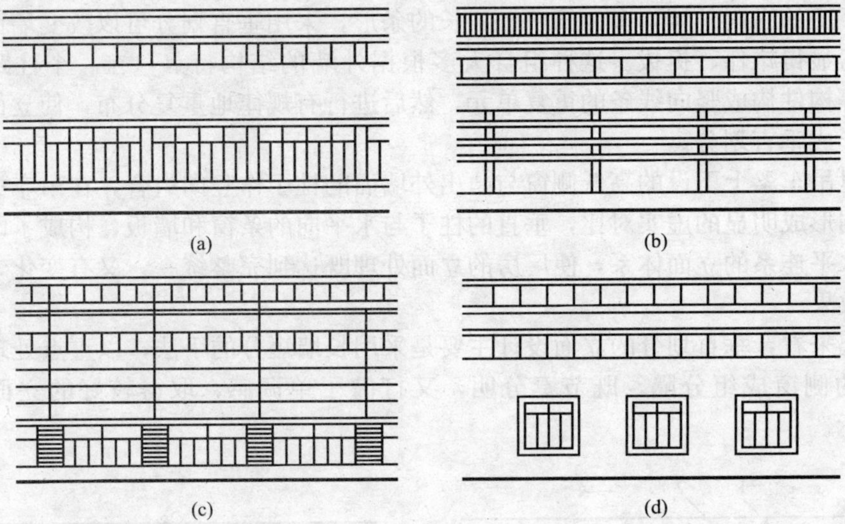

图 4.2　墙面水平划分示意图

3. 立面混合划分

立面的水平划分与垂直划分经常不是单独存在的，一般都是结合运用，但是其中会以某种划分为主；或者两种方式混合运用，互相结合，相互衬托，不分明显主次，从而构成水平与垂直的有机结合。

采用这种处理手法时应注意垂直与水平的关系，务必使其达到互相渗透，混而不乱，以取得生动和谐、外形统一的效果，如图 4.3 所示。

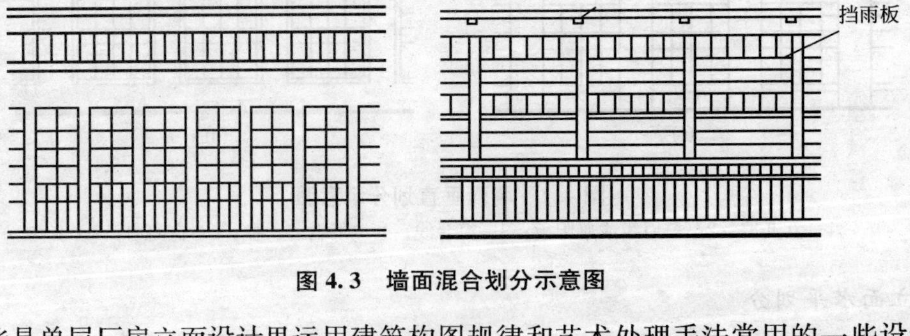

图 4.3　墙面混合划分示意图

这些是单层厂房立面设计里运用建筑构图规律和艺术处理手法常用的一些设计方法，在具体设计中还必须深入实际，具体情况具体分析，切忌生搬硬套。

4.2 室内设计

厂房室内设计是工业建筑设计的重要内容之一。

生产环境的优劣直接影响着生产者的身心健康，优良的室内环境除有良好的采光、通风外，还要使室内布置井然有序、整洁大方，色彩使人愉悦。良好的室内环境对职工的生理和心理健康有良好的作用，对提高劳动生产效率也十分重要。

厂房的承重结构、外墙、屋顶、地面和隔墙等构成了厂房内部空间形式，这些也是内部设计的重要内容；生产设备及其布置、管道组织、艺术装修及建筑小品设计、室内栽花种草、色彩处理等也都直接影响厂房内部的面貌及其使用效果，也是车间内部设计的有机组成部分，也是为职工创造良好工作环境的重要方面。

厂房内部设计是一项综合设计，它涉及各个工种业务，仅有建筑师是完不成此项任务的，必须各行专家通力合作去完成。组成厂房内部空间的建筑构件和其他内含成分作为一个统一体，应该全面地综合地进行构图设计。建筑师不仅要配合室内设计工作，而且还要组织、领导此项工作。因为建筑设计一开始就和厂房内部设计有直接联系，只有建筑师才能全面、系统地考虑这些问题，并协调这些问题。

影响厂房的室内设计有以下因素：

(1) 厂房承重结构的材料、形式和布置；

(2) 生产设备的布置；

(3) 管道组织；

(4) 室内绿化和建筑小品；

(5) 生产用家具；

(6) 宣传画及图表；

(7) 室内彩色处理。

4.2.1 厂房承重结构材料、形式和布置对室内设计的影响

厂房承重结构(柱、屋架)材料、形式的选用和布置都直接影响厂房内部的空间形式。因此，在选择结构材料和形式时，要适当地考虑内部空间的观感效果。不同生产要求、不同规模的厂房有不同的内部空间特点，但单层厂房与民用建筑或者多层工业建筑相比，其内部空间特点是非常明显的。单层厂房的内部空间规模大，结构清晰可见，有的厂房内有精美的机器、设备等。生产工序决定设备布置，也形成空间使用线索。

单层厂房的内部空间一般都比较大、高度也较为统一，在不影响生产的前提下，厂房的上部空间可结合灯具设计些吊饰，有条件的也可做局部吊顶；在厂房的下部可利用柱间、墙边、门边、平台下等生产工艺不便利用的空间布置生活设施，给厂房内部增添一些生活的因素。

厂房建筑中结构形式所形成的内部空间主要有以下 3 种形式：

1. 跨间式

跨间式是目前最常用的一种形式。多跨并列组成了厂房的平剖面形式。为了采光和通

风，屋顶上部设有各种形式的天窗。其特点是跨间纵向空间畅通，比较宽敞，不感到封闭和压抑，还具有明显的透视感和深远感。

钢筋混凝土屋架和双肢柱，其形式轻巧而空透。当采用钢结构时，因构件截面小，所以比钢筋混凝土构件还要轻巧和空透。

在这类空间中宜注意跨间端头山墙面的处理(壁画、浮雕等)，以丰富内部空间的艺术效果。

2. 方形柱网式

方形柱网是通用性很强的平面形式，现在应用的也很多。方形柱网的跨度和柱距大小相近或相等，其内部空间无明显的方向性。各结构的空间单元多为统一的，且相互连通，具有空间开阔性。整个厂房内部构图具有清楚的空间序列和富有节奏感。

方形柱网结构形式多为各种壳体，具有较好的艺术表现力，结构单元划分明确，从而使内部空间节奏感和韵律感增强。屋顶虽是大片实体覆盖结构，但它自然变化的曲面以及在壳面上开窗口的办法，仍能使人们感到它是薄壁而轻巧的结构形式。同时，其内柱较少，设备布置灵活，空间通透，也开阔了人们的视野，使内部空间具有流动连续的趋势。

3. 大厅式

大厅式的跨度大，高度也较大，形成一个完整的空间。其特点是开阔、雄伟而统一。

由于大跨度和大高度，使厂房经常设置天窗。各种形式的天窗是大厅式厂房内部最明亮的部分，最容易被人们观察到。它是内部建筑设计构图中最积极、最突出的因素之一，是画龙点睛之处。各种形式的天窗及其布置方式对内部空间有不同的影响，同时给人带来不同的感受。点式平天窗在屋顶上均匀布置，有如天空中的繁星点点，给人们以亲切自然感；带形天窗及其排列给人们以重复性的纵深感。

人们对厂房内部空间的感受，大多数是由一个空间过渡到另一个空间的过程中完成的。因此，内部空间构图的统一性是非常重要的。在厂房平剖面布置中不可避免地有一些需要隔开的工段、工作地点和各种用途的小房间。如果它们的位置选择不当，可能使整个空间被分割而显零乱。因此，应将这类房间加以集中，统一布局以保持内部空间的完整性和统一性。为减少遮挡和增加空透感，对某些需要分隔的工段、工作地点以及各种用途的小房间可采用封闭的隔墙进行分隔。

4.2.2 生产设备的布置

厂房内部空间处理应突出生产性质、满足生产要求，根据生产工艺流程线组织空间，形成规律。机器、设备的布置要合理，室内色彩应淡雅，机器、设备的色彩要既统一协调又有一定的变化。厂房内部设计应有新意，避免单调的环境使人产生疲劳感。

厂房中数量最多的是生产设备，它占有厂房主要的内部空间，其形式和布置对室内设计有较大的影响。在有许多设备(机械制造、纺织厂等)的大厂房中，墙、隔墙对室内设计的影响就退居次要地位，影响较大的是设备，一进厂房首先映入眼帘的是设备。设备形式、布置和色彩处理不仅满足生活工艺要求，也应考虑人们对其感受的效果。例如，采用形式优美、色彩悦目的机床可以有效地改善厂房内部空间的观感。水力、火力发电厂，原子能发电站内的设备就起到了创造内部空间的作用，具有雕塑形式的设备本身，有节奏的布置，配合强大的起重运输设备，就能创造一个给人印象深刻、有规律的构图。各种吊车、运输带及其他设备也积极地改变着室内空间。地上的运输工具(涂装亮的对比色)也是创造室内空间的因素。建筑师在做室内设计时应按整体构思尽量把它们组织到统一的内部构图中去。

设备布置可有下几种形式：

(1) 有规律成组的排列。厂房中相同的大型而复杂的设备布置宜按照形状、规格统一布置，或者接近，量大的设备形成有规律的成组的排列，用其形成的断续的节奏和轮廓线，一般能获得明显的组织性、规律性的视觉效果。

(2) 按区段分组配置颜色。为了避免一种形式的机床和辅助设备给人的印象单调、千篇一律，在这种情况下较好的处理手法是用颜色按区段分组，用颜色区别主要的和辅助的设备。

(3) 均匀布置交通运输通道。有的厂房因设备形状多样而复杂，生产设备的布置给人以无组织、无规律的感觉。此时，宜将车间交通运输通道在车间内均匀布置，突出和发挥通道在室内构图中协调统领的作用，相对地可改善设备布置无规律的感觉。

4.2.3 管道组织对室内设计的影响

厂房中经常有大量的管道，为了便于管理和维修宜集中设置，其布置、色彩等处理得当也能增加室内的艺术效果。

管道的标志色彩一般为：热蒸汽管、饱和蒸汽管涂红色，煤气管、液化石油气管涂黄色，压缩空气管涂浅蓝、乙炔管涂深蓝、给水管涂蓝色，排水管涂绿色，油管涂棕黄色，氢气管涂白色。

在管道组织布置原则：

(1) 内部管道尽量不要孤立无组织设置，应使它们成为内部整体构图中的有机组成部分。

(2) 各种用途的管道，应分别涂以色彩，根据工艺要求，有条理分散或者集中组合在一起，敷设在厂房内部的指定地点。

① 暗藏式。将管道布置在技术夹层中、吊顶和格构式的结构中。

② 敞露式。管道直接暴露在内部空间中。一般单层厂房中常敷设在屋架空间、天窗架空间中，双肢柱的腹杆区域内、吊车下面以及设备平台板的下面等处。

(3) 管道布置应在适应工艺流程的同时灵活性地布置，避免单调，千篇一律。

4.2.4 室内绿化和建筑小品对室内设计的影响

在厂房内部进行装饰性的绿化和美化可以在心理方面给人们愉悦的感受，可以加强人与自然环境的联系，还可起着改善室内小气候的作用，尤其是在厂房内生活间、休息室和人流较集中等地方进行绿化，效果就更显著。车间内部进行绿化一般有下列几种手法：

(1) 庭院式。在车间内的一个独立空间中布置人工绿化景点，它可起着绿化和公共小庭院的作用。

(2) 沿墙式。沿外墙布置，在观感上起着外部自然环境延续到室内的作用。

(3) 架空式。在一定高度绕柱植花或将花盆悬吊于屋架上，并进行有序列地摆放。

4.2.5 生产用家具对室内设计的影响

生产用家具(工作台、工具柜、废品箱等)的形式和色彩的选择是室内设计不可忽视的内容。这些家具的造型应简洁、美观、大方，并应和整个内部空间设计风格协调一致。

4.2.6 宣传画及图表对室内设计的影响

在厂房里，为了保证生产安全和应遵守的生产操作规程，在车间内一般都设有很多宣传画和图表。这些宣传画及图表在生产环境中可起到宣传教育的作用，应把它们放在一个适当的位置，纳入内部设计统一的构思中去。

在工作地点附近可以布置一些生产操作规程、劳动保护条例，形式要美观，字迹应工整、艺术。行政和群众组织的通知，也应分别布置在特制的宣传栏上。宣传栏宜放在车间入口、门厅和休息的地方。宣传栏可利用墙面或独立的宣传板，周围可布置一些盆栽花草。

4.2.7 室内彩色处理对室内设计的影响

1. 彩色的作用

打破车间内部的单调感及改变人们的心理状态，内部的色饰起着重要的作用。车间内部进行彩色处理可获得如下的效果：

(1) 提高车间内部的建筑艺术效果，可创造明快、舒适的劳动环境，使人们得到美的感受，提高劳动热情。

(2) 改善视力条件、降低视觉疲劳、提高生产操作的准确性、提高产品质量。

(3) 减少生产事故，保证安全生产。在设备、管道、工具、运输设备上施以标志色、警戒色以后，给人视觉上以强烈的吸引和刺激，引起人们精神上的集中，按警示要求，小心从事，可显著地提高生产技术安全效果。

生产工艺流程，零件加工特点(精确、脑力、体力、间断或连续、注视等)，结构形式和房间大小，天然采光和人工照明的光源(彩色和光谱的组成)，被色饰设备的用途、状态(动、不动)和大小；有无危险地段和危险程度，建造地区的气候条件，窗口朝向和室内小气候(温、湿、废气和灰尘)等都直接影响厂房内部的彩色选择。影响因素如此之多，但主要的还是生产工艺。

2. 室内彩色的分类

色彩是室内经常使用的经济有效的装饰品。建筑材料有固有的色彩，有的材料如钢构件、压型钢板等需要涂油漆防护，而油漆有不同的色彩。工业厂房体量大能够形成较大的色彩背景，在室内，色彩的冷暖、深浅的不同会给人以不同的心理感受。同时可以利用色彩的视觉特性调整空间感，尤其色彩的标志及警戒作用，在工业建筑设计中更为重要。

厂房内部的彩色一般分环境色、机械色和标志色，环境色是指厂房建筑内部的色彩。

1）室内环境色

由于色彩在人们心理上起着冷、暖、动、静、轻、重、远、近、紧缩和扩大等感觉，因此，在生产过程中散发出大量热量的及噪声较大的车间或经常在白炽灯照明下进行生产的车间宜用冷色，如浅蓝色、绿色、翠绿、湖蓝色等，可使室内趋于安静，使人有如置身于自然环境之中。温度正常、噪声小以及工作人员少的车间宜用暖色，如乳黄、橙黄、淡红、淡褐、草绿等色，使室内具有温暖、明亮的特点。又如在狭窄、低矮使人感到压抑的车间里，如果在顶棚和墙面上施以浅绿色或浅蓝色的涂料，车间可显得宽畅些。潮湿的房间(纺织、造纸、皮革、选矿)可采用暖色，它可给人造成房间干燥的感觉。生活间的更衣室宜采用低浓度的暖色，从心理方面减轻换衣时的寒战。淋浴间应施以冷色调，从心理上减轻闷热感。厕所、盥洗室宜施以浅亮色，以使室内保持清洁。

纺织厂噪声大、温湿度高、工人视野范围内大多是一些较大的织机。这类车间色彩的选择应遵循既要造成良好的视觉条件，又要在心理上感觉到减轻了噪声和湿度的原则。顶棚可用黄色，梁用天蓝色或黄色。黄色可减轻湿度感，天蓝色可减轻温度感。墙的面积较小，可采用暖色，柱子可涂绿色。

精密机床、仪表、光学仪器等精密性生产中的加工件非常纤细，加工时很费视力。在这些车间工作的工作人员的疲劳或兴奋都会影响产品质量和工作效率，为减轻疲劳、镇定精神宜选用浅蓝色或浅绿色。

室内环境色设计要有一些深浅的变化和局部的对比。一般的做法是，根据车间内部面积的不同将色彩分成三组：基本色、辅助色和重点色。

基本色应用于大面积的表面，如顶棚、墙面、大的设备等。辅助色应用于中等面积的表面，如柱子、地面、设备的某些部位。重点色是指小面积的色饰，应重点突出、醒目、有趣，使厂房增加新鲜悦目气息，并与基本色形成对比，如门厅、吊车、地面上运输工具、爬梯、栏杆等。

室内色彩的深浅变化，一般是上浅下深，大面积的色彩应比小面积稍淡一些。

色彩处理不仅美化环境，同时也能改善厂房的光照条件。因此，选择色彩的亮度(反射系数)主要根据上、中、下位置，并有所不同。开敞的屋架、梁及其类似的构件、起重运输吊车等，这些构件组成了厂房的上部空间，其色饰应采用亮色，其反射系数为50％～80％，顶棚的反射系数要大一点，应为60％～80％，墙、隔墙、柱、门反射系数为40％～55％，设备部分(机床、运输工具)反射系数为25％～55％，地面、墙的根部、设备基础反射系数为20％～45％。

在选择色彩时，还必须考虑人工照明对色彩效果的影响。由于人工光源和自然光源的光谱组成不同，因而其显色效果也有差异。如在红黄色调的室内，用发出红光较多的白炽灯照明时，会使红黄色调看上去更加鲜艳，使人感到温暖而华丽。若改用冷白色荧光灯照明，因为此种灯发出青蓝色光谱成分较多，使鲜艳的红黄色调被冲淡或罩上一层灰亮色，而破坏了温暖华丽的室内气氛。

2）机械色

机械色一般是由设备制造厂选定的，建筑师应积极参与或结合室内环境色彩设计的总体构想提出设备饰色的建议或方案与制造厂商议。

当设备不多，但体积较大，设备色饰应与背景色(顶棚、墙面)形成对比，则可使机器在室内显得突出、美观。当机器设备多，排列又较密时，宜采用与房间内表面比较调和的色调。

3）标志色

厂房中常用标志色：

(1) 红色：用来表示电气、火灾的危险标志；禁止通行的通道和门；防火消防设备、防火墙上的分隔门等。

(2) 橙色：危险标志，用于高速转动的设备、机械、车辆、电气开关柜门；也用于有毒物品及放射性物品的标志。

(3) 黄色：警告的标志，用于车间的吊车、吊钩等，使用时常涂装黄色与白色、黄色与黑色相间的条纹，提示人们避免碰撞。

(4) 绿色：安全标志，常用于洁净车间的安全出入口的指示灯。

(5) 蓝色：多用于给水管道，冷藏库的门，也可用于压缩空气的管道。

(6) 白色：是界线的标志，用于地面分界线。

本章小结

1. 单层厂房的立面和室内设计是以生产性质和厂房体型组合为前提来考虑的。厂房体型和内部空间组合设计必然受到生产工艺、结构形式、基地环境、气候条件以及环保要求等因素的制约。

2. 厂房立面设计常用常采用垂直、水平和混合等3种立面划分手法。

3. 厂房室内设计是工业建筑设计重要内容之一。影响厂房室内设计的有厂房承重结构的材料、形式和布置，生产设备的布置，管道组织、室内绿化和建筑小品、生产用家具、宣传画及图表和室内彩色处理等因素。

4. 厂房建筑中结构形式所形成的内部空间主要有跨间式、方形柱网式、大厅式。车间内部绿化可以用庭院式、沿墙式、架空式等手法。

5. 管道组织布置应使内部管道尽量不要孤立地无组织地设置，应使它们成为内部整体构图中的有机组成部分；各种用途的管道，应分别涂以色彩，根据工艺要求，有条理地分散或者集中组合在一起，敷设在厂房内部的指定地点；管道布置应在适应工艺流程的同时灵活性地布置，避免单调，千篇一律。

6. 厂房内部的彩色一般分环境色、机械色和标志色。环境色是指厂房建筑内部的色彩。机械色一般是由设备制造厂选定，厂房中常用标志色来区分表示危险、禁止、警告、安全和界线等。

知识拓展——厂房立面的设计知识

单层厂房的外部立面形象设计和内部空间的处理是相互影响、相辅相成的。外部立面形象是生产功能的外延，是构成厂房的重要组成部分。

现代社会，单层厂房的外部立面设计和内部空间设计应遵循生态、环保、节能的原则，寻求建筑、人和自然三者之间的和谐统一，创造一个健康、愉悦的绿色生态环境。

厂房的设计要遵循适用、安全、经济、美观建筑原则，客观反映建筑内在功能的组织逻辑，造型上力求适应时代变化、体现时代特色。设计中要考虑多视角的观赏效果，充分与周围环境协调，在满足使用功能的前提下，利用局部的造型及色彩、材质等变化来丰富建筑形体，达到建筑个性鲜明，特点突出的良好建筑形象。

本章习题

1. 厂房设计立面划分手法常用哪几种？特点是什么？
2. 影响室内设计的因素有哪些？
3. 你在课程设计中，立面是如何处理的？

课程设计任务书

题目：单层金工装配车间

一、设计目的和要求

通过理论教学、参观和设计实践，使学生熟悉有关设计规范及相关标准图集，初步了解一般工业建筑的设计原理；初步掌握建筑设计的基本方法和步骤；掌握单层厂房定位轴线布置的原则和方法；掌握单层厂房剖面、立面及详图设计的内容和方法。培养综合应用所学理论知识分析问题和解决问题的能力，进一步训练和提高绘图技巧及识读施工图的技能。

二、项目简介

本工程为长春市某金工装配车间，主要用于构件的机械加工与构件装配。厂房结构形式为装配式钢筋混凝土排架结构，工艺流程、吊车规格见附图。

三、设计内容与深度

1. 平面图(比例：1∶200)

(1) 进行柱网布置；

(2) 划分定位轴线并进行轴线编号；

(3) 布置围护结构及门窗；

(4) 绘出吊车轮廓线，标注吊车起重量 Q，吊车跨度 L_K，轨顶标高 H_1；

(5) 标注两道尺寸(轴线尺寸、总尺寸)；

(6) 绘出详图索引。

2. 剖面或纵剖面一个(比例 1∶200)

(1) 绘出柱、屋架、天窗架、屋面板、吊车梁、墙、门、窗、联系梁、基础梁、吊车、金属梯等；

(2) 标注两道尺寸及标高(室内外地面、门窗洞口、女儿墙顶、轨顶、柱顶标高)，画出定位轴线并进行编号；

(3) 标注详图索引。

3. 详图(1∶10、1∶20)

1）平面节点详图

绘出 5 个平面节点详图，要求绘出柱、墙、定位轴线，标出必要的尺寸(或文字代号)并进行轴线编号。

2）剖面节点详图

选择屋面及天窗节点详图 2 个，选择构造方式，进行细部处理。标注必要的尺寸、材料及做法。

四、附图

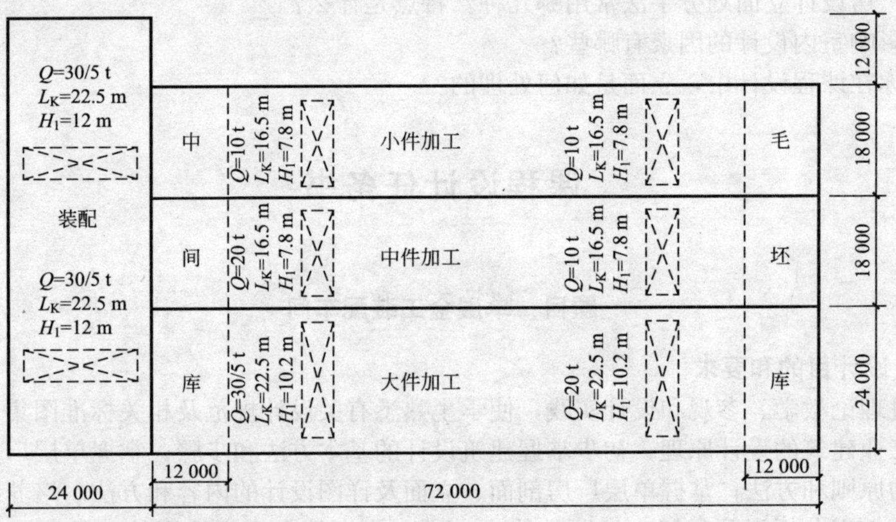

方案 1

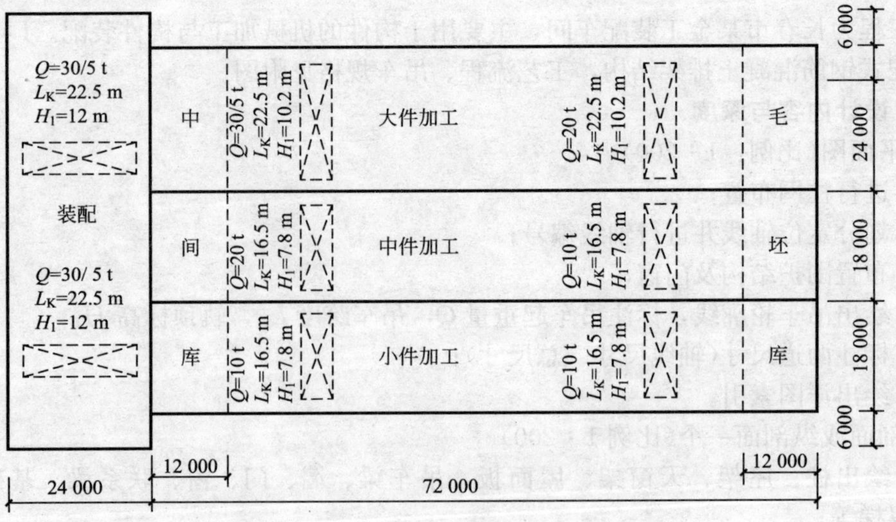

方案 2

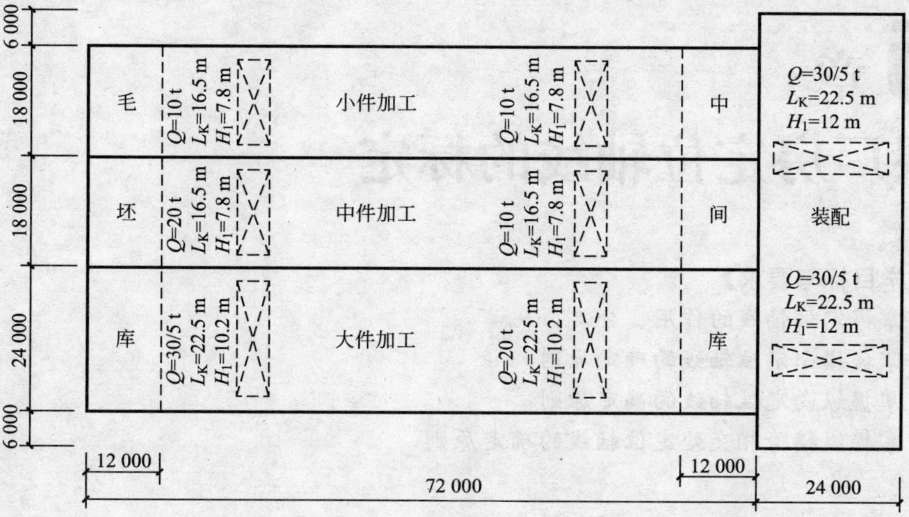
6 000
18 000
18 000
24 000
6 000
毛
坯
库
小件加工
中件加工
大件加工
中
间
库
装配
Q=10 t
LK=16.5 m
H1=7.8 m
Q=20 t
LK=16.5 m
H1=7.8 m
Q=30/5 t
LK=22.5 m
H1=10.2 m
Q=20 t
LK=22.5 m
H1=10.2 m
Q=30/5 t
LK=22.5 m
H1=12 m
12 000
72 000
12 000
24 000

方案 3

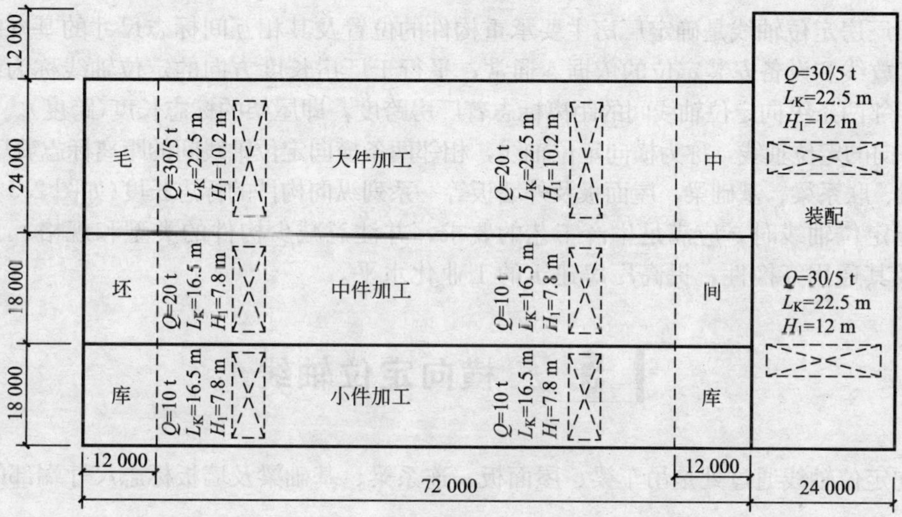
12 000
24 000
18 000
18 000
毛
坯
库
大件加工
中件加工
小件加工
中
间
库
装配
Q=30/5 t
LK=22.5 m
H1=10.2 m
Q=20 t
LK=22.5 m
H1=10.2 m
Q=20 t
LK=16.5 m
H1=7.8 m
Q=10 t
LK=16.5 m
H1=7.8 m
Q=30/5 t
LK=22.5 m
H1=12 m
12 000
72 000
12 000
24 000

方案 4

第5章 单层厂房定位轴线的标定

【教学目标与要求】

- 掌握定位轴线的作用、分类
- 掌握横向定位轴线的确定原则
- 掌握纵向定位轴线的确定原则
- 掌握纵横跨相交处定位轴线的确定原则

5.1 概　　述

单层厂房定位轴线是确定厂房主要承重构件的位置及其相互间标志尺寸的基准线，也是厂房施工放线和设备安装定位的依据。通常，平行于厂房长度方向的定位轴线称为纵向定位轴线，相邻两条纵向定位轴线间的距离标志着厂房跨度，即屋架的标志长度(跨度)。垂直于厂房长度方向的定位轴线，称为横向定位轴线，相邻两条横向定位轴线间的距离标志着厂房柱距，即吊车梁、联系梁、基础梁、屋面板及外墙板等一系列纵向构件的标志长度(如图2.5所示)。

标定定位轴线时，应满足生产工艺的要求，并注意减少构件的类型和规格、预制装配化程度及其通用互换性，提高厂房建筑的工业化水平。

5.2 横向定位轴线

横向定位轴线通过处是吊车梁、屋面板、连系梁、基础梁及墙板标志尺寸端部的位置。

5.2.1 中间柱与横向定位轴线的联系

除横向变形缝处及端部排架柱外，中间柱的中心线应与横向定位轴线相重合。此时，屋架端部位于柱中心线通过处。联系梁、吊车梁、基础梁、屋面板及外墙板等构件的标志长度皆以柱中心线为准。柱距相同时，这些构件的标志长度相同，连接构造方式也可统一，如图5.1所示。

5.2.2 横向伸缩缝、防震缝处柱与横向定位轴线的联系

在单层厂房中，横向伸缩缝、防震缝处一般是在一个基础上设双柱、双屋架。各柱有各自的基础杯口，这主要是考虑便于柱的吊装就位和固定。双柱间应有一定的间距，这是由于

双杯口壁要有一定的厚度和构造处理的要求而定的。如果其定位轴线的标定仍与中间柱的标定一样，则吊车梁间和屋面板间将出现较大的空隙使它们不能连接。由于吊车的运行和屋面封闭的需要，则须采用非标准的补充构件连接吊车梁和屋面板，如图 5.2 所示。这样处理使构件类型增多，不利于建筑工业化。为了不增加构件类型，有利于建筑工业化，横向变形缝处定位轴线的标定采用双轴线处理，各轴线均由吊车梁和屋面板标志尺寸端部通过。两轴线间的距离 a_i 为缝宽 a_e，即 $a_i=a_e$。两柱中心线各自轴线后退 600 mm，如图 5.3 所示。这样标定，吊车梁、屋面板等纵向连系构件的标志尺寸规格不变，与其他柱距处的尺寸规格一样，不增加补充构件。只是其与柱和屋架的连接处的埋设件位置有变，各自后退 600 mm。变形缝两侧柱间的实际距离较其他处的柱距减少 600 mm，但柱距的标志尺寸仍为 600 mm。

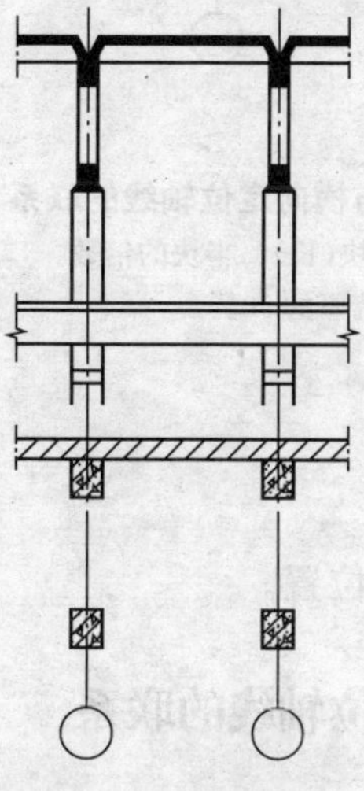

图 5.1　中间柱与横向定位轴线的联系

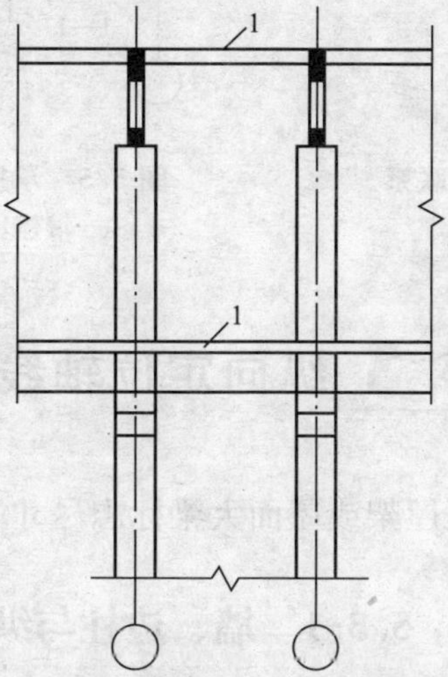

图 5.2　横向变形缝处柱与横向定位轴线的非标准联系方式

1—非标准的补充构件

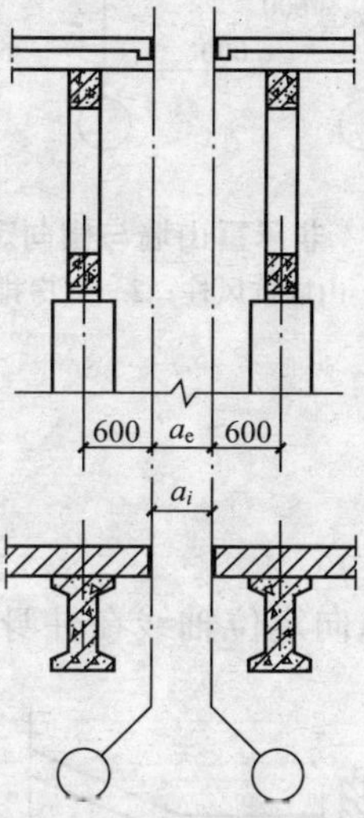

图 5.3　横向伸缩缝、防震缝处柱与横向定位轴线的联系

a_i—插入距；a_e—变形缝宽

5.2.3　山墙与横向定位轴线的联系

山墙为非承重墙时，墙内缘和抗风柱外缘应与横向定位轴线相重合。端部排架柱的中心线应自横向定位轴线向内移 600 mm，端部实际柱距减少 600 mm。定位轴线与山墙内缘重合，可保证屋面板端部与山墙内缘之间不出现缝隙，避免采用补充构件，如图 5.4 所示。端柱中心线自定位轴线内移 600 mm，是由于山墙设有抗风柱，该柱须通至屋架上弦或屋面梁上翼缘处，其柱顶用钣铰与屋架或屋面大梁相连接，以传递风荷载。因此，端部屋架或屋面梁与山墙间应留有一定的空隙，以保证抗风柱得以通上。一般情况下，端柱内移 600 mm 后所形成的空隙已能满足抗风柱通上的要求。同时也与变形缝处定位轴线的处理相同，以便于构件定型和通用互换。

山墙为砌体承重时，墙内缘与横向定位轴线间的距离 λ 应按砌体的块料类别分别为半块或半块的倍数或墙厚的 50%，如图 5.5 所示。这样规定，是考虑当前有些厂房仍有用各种块材(如各种砖或混凝土砌块)砌筑厂房外墙，以保证构件在墙体上应有的支撑长度，同时也照顾到各地有因地制宜灵活选择墙体材料的可能性。

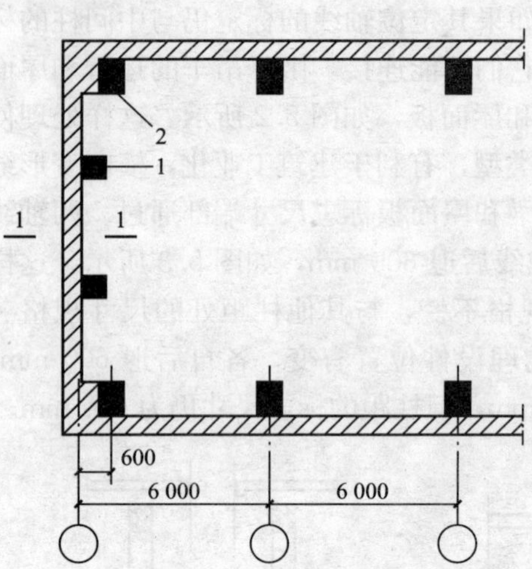

图 5.4　非承重山墙与横向定位轴线的联系
1—山墙抗风柱；2—厂房排架柱(端柱)

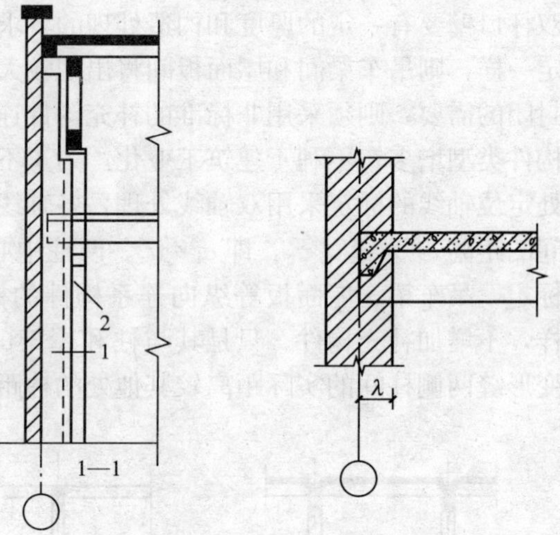

图 5.5　承重山墙与横向定位轴线的联系
λ—墙体块材的半块(长)、半块的倍数(长)或墙厚的 50%

5.3 纵向定位轴线

纵向定位轴线在柱身通过处是屋架或屋面大梁标志尺寸端部的位置。

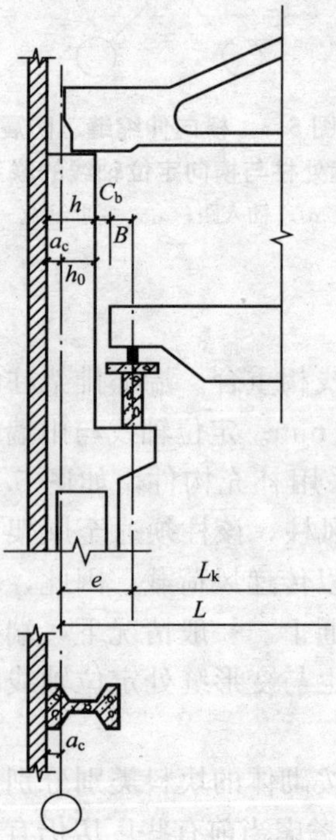

图 5.6　轴线与上柱宽度、吊车桥架端头长度及安全缝隙之间的关系

5.3.1　墙、边柱与纵向定位轴线的联系

纵向定位轴线的标定与吊车桥架端头长度、桥架端头与上柱内缘的安全缝隙宽度以及上柱宽度有关，如图 5.6 所示。图中：

h——上柱宽度，一般为 400、500 mm；

h_0——轴线至上柱内缘的距离；

C_b——上柱内缘至桥架端部的缝隙宽度(安全缝隙)，其值如表 5-1 所示；

B——桥架端头长度，其值随吊车起重量大小而异，如表 5-1 所示；

a_c——联系尺寸，即轴线至柱外缘的距离；

L——厂房跨度(m)；

L_k——吊车跨度(吊车轮距)(m)；

e——轴线至吊车轨道中心线的距离，一般取 750 mm；当吊车起重量大于 500 kN 时或有构造要求时，可取 1 000 mm；砌体结构的厂房中，当采用梁式吊车时允许取 500 mm。

为使吊车跨度与厂房跨度相协调，L 与 L_k 之间的

关系为 $L-L_k=2e$。

表 5-1　吊车桥架端部尺寸(B)及最小的安全缝隙宽度(C_b)值

吊车起重量/kN	<50	50～100	150/30～200/50	300/50～500/100	750/200
B/mm	186	230	260	300	350～400
C_b/mm	≥80	≥80	≥80	≥80	≥100

注：各厂产品不同表内数值略有出入。本表按国家标准《通用桥式起重机》(GB/T 14405—1993)选用。

由图 5.6 可知，

$$e=B+h_0+C_b$$

因为安全缝隙要等于或大于允许的缝宽，所以上式可写成

$$e-(B+h_0)\geqslant C_b$$

根据柱距大小和吊车起重量大小，纵向定位轴线的标定分以下两种情况：

1. 轴线与外墙内缘及柱外缘重合

即 $a_c=0$，$h=h_0$。

这种标定法适用于无吊车或只设悬挂式吊车的厂房以及柱距为 6 m，吊车起重量 $Q\leqslant$(200/50)kN 的厂房，如图 5.6 所示。

因为 $Q\leqslant200/50$ kN 时，其相应的参数为 $h=h_0=400$ mm，$B=260$ mm，$C_b\geqslant80$ mm。根据公式 $e-(B+h_0)\geqslant C_b$，即 750 mm－(260＋400)mm＝90 mm＞80 mm，说明安全缝隙大于允许的缝宽，构造合理，如图 5.7 所示。

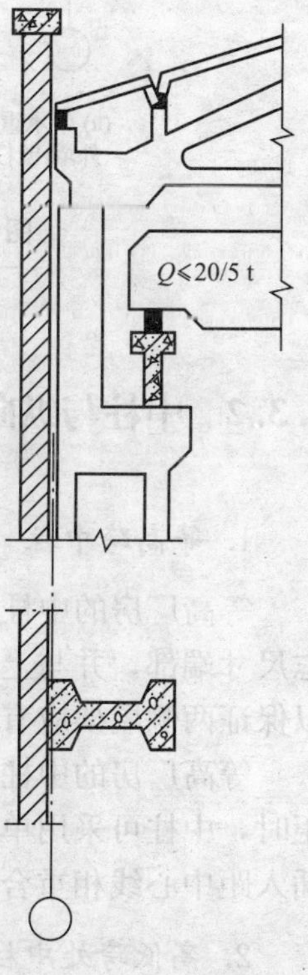

图 5.7　外墙、边柱与纵向定位轴线的联系

2. 轴线与柱外缘之间增设联系尺寸 a_c

即 $h_0=h-a_c$，a_c 值应为 300 mm 或其倍数。当墙体为砌体时，可采用 50 mm 或其整倍数。这种标定法适用于柱距为 6 m，吊车起重量大于等于(300/50)kN 的厂房(见图 5.6)。因为此时其相应参数为 $h=400$ mm；$B=300$ mm；$C_b\geqslant80$ mm。如果仍采用第一种标定法，即 $a_c=0$；$h=h_0$ 时，根据公式 $e-(B+h_0)\geqslant C_b$，即 750 mm－(300＋400)mm＝50 mm＜80 mm。

这说明，由于吊车起重量或柱距的增大，相应的 B 和 h 值也相应增大，如果仍采用第一种标定法，则不可能满足吊车运行时所需要的安全缝隙宽度的要求。因此，要采用第二种标定法，即在轴线不动的情况下，把柱外缘自轴线向外推移一个 a_c 值的距离，即 $h_0=h-a_c$。如果墙为砖砌体时，a_c 值取 50 mm 或其整数倍；如果为墙板，a_c 值取 300 mm 或其整数倍。则 h_0＝(400－50)mm＝350 mm。按公式 $e-(B+h_0)>80$ mm，即 750 mm－(300＋350)mm＝100 mm＞80 mm，可满足安全缝隙宽度的要求。

采用第二种标定时，必须注意保证屋架在柱上应有的支撑长度(当屋架等与柱刚接时除外)不得小于 300 mm，如果不足时则上柱头应伸出牛腿以保证支座长度。

在无吊车或只有悬挂式吊车的厂房中，当采用带有承重壁柱的外墙时，若壁柱较大，足够支撑屋顶承重构件，则墙内缘与纵向定位轴线相重合，如图 5.8(a)所示；若壁柱较小，不够支撑屋顶承重构件，则墙内缘与纵向定位轴线的距离应为墙体块材的半块或半块的倍数，如图 5.8(b)所示；当采用承重外墙时，墙内缘与纵向定位轴线间的距离宜为墙体块材的半块的倍数或使墙中心线与定位轴线相重合，如图 5.8(c)所示。

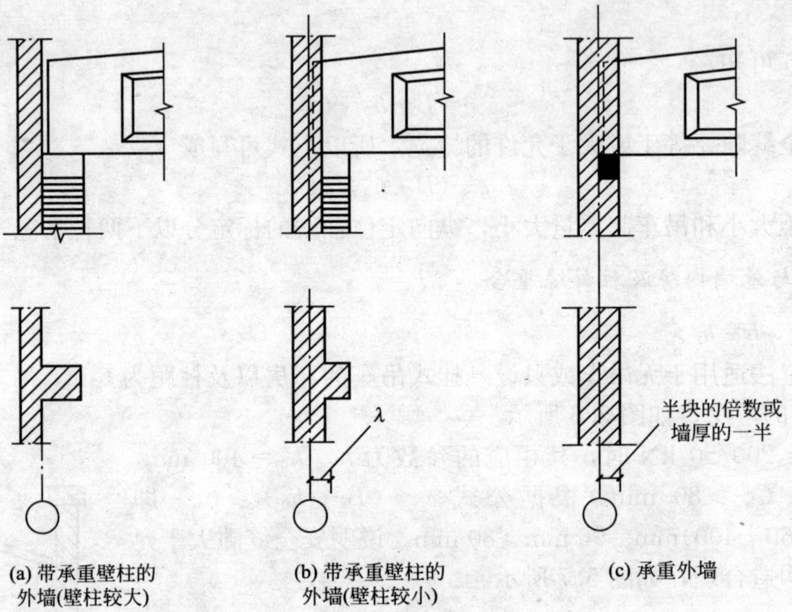

图 5.8　带承重壁柱的外墙及承重外墙与纵向定位轴线的联系

λ—墙材半块、半块倍数或墙厚 50%

5.3.2　中柱与纵向定位轴线的联系

1. 等高跨中柱

等高厂房的中柱，宜设置单柱和一条纵向定位轴线。定位轴线通过相邻两跨屋架的标志尺寸端部，并与上柱中心线相重合，如图 5.9(a)所示。上柱截面高度 h 一般取 600 mm，以保证两侧屋架应有的支点长度。上柱头不带牛腿，制作简便。

等高厂房的中柱，由于相邻跨内的桥式吊车起重量、厂房柱距或构造等要求须设插入距时，中柱可采用单柱及两条纵向定位轴线。插入距 a_i 应符合 3M 数列，上柱中心线宜与插入距中心线相重合，如图 5.9(b)所示。

2. 高低跨处中柱

高低跨处采用单柱时，如高跨吊车起重量 $Q \leqslant (200/50)$kN，则高跨上柱外缘与封墙内缘宜与纵向定位轴线相重合，如图 5.10(a)所示。

当高跨吊车起重量较大，即 $Q \geqslant (300/50)$kN 时，其上柱外缘与纵向定位轴线间宜设

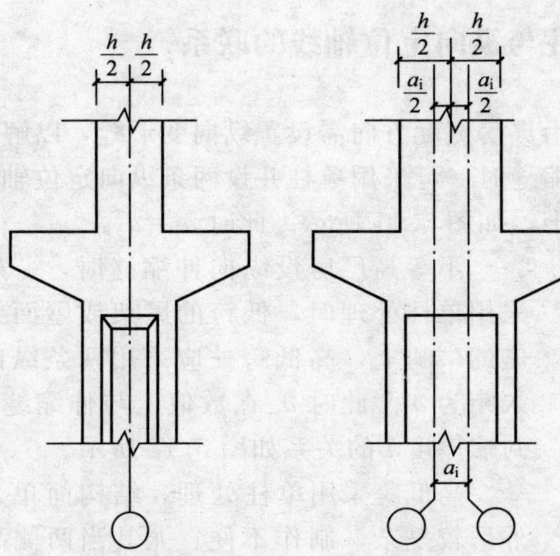

(a) 一条纵向定位轴线 (b) 两条纵向定位轴线

图 5.9 等高跨的中柱与纵向定位轴线的联系

联系尺寸 a_c，这时，应采用两条纵向定位轴线，两线间的距离为插入距 a_i。此时 a_i 在数值上等于联系尺寸 a_c，如图 5.10(b)所示。对于这类中柱仍可看作是高跨的边柱，只不过由于高跨吊车起重量大等原因，引起构造上需要加设联系尺寸 a_c，即相当于该柱外缘应自该跨定位轴线向低跨方向移动 a_c 的距离。但对低跨来说，为简化屋面构造，在可能时，其定位轴线则应自上柱外缘、封墙内缘通过，所以此时在一根柱上同时存在两条定位轴线，分属于高、低跨。

如封墙处采用墙板结构时，可按图 5.10(c)、(d)所示处理。

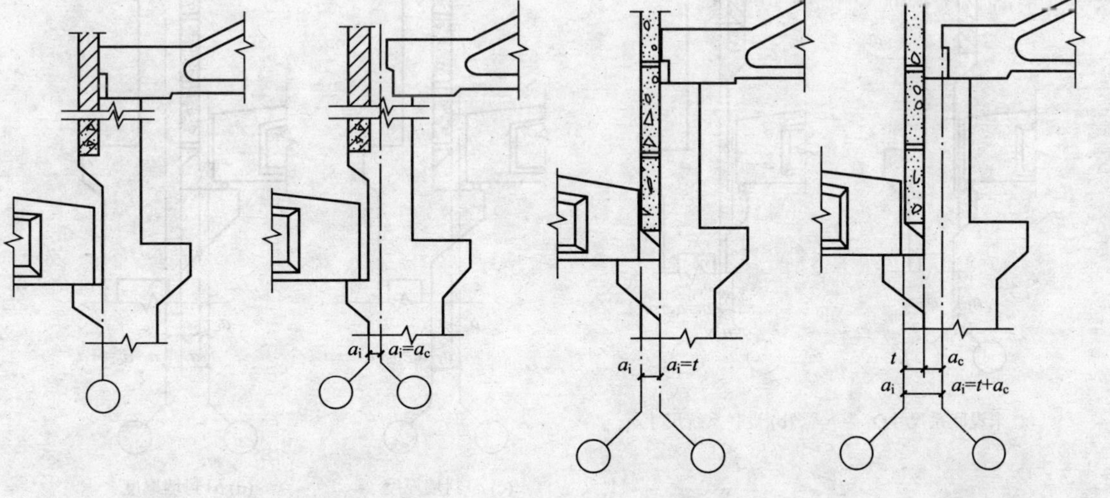

(a) 单轴线 (b) 双轴线 (c) 双轴线 (d) 双轴线

图 5.10 高低跨处中柱与纵向定位轴线的联系

a_i—插入距；a_c—联系尺寸；t—封墙厚度

5.3.3 纵向变形缝处柱与纵向定位轴线的联系

当厂房宽度较大时，沿厂房宽度方向需设置纵向变形缝，以解决横向变形问题。

等高厂房需设纵向伸缩缝时，可采用单柱并设两条纵向定位轴线。伸缩缝一侧的屋架或屋面梁搁置在活动支座上，如图 5.11 所示。此时 $a_i=a_e$。

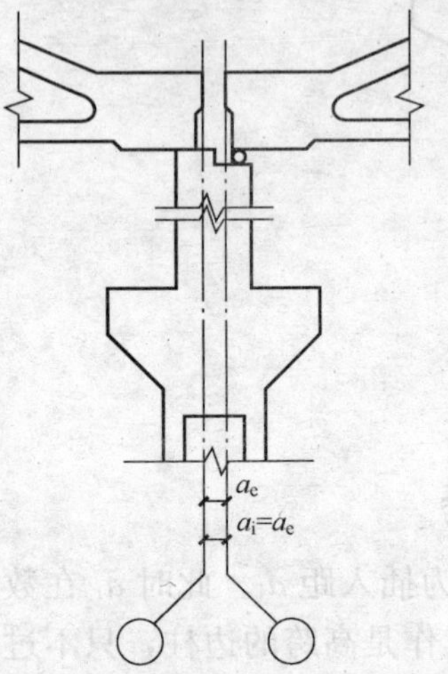

图 5.11 等高厂房纵向伸缩缝处单柱与双轴线的联系

不等高厂房设纵向伸缩缝时，一般设置在高低跨处。当采用单柱处理时，低跨的屋架或屋面梁可搁置在设有活动支座的牛腿上，高低跨处应采用两条纵向定位轴线，其间设插入距为 a_i。此时 a_i 在数值上与伸缩缝宽度 a_e、联系尺寸 a_c、封墙厚度 t 的关系如图 5.12 所示。

高低跨采用单柱处理，结构简单、吊装工程量少，但柱外形较复杂，制作不便。尤其当两侧高度差悬殊或吊车起重量差异较大时往往不甚适宜，这时伸缩缝、防震缝可结合沉降缝采用双柱结构方案。

当伸缩缝、防震缝处采用双柱时，应采用两条纵向定位轴线，并设插入距。柱与纵向定位轴线的定位规定可分别按各自的边柱处理，如图 5.13 所示。此时，高低跨两侧结构实际是各自独立、自成系统，仅是互相靠拢，以便下部空间相通，有利于组织生产。

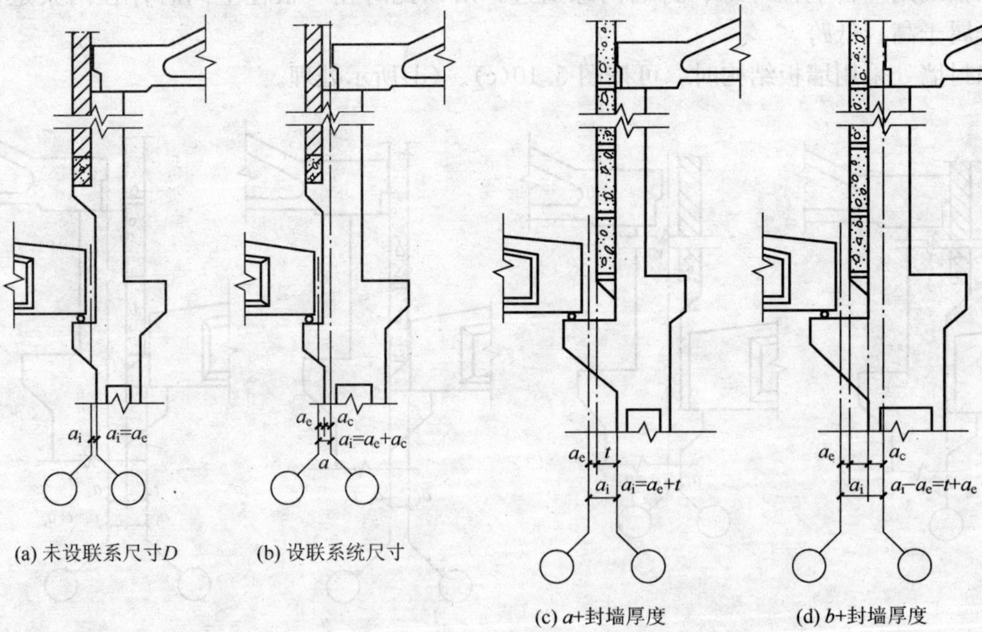

(a) 未设联系尺寸D (b) 设联系统尺寸 (c) a+封墙厚度 (d) b+封墙厚度

图 5.12 不等高厂房纵向伸缩缝处单柱与纵向定位轴线的联系

a_i—插入距；a_c—联系尺寸；a_e—伸缩缝宽；t—封墙厚度

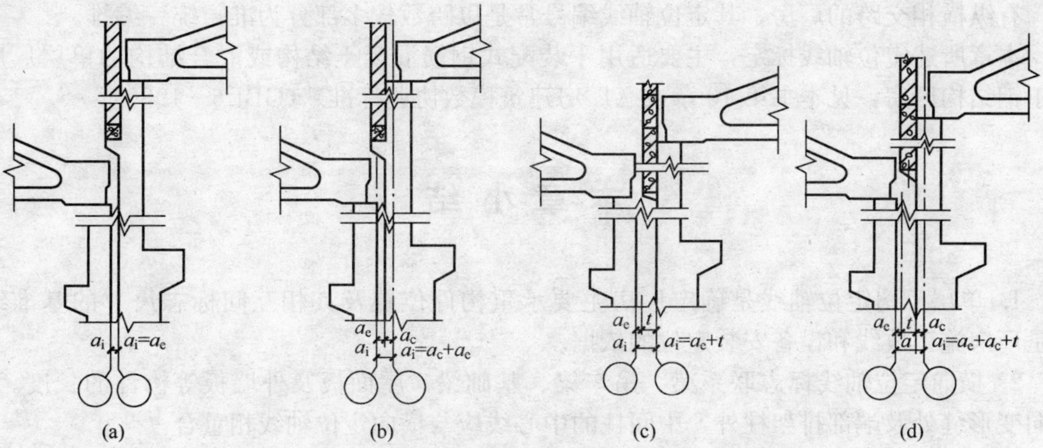

图 5.13 不等高厂房纵向变形缝处双柱与纵向定位轴线的联系

a_i—插入距；a_c—联系尺寸；a_e—变形缝宽；t—封墙厚度

5.4 纵横跨相交处的定位轴线

在厂房的纵横跨相交时，常在相交处设变形缝，使纵横跨各自独立。纵横跨应有各自的柱列和定位轴线。各轴线与柱的定位按前述诸原则进行，然后再将相交体都组合在一起。对于纵跨，相交处的处理相当于山墙处；对于横跨，相交处处理相当于边柱和外墙处的定位轴线定位。纵横跨相交处采用双柱单墙处理，相交处外墙不落地，成为悬墙，属于横跨。相交处两条定位轴线间插入距 $a_i = a_e + t$ 或 $a_i = a_e + t + a_c$，如图 5.14 所示，当封墙为砌体时，a_e 值为变形缝的宽度；封墙为墙板时，a_e 值取变形缝的宽度或吊装墙板所需净空尺寸的较大者。

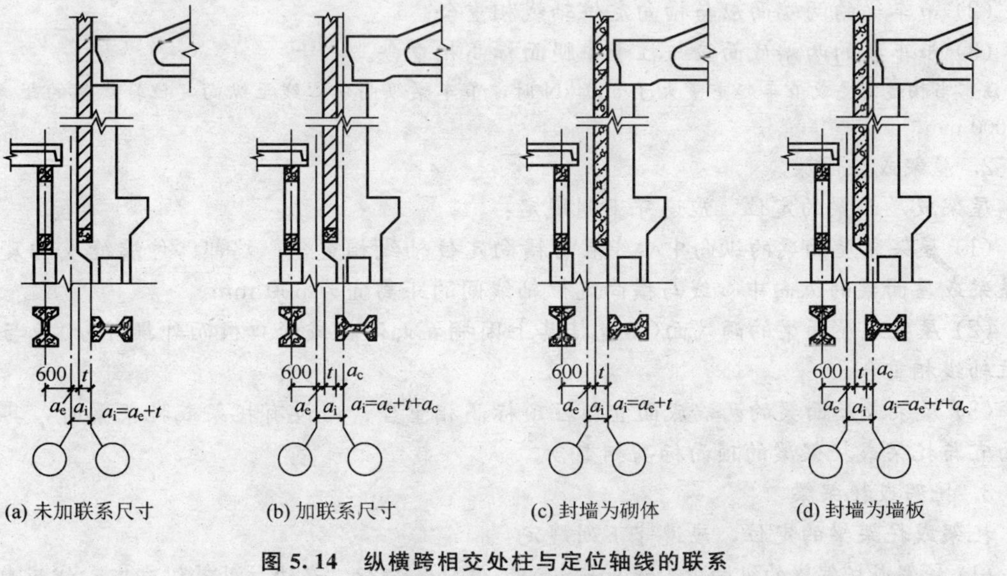

(a) 未加联系尺寸　(b) 加联系尺寸　(c) 封墙为砌体　(d) 封墙为墙板

图 5.14 纵横跨相交处柱与定位轴线的联系

a_i—插入距；a_c—联系尺寸；a_e—变形缝宽；t—封墙厚度

有纵横相交跨的厂房，其定位轴线编号常是以跨数较多部分为准，统一编排。

本章所述定位轴线标定，主要适用于装配式钢筋混凝土结构或混合结构的单层厂房，对于钢结构厂房，见本书第10章或《厂房建筑模数协调标准》(GBJ 6—1986)。

本章小结

1. 单层厂房定位轴线是确定厂房主要承重构件位置及其相互间标志尺寸的基准线，也是厂房施工放线和设备安装定位的依据。

2. 横向定位轴线标志联系梁、吊车梁、基础梁、屋面板及外墙板等构件的长度。除横向变形缝处及端部排架柱外，中间柱的中心线应与横向定位轴线相重合。

3. 纵向定位轴线标志屋架或屋面大梁的长度。

4. 根据柱距的大小和吊车起重量的大小，边柱纵向定位轴线的标定分轴线与外墙内缘及柱外缘重合(封闭结合)、轴线与柱外缘之间增设联系尺寸 a_c(非封闭结合)两种情况。

5. 中柱分等高跨中柱和高低跨处中柱与纵向定位轴线的联系。

6. 纵向变形缝处柱与纵向定位轴线的联系可采用单柱处理及双柱处理两种方式。

7. 在厂房的纵横跨相交时，常在相交处设变形缝，使纵横跨各自独立。纵横跨应有各自的柱列和定位轴线。各轴线与柱的定位按前述诸原则进行，然后再将相交体都组合在一起。

知识拓展——构件的定位

1. 吊车梁

吊车梁的定位，应遵守下列规定：

(1) 吊车梁的纵向中心线与纵向定位轴线间的距离宜为750 mm，如图5.15所示。

(2) 吊车梁的两端面应与横向定位轴线相重合。

(3) 吊车梁的两端底面应与柱子牛腿面标高相重合。

注：当构造需要或吊车起重量大于500 kN时，吊车梁纵向中心线至纵向定位轴线间的距离宜采用1 000 mm。

2. 屋架或屋面梁

屋架或屋面梁的定位，应遵守下列规定：

(1) 屋架或屋面梁的纵向中心线宜与横向定位轴线相重合；端部、伸缩缝或防震缝处的屋架或屋面梁的纵向中心线与横向定位轴线间的距离宜为600 mm。

(2) 屋架或屋面梁的两端面(不包括其上因搁置天沟板或檐口板而外挑部分)应与纵向定位轴线相重合。

(3) 屋架或屋面梁的两端底面宜与柱顶标高相重合；当设有托架或托架梁时，其两端底面宜与托架或托架梁的顶面标高相重合。

3. 托架或托架梁

托架或托架梁的定位，应遵守下列规定：

(1) 托架或托架梁的纵向中心线应与纵向定位轴线平行。在边柱处其纵向中心线应自纵向定位轴线向内移 150 mm，如图 5.16(a)所示；在中柱处，其纵向中心线应与纵向定位轴线相重合，如图 5.16(b)所示；当中柱设置插入距时，其定位规定与边柱处相同，如图 5.16(c)所示。

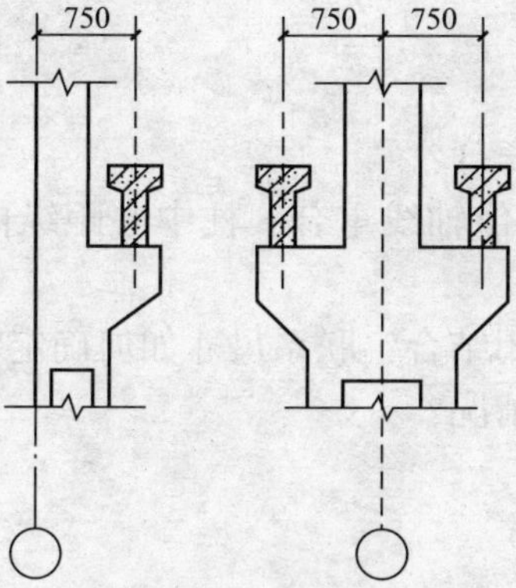

图 5.15 吊车梁与纵向定位轴线的定位

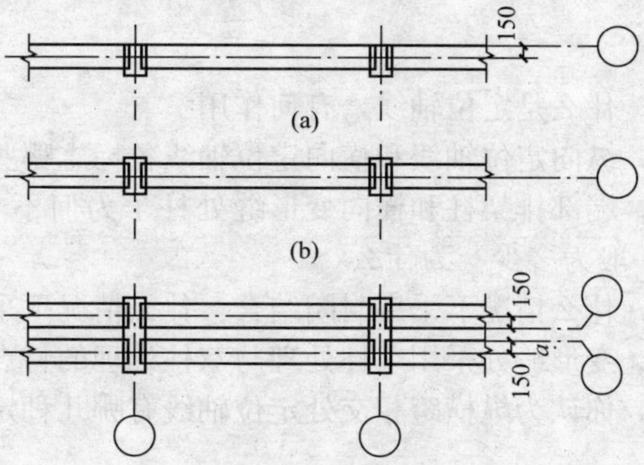

图 5.16 托架或托架梁与定位轴线的定位

(2) 托架或托架梁的两端面应与横向定位轴线相重合。

(3) 托架或托架梁的两端底面应与柱顶标高相重合。

4. 屋面板

屋面板的定位，应遵守下列规定：

(1) 每跨两边的第一块屋面板的纵向侧面应与纵向定位轴线相重合。

(2) 屋面板的两端面应与横向定位轴线相重合。

(3) 屋面板端头底面应与屋架或屋面梁的上缘顶部支撑面相重合。

5. 外墙墙板

外墙墙板的定位，应遵守下列规定：

(1) 外墙墙板的内缘应与边柱或抗风柱外缘相重合。

(2) 外墙墙板的两端面应与横向定位轴线或抗风柱中心线相重合。

(3) 外墙墙板的竖向定位及转角处的墙板处理应结合个体设计确定。

注：本条规定适用于纵向高低跨处封墙为墙板时的情况。

6. 主要构件的尺度

主要构件的尺度，应遵守下列规定：

(1) 柱的截面尺寸应为技术尺寸，长度应为模数化尺寸。

(2) 吊车梁的截面尺寸应为技术尺寸，长度应为模数化尺寸。

(3) 屋架各杆件和屋面梁的截面尺寸应为技术尺寸，屋架和屋面梁的长度应为模数化尺寸，支撑外挑天沟或檐口的外挑部分之长度应为技术尺寸。

(4) 托架各杆件和托架梁的截面尺寸应为技术尺寸，托架和托架梁的长度应为模数化尺寸，其端头高度应采用模数化尺寸。

(5) 屋面板的高度应为技术尺寸，宽度和长度应为模数化尺寸。

(6) 外墙墙板的厚度应为技术尺寸，宽度和长度应为模数化尺寸。

注：(1) 屋面板宽度应采用 1 500 mm 和 3 000 mm；

(2) 外墙墙板的宽度应采用 900、1 200 和 1 500 mm。

本章习题

1. 什么是定位轴线，有何作用?

2. 纵向定位轴线和横向定位轴线各标志哪些构件的长度?

3. 端部排架柱和横向变形缝处柱子为何不与纵向定位轴线重合? 柱中心距纵向定位轴线一般为多少? 为什么?

4. 什么情况下采用封闭结合? 什么情况下采用非封闭结合? 联系尺寸如何确定?

5. 变形缝处采用单柱处理与双柱处理的特点，适用情况?

6. 你认为纵横跨相交处定位轴线有哪几种定位情况?

第6章 单层厂房生活间设计

【教学目标与要求】

- 熟悉生活间的组成及各组成部分的设计要求
- 了解生活间设计特点及注意事项
- 熟悉生活间平面布置形式
- 掌握生活间构造

6.1 概　述

为了满足生产过程中的生产卫生及工人生活、健康的需要，为了保证产品质量、提高劳动效率，在工厂中除厂房外还需设置辅助用室，即生活间。

生活间应根据工业企业生产特点、实际需要和使用方便的原则设置，包括工作场所办公室、生产卫生室(浴室、存衣室、盥洗室、洗衣房)、生活室(休息室、食堂、厕所)、妇女卫生室。有时，为了生产和管理上的方便及考虑经济效果，也可把车间的行政科组、技术室、计划调度室、小型库房、工具室、磨刀间、机修间等行政办公用房、辅助生产用房和生活间集中布置在同一栋建筑物内。

6.1.1 生活间的设计

生活间应避开有害物质、病原体、高温等有害因素的影响。建筑物内部构造应易于清扫，卫生设备应便于使用。职工食堂、浴室应符合相应的卫生标准要求。应根据工业企业生产性质设置职业卫生及职业病防治管理机构并配备必要的仪器设备。

一般生活间中存衣室、厕所、浴室等用房多布置在首层，并设在出入口附近；设在楼上的生活间，宜在车间和生活间之间的出入口附近设置楼梯；办公室应布置在顶层；多层厂房的卫生间常与电梯间、竖井及其他公用房间集中起来设计成一个平面与竖向的共用单体。通用厂房的生活间多分散布置，适合于各自分租后自成整体。亦可与交通设施组成独立的单元分布在各出租区内。总之，各生活间的平面布局应根据生产的不同特征综合考虑，合理安排，符合厂房的工艺要求，避免人流的逆行及交叉。图6.1为生活间人流示意图。

6.1.2 生活间设计应注意的事项

生活间本属民用建筑，但位于厂区，并主要是为车间生产及生活服务的，所以设计中应注意以下事项：

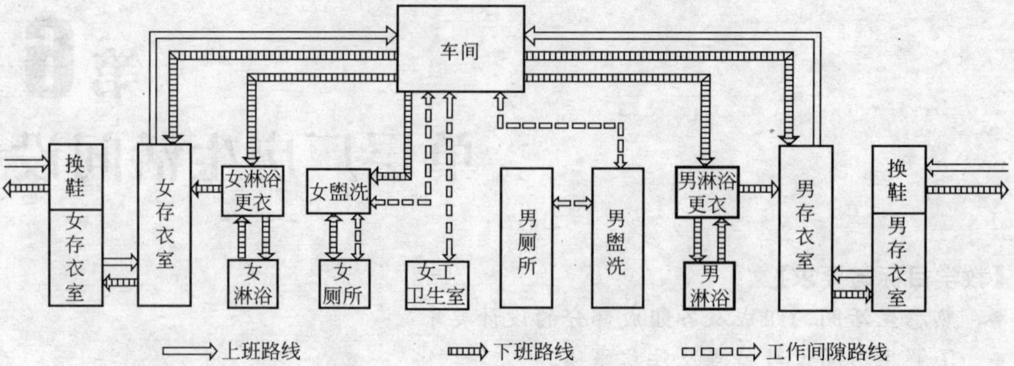

图 6.1　生活间人流示意

(1) 生活间的设计应本着“有利生产、方便生活”的原则，根据有关标准、规定，结合各车间的具体情况，因地制宜，区别对待，既要保证一定的卫生要求，又要反对铺张浪费。

(2) 生活间应尽量布置在车间主要人流出入口处，且与生产操作地点能方便联系，并避免工人上、下班时的人流与工厂内主要运输线(火车、汽车等)交叉。人数较多集中设置的生活间以布置在工厂内主要干道两侧且靠近车间为宜。

(3) 生活间应有适宜的朝向，注意在总图布置时使之能获得较好的采光、通风及日照等条件。

(4) 生活间不宜布置在有散发粉尘、毒气及其他有害气体车间的下风侧或顶部，并尽可能避免噪声及振动的影响，以免被污染和干扰。同时，生活间的位置也不应妨碍车间的采光、通风、运输和发展。

(5) 在生产条件许可及使用方便的前提下，力求利用车间内部的空闲位置设置生活间，或将几个车间的生活室合并建造，以节省用地和投资。

(6) 生活间的平面布置应注意使面积紧凑、人流通畅、男女分设、管道集中且与所服务车间有方便的联系。其质量标准可参照当地一般民用建筑，建筑形式和风格应与车间和厂区环境相协调。

6.2 生活间的组成

6.2.1 车间办公室

车间办公室宜靠近厂房布置，且应满足采光、通风、隔声等要求。

6.2.2 生产卫生室

应根据车间的卫生特征设置浴室、存衣室、盥洗室，根据有毒物质及粉尘和其他有害物质对人们影响伤害程度其卫生特征可分4级，如表6-1所示。

表6-1 车间的卫生特征分级

卫生特征级别	有毒物质	粉尘	其他	须设置的生产卫生用室(最低限)
1级	极易被皮肤吸收引起中毒的剧毒物质(如有机磷、三硝基甲苯、四乙基铅等)	—	处理传染性材料、动物原料(如皮毛等)	车间淋浴室，必要时设事故淋浴，并应设置不断水的供水设备；便服及工作服应分设存衣室、洗衣房、盥洗室
2级	易被皮肤吸收或有恶臭的物质，或高毒物质(如丙烯腈、吡啶、苯酚等)	严重污染全身或对皮肤有刺激的粉尘(如炭黑、玻璃棉等)	高温作业、井下作业	车间淋浴室，必要时设事故淋浴并应设置不断水的供水设备；便服及工作服可同室分开存放的存衣室、盥洗室
3级	其他毒物	一般粉尘(棉尘)	重作业	宜在车间附近或在厂区设置集中浴室，便服及工作服可同室存放，盥洗室
4级	不接触有害物质或粉尘，不污染或轻度污染身体(如仪表、金属冷加工、机械加工等)	—	—	浴室可在厂区或居住区设置集中浴室，工作服可在车间适当地点存放或与休息室合并，盥洗室

1. 淋浴室

车间淋浴室应按卫生要求和生产污染程度选择不同的形式(见表6-1)。淋浴室应采取防水、防潮、排水和排气措施，且不宜直接设在办公室的上层或下层。淋浴器的数量，根据设计计算人数按表6-2所列计算。浴室、盥洗室、厕所的设计计算人数，一般按最大班工人总数的93%计算。女浴室和卫生特征1级、2级的车间浴室，不得设浴池。南方炎热地区需每天洗浴的，卫生特征4级车间的浴室每个淋浴器的使用人数可按13人计算。淋浴室的建筑面积宜按每套淋浴器5 m^2 计算确定。重作业者可设部分浴池，浴室内一般按每1 m^2 面积可按1个淋浴器换算。浴室内一般按4～6个淋浴器设一具盥洗器。当附近无厕所时，淋浴室内室应设厕所。如有剧毒生产过程的车间应设通过式淋浴室，其他可采用尽端式淋浴室，如图6.2所示。若存衣室与淋浴室之间有一定距离时，淋浴室应设更衣

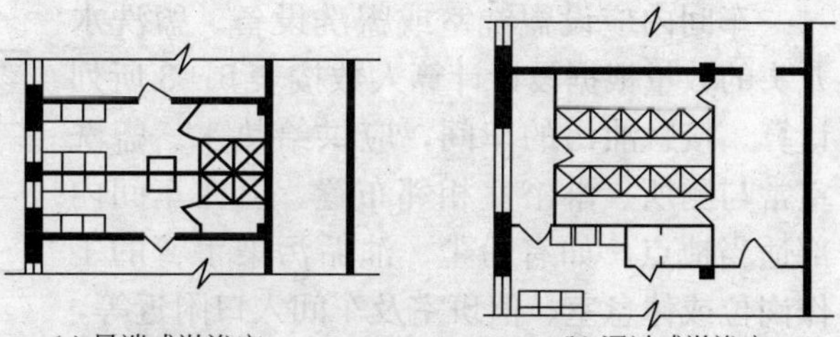

(a) 尽端式淋浴室　(b) 通过式淋浴室

图6.2 淋浴室的布置形式

间，更衣间应与淋浴分开，如图 6.3 所示。更衣间内应设存衣设备和更衣凳，每个淋浴喷头设 2 个更衣凳。淋浴室尺寸应满足淋浴间及过道间距的要求，便于工人使用，如图 6.4 所示。

表 6-2　淋浴器设计数量

车间卫生特征级别	1 级	2 级	3 级	4 级
每个淋浴器使用人数/人	3～4	5～8	9～12	13～24

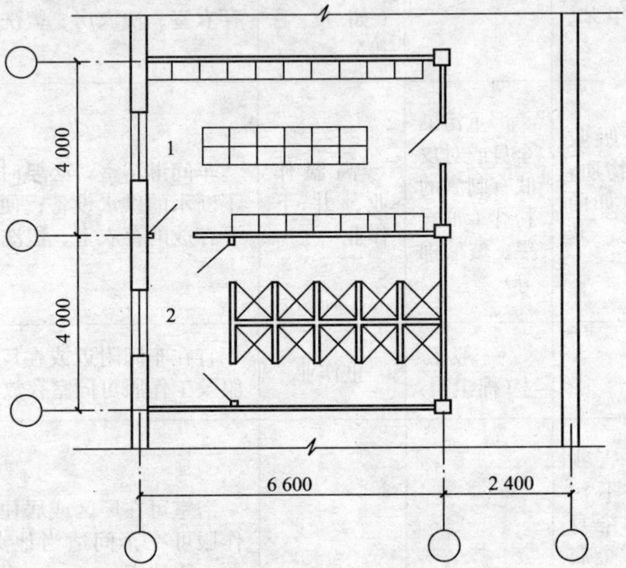

图 6.3　淋浴室与更衣间布置示例

1—设有更衣设备的更衣间；2—设有 10 个淋浴单间的淋浴

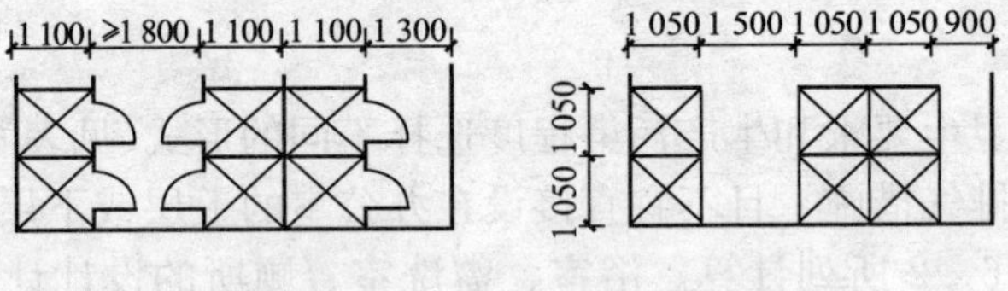

图 6.4　淋浴间及过道间距示意图

2. 盥洗室

车间内应设盥洗室或盥洗设备。盥洗水龙头的数量根据设计计算人数按表 6-3 所列计算。接触油污的车间，应供给热水。盥洗室常与厕所、淋浴室相邻布置。但在车间内部适当地点，如有粉尘、油垢污染手臂的工作岗位或休息室、值班室及车间入口附近等，也应分散布置若干盥洗设备，以方便工人就近使用。盥洗设施宜分区集中设置。在厂房内的盥洗设施应做好地面排水，在厂房外的盥洗设施宜设置雨篷并应防冻。盥洗室平面尺寸

表 6-3　盥洗水龙头设计数量

车间卫生特征级别	每个水龙头的使用人数/人
1、2 级	20～30
3、4 级	31～40

的确定应符合盥洗设备的大小和间距要求，满足工人盥洗最小活动的空间要求，如图 6.5 所示。

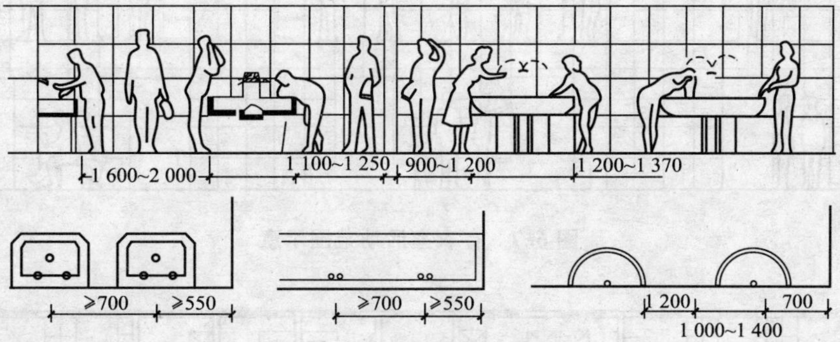

图 6.5　盥洗设备间距示意图

在工作过程中，会沾染病原体或易被皮肤吸收的剧毒物质和污染严重的工作场所必须设专用洗衣房。

3. *存衣室*

存衣室是为适应工人上下班更换和存放衣服的要求而设置的。随着人们文化生活水平的不断提高，这种要求越来越强烈，因此，存衣室已成为生活间设计中的重要内容。存衣室和存衣设备应根据生产散发毒害的程度和使用人数设置。存衣室的设计计算人数，应按车间在册工人总数计算。存衣室应配置闭锁式衣柜。车间卫生特征 1 级的存衣室，便服、工作服应分室存放，以保证卫生条件，工作服室应有良好的通风。车间卫生特征 2 级的存衣室，便服、工作服可同室分开存放，以避免工作服污染便服。车间卫生特征 3 级的存衣室，便服、工作服可同室存放。存衣室也可与休息室合并设置。车间卫生特征 4 级的存衣室，存衣室与休息室可合并设置，或在车间内适当地点存放工作服。

闭锁式衣柜占地面积大、价格较高，但不需专人管理，安全、方便，很受使用者欢迎，是目前广为采用的存衣设备。闭锁式衣柜按在册人数每人一柜设计。存衣柜尺寸受多种因素影响，设计时应全面考虑，以满足使用者的需求。存衣柜应尽可能垂直于外墙布置，以利于室内采光通风，如图 6.6 所示。衣柜间距应满足工人在中间活动的最小尺寸，应有足够的更衣面积，图 6.7 为存衣室活动范围示意。需要坐着更换工作服时应设更衣凳，并保证有足够的通行面积，其过道宽度不宜小于 1.2 m。为节省投资和便于管理，存衣室以集中布置较好。对每天下班后需淋浴的工人，其存衣室与淋浴室应临近布置。生产环境较好时(如一般机加车间)，可在存衣室内设盥洗室。一室多用，使存衣室空间既经济又合理。图 6.8 所示是一般厂房生活间平面布置示例。

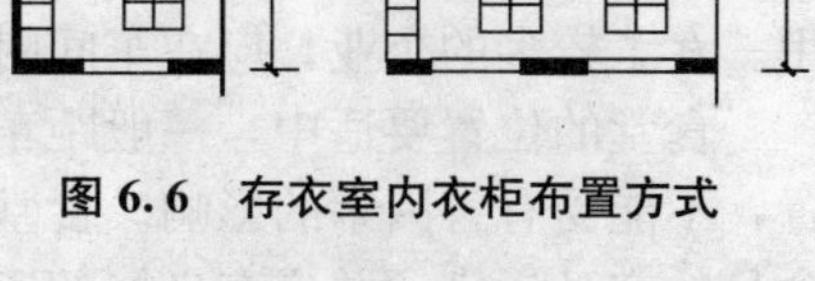

图 6.6　存衣室内衣柜布置方式

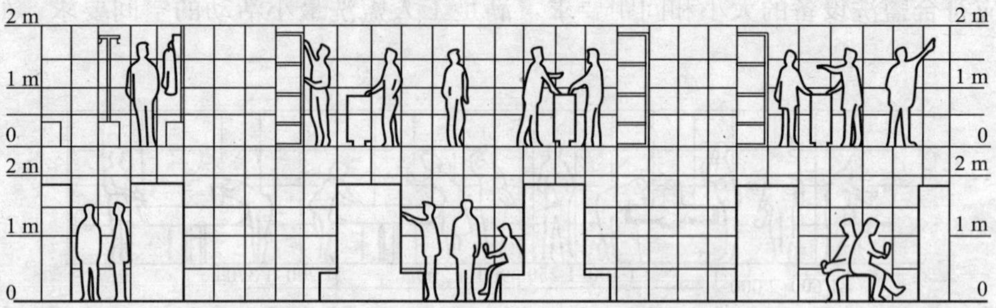

图 6.7　存衣室活动范围示意

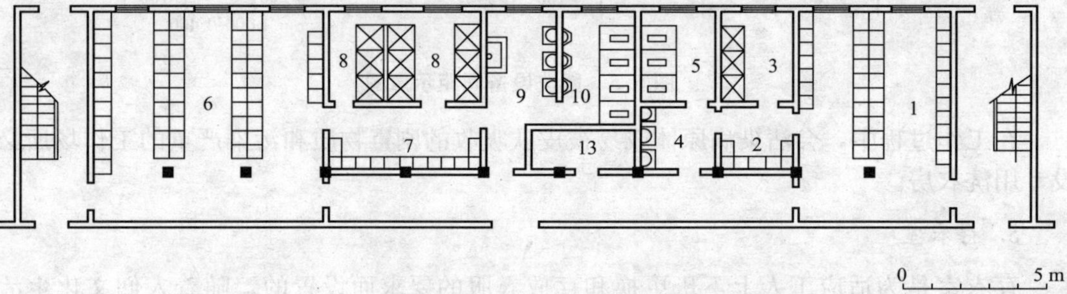

图 6.8　一般厂房生活间平面布置示例

1—女存衣室；2—女更衣间；3—女淋浴室；4—女盥洗室；5—女厕所；6—男存衣室；
7—男更衣间；8—男淋浴室；9—男盥洗室；10—男厕所；11—开水间

存衣室的存衣设备还有衣钩、开放式衣柜等形式。衣钩及开放式衣柜占地少、较经济，但需专人管理。

湿度大的低温重作业如冷库和地下作业等，应设工作服干燥室，对特殊工种应设除尘、消毒室。

6.2.3　生活用室

1. 生活用室

生活用室的配置应按照卫生特征分级定位，应与产生有害物质或有特殊要求的车间隔开，应尽量布置在生产工人相对集中的地方。

工业企业应根据生产特点和实际需要设置休息室。休息室可兼作学习、取暖、进餐之用。女工较多的企业，应在车间附近清洁安静处设置孕妇休息室。

食堂的位置要适中，一般距车间不宜过远，但不能与有危害因素的工作场所相邻设置，不能受有害因素的影响。食堂内应设洗手、洗碗、热饭设备。厨房的布置应防止生熟食品的交叉污染，并应有良好的通风、排气装置和防尘、防蝇、防鼠措施。

休息室内应设置清洁饮水设施。

2. 厕所

厕所与作业地点的距离不宜过远，一般在 75 m 左右。厕所应为水冲式，并有洗手设备和排臭防蝇措施，同时应设洗污池。厕所的蹲位数，应按使用人数计算进行设计。男厕所，100 人以下的工作场所按 25 人设一蹲位；100 人以上，每增 50 人，增设一个蹲位；小便器的数量与蹲位数相同。女厕所，100 人以下的工作场所，按 20 人设一个蹲位；100 人以上，每增 35 人，增设一个蹲位。厕所蹲位隔间及过道间距尺寸如图 6.9 所示

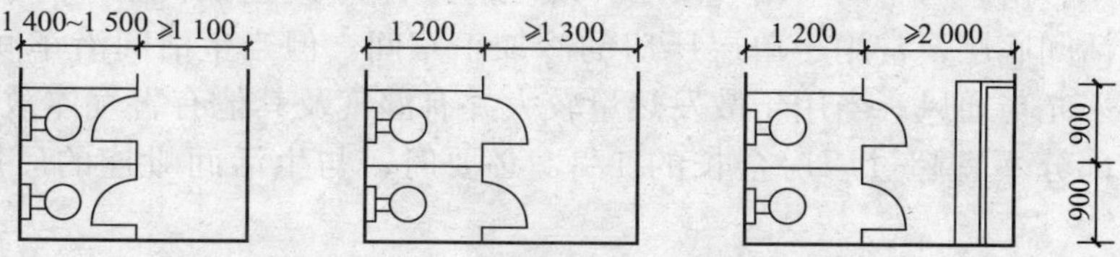

图 6.9 厕所蹲位隔间及过道间距示意图

生活卫生用房应有良好的自然采光和通风。

3. 妇女卫生室

最大班女工在 100 人以上的工业企业，应设妇女卫生室，且不得与其他用室合并设置。妇女卫生室由等候间和处理间组成。等候间应设洗手设备及洗涤池，处理间内应设温水箱及冲洗器。冲洗器的数量应根据设计计算人数确定。按最大班女工人数为 100～200 人时，应设一具，大于 200 人时每增加 200 人应增设一具。

最大班女工在 40 人以上至 100 人以下的工业企业，设置简易的温水箱及冲洗器。

6.2.4 应急救援

生产或使用有剧毒的物质的高风险度工业企业，必须在工作地点附近设置紧急救援站或有毒气体防护站，其使用面积按表 6-4 而定。

表 6-4 紧急救援站使用面积

职工人数/人	使用面积/m^2	职工人数/人	使用面积/m^2
<300	≥20	2 001～3 500	100～120
300～1 000	30～60	3 501～10 000	120～150
1 001～2 000	60～100	>10 000	≥200

6.3 生活间的布置形式

生活间的布置形式受诸多因素的影响，例如，地区的气候条件、企业的规模和性质、总平面人流和货运关系、车间的生产卫生特征，以及经济合理等。其设计要力求使工人进厂后从生活间到工作地点的路线最短，避免和主要货运路交叉，并且不妨碍厂房采光、通风和扩建，节约厂区占地面积，起到美化干道建筑造型等效果。常用的布置方式有以下 3 种：毗连式生活间、独立式生活间及车间内部生活间。

6.3.1 毗连式生活间

毗连式生活间是与厂房纵墙或山墙毗连而建，如图 6.10 所示。它用地较少，与车间联系紧密、使用方便；与车间共用一段墙，既经济又有利于室内保温。车间的某些辅助部分也可设在生活间底层，常用于单层厂房的冷加工车间。但当生活间沿车间纵墙毗连时，易妨碍车间的采光与通风。当用于散发热量较大并有湿气及其他有害气体散发的厂房，其被生活间遮挡部分不宜超过厂房全长的 1/3，必要时，与生活间毗连的厂房边跨应增设天窗。

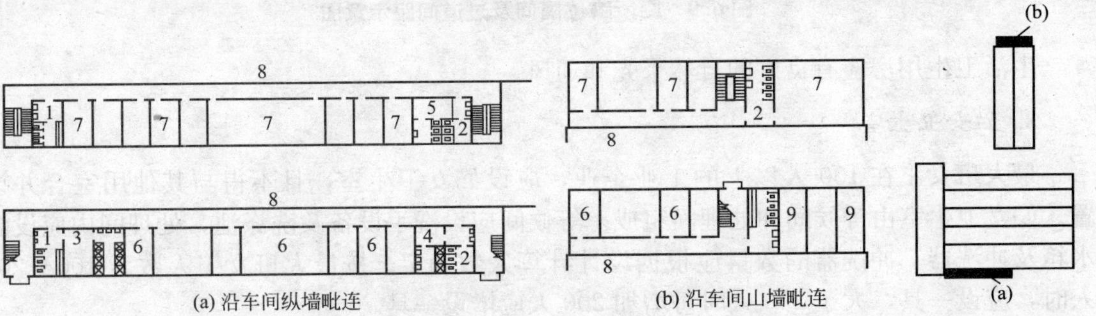

图 6.10 毗连式生活间

1—男厕所；2—女厕所；3—男浴室；4—女浴室；5—妇女卫生用室；6—存衣室；7—办公室；8—车间

当生活间沿厂房山墙毗连时，人流路线多与车间内部运输线相平行，通行障碍少，但厂房端部常设有进出原材料及成品、半成品的大门，使生活间平面长度受到限制。

毗连式生活间多采用单面走廊的平面形式，常用的宽度有(6.0＋0)m、(6.0＋2.0)m、(6.6＋2.4)m(首项数代表房间进深，第二项数代表走廊宽度)。因受单面采光的限制，房间进深一般不超过 7.0 m。

常用的开间为 3.3、3.6、3.9 m 等。其中 3.6 m 开间在多数情况下较能适应各种生活室及办公室的布置，结构也较经济，但与厂房柱距不易协调，常使生活间通往车间出入门的布置受到限制，也影响到生活间本身的布置和使用。

毗连式生活间的设计应根据房间数量及用途、生活间与车间的相对位置及所处地段长度以及使用方便、经济合理等因素确定生活间的层数及进行各层平面的布置。与车间职工联系密切的生活用室、生产辅助用室皆宜布置在底层，行政管理用房可设在楼上。如因生产需要占用了大部分底层时，则设在楼上的生活用室应通过楼梯与车间保持方便联系。各生活用室的相对位置应与工人上下班使用服务设施的路线相符合，即按“上班—更衣—进车间”，“下班—洗浴—更衣—出车间”的顺序布置各有关的生活用室，避免在使用过程中人流交叉、逆行或互相干扰。用水多的房间应尽可能集中，以便节省管道和统一构造措施。为方便起见，应将男女生活用室分区设置。各种办公用室也应区别使用要求，并按与车间联系的紧密程度合理布置；对与车间有经常联系的办公室应布置于通往车间的出入口或楼梯附近；联系少的或要求安静的办公室应与其他办公室或生活室适当远离。

毗连式生活间的楼梯可布置在生活间的一端、中部或两端，如图 6.11 所示。楼梯布置于一端的多用于车间人数较少，而男女所需生活用室数量差别较大的情况。由于楼梯在一端形成袋形走廊，其长度按防火规定应有一定限制，所以生活间长度不能过大。如果超出规定时则应增设室外楼梯，以保证紧急时能安全疏散。楼梯在中部的，也常用于车间职工人数不太多的情况，但两端袋形走廊的总长度较前述一端的大，故楼梯服务效率较高。楼梯位于两端的，多用于车间规模较大的情况，两部楼梯之间允许的最大距离均以防火规定为限；这种布置方式有助于男女服务设施分区设置，使用方便、管道集中，楼梯服务效率可以充分发挥。

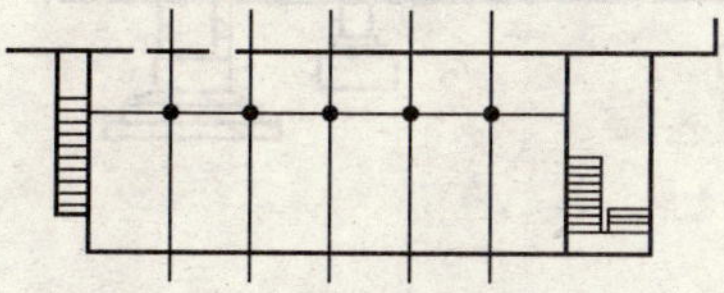

(a) 楼梯在一端

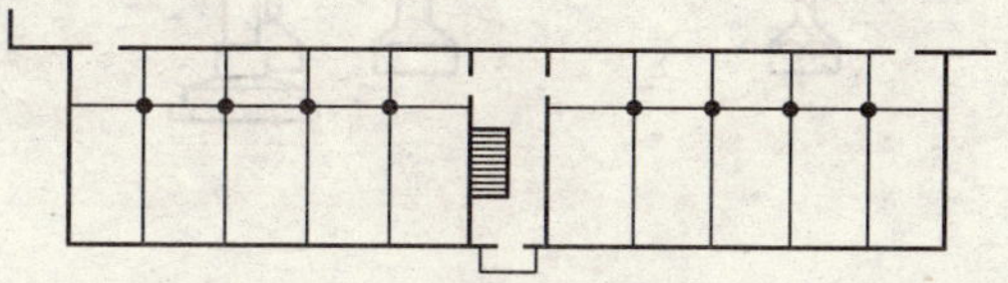

(b) 楼梯在中部

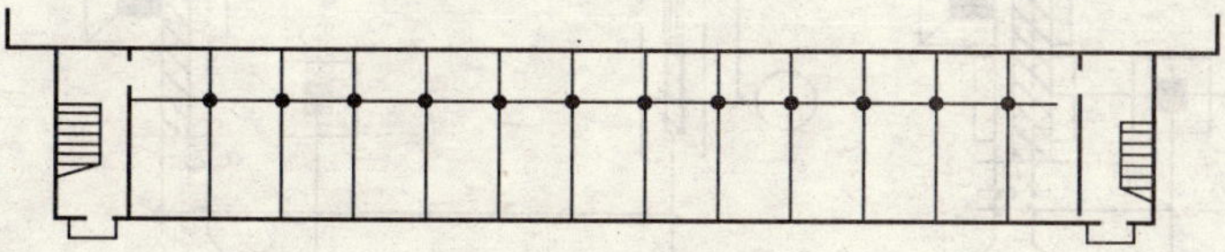

(c) 楼梯在两端

图 6.11 毗连式生活间楼梯间布置方案

毗连式生活间的底层由于常设有生产辅助用房，层高可因生产需要增大 3.3～3.6 m。其余按当地 般民用建筑标准采用。

毗连式生活间各部构造一般与民用建筑相同，只是由于生活间与厂房毗连而建，两者使用情况不同，荷载相差悬殊，结构也各异，所以毗连处须设沉降缝。沉降缝的处理原则如下：

当生活间高于厂房时，毗连墙按属于生活间处理，沉降缝设在靠厂房一侧。如毗连墙为承重墙，墙下采用条形基础，则在遇到厂房柱基础处必须予以断开，断开处用钢筋混凝土承墙梁跨越厂房柱基础以承托毗连墙，毗连墙下也可采用 6 m 间距的墩式基础与厂房柱基础交错布置，上架基础梁承托毗连墙，如图 6.12(a)所示。此时，生活间楼板和屋顶可采用简支梁板结构，构造较为简单。当生活间低于厂房时，毗连墙按属于厂房处理，沉降缝设在生活间一侧，生活间可采用悬臂梁结构，如图 6.12(b)所示。悬臂梁结构可有效的解决两者间的不均匀沉降问题，但结构笨重，并由于毗连墙的分属不同，使生活间结构难以统一。为克服这一缺点，生活间仍可采用简支梁结构，但在支座处采取措施以解决不均匀沉降问题，如图 6.13 所示。由图可知，走廊小梁进墙部分不予灌浆填实，而是用苯板、沥青麻丝等松软材料填塞，使其在沉陷过程中可随之变形，在一定程度上解决了两者间的不均匀沉降问题，并不管毗连墙属于何方，生活间结构均可采用此种方案，有利于构件定型化。但其缺点是，当沉降时，沿走廊两边会产生纵向裂缝，甚至可能影响毗连墙及房间的使用质量和结构受力状态。另一方案是采用双墙，或厂房一边用梁柱结构，生活间以上用墙。

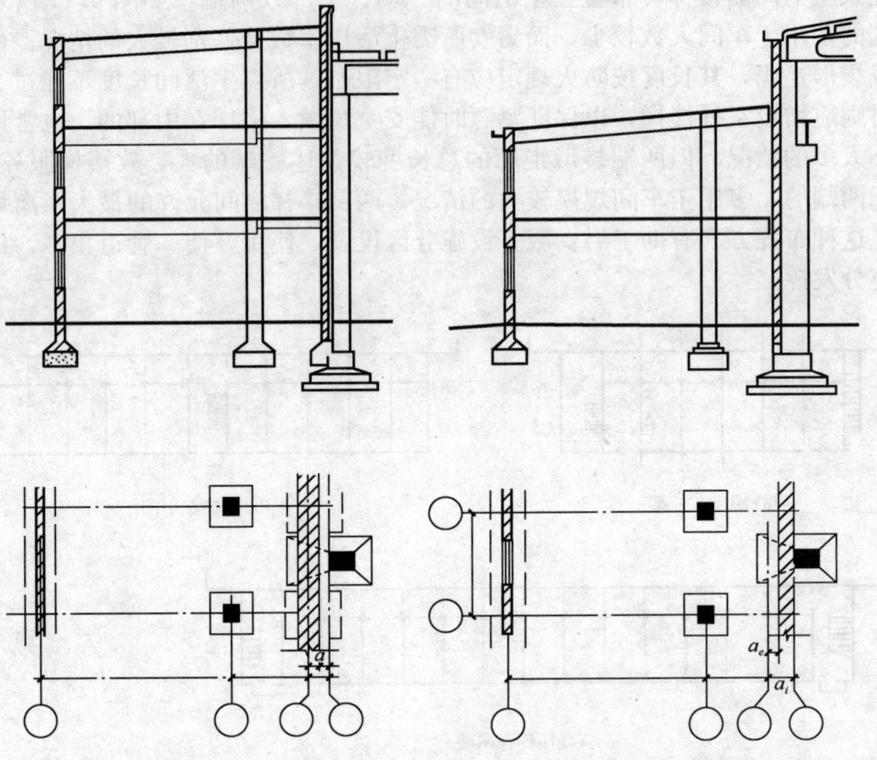

图 6.12　毗连式生活间沉降缝处理

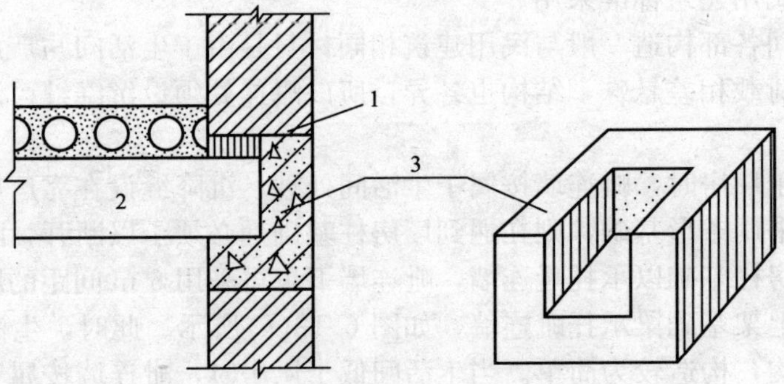

图 6.13　毗连式生活间简支梁支座处理

1—填缝材料；2—梁；3—梁垫

6.3.2　独立式生活间

独立式生活间占地较多，来往费时间，在北方或多雨地区可考虑以通廊与车间相联系，以免工人往返时受风吹雨淋。如果生活间与车间之间来往通道与厂内主要运输路线交叉时，则通道应改为架空栈桥或隧道，以保证通行安全。独立式生活间的布置、层高及构造处理等均与民用建筑相同。

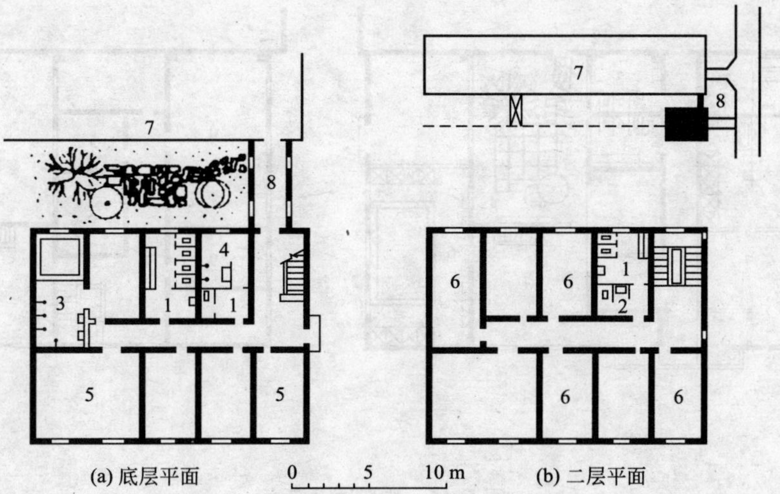

图 6.14 独立式生活间

1—男厕所；2—女厕所；3—男浴室；4—女浴室；
5—存衣室；6—办公室；7—车间；8—通廊

为了改进前述两种生活间存在的某些缺点，近年来在实践中采用了平面形式上独立但又与车间保持一定毗连的近似于混合式的生活间(如图 6.15 所示)，也可在厂房一端或一侧围成内院式的生活间(如图 6.16 所示)。

内院式生活间有利于争取好朝向，内院又可兼做工人休息场地，较之独立式用地更经济，较毗连式卫生条件略好。生活间的体型和立面处理应与车间协调统一，其周围环境和美化、绿化设施也要同时考虑，使之构成完美的生产和生活空间，以利职工的身心健康，如图 6.17 所示。

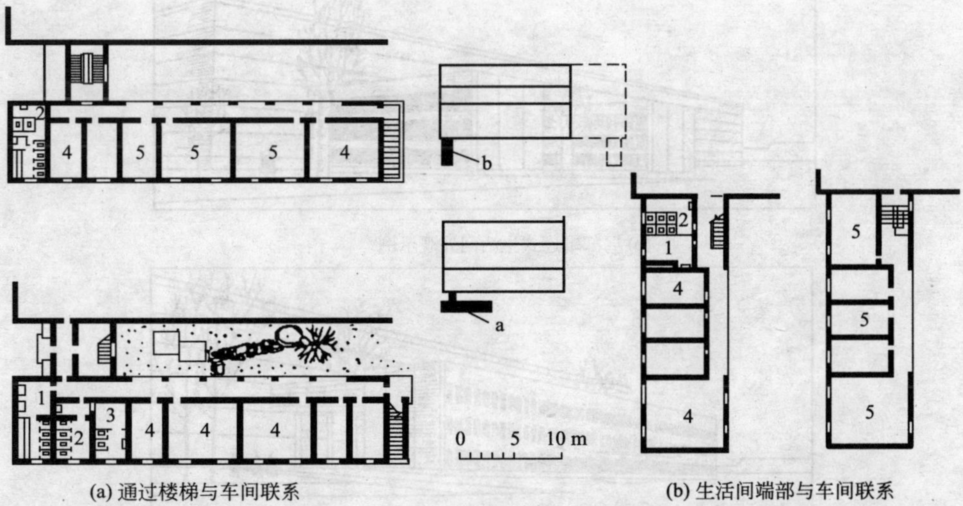

图 6.15 毗连式生活间改进示例

1—男厕所；2—女厕所；3—妇女卫生用室；4—学习、休息、存衣室；5—办公室

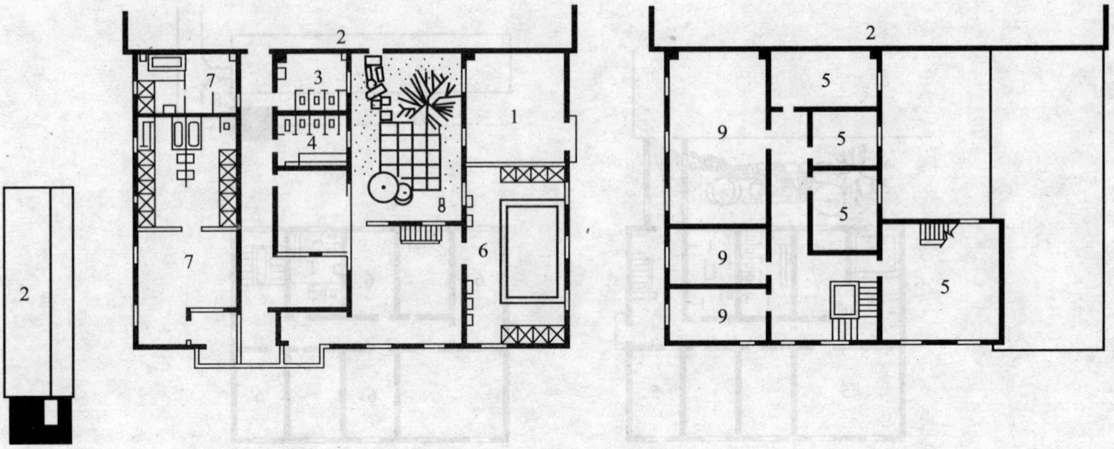

图 6.16　内院式生活间

1—生产辅助用房；2—车间；3—女厕所；4—男厕所；5—学习、休息、存衣室；6—男浴室；7—女浴室；8—内院；9—办公室

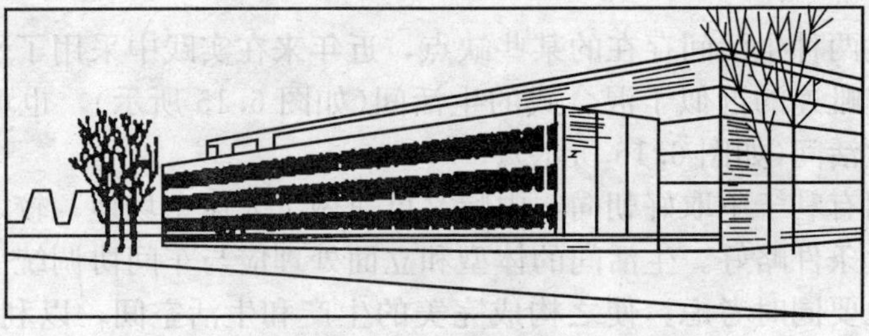

(a) 纵向毗连式生活间外观示例

(b) 局部毗连式生活间外观示例

(c) 独立式生活间外观示例

图 6.17　生活间外观处理示例

6.3.3 车间内部式生活间

在生产卫生状况允许时，充分利用车间内部空闲位置灵活布置生活间，既使用方便，又经济合理，很受欢迎。例如，厂房端部、操作平台下部等空闲部位。此外，中间仓库、工具室等常须设置顶盖，其上部亦多闲置无用，利用这些空闲位置可设置生活用室(如图6.18，图6.19所示)。沿厂房内墙附近、柱间等不便安放生产设备的空闲地段，或利用吊车“死角”等处，可分散布置衣柜、盥洗设备。在南方地区也有将外墙侧窗以下做成型钢筋混凝土基础梁，利用其凹进部分设置工具箱及衣柜等。这样布置，便于工人就近使用，也可适当改变车间内部观瞻(见图6.20)。

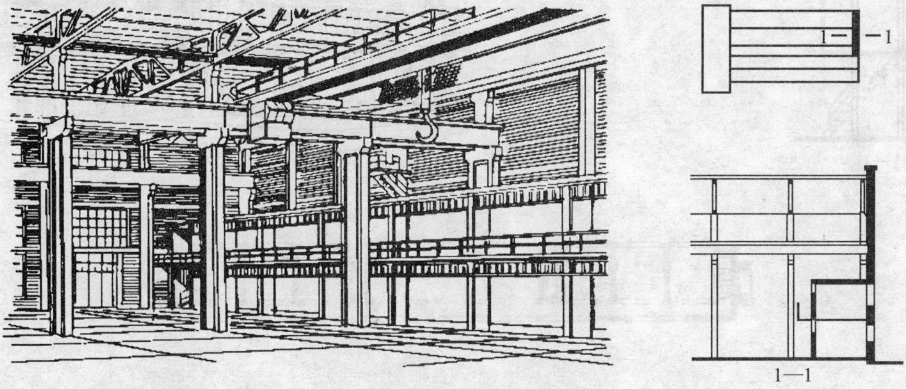

图6.18 利用厂房端部做生活间

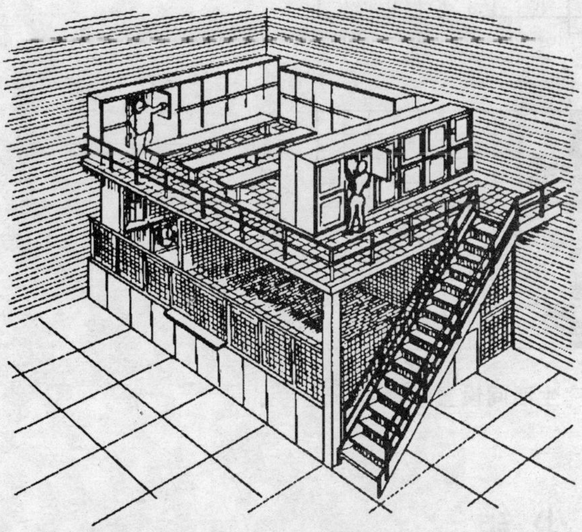

图6.19 利用工具室顶部设置生活间

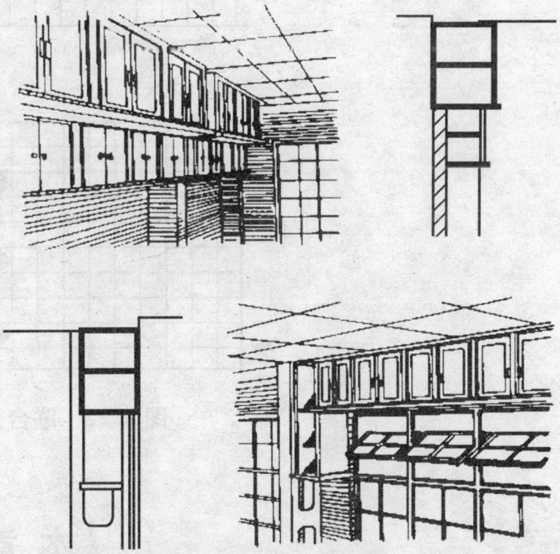

图6.20 利用窗下及凹进部分做工具箱及衣柜

在一些高大的厂房中，常设有重型吊车，厂房柱子截面、高度往往很大，柱间处常只能作为堆场或其他辅助部分，而其上部尚有相当的空闲位置可用以设置柱间夹层式生活间。夹层式生活间可通过钢梁支承在柱子的牛腿上。为减轻柱荷载，简化柱外形，降低钢材消耗，减少吊车对生活间的振动影响，夹层式生活间如图 6.21 所示，可采用与厂房主体结构分开的装配式钢筋混凝土结构。对于大面积的联合厂房，其生活间及其若干辅助房间等可组成一幢多层建筑插入联合厂房中的适当部位(如图 6.22 所示)。也可采用大分散小集中的布置方式，各车间有自己的生活间。

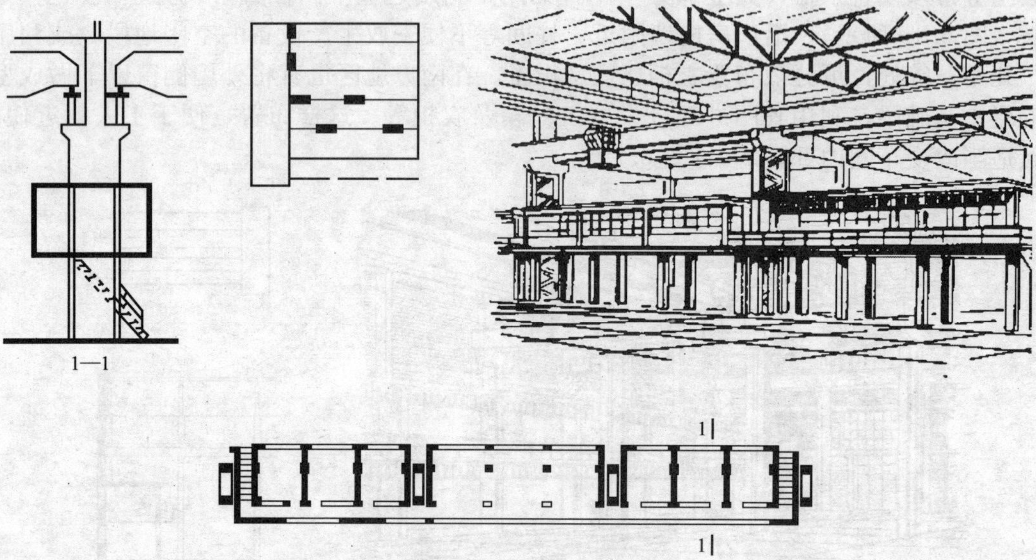

图 6.21　利用柱间空间位置做夹层式生活间

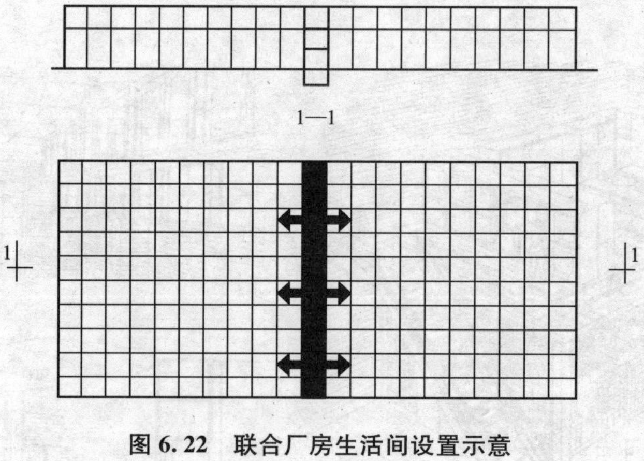

图 6.22　联合厂房生活间设置示意

本章小结

1. 生活间应根据工业企业的生产特点、实际需要和使用方便的原则设置，包括工作场所办公室、生产卫生室(浴室、存衣室、盥洗室、洗衣房)、生活室(休息室、食堂、厕所)、妇女卫生室。

2. 各生活间的平面布局应根据生产的不同特征综合考虑、合理安排，符合厂房的工艺要求，避免人流的逆行及交叉。

3. 生活间常用的布置方式有毗连式生活间、独立式生活间及车间内部生活间。毗连式生活间用地较少、与车间联系紧密、使用方便，并可与车间共用一段墙，既经济又有利于室内保温，车间的某些辅助部分也可设在生活间底层。独立式生活间不受厂房的影响和干扰，生活间布置灵活、卫生条件较好。车间内部生活间是在生产卫生状况允许时，充分利用车间内部空闲位置灵活布置生活间，如利用厂房端部、操作平台下部、工具室顶部设置生活间；利用窗下及凹进部分做工具箱及衣柜；柱间空间位置做夹层式生活间。车间内部生活间使用方便、经济合理，很受欢迎。

背景知识——国外生活间简介

近年，国外关于工厂辅助建筑的设计，随生产和生活的需要又有新的发展，并已提出了若干有益的经验。

(1) 有关辅助建筑的组成及设施日趋完善化，为职工提供了方便、舒适的生活条件。如有些工厂，除配有必要的生活服务用房外，尚设有咖啡厅、沙龙、商店、冬季花厅、冰球场、游泳池、技术培训站等，并将辅助建筑适当集中，与厂房统一安排，形成完整而富有时代感的全厂中心。

建筑物皆由6 m×6 m标准单元组成，内部可灵活分隔，空间组合也较自由。

(2) 关于辅助建筑与厂房相互位置的布置方式，经多方分析比较表明：多层厂房中，以结合技术层设置夹层式生活间较为有利；单层厂房中，以横向毗连、局部毗连或独立式生活间较合适。

关于辅助建筑的平面参数，均统一采用6 m×6 m柱网的大开间框架结构，便于灵活布置存衣室、淋浴室、办公室及食堂等多种辅助用房，且其形式易与厂房协调。辅助建筑推行标准设计，可根据使用人数按标准单元组成所需规模。存衣室和淋浴室之间的距离很短，不但工人使用方便，而且各种设备相对集中、交通面积少、面积利用率高。尤其是淋浴前的更衣室面积和更衣设备可大幅度地减少，甚至不要。整个平布置紧凑、外墙面积少、节能节地，是一种值得深入研究且推广使用的生活间平面形式。

本 章 习 题

1. 生活间的设计有哪些要求及注意事项?
2. 生活间有哪些部分组成? 各组成部分有何设计要求?
3. 车间的卫生特征分级如何划分?
4. 生活间有几种平面布置形式? 试述各优缺点。
5. 毗连式生活间毗连墙与变形缝的构造特点是什么? 画图说明。

第7章 单层厂房围护墙及门窗构造

【教学目标与要求】

- 了解承重砌体墙构造
- 掌握排架结构填充墙细部构造
- 熟悉墙板的布置及连接构造
- 掌握侧窗及大门种类及尺寸设计

7.1 单层厂房围护墙构造

单层厂房围护墙有砌体填充墙、钢筋混凝土大型墙板、轻质墙板等。《建筑抗震设计规范》(GB 50011—2001)规定：单层钢筋混凝土柱厂房的围护墙宜采用轻质墙板或钢筋混凝土大型墙板，外侧柱距为12 m时应采用轻质墙板或钢筋混凝土大型墙板；不等高厂房的高跨封墙和纵横向厂房交接处的悬墙宜采用轻质墙板，设计烈度为8、9度时应采用轻质墙板；钢结构厂房的围护墙，设计烈度为7、8度时宜采用轻质墙板或与柱柔性连接的钢筋混凝土墙板，不应采用嵌砌砌体墙；设计烈度为9度时宜采用轻质墙板。

7.1.1 砌体围护墙

当单层工业建筑跨度及高度较大、起重运输设备较重时，通常由钢筋混凝土(或钢)排架柱来承担屋盖与起重运输设备等荷载，使承重与围护的功能分开，而外墙仅起围护作用，可利用轻质材料制成块材或空心块材砌筑(如图7.1所示)。砌体围护墙应采取措施减

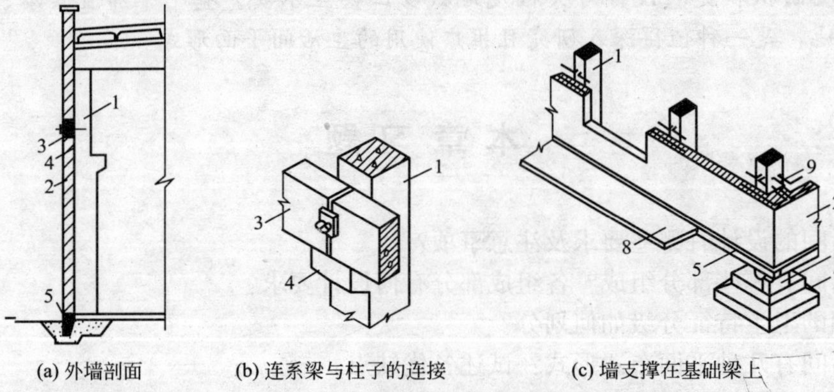

(a) 外墙剖面　　(b) 连系梁与柱子的连接　　(c) 墙支撑在基础梁上

图7.1　砌体围护墙构造

1—柱；2—块材外墙；3—联系梁；4—牛腿；5—基础梁；6—垫块；7—杯形基础；8—散水；9—墙柱连接筋

少对主体结构的不利影响，并应设置拉结筋、水平连系梁、圈梁、构造柱等与主体结构可靠拉结。厂房的砌体围护墙宜采用外贴式并与柱可靠拉结；不等高厂房的高低跨封墙和纵横向厂房交接处的悬墙采用砌体时，不应直接砌在低跨屋盖上。

1. 砌体围护墙的支撑

单层厂房围护墙一般都不做带形基础，而是支撑在基础梁上，这样可避免墙、柱基础相遇处构造处理复杂、耗材多的情况，同时可加快施工速度。

基础梁与基础的连接一般有两种情况，当基础埋置较浅时，基础梁可直接或通过混凝土垫块搁置在柱基础杯口的顶面上(如图 7.2(a)、(b)所示)；当基础埋置较深时，基础梁则搁置在高杯形基础或柱牛腿上(如图 7.2(c)、(d)所示)。基础梁的截面通常为梯形，顶面标高通常比室内地面(±0.000)低 50 mm，且高出室外地面 100 mm(厂房室内外高差常为 150 mm)，通常做 500～800 mm 高勒脚。

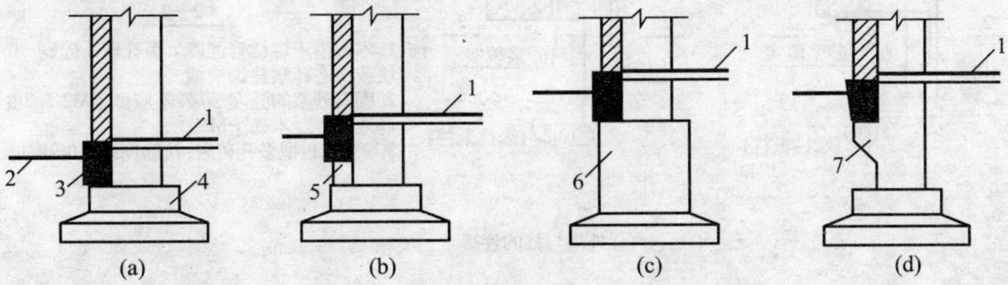

图 7.2　基础梁与基础的连接

1—室内地面；2—散水；3—基础梁；4—柱杯形基础；5—垫块；6—高杯口基础；7—牛腿

北方地区厂房，为避免回填土被冻胀及室内热量向外散失，基础梁下部宜用炉渣等松散材料填充以防土冻胀对基础梁及墙身产生不利的反拱影响(如图 7.3 所示)，这种措施对湿陷性土或膨胀性土也同样适用，可避免不均匀沉陷或不均匀胀升引起的不利影响。

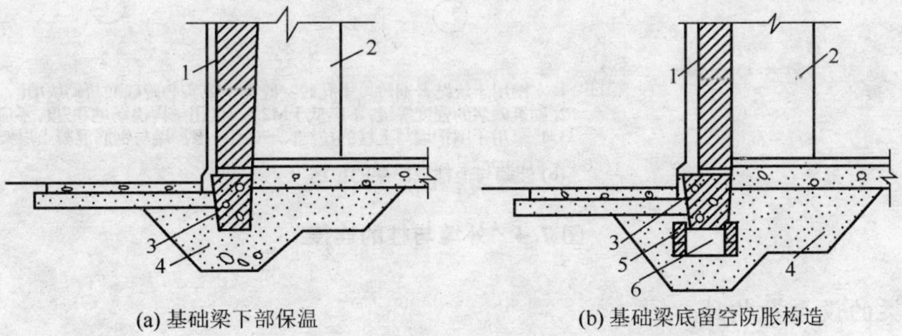

图 7.3　基础梁下部的保温措施

1—外墙；2—柱；3—基础梁；4—炉渣保温材料；5—立砌普通砖；6—空隙

2. 墙与柱的连接

墙与柱子(包括抗风柱)采用钢筋连接，由柱子沿高度每隔一定间距伸出 2ϕ6 钢筋砌入墙体水平缝内，以达到锚拉作用。拉结筋间距及细部构造如图 7.4 所示。

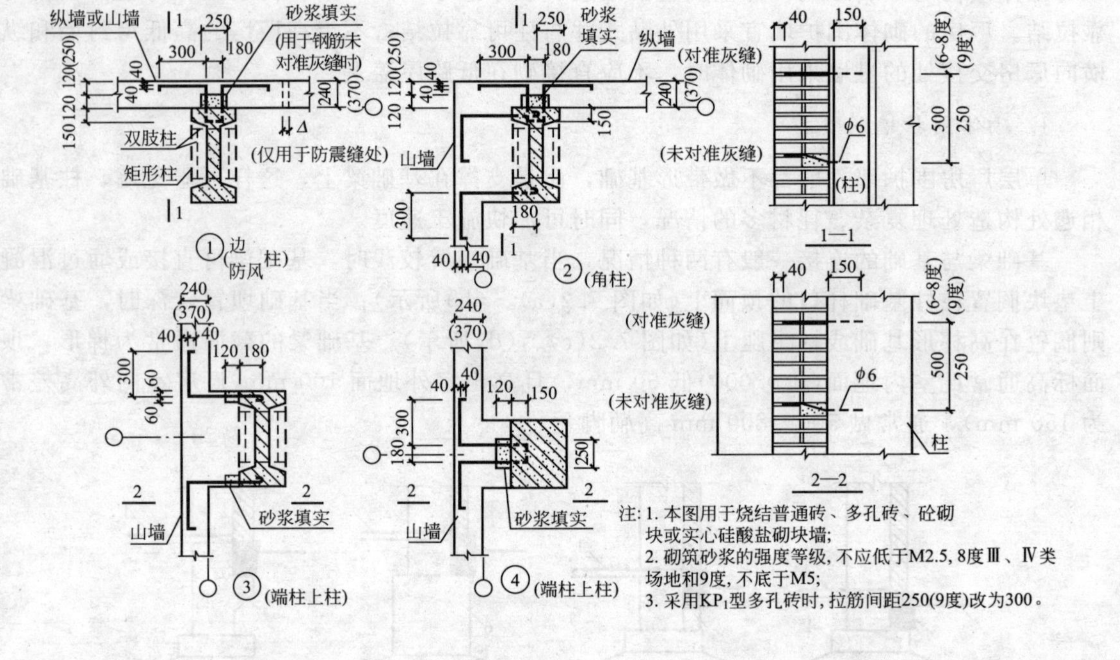

(a) 外墙与柱的连接

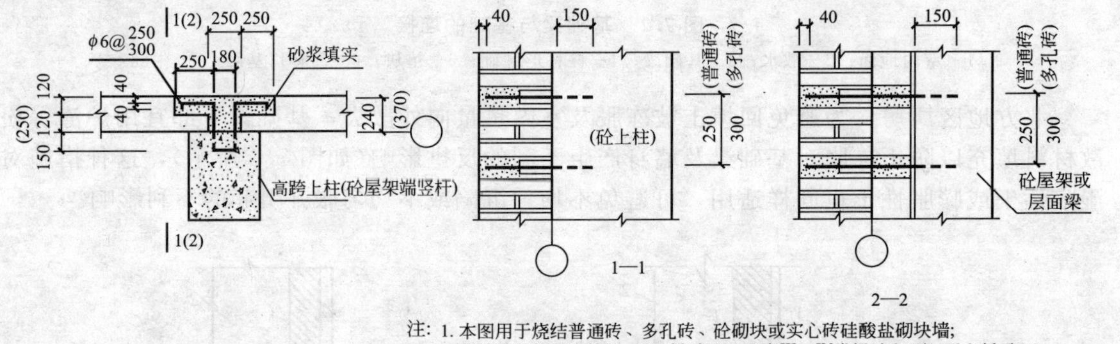

注：1. 本图用于烧结普通砖、多孔砖、砼砌块或实心砖硅酸盐砌块墙；
2. 砌筑砂浆的强度等级，不应低于M2.5，8度Ⅲ、Ⅳ类场地和9度，不应低于M5。
3. 1—1用于围护墙与上柱的拉结，2—2用于围护墙与钢筋混凝土层架或屋面梁的拉结

(b) 外墙与上柱或屋架的拉结

图 7.4　外墙与柱的连接

3. 圈梁的设置及构造

为加强墙与屋架、柱子(包括抗风柱)的连接，应适当增设圈梁。梯形屋架端部上弦和柱顶的标高处应各设一道，但屋架端部高度不大于 900 mm 时可合并设置；当屋架端头高度较大时，应在端头上部与柱顶处各设现浇闭合圈梁一道(变形缝处仍断开)；山墙应设卧梁，卧梁除与檐口圈梁交圈连接外并应与屋面板用钢筋连接牢固。山墙沿屋面应设钢筋混凝土卧梁，并应与屋架端部上弦标高处的圈梁连接；设计烈度为 8、9 度时，应沿墙高按上密下疏的原则每隔 3～5 m 增设圈梁一道；不等高厂房的高低跨封墙和纵墙跨交接处的悬墙，圈梁的竖向间距不应大于 3 m。圈梁截面宽度宜与墙同厚，截面高度应不小

于180 mm，圈梁的纵筋，在设计烈度为6～8度时不小于4ϕ12，9度时配筋不小于4ϕ14，圈梁应与柱、屋架或屋面板牢固锚拉，厂房顶部圈梁锚拉钢筋不小于4ϕ12，且锚固长度不小于35倍的钢筋直径，如图7.5与图7.6所示。

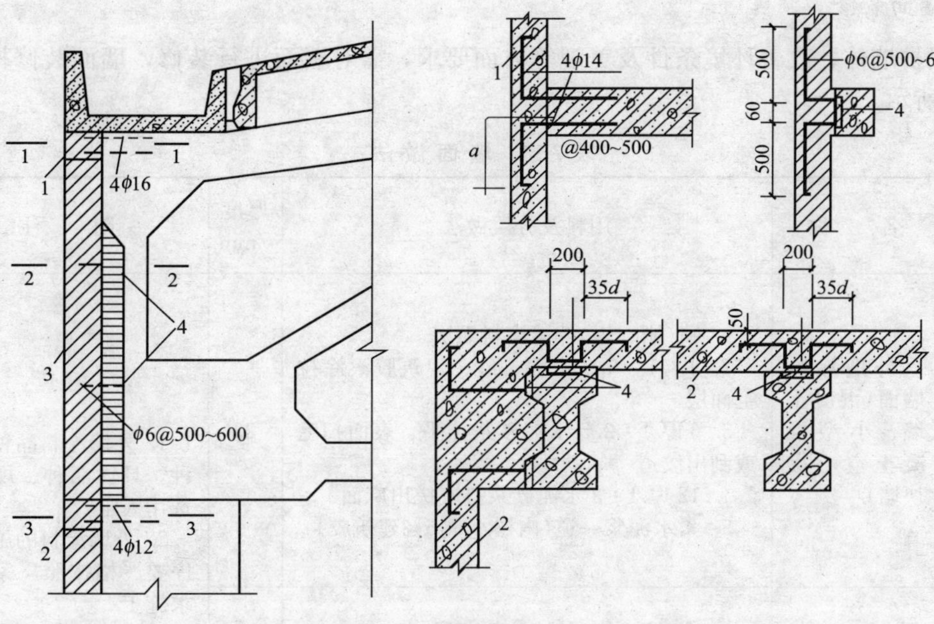

图7.5 圈梁与屋架的连接

1—檐口圈梁；2—柱顶圈梁；3—墙；4—预埋铁件

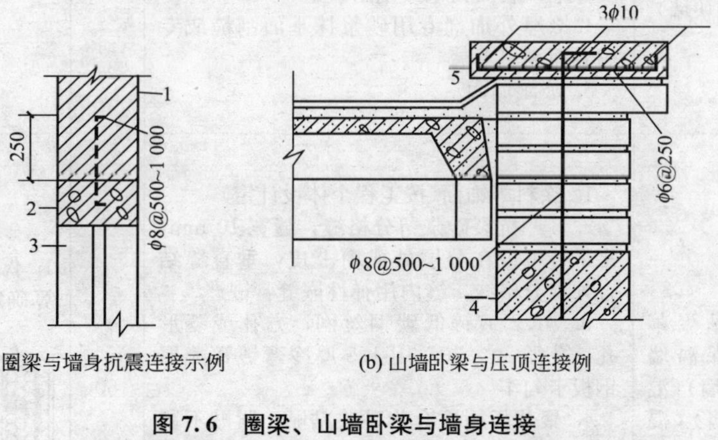

(a) 圈梁与墙身抗震连接示例　　(b) 山墙卧梁与压顶连接例

图7.6 圈梁、山墙卧梁与墙身连接

1—墙；2—圈梁；3—窗洞；4—山墙卧梁；5—钢筋混凝土压顶

4. 防震缝的设置

防震缝一般在纵横跨交接处，纵向高低跨交接处以及与厂房毗连贴建的生活间、变电所、炉子间等附属房屋均应用防震缝分开，缝两侧应设墙或柱。平行于排架设缝时，缝宽不小于50～90 mm(车间高时取宽值)，纵横交接处以及垂直于排架方向设缝时，缝宽不小于100～150 mm。温度伸缩缝或沉降缝应与抗震缝统一考虑设置(包括地震设防区，凡伸缩缝或沉降缝均应满足抗震缝的要求)，只设温度伸缩缝或沉降缝时，缝宽30～50 mm即可。

5. 墙面装修

为保护墙体、改善环境条件及美观等方面要求，需对墙面进行装修，墙面装修构造如表7-1所示。

表7-1 墙面做法

编号	名　称	用料及分层做法	厚度/mm	附　注
外墙1	外墙涂料墙面(混凝土墙、小型混凝土空心砌块墙)	1. 喷(刷、辊)外墙涂料面层 2. 1∶1∶0.2水泥、砂、建筑胶滚涂拉毛面层 3. 6厚1∶2.5水泥砂浆抹平、表面扫毛或刮出纹道 4. 12厚1∶3水泥砂浆打底搓出麻面 5. 素水泥浆一道(内掺水重5%建筑胶)	20	1. 外墙涂料品种有多种，具体品种、规格由选用人定 2. 外墙涂料的施工工序要严格按照厂家的要求施工 3. 设计时应在立面图中绘出分格线 4. 建筑胶品种由选用人定
外墙2	外墙涂料墙面(加气混凝土砌块墙)	1. 喷(刷、辊)外墙涂料面层 2. 1∶1∶0.2水泥、砂、建筑胶滚涂拉毛面层 3. 9厚1∶1∶6水泥石灰膏砂浆中层底灰抹平，表面扫毛或刮出纹道 4. 3厚外加剂专用砂浆抹基面刮糙或专用界面剂甩毛 5. 喷湿墙面	15	
外墙3	粘贴聚苯板外保温墙面(砖墙)(混凝土墙)(混凝土砌块墙)	1. 涂料等饰面(按工程个体设计定) 2. 8厚抗裂砂浆留分格缝，缝宽10 mm，水平缝可设在分层处或窗上皮，垂直缝结合外墙分格线，缝内用弹性嵌缝膏嵌严 3. ϕ1.2镀锌低碳钢丝网，方孔或菱形孔，孔径30×30，用1.5厚冷弯镀锌燕尾钢板卡勾牢 4. 聚苯板用聚合物砂浆粘贴，紧贴不留缝，粘贴时四周一圈抹砂浆，中间抹花点砂浆(粘贴面积30%) 5. 墙面根据聚苯板的长宽尺寸，沿横向(或竖向)接缝处放线，用水泥钉(或胀管)安装1.5厚镀锌钢板卡，中距600	60	1. 保温层厚度须经过计算确定 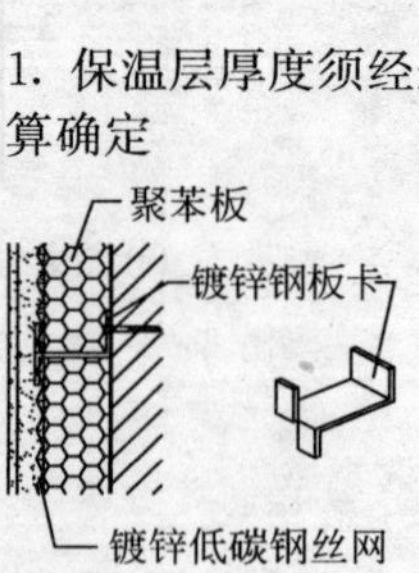

（续）

编号	名　称	用料及分层做法	厚度/mm	附　注
外墙4	粘贴挤塑聚苯板外保温墙面（砖墙）（混凝土墙）（混凝土砌块墙）（适用于建筑物二层及二层以上各层墙面）	1. 弹性涂料或其他饰面层（按工程设计选定） 2. 1.5厚聚合物砂浆面层 3. 耐碱玻璃纤维网格布 4. 1.5厚聚合物砂浆底层 5. 挤塑聚苯乙烯板，厚度按设计确定。用塑料膨胀钉＋自攻螺钉与墙体固定（6个/m^2） 6. 3厚聚合物砂浆黏结层 7. 6厚1∶2.5水泥砂浆抹平，表面扫毛或刮出纹道 8. 12厚1∶3水泥砂浆打底搓出麻面 9. 素水泥浆一道甩毛（内掺建筑胶），如为砖墙此做法可省略	24～	1. 保温层厚度须经过计算确定 2. 饰面如贴瓷砖，则瓷砖及结合层材料总质量应不小于35 kg/m^2 3. 墙体具体施工按图集《挤塑聚苯乙烯板外保温墙体构造》（DBJT—2008）中要求施工 4. 挤塑聚苯乙烯板的规格及性能按《挤塑聚苯乙烯板外保温墙体构造》图集要求
内墙1	合成树脂乳液涂料（乳胶漆）墙面（混凝土墙、小型混凝土空心砌块墙）（燃烧等级B1）	1. 喷（刷、辊）合成树脂乳液涂料二道饰面 2. 封底漆一道（干燥后再刷面漆） 3. 5厚1∶0.5∶2.5水泥石灰膏砂浆找平（住宅初装修时，改为满刮2厚面层耐水腻子找平） 4. 10厚1∶0.5∶3水泥石灰膏砂浆打底赶平扫毛或刮出纹道（住宅初装修时做压实找平） 5. 素水泥浆一道甩毛（内掺建筑胶）	15 （12）	1. 合成树脂乳液涂料（乳胶漆）品种有多种，具体品种、规格由选用人定 2. 内墙涂料主要施工工序详见DBJ/T 01—107—2006 3. 建筑胶品种由选用人定 4. 纸面石膏板节点处理根据相应施工手册
内墙2	合成树脂乳液涂料（乳胶漆）墙面（加气混凝土墙砌块墙）（燃烧等级B4）	1. 喷（刷、辊）合成树脂乳液涂料二道饰面 2. 封底漆一道（干燥后再刷面漆） 3. 5厚1∶0.5∶2.5水泥石灰膏砂浆找平（住宅初装修时，改为满刮2厚面层耐水腻子找平） 4. 8厚1∶1.6水泥石灰膏砂浆打底赶平扫毛或刮出纹道（住宅初装修时做压实找平） 5. 3厚外加剂专用砂浆抹基面刮糙或刷（喷）一道107胶水溶液，配比：107胶水∶水＝1∶4 6. 聚合物水泥砂浆修补墙面	16 （13）	

(续)

<table>
<tr><th>编号</th><th>名　称</th><th>用料及分层做法</th><th>厚度/mm</th><th>附　注</th></tr>
<tr><td>内墙3</td><td>釉面砖(瓷砖)墙面(混凝土墙、小型混凝土空心砌块墙)(适用于有防水要求的墙面)(燃烧等级A)</td><td>1. 白水泥擦缝(或1∶1彩色水泥细砂砂浆勾缝)
2. 5厚釉面砖(粘贴前先将釉面砖浸水2 h以上)
3. 4厚强力胶粉泥黏结层，揉挤压实
4. 1.5厚聚合物水泥基复合防水涂料防水层(防水层材料或按工程设计)
5. 9厚1∶3水泥砂浆打底压实抹平
6. 素水泥浆一道甩毛(内掺建筑胶)</td><td>20</td><td rowspan="2">1. 釉面砖(陶瓷砖)规格，颜色由设计人定
2. 建筑胶品种由选用人定
3. 防水层高度由设计人定、淋浴区高度应≥1 800 mm
4. 墙面防水层与地面防水层应做好交接处理
5. 防水层如改用聚氨酯涂膜等固化前在表面稀甩干净砂粒压实粘牢
6. 瓷砖之间粘贴要求无缝时取消(1)做法</td></tr>
<tr><td>内墙4</td><td>釉面砖(瓷砖)墙面(加气混凝土墙砌块墙)(适用于有防水要求的墙面)(燃烧等级A)</td><td>1. 白水泥擦缝(或1∶1彩色水泥细砂砂浆勾缝)
2. 5厚釉面砖(粘贴前先将釉面砖浸水2 h以上)
3. 4厚强力胶粉泥黏结层，揉挤压实
4. 1.5厚聚合物水泥基复合防水涂料防水层(防水层材料或按工程设计)
5. 6厚1∶0.5∶2.5水泥石膏砂浆压实抹平
6. 素水泥浆一道
7. 6厚1∶1∶6水泥石灰膏砂浆打底扫毛或挂出纹道
8. 3厚外加剂专用砂浆抹基面刮糙或刷(喷)一道107胶水溶液，配比：107胶水∶水=1∶4
9. 聚合物水泥砂浆修补墙面</td><td>26</td></tr>
</table>

7.1.2 大型板材墙

发展大型板材墙是改革墙体促进建筑工业化的重要措施之一，这不仅能加快厂房建筑工业化，减轻大量繁重体力劳动，而且可充分利用工业废料、减轻自重、节省大量黏土、不损害农田。且板材墙的抗震性能比砌体墙好，例如，1976年唐山地震时，唐钢第二炼钢车间外墙用的是1.5 m×12 m大型预应力钢筋混凝土墙板，处于地震烈度10度区，在震后仍完好，故抗震设防区宜优先采用大型板材墙。

1. 墙板规格及分类

我国现行工业建筑墙板规格中，长和高采用扩大模数3M数列。板长有：4 500、6 000、7 500(用于山墙)和12 000 mm 4种，可适用于6或12 m柱距以及3 m整倍数的跨距。板高有900、1 200、1 500和1 800 mm 4种。板厚以20 mm为模数进级，常用厚度为160～240 mm。

墙板根据不同需要有不同的分类，如果按保温要求分为保温墙板和非保温墙板；按墙板所在墙面位置分为檐下板、窗上板、窗框板、窗下板、一般板、山尖板、勒脚板、女儿墙板等。下面按墙板的构造和组成材料分类叙述：

1）单一材料的墙板

（1）钢筋混凝土槽形板、空心板。这类板的优点是耐久性好、制造简单、可施加预应力。槽形板又称肋形板，其钢材、水泥用量较省，但保温隔热性能差，且易积灰，故只适用于某些热车间和保温或隔热要求不高的车间、仓库等。空心板的钢材、水泥用料较多，但双面平整、不易积灰，并有一定的保温隔热能力。

（2）配筋轻混凝土墙板。这类墙板很多，如粉煤灰硅酸盐混凝土墙板、各种加气混凝土墙板等。它们的优点是比普通混凝土板和砖墙都轻，保温隔热性能好，配筋后可运输、吊装；并在一定叠高范围内能承受自重。缺点是吸湿性较大，故一般须加水泥砂浆等防水面层，有的还有龟裂或锈蚀钢筋的缺点。对保温或隔热要求较高以及既要保温又要隔热，但湿度不很大的车间适用。

2）组合墙板(复合墙板)

发展轻质、高强、多效能的材料是改革墙体并在更高水平上促进建筑工业化的根本性措施之一。组合墙板的特点是使材料各尽所长，即充分发挥芯层材料的高效热工性能和外壳材料的承重、耐气候等性能。

组合墙板是将高效保温材料，例如，视密度很轻的炉渣、蛭石、膨胀珍珠砂、沥青珍珠砂、沥青蛭石、沥青麦草、陶粒、矿棉、钙塑、泡沫塑料等配制的各种轻混凝土或预制板材，填入一个承重的外壳里组合成大型墙板。所填材料不应用散粒状装填，以免运输或使用期间该材料压缩变形过大，降低热工性能，墙板是垂直放置的构件，更应注意此点。最常见的承重外壳是钢筋混凝土，可称为重型外壳；另一类是轻型外壳，如石棉水泥板、塑料板、薄钢板或铝板等，将它们固定在骨架两面，再在空腔内填充高效保温隔热材料构成组合墙板。还有在槽形板凹侧贴附保温隔热材料构成单面承重组合墙板，其钢筋、水泥用量较省，但保温材料一侧吸湿性大、防水差，常用水泥砂浆面层增强其防水性。

单层厂房外墙采用墙板时，其保温层厚度和隔热设计及措施按有关的热工计算确定。

2. 墙板布置

单层厂房墙板的布置方式有3种，最广泛采用的是横向布置，其次是混合布置，竖向布置采用较少。

横向布置(如图7.7(a)所示)时，板型少，其板长与柱距一致。这种布置方式竖缝少，板缝处理也较容易，墙板的规格也较少，制作安装比较方便。横向布板存在的问题是：柱顶标高虽符合扩大模数3M数列，但屋架端竖杆高度不符合扩大模数3M数列，这给布板造成困难。为解决此矛盾，可采用适当改变窗台高度及柱顶标高等手法进行墙板的排列。如果采用基本板还不能解决，可用异形板或辅助构件解决。

竖向布板(如图7.7(b)所示)是把墙板嵌在上下墙梁之间，安装比较复杂，墙梁间距必须结合侧窗高度布置。竖缝较多，处理不当易渗水、透风。但这种布置方式不受柱距的限制，比较灵活，遇到开洞也好处理。

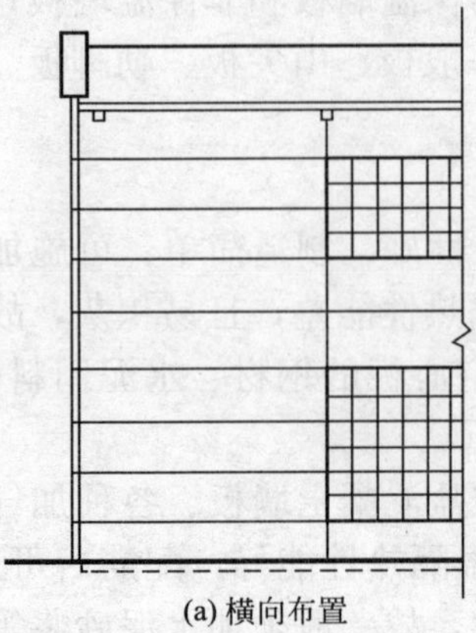

图 7.7　墙板布置方式

混合布板(如图 7.7(c)所示)与横向布板基本相同，只是增加了一种竖向布置的窗间墙板，打破了横向布板的平直单调感，窗间墙板的厚度可根据立面处理需要确定，使立面处理较为灵活。

山墙墙身部位布置墙板的方式与侧墙相同，山尖部位则随屋顶外形的不同可布置成台阶形、人字形、折线形等(如图 7.8 所示)。台阶形山尖异形墙板少，但连接用钢材较多，人字形则相反，折线形介乎两者之间。排板时，最下的板材(勒脚板)底面一般比室内地面低50～300 mm，支撑在基础顶面或垫块上。

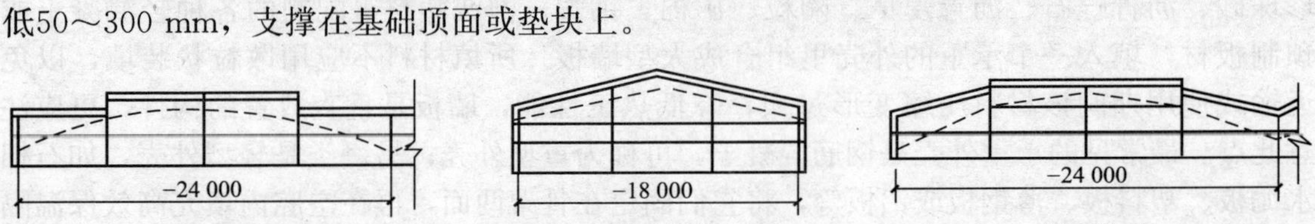

图 7.8　山墙山尖墙板布置

3. 墙板连接与板缝处理

(1) 板柱连接。板柱连接分为柔性连接和刚性连接。连接方法应保证连接安全可靠，便于制作、安装和检修。

柔性连接是通过墙板与柱的预埋件和柔性连接件将板柱二者拉接在一起。常用的方法有螺栓挂钩连接(如图 7.9(a)所示)、角钢挂钩连接(又称握手式连接，如图 7.10(b)所示)、短钢筋焊接连接(如图 7.10(a)所示)和压条连接(如图 7.10(b)所示)。其中螺栓挂钩连接方案构造简单、连接可靠、焊接工作量小、维修较方便，但金属零件用量多，易受腐蚀；角钢挂钩连接用钢材量较少、施工速度快，但金属件的位置要求精确；短钢筋焊接连接安装比较灵活简便，缺点是焊接工作量大；压条连接方案多用于不适宜埋设预埋件的轻质墙板，板垂直缝被压条封盖，墙板密封性好，但增加了一种压条构件，施工误差较大时，压条孔不易套进柱伸出的螺栓。柔性连接的特点是，墙板在垂直方向一般由钢支托支撑，水平方向由连接件拉接。因此，墙板与厂房骨架以及板与板之间在一定范围内可相对独立位移，能较好地适应振动(包括地震)等引起的变形，加上墙板每块板自身整体性较好、又轻(振动惯性力就小)，这就形成了比砌体墙抗震性能优越的条件。它适用于地基软弱，或有较大振动的厂房以及抗震设计烈度大于7度的地区的厂房。前述唐山地震10度区仍完好的墙板用的就是螺栓挂钩柔性连接。

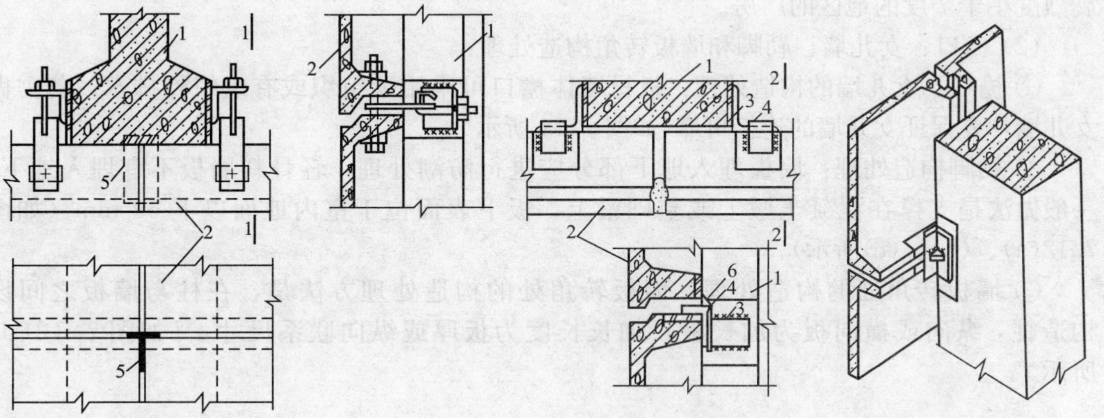

(a) 螺栓挂钩柔性连接和钢支托　(b) 角钢挂钩柔性连接　(c) 刚挂连接

图 7.9　墙板与柱连接

1—柱；2—墙板；3—柱侧预焊角钢；4—墙板上预焊角钢；5—钢支托；6—上下板连接筋(焊接)

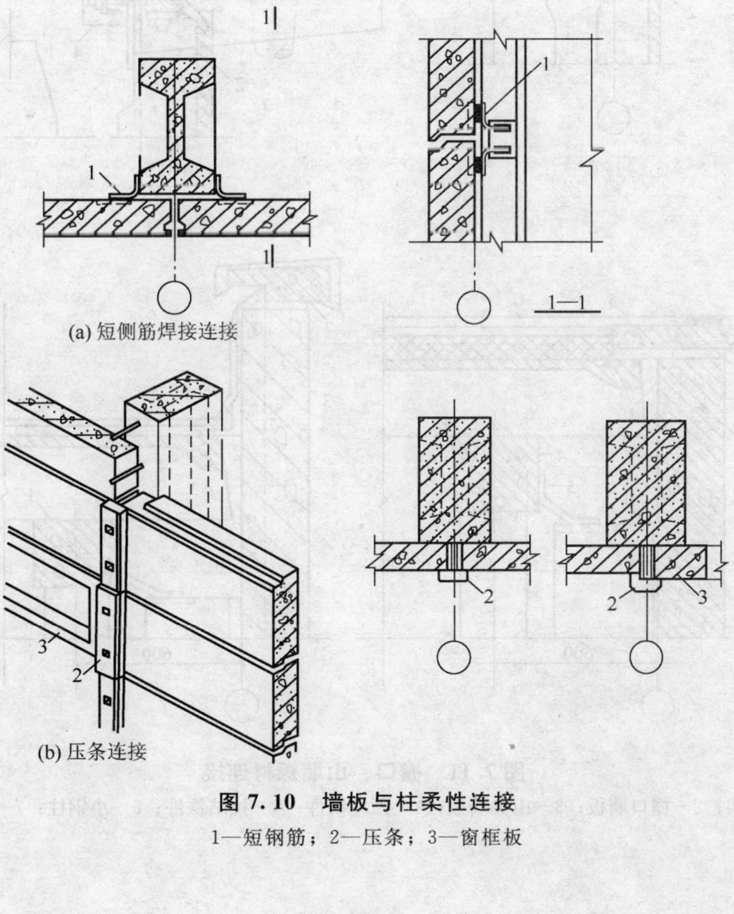

(a) 短侧筋焊接连接

(b) 压条连接

图 7.10　墙板与柱柔性连接

1—短钢筋；2—压条；3—窗框板

刚性连接(如图 7.9(c)所示)就是将每块板材与柱子用型钢焊接在一起，无须另设钢支托。其突出的优点是用钢材量少，当板本身的强度和刚度较大时，厂房纵向刚度好。但由于刚性连接失去了能相对位移的条件，并能传递振动或不均匀沉降引起的荷载，使墙板易产生裂缝等破坏。故刚性连接可用在地基条件较好，没有较大振动的设备或非地震区及地震烈度小于 7 度的地区的厂房。

(2) 檐口、女儿墙、勒脚和墙板转角构造处理：

① 檐口、女儿墙的构造处理：板材墙体檐口可采用无组织或有组织外排水。若需做女儿墙，要保证女儿墙的连接可靠(如图 7.11 所示)。

② 勒脚构造处理：墙板埋入地下部分应进行防潮处理，轻骨料墙板不宜埋入地下，一般做法是支撑在混凝土墩上或基础梁上，板下表面位于室内地面以下 50 mm（如图 7.12(a)、(b)、(c)所示)。

③ 墙板转角处的构造处理：墙板转角处的构造处理方法是，在柱与墙板之间设构造柱，纵向或横向板为加长板，加长长度为板厚或纵向联系尺寸 a_c(如图 7.12(d)所示)。

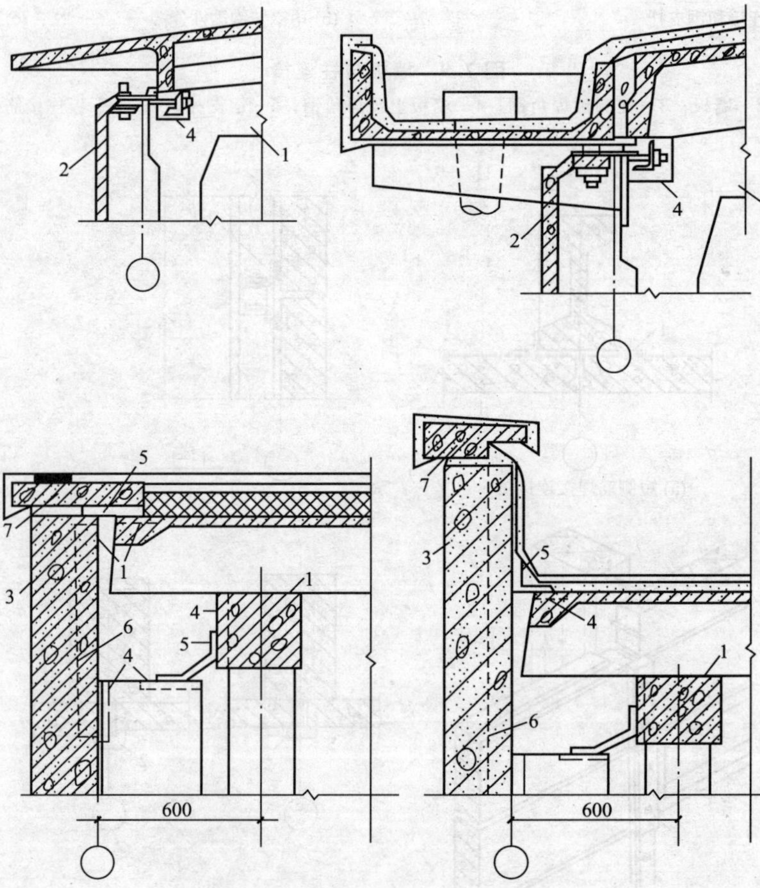

图 7.11　檐口、山墙板材连接

1—屋架；2—檐口墙板；3—山尖墙板；4—预埋铁件；5—拉结铁件；6—小钢柱；7—压顶板

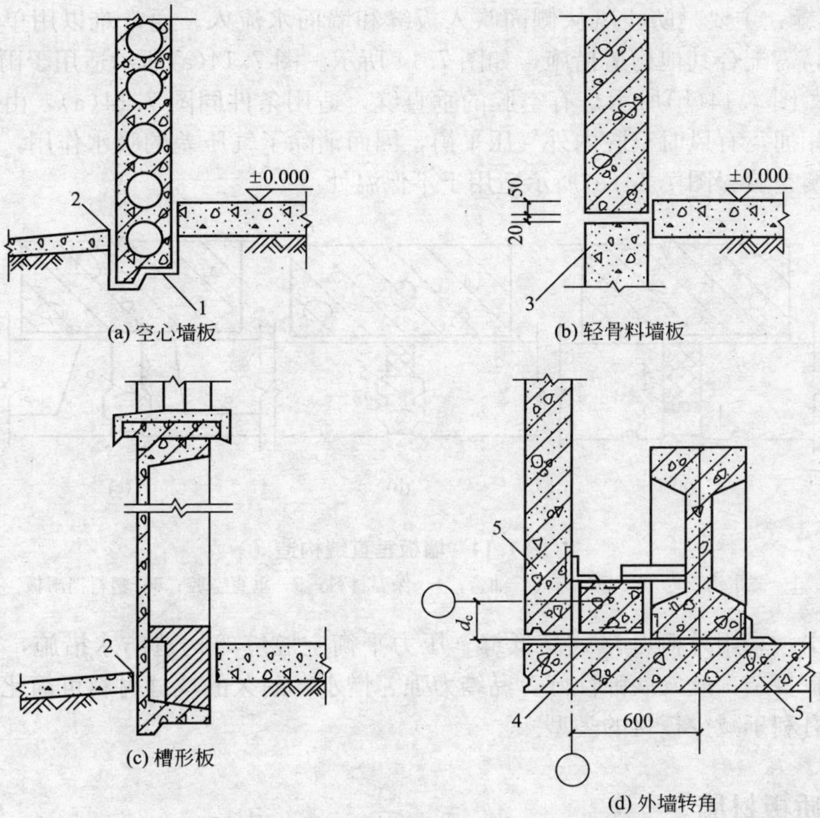

图 7.12　勒脚、外墙转角板材连接及构造处理

1—冷底子油加热沥青防潮；2—沥青油膏嵌缝；3—现浇 C15 混凝土墩，长度同柱宽，支撑于柱基础杯口上；4—钢筋混凝土构造柱；5—加长板

(3) 板缝处理。对板缝的处理首先要求是防水，并应考虑制作及安装方便，对保温墙板还应注意满足保温要求。

① 水平缝：主要是防止沿墙面下淌水渗入板内侧。可在墙板安装后，用憎水性防水材料(油膏、聚氯乙烯胶泥等)填缝，将混凝土等亲水性材料表面涂以防水涂料，并将外侧缝口敞开以消除毛细管渗透，有保温要求时可在板缝内填保温材料。为阻止风压灌水或积水，可采用图 7.13(a)所示外侧开敞式高低缝。防水要求不高或雨水很少的地方也可采用最简单的平缝或有滴水的平缝(如图 7.13(b)、(c)所示)。

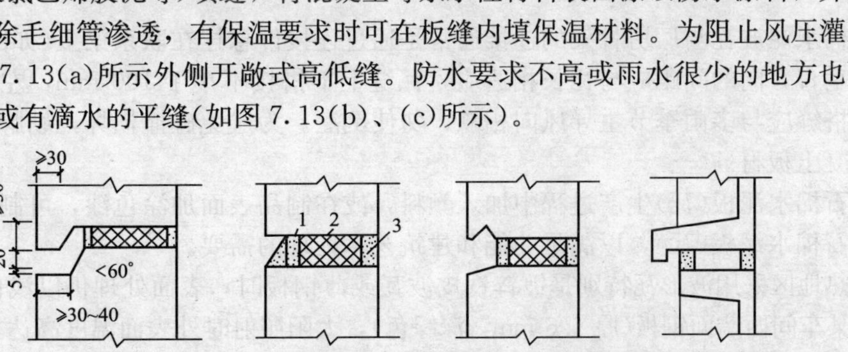

图 7.13　墙板水平缝构造

1—油膏；2—保温材料；3—水泥砂浆

② 垂直缝：主要是防止风从侧面吹入板缝和墙面水流入。通常难以用单纯填缝的办法防止渗透，需配合其他构造措施，如图 7.14 所示。图 7.14(a)所示适用于雨水较多又要保温的地方；图 7.14(b)所示是有空腔的垂直缝，适用条件同图 7.14(a)，由于空腔与水平缝开敞槽相通，有风时空腔内外气压平衡，因而消除了气压差的吸水作用，故称这种空腔为压力平衡空腔；图 7.14(c)所示适用于不保温处。

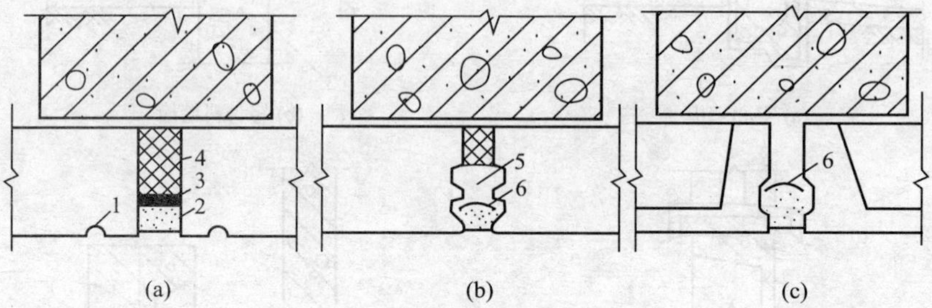

图 7.14　墙板垂直缝构造

1—截水沟；2—水泥砂浆；3—油膏；4—保温材料；5—垂直空腔；6—塑料挡雨板

必须指出，采用外侧开敞式高低缝、压力平衡空腔缝等构造防水措施，其缺点是构造、施工均较复杂，故发展弹性好、黏结力强、憎水、耐久的填缝材料可简化板缝的构造和施工，并有利于减少板材的类型。

7.1.3　轻质板材墙

轻质板材墙按材料分有石棉水泥波瓦、镀锌铁皮波瓦、压型薄钢(铝)板、塑料、玻璃钢波瓦等，它们的连接构造基本相同，现以石棉水泥波瓦墙为例简要叙述如下。

石棉水泥波瓦墙具有自重轻、造价低、施工简便的优点，但属于脆性材料，容易受到破坏，多用于南方中小型热加工车间、防爆车间和仓库，对于高温高湿和有强烈振动的车间不宜采用。石棉水泥波瓦有大波、中波、小波之分，工业建筑多采用大波瓦，为加强力学与抗裂性能多用网状配筋，需要时可与轻混凝土等粘合成保温隔热墙板。

石棉水泥波瓦与厂房骨架的连接通常是通过连接件悬挂在联系梁上(如图 7.15 所示)。联系梁垂直方向的间距应与瓦长相适应，瓦缝上下搭接不小于 100 mm，左右搭接为一个瓦垅，搭缝应与多雨季节主导风向相顺，勿使倒灌。为避免碰撞损坏，勒脚处可用砌体或钢筋混凝土板材。

在石棉水泥板(瓦)生产过程中加入颜料，或在制品表面加涂色漆，可制成各种色彩或釉面的石棉水泥板(瓦)，以满足功能和建筑艺术处理的需要。

炎热地区采用波形瓦特别是镀锌铁皮波瓦或薄钢板时，表面处理仍以浅色为宜。例如，曾实测某车间西墙面钢板(厚 1.6 mm，深绿色)，太阳照射时外表面温度高达 62.5 ℃，内表面温度为 61 ℃，同一钢板涂白色漆对比，此处外表面温度为 44 ℃，内表面温度为 43 ℃，较前低 18 ℃之多。可见大面积墙面对室内影响不容忽视，尤其对某些热加工车间，处理好了，就可减轻室内双向受热的状况。

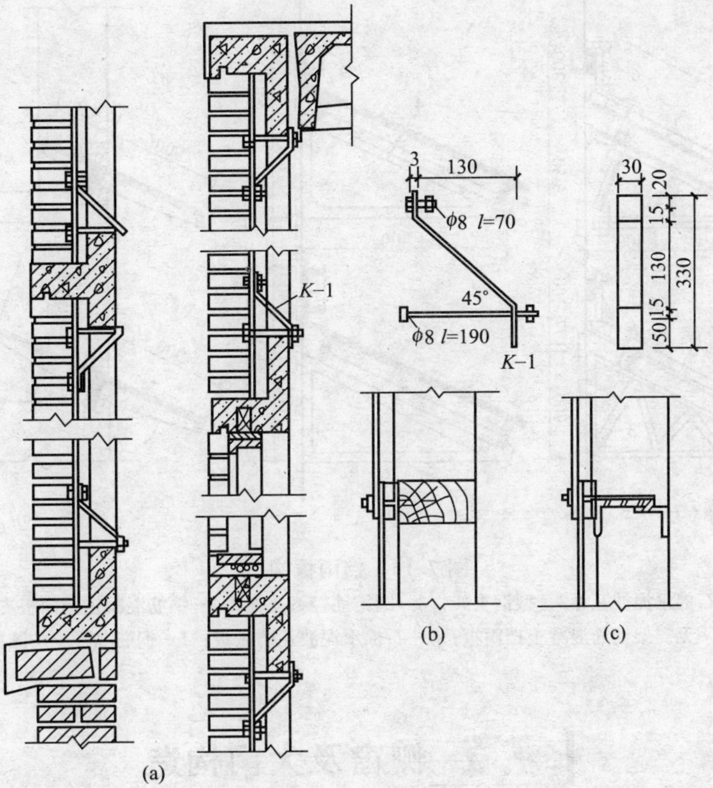

图 7.15 石棉水泥波瓦墙板连接构造

7.1.4 开敞式外墙

炎热地区的一些热加工车间(如炼钢车间等)以及某些化工车间，为了迅速排散气、烟、尘、热(污染物的排散应符合环境保护要求)和通风，常采用开敞或半开敞式外墙。这种墙的主要作用是便于通风又能防雨，故其外墙构造主要就是挡雨板的构造，常用的有：

(1) 石棉水泥波瓦挡雨板(如图 7.16 所示)自重轻，其基本组成构件有：型钢支架(或圆钢筋轻型支架)、型钢檩条、中波石棉水泥波瓦挡雨板及防溅板。挡雨板垂直间距视车间挡雨要求与飘雨角而定(一般取雨线与水平夹角为 30°左右)。檐下第一排挡雨板受太阳照射时间长，板温高，暴雨急来，板急冷收缩不匀，故易龟裂，屋面自由排水量大时冲刷也多，故该排挡雨板宜加强降温与防水处理。

(2) 钢筋混凝土挡雨板，如图 7.16(b)、(c)所示。图 7.16(b)基本构件有支架、挡雨板、防溅板。图 7.16(c)构件最少，但风大雨多时飘雨多。

夏季进风侧的挡雨板外表面仍以浅色为宜，减轻对板下空气的加热作用，减轻热压与风压可能反向的矛盾以保证通风散热效果良好。室外气温很高、灰沙大的干热带地区不应采用开敞式外墙。

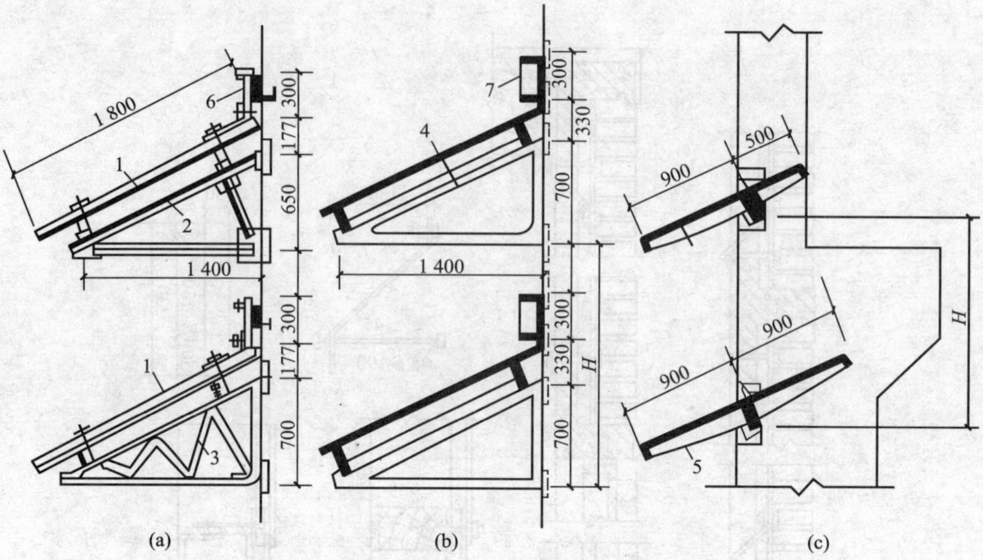

图 7.16　挡雨板构造

1—石棉水泥波瓦；2—型钢支架；3—圆钢筋轻型支架；4—钢筋混凝土挡雨板支架；
5—无支架钢筋混凝土挡雨板；6—石棉水泥波瓦防溅板；7—钢筋混凝土防溅板

7.2 侧窗及大门构造

7.2.1 侧窗

在工业建筑中，侧窗不仅要满足采光和通风的要求，还要根据生产工艺的特点，满足一些特殊要求。例如，有爆炸危险的车间，侧窗应便于泄压；要求恒温恒湿的车间，侧窗应有足够的保温隔热性能；洁净车间要求侧窗防尘和密闭等。工业建筑侧窗面积较大，如果处理不当，容易产生变形损坏和开关不便，不但影响生产，还会增加维修费用。因此，在进行侧窗构造设计时，除满足生产要求外，还应考虑坚固耐久、开关方便、构造简单、节省材料、降低造价。

1. 侧窗层数和常见的开启方式

为节省材料和降低造价，工业建筑侧窗一般情况下都采用单层窗；只有严寒地区在4 m以下高度范围或生产有特殊要求的车间(如恒温、恒湿、洁净车间)，才部分或全部采用双层窗或双层玻璃窗。双层窗冬季保温、夏季隔热，而且防尘密闭性能均较好，但造价高、施工复杂。

工业建筑侧窗常见的开启方式有中悬窗、平开窗、固定窗、垂直旋转窗、百叶窗等。

中悬窗：窗扇沿水平中轴转动，开启角度可达80°，并可利用自重保持平衡，便于采用一般的机械开关器或绳索控制开关，因此常用于车间外墙的上部。中悬窗的缺点是构造较复杂，由于开启扇之间有缝隙，易产生飘雨现象。中悬窗还可作为泄压窗，调整其转轴位置，使转轴位于窗扇重心之上，当室内气压达到一定的压力时，便能自动开启泄压。

平开窗：窗口阻力系数小、通风效果好、构造简单、开关方便，便于做成双层窗。常设在车间外墙下部，作为通风的进气口。

固定窗：构造简单、节省材料，常用在较高外墙的中部，既可采光，又可使热压通风的进、排气口分隔明确，便于更好的组织自然通风。有防尘要求车间的侧窗，亦多做成固定窗以避免缝隙渗透。在我国南方地区，结合气候特点，可使用固定式通风高侧窗，能采光，能防雨，能常年进行通风，不需设开关器，构造简单，管理和维修方便。

垂直旋转窗：窗扇沿垂直轴转动，通风好，可以根据不同的风向调节开启角度，适用于要求通风良好，密闭要求不高的车间，常用于热加工车间的外墙下部，作进风口。

百叶窗：主要作通风用，同时也兼有遮阳、防雨、遮挡视线的功能。其形式有固定式和活动式两种。工业建筑中多采用固定式百叶窗，页片常作成45°或60°。金属页片百叶窗采用1.5 mm厚钢板冷弯成形，用铆钉固定在窗框上。为了防止鸟鼠虫进入车间引起事故，可在百叶窗后加设一层钢丝网或窗纱。当对百叶窗的挡光要求较高时，可将页片作成折线形，并将页片涂黑，这样就能透风而不透光。

根据车间通风的需要常将平开窗、中悬窗或固定窗组合在一起，形成组合窗(如图7.17所示)。组合窗应考虑窗扇便于开关和使用，一般平开窗位于下部，中悬窗位于上部，固定窗位于中部。在同一横向高度内，应采用相同的开关方式。

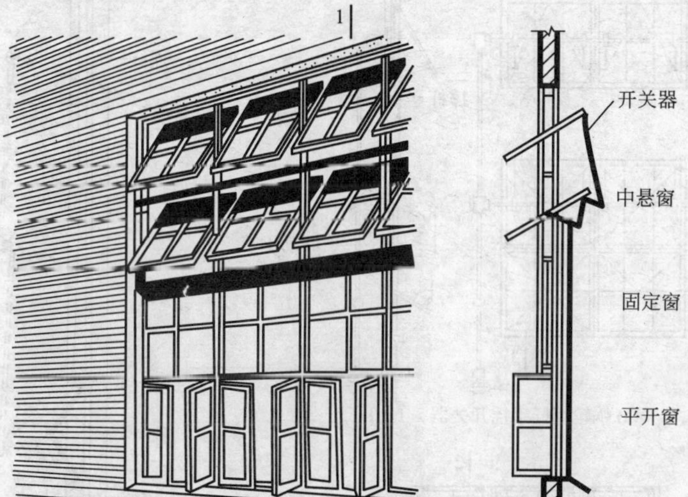

图7.17 侧窗组合型式

2. 侧窗材料

1）钢侧窗

钢侧窗具有坚固耐久、防火、耐潮、关闭紧密、遮光少等优点，可用于大中型工业厂房。目前我国生产的钢侧窗主要有实腹钢侧窗和空腹薄壁钢侧窗两种。

钢侧窗洞尺寸应符合3M数列，大面积的钢侧窗必须由若干个基本窗拼接而成为组合窗。为了便于制作和安装，基本窗的尺寸一般不宜大于1 800 mm×2 400 mm(宽×高)。

组合窗中所有竖挺和横档两端都必须伸入窗洞四周墙体的预留孔内，并用细石混凝土填实(或与墙、柱、梁的预埋件焊牢)。

工业钢侧窗玻璃厚度通常采用 3 mm 厚，先用铁卡子固定，然后用油灰填实。钢侧窗框与窗洞四周墙体的连接，一般采用在墙体上预留 50 mm×50 mm×100 mm 的孔洞，把燕尾铁脚一端插入孔洞内，用 1∶2 水泥砂浆或 C15 细石混凝土填实，另一端则与窗框用螺栓固定。窗框固定后，四周缝隙必须用 1∶2 水泥砂浆填实，以防渗漏雨水。

2）塑钢门窗

塑钢门窗是继木、钢之后而崛起的新型节能建筑门窗，集节能保温、隔绝噪声、水密气密性佳、耐久性好为一体，是目前广泛采用的门窗材料。

3. 侧窗开关器

工业厂房侧窗面积较大，上部侧窗须借助于开关器进行开关。开关器按传动杆件材料的不同可分为刚性和柔性两种；按传动动力可分电动、气动和手动。目前侧窗开关器一般采用手动。图 7.18(a)所示为蜗轮蜗杆手摇开关器，它制作较复杂。图 7.18(b)所示为撑臂式开关器，它是利用杠杆推拉转臂来实现开关。其杆件、零件可使用现成的钢管、扁铁、螺钉、螺母等，制作简单。此外还可用链条、拉绳等柔性手动开关。

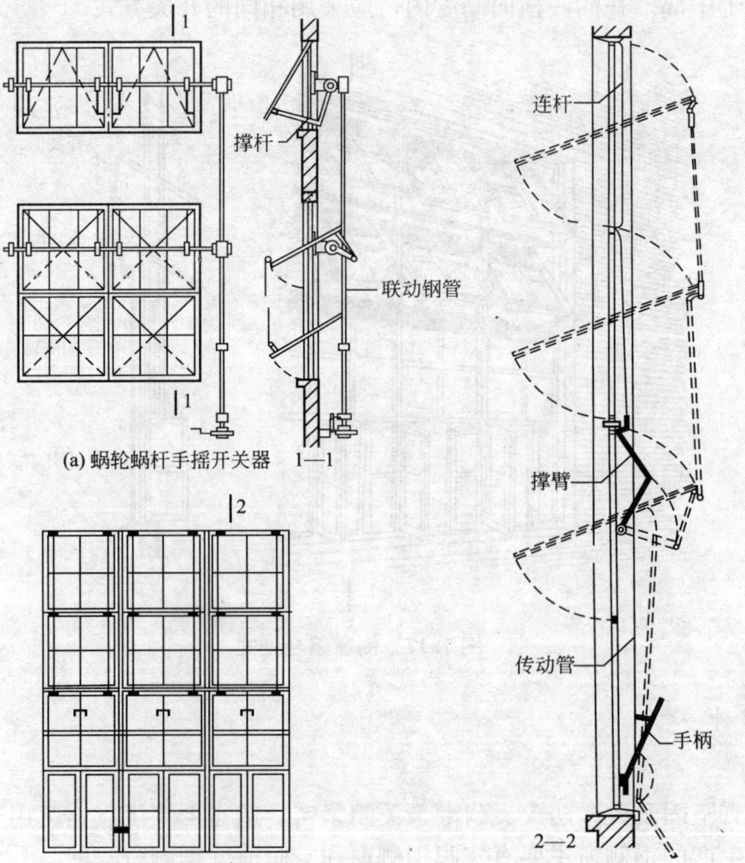

图 7.18　侧窗开关器

7.2.2 大门

1. 门的尺寸

工业厂房大门主要是供日常车辆和人通行，以及紧急情况疏散之用。因此门的尺寸应根据所需运输工具的类型、规格、运输货物的外形并考虑通行方便等因素来确定。一般门的宽度应比满装货物时的车辆宽 600～1 000 mm，高度应高出 400～600 mm。常用厂房大门的规格尺寸如图 7.19 所示。

洞口宽 运输工具	2 100	2 100	3 000	3 300	3 600	3 900	4 200 4 500	洞口高
3 t矿车								2 100
电瓶车								2 400
轻型卡车			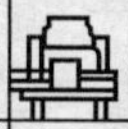					2 700
中型卡车				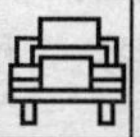				3 000
重型卡车								3 900
汽车 起重机						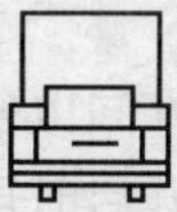		4 200
火车								5 100 5 400

图 7.19 厂房大门尺寸/mm

2. 门的类型

车间大门的类型较多，这是由车间的性质、运输、材料及构造等因素所决定的。

按用途分：有供运输通行的普通大门、防火门、保温门、防风砂门等。

按材料分：有塑钢门、钢木门、普通型钢和空腹薄壁钢门等。

按开启方式分：有平开门、推拉门、升降门、折叠门、上翻门、卷帘门等(如图 7.20 所示)。

平开门构造简单、开启方便，但门扇受力状态较差，易产生下垂或扭曲变形，故门洞

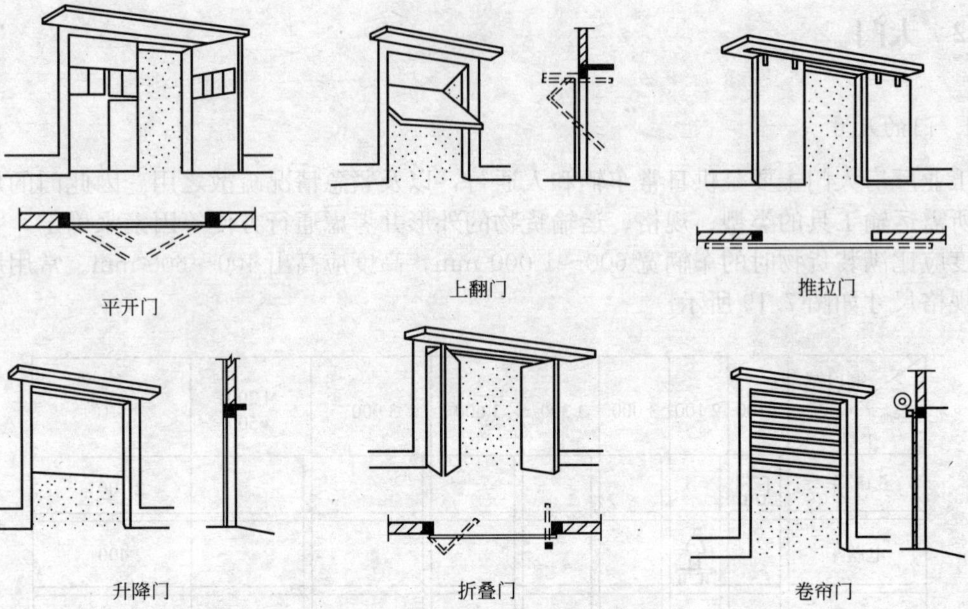

图 7.20　大门开启方式

较大时不宜采用。门向内开虽免受风雨的影响，但占用室内空间，也不利于疏散，一般多采用外开门，门的上方应设雨篷。当运输货物不多，大门不需经常开启时，可在大门扇上开设供人通行的小门。

推拉门的开闭是通过滑轮沿着导轨向左右推拉，门扇受力状态较好，构造简单，不易变形，但五金件较复杂，安装要求较高，是工业厂房中广泛使用的一种形式的门。但由于推拉门一般密闭性差，故不宜用于冬季采暖的厂房。推拉门常设在墙的外侧，雨篷沿墙的宽度最好为门宽的两倍以上。

折叠门由几个较窄的门扇相互间以铰链连接组合而成。开启时通过门扇上下滑轮沿着导轨左右移动。这种形式的门在开启时可使几个门扇折叠在一起，占用的空间较少，适用于较大的门洞。

升降门不占厂房面积，其开启时门扇沿导轨上升，只需在门洞上部留有足够的上升高度即可，常用于大型厂房。门洞高时可沿水平方向将门扇分为几扇，开启的方式有手动和电动两种。

上翻门的门扇侧面有平衡装置，门的上方有导轨，开启时门扇沿导轨向上翻起。平衡装置可用重锤或弹簧。这种形式可避免门扇被碰损，常用于车库大门。

卷帘门是用很多冲压成形的金属页片连接而成。开启时，由门洞上部的转动轴将页片卷起。它适用于 4 000～7 000 mm 宽的门洞，高度不受限制。卷帘门有手动和电动两种，当采用电动时，必须考虑停电时手动开启的备用设施。卷帘门适用于非频繁开启的高大门洞，其制作复杂，造价较高。

设计时，确定门的形式应根据使用要求、门洞大小、门附近可供开关占用的空间以及技术经济条件等综合考虑确定。

3. 门的构造

1) 平开门

平开门是由门扇、铰链及门框组成。门洞尺寸一般不宜大于3.6 m×3.6 m。

大门门框有钢筋混凝土和砌体两种(如图7.21所示)。当门洞宽度大于或等于3m时，设钢筋混凝土门框。在安装铰链处预埋铁件。洞口较小时，可采用砌体砌筑门框，墙内砌入有预埋铁件的混凝土块，砌块数量和位置应与门扇上铰链的位置相适应。一般是每个门扇设两个铰链。

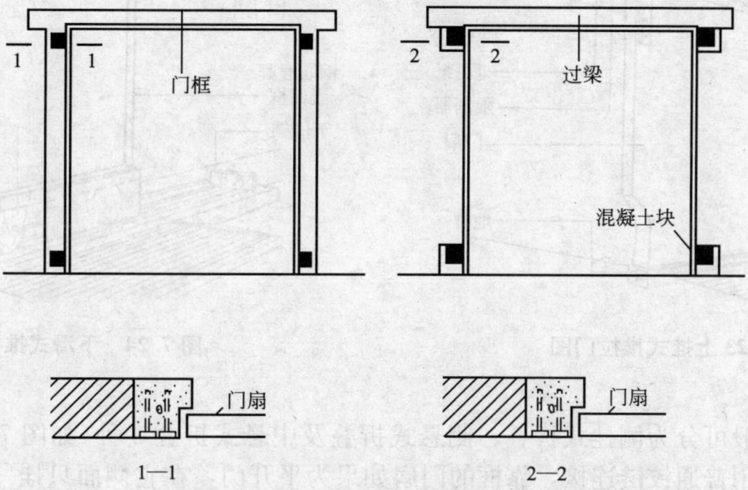

图7.21 大门门框

寒冷地区要求保温的大门可在门扇下沿与地面空隙处，以及门扇与门框、门扇与门扇之间的缝隙处加钉橡皮条或水龙带，以防风砂吹入。

2) 推拉门

推拉门由门扇、门轨、地槽、滑轮及门框组成。可布置成单轨双扇、双轨双扇、多轨多扇等形式(如图7.22所示)，常用单轨双扇。推拉门支撑的方式可分上挂式(如图7.23所示)和下滑式(如图7.24所示)两种，当门扇高度小于4 m时，用上挂式，即门扇通过滑轮挂

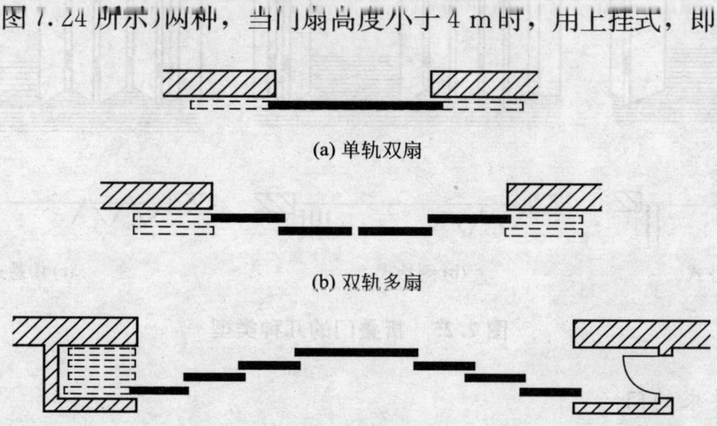

(a) 单轨双扇

(b) 双轨多扇

(c) 多轨多扇

图7.22 推拉门布置形式

在门洞上方的导轨上，由于门扇是通过滑轮悬挂在导轨上，门扇变形小。当门扇高度大于4 m时，多用下滑式，在门洞上下均设导轨，门扇沿上下导轨推拉，下面的导轨承受门扇的重量。推拉门的门缝较大，门扇尺寸应比洞口宽 200 mm。推拉门位于墙外时，门上方需设雨篷或门斗，保护门扇和轨道。

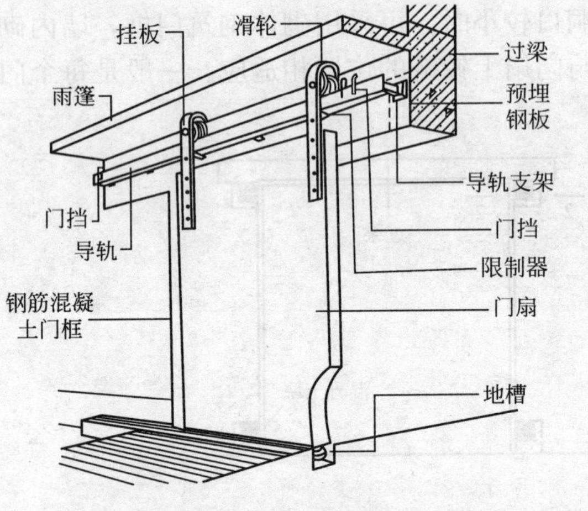

图 7.23 上挂式推拉门图

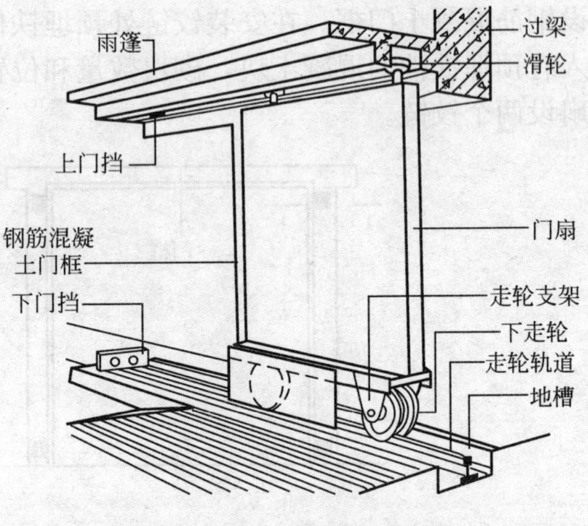

图 7.24　下滑式推拉门

3）折叠门

折叠门一般可分为侧挂式折叠、侧悬式折叠及中悬式折叠 3 种(如图 7.25 所示)。侧挂式折叠门可用普通铰链连接，靠框的门扇如果为平开门，在它侧面只挂一扇门。不适用于较大的门洞口。侧悬式和中悬式折叠门，在洞口上方设有导轨，各门扇间除用铰链连接外，在门扇顶部还装有带滑轮的铰链，下部装地槽滑轮，开闭时，上下滑轮沿导轨移动，带动门扇折叠，适用于较大的门洞口。滑轮铰链安装在门扇侧边为侧悬式，开关较灵活。中悬式折叠门是滑轮铰链装在门扇中部，门扇受力较好，但开闭时比较费力。

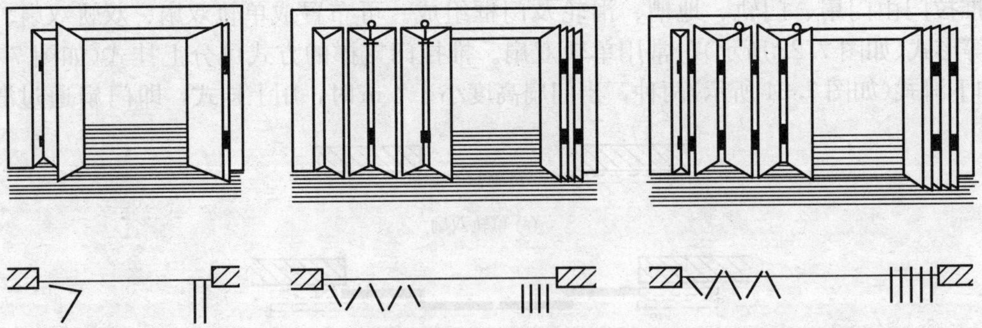

(a) 侧挂式　(b) 侧悬式　(c) 中悬式

图 7.25　折叠门的几种类型

4. 有特殊要求的门

1）防火门

防火门用于加工易燃品的车间或仓库。门扇根据车间对防火门耐火等级的要求选择。

防火门目前多采用自动控制联动系统开闭，亦可采用自重下滑防火门。

自重下滑防火门是将门上导轨做成5%～8%的坡度，火灾发生时，易熔合金熔断后(易熔合金的熔点为70 ℃)，重锤落地，门扇依靠自重下滑关闭(如图7.26所示)。当洞口尺寸较大时，可做成两个门扇相对下滑。

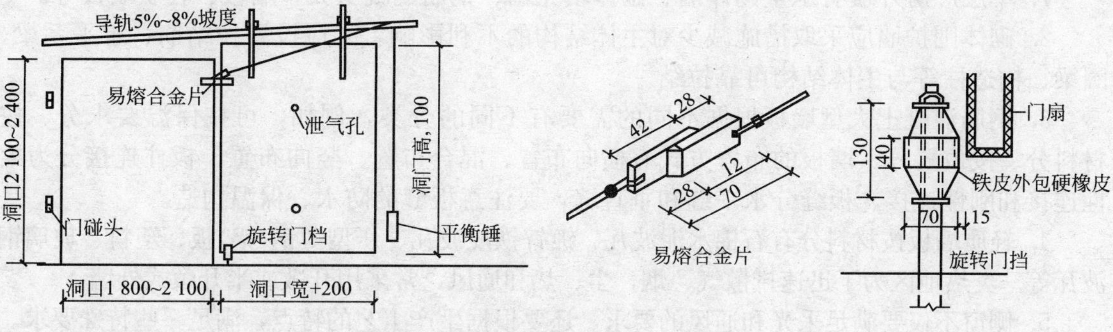

图7.26 自重下滑防火门/mm

2）保温门、隔声门

保温门要求门扇具有一定热阻值，且门缝需做密闭处理，故常在门扇两层面板间填以轻质、疏松的材料(如玻璃棉、矿棉、软木)。隔声门的隔声效果与门扇的材料和门缝的密闭有关，因此隔声门常采用多层复合结构，也是在两层面板之间填吸声材料(如矿柿、玻璃棉、玻璃纤维)。

一般保温门和隔声门的面板常采用整体板材(如五层胶合板、硬质木纤维板、热压纤维板)。门缝密闭处理对门的隔声、保温以及防尘等使用要求有很大影响，通常采用的措施是在门缝内粘贴填缝材料，填缝材料应具有足够的弹性和压缩性，如橡胶管、海绵橡胶条、羊毛毡条等。还应注意裁口形式，裁口做成斜面比较容易关闭紧密，可避免由于门扇胀缩而引起的缝隙不密合。但门扇裁口不宜多丁两道，以免开关困难。一般保温门和隔声门的节点构造如图7.27所示。也可将门扇与门框相邻处做成圆弧形的缝隙，有利于密合。

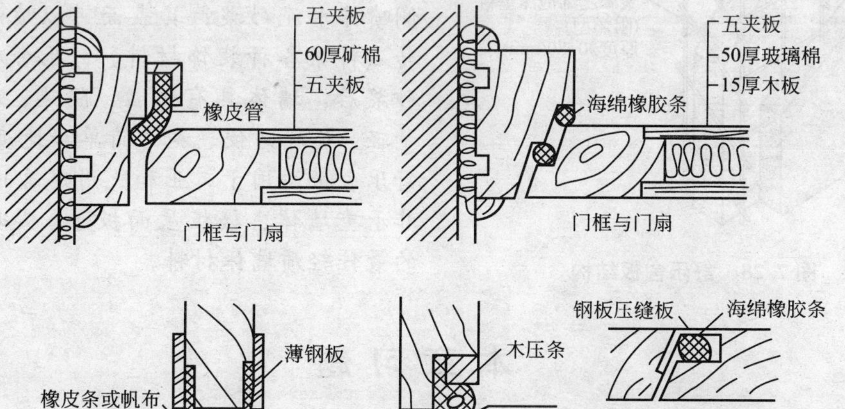

图7.27 保温门、隔声门门缝处理

本 章 小 结

1. 单层厂房外墙有承重砌体墙、砌体填充墙、钢筋混凝土大型墙板、轻质墙板等。

2. 砌体围护墙应采取措施减少对主体结构的不利影响，并应设置拉结筋、水平系梁、圈梁、构造柱等与主体结构可靠拉结。

3. 钢筋混凝土大型墙板根据不同的需要有不同的分类，例如，可按保温要求分、按材料分、按位置分。墙板的布置方式有横向布置、混合布置、竖向布置。板柱连接分为柔性连接和刚性连接。板缝分水平缝和垂直缝，要注意板缝的防水、保温构造。

4. 轻质墙板按材料分有石棉水泥波瓦、镀锌铁皮波瓦、压型薄钢(铝)板、塑料、玻璃钢波瓦等。炎热地区为了迅速排散气、烟、尘、热和通风，常采用开敞或半开敞式外墙。

5. 侧窗不仅要满足采光和通风的要求，还要根据生产工艺的特点，满足一些特殊要求。

6. 工业厂房大门主要是供日常车辆和人通行，以及紧急情况疏散之用的。因此门的尺寸应根据所需运输工具的类型、规格、运输货物的外形并考虑通行方便等因素来确定。

知识拓展——新型外墙板舒乐舍板

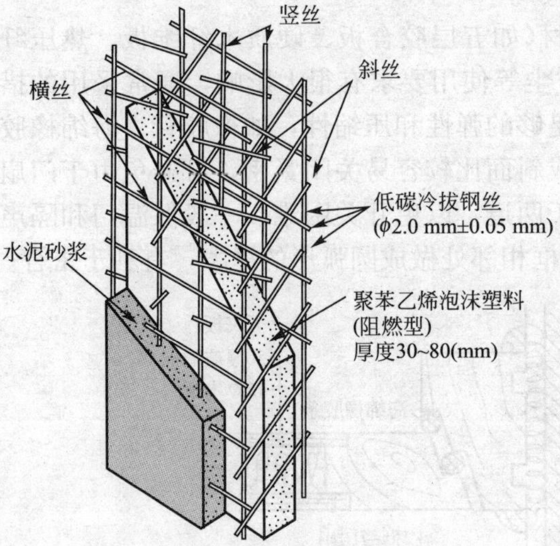

图 7.28　舒乐舍板结构

舒乐舍板是以整块阻燃自熄性聚苯乙烯泡沫为板芯，两侧配以ϕ(2.0 mm±0.05)mm冷拔钢丝焊接制作的网片，中间斜向45°双向插入ϕ2.0 mm钢丝，连接两侧网片，采用先进的自动焊接技术焊接而成的钢丝网架聚苯乙烯夹芯板。舒乐舍板现场施工方便，仅须根据设计进行连接拼装成墙体，然后在板两侧喷抹水泥砂浆；其表面可以喷涂或粘贴面砖石料等各种装饰材料。舒乐舍板喷抹水泥砂浆后，墙体具有保温、隔热、抗渗透、质量轻、运输方便、施工简单和速度快等特点；舒乐舍板适用于工业和民用建筑的承重墙体、非承重墙体、楼板屋面板等，是取代黏土砖的最佳轻质墙体材料。

本 章 习 题

1. 画图说明厂房砌体围护墙的构造(墙的支撑，墙与柱、屋架、圈梁的连接)。

2. 厂房什么情况需设防震缝?

3. 墙面装修的构造做法有哪些?

4. 简述墙板规格及分类？
5. 简述墙板布置方式及适用情况？
6. 画图说明墙板连接与板缝处理？
7. 侧窗的开启方式各有何特点？
8. 厂房大门的尺寸如何确定？
9. 简述厂房大门的类型，各有何构造特点？

第8章 单层厂房屋面构造

【教学目标与要求】

- 了解厂房屋面的特点、基层类型及组成
- 掌握厂房屋面排水方式
- 掌握厂房屋面防水方法
- 掌握卷材防水屋面细部构造并能画图说明
- 了解屋面保温与隔热

8.1 单层厂房屋面特点

单层厂房屋面的作用、要求和构造与民用建筑基本相同，但在以下方面有所区别。

(1) 屋面排水构造更加复杂。单层厂房多是多跨成片建筑，屋面覆盖面积较民用建筑屋面大的多，接缝也多；而由于厂房深度大，为解决室内采光和通风，屋面上常设有各种天窗，致使屋面构造复杂；另外，根据工艺要求的不同，多跨厂房各跨间还会出现高低跨及纵横跨，为此须设置天沟、檐沟、雨水斗及雨水管等，这就使得厂房屋面在排水方面更加不利。

(2) 对基层的要求更高。厂房内一般都设有吊车，吊车传来的冲击荷载、生产有振动时传来的振动荷载，都会对屋面产生不利影响。另外，厂房内常有一些不利因素，如高温、腐蚀性气体、积灰等影响屋面耐久性。为保证屋面使用条件，常要求提高屋面基层的坚固性。

(3) 屋面保温、隔热要求不同。一般厂房较高时(柱顶标高在 8 m 以上)，屋面对工作区的热辐射影响小，可不考虑隔热；生产中散发出大量热量的热加工车间及只要求防雨而不要求保温的厂房其屋面可不考虑保温；恒温恒湿车间，其保温、隔热要求常较一般民用建筑要高。

(4) 特殊要求多。对于有爆炸危险的厂房，还须考虑屋面的防爆、泄压问题；对于有腐蚀性气体的厂房，还要考虑防腐蚀的问题等。

(5) 厂房屋面面积大、自重重，对能源消耗及厂房结构均有较大的影响，从而影响整个厂房的造价。因此，减小屋面面积，减轻屋面自重具有更大的经济意义。

8.2 厂房屋面基层类型及组成

屋面基层分有檩体系与无檩体系两种，如图 8.1 所示。

有檩体系是在屋架上弦(或屋面梁上翼缘)搁置檩条，在檩条上铺小型屋面板(或瓦材)。这种体系采用的构件小、质量轻、吊装容易，但构件数量多、施工烦琐、施工期长，故多用在施工机械起吊能力较小的施工现场。无檩体系是在屋架上弦(或屋面梁上翼缘)直

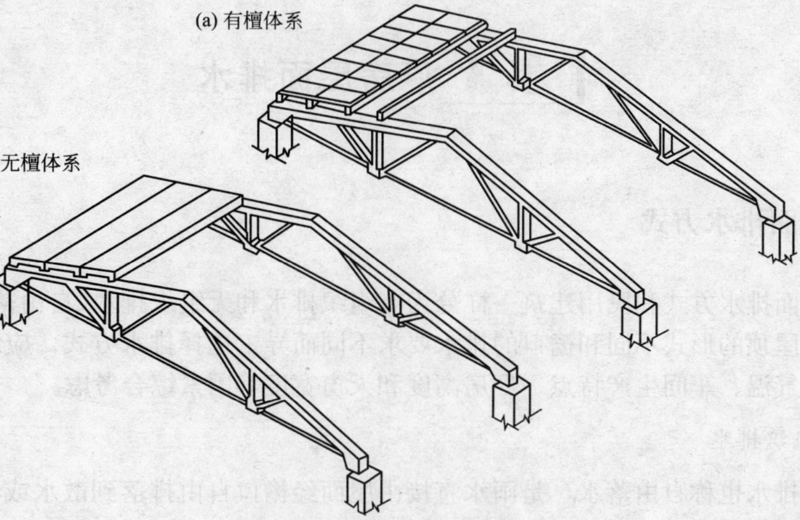

图 8.1 屋面基层结构类型

接铺设大型屋面板。无檩体系所用构件大、类型少，便于工业化施工，但要求施工吊装能力强。无檩体系在工程实践中应用较广。屋面基层结构常用的钢筋混凝土大型屋面板及檩条，如图 8.2 所示。

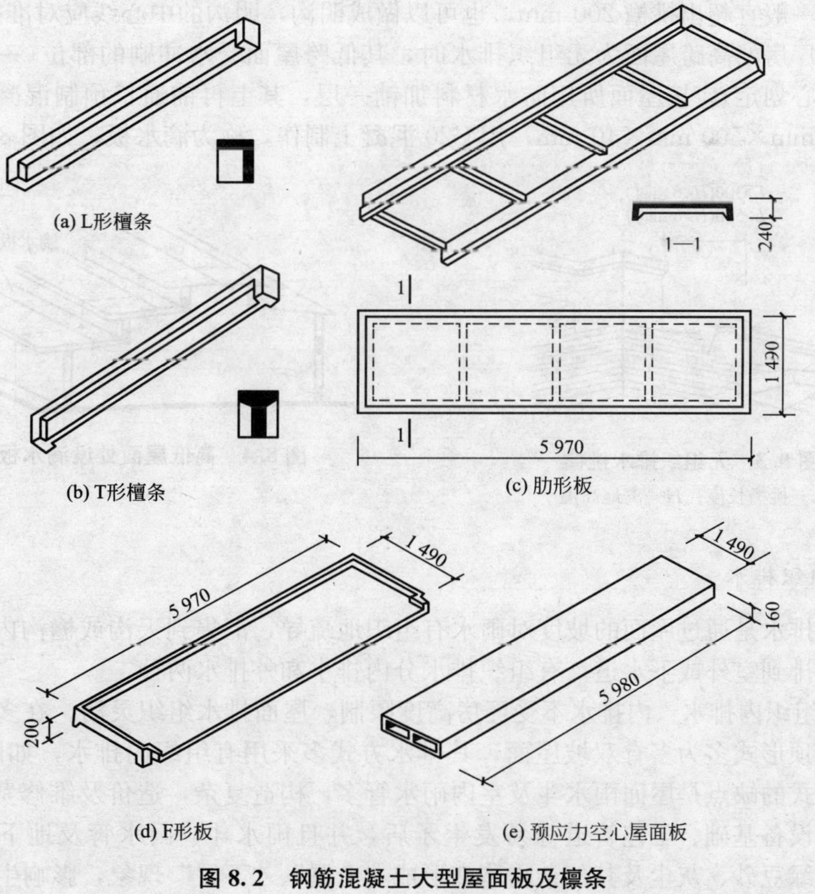

图 8.2 钢筋混凝土大型屋面板及檩条

8.3 厂房屋面排水

8.3.1 屋面排水方式

厂房屋面排水方式和民用建筑一样分为有组织排水和无组织排水(自由落水)两种，其排水方式因屋顶的形式不同和檐口的排水要求不同而异。选择排水方式，应结合所在地区的降雨量、气温、车间生产特点、厂房高度和天窗宽度等因素综合考虑。

1. 无组织排水

无组织排水也称自由落水，是雨水直接由屋面经檐口自由排落到散水或明沟内。无组织排水排水通畅、构造简单、施工方便、节省投资，适用于高度较低、屋面积灰较多或有腐蚀性介质的生产厂房，以及屋面防水要求很高的厂房或某些对屋面有特殊要求的厂房。

无组织排水的挑檐应有一定的长度，当檐口高度不大于 6 m 时，挑檐一般宜不小于 300 mm；檐口高度大于 6 m 时，挑檐一般宜不小于 500 mm，如图 8.3 所示。在多风雨的地区，挑檐尺寸要适当加大，以减少屋面落水浇淋墙面和窗口的机会。勒脚外地面须做散水，其宽度一般宜超出挑檐 200 mm，也可以做成明沟，明沟的中心线应对准挑檐端部。

高低跨厂房的高跨屋面为无组织排水时，其低跨屋面受水冲刷的部位(一般以檐口挑出长度为中心划定)应按屋面所用防水材料加铺一层，其上再铺通长预制混凝土板，板的尺寸为 500 mm×500 mm×40 mm，用 C20 混凝土制作，称为滴水板，如图 8.4 所示。

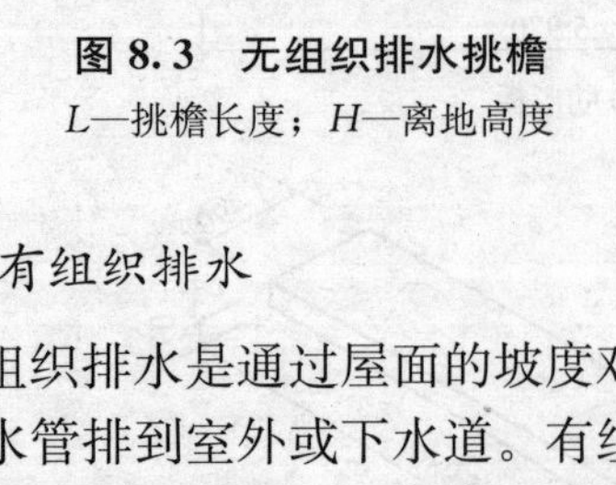

图 8.3 无组织排水挑檐

L—挑檐长度；H—离地高度

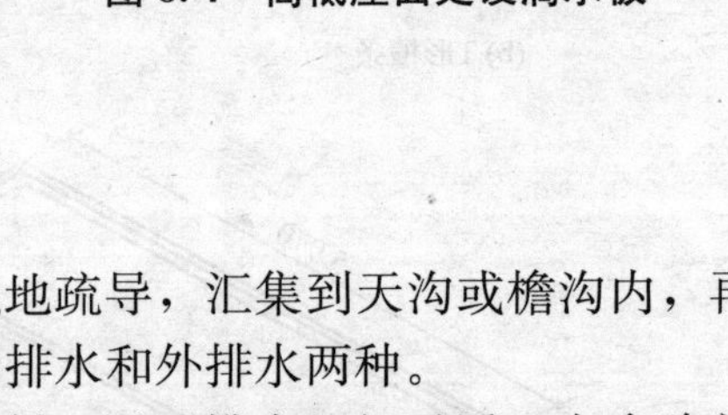

图 8.4 高低屋面处设滴水板

2. 有组织排水

有组织排水是通过屋面的坡度对雨水有组织地疏导，汇集到天沟或檐沟内，再经雨水斗、雨水管排到室外或下水道。有组织排水分内排水和外排水两种。

(1) 有组织内排水：内排水不受厂房高度限制，屋面排水组织灵活。在多跨单层厂房建筑中，屋顶形式多为多脊双坡屋面，其排水方式多采用有组织内排水，如图 8.5 所示。这种排水方式的缺点是屋面雨水斗及室内雨水管多，构造复杂，造价及维修费用高，且与地下管道、设备基础、工艺管道等易发生矛盾。并且雨水斗、雨水管及地下排水管(沟)易被滑下的绿豆砂、灰尘及其他杂物堵塞形成“上漏”、“下冒”现象，影响生产。

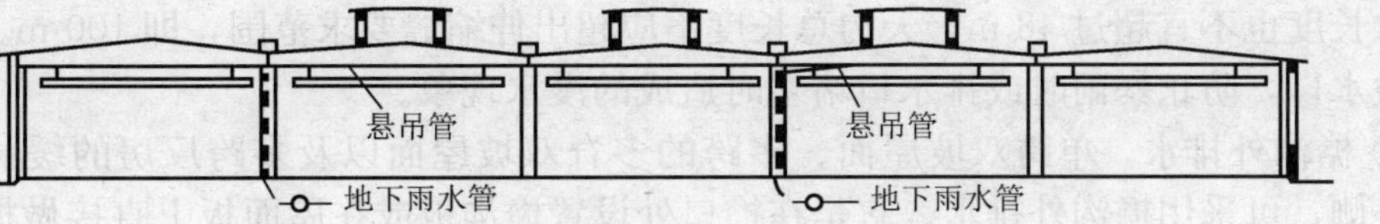

(a) 等高多跨厂房

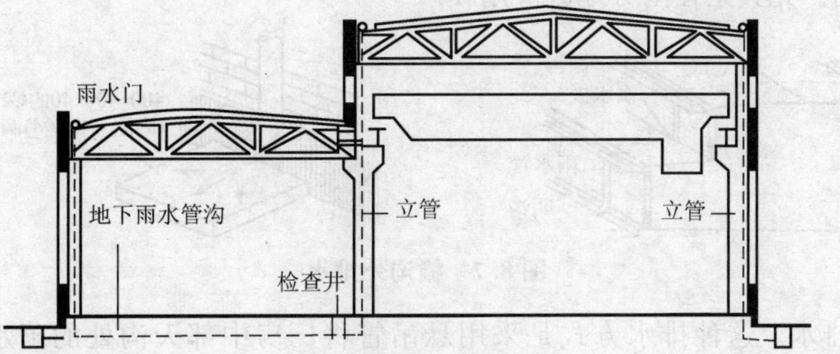

(b) 高低跨厂房

图 8.5 有组织内排水

寒冷地区采暖厂房及生产中有热量散出的车间，外檐宜采用有组织内排水。因为落在这些厂房屋面上的雪能逐渐溶化流至檐口。如果采用外排水，室内热量由于檐下墙的阻挡而达不到檐口，致使在檐口处结成冰柱，它遮挡光线，拉坏檐口，有时会落下伤人，雨水管也会因冰冻堵塞以至胀裂。

(2) 有组织外排水：冬季室外气温不低的地区可采用有组织外排水。根据排水组织和位置的不同，有以下几种。

① 长大沟外排水。沿厂房屋面的长度做贯通的天沟，并利用天沟的纵向坡度，将雨水引向端部山墙外部的雨水管排出，如图 8.6 所示。这种方式构造简单、施工方便、造价较低，可克服厂房内“上漏”、“下冒”的现象。但受地区降雨量、汇水面积、屋面材料、天沟断面和纵向坡度等因素的制约。即使在防水性能较好的卷材防水屋面中，其天沟每边

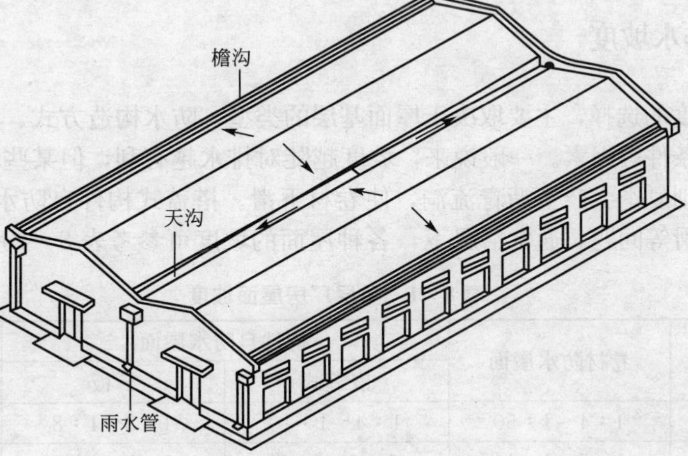

图 8.6 长天沟端部外排水

的流水长度也不宜超过 48 m，天沟总长度不应超出伸缩缝要求范围，即 100 m。天沟端部应设溢水口，防止暴雨时或排水口堵塞时造成的漫水现象。

② 檐沟外排水。单跨双坡屋面、多跨的多脊双坡屋面以及多跨厂房的缓长坡屋面其边跨外侧，可采用檐沟外排水。它是在檐口处设置檐沟板或在屋面板上直接做檐沟，用来汇集雨水，经雨水口和立管排下，如图 8.7 所示。这种方式构造简单、施工方便、管材少、造价低，且不妨碍车间内部工艺设备布置，一般当厂房较高或降雨量较大，不宜做无组织排水时采用。尤其是在南方地区应用较广。

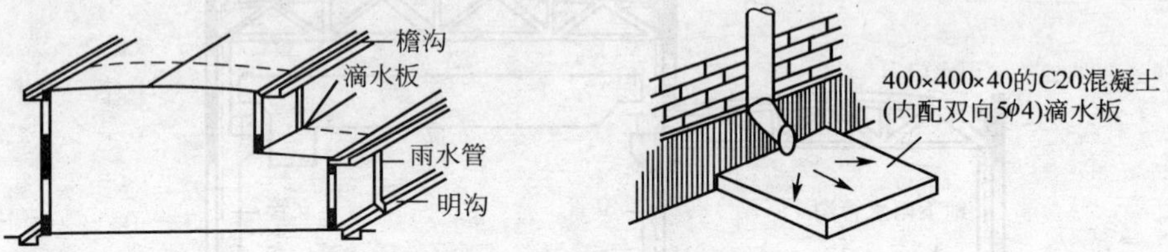

图 8.7　檐沟外排水

③ 内落外排水。这种排水方式是采用悬吊管将厂房中部天沟处的雨水引至外墙处，采用水管穿墙的方式将雨水排至室外。水平悬吊管坡度为 0.5%～1%，与靠墙的排水立管连通，下部导入明沟或排至散水，如图 8.8 所示。这种方式可避免内排水与地下干管布置的矛盾及减少室内地下排水管(沟)的数量。

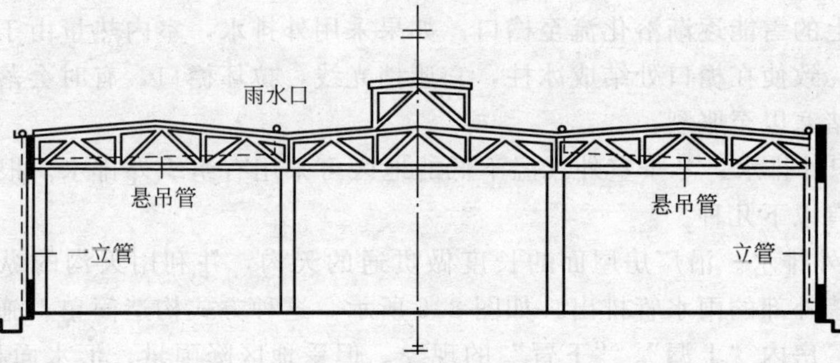

图 8.8　内落外排水

8.3.2　屋面排水坡度

屋面排水坡度的选择，主要取决于屋面基层的类型、防水构造方式、材料性能、屋架形式以及当地气候条件等因素。一般说来，坡度越陡对排水越有利，但某些卷材(如油毡)在屋面坡度过大时，则夏季会产生沥青流淌，使卷材下滑。搭盖式构件自防水屋面坡度过陡时，也会引起盖瓦下滑等问题。通常情况下，各种屋面的坡度可参考表 8-1 所列进行选择。

表 8-1　单层厂房屋面坡度

防水类型	卷材防水屋面	构件自防水屋面		波形瓦防水屋面
		嵌缝式	F 板	石棉瓦等
选择范围	1∶4～1∶50	1∶4～1∶10	1∶3～1∶8	1∶2～1∶5
常用坡度	1∶5～1∶10	1∶5～1∶8	1∶5～1∶8	1∶2.5～1∶4

8.3.3 排水组织设计

屋面排水应进行排水组织设计，基本同民用建筑。首先确定排水方式，再根据屋顶形式、屋面的高低、变形缝位置，将整个厂房屋面划分为若干个排水区段，并定出排水方向，确定天沟、檐沟的位置；然后根据当地降雨量和屋面汇水面积，选定合适的雨水管直径，雨水斗型号，最后确定沟内雨水管个数及位置。通常在变形缝处不宜设雨水斗，以免因意外情况溢水而造成渗漏。重点部位设计如下：

(1) 天沟(或檐沟)。天沟(或檐沟)可采用预制钢筋混凝土槽形天沟和直接在屋面板上做天沟或檐沟。沟内坡度应不小于1%，最大不超过2%，长天沟排水不小于0.3%。最高点为分水线，最低点为雨水口，其沟底水落差不得超过200 mm。找坡材料采用1∶6水泥焦渣、1∶8水泥膨胀珍珠岩或其他轻骨料混凝土，然后再用水泥砂浆抹面。槽形天沟(或檐沟)的分水线与沟壁顶面的高差应大于50 mm，以防雨水出槽而导致渗漏。沟内防水层下面均加铺一层附加防水层，采用空铺方法。

(2) 雨水斗。雨水斗的类型比较多，如图8.9(a)、(b)、(c)所示。当采用直接在屋面板上设雨水斗时，最好加设铁水盘与雨水斗配套使用。有女儿墙的檐沟，也可采用铸铁弯头水漏斗和铸铁篦装在檐沟女儿墙上，再经立管将雨水排下，如图8.9 (d)所示。

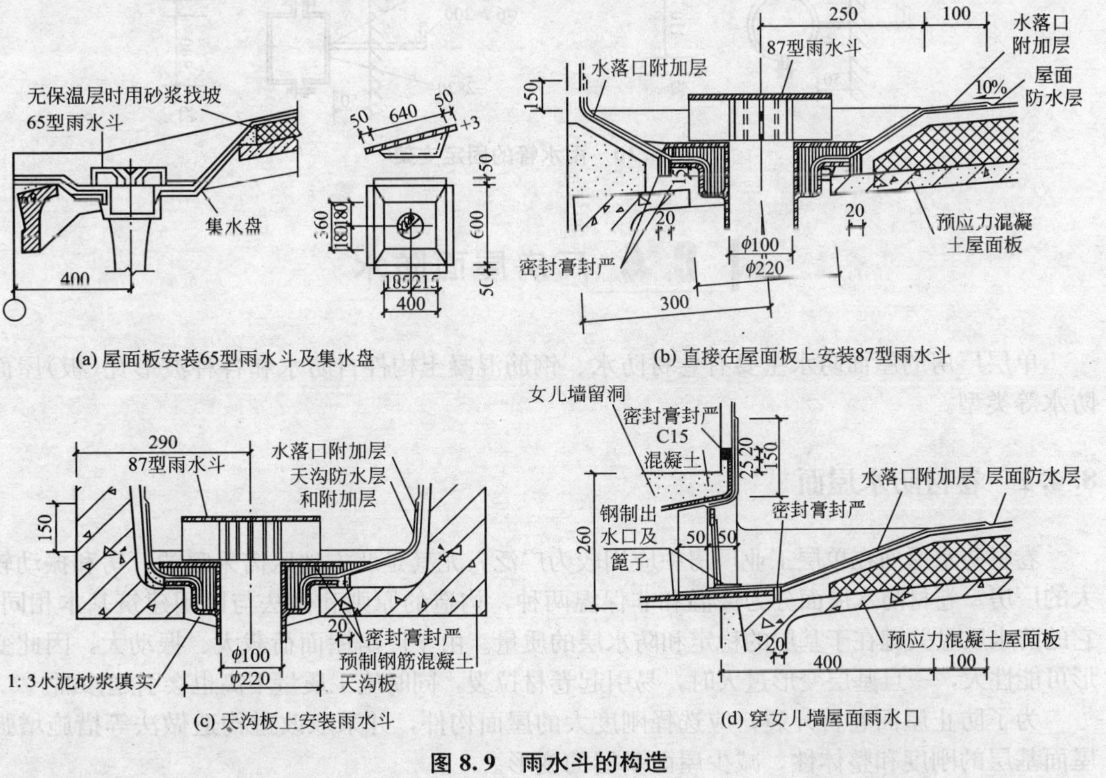

(a) 屋面板安装65型雨水斗及集水盘　(b) 直接在屋面板上安装87型雨水斗　(c) 天沟板上安装雨水斗　(d) 穿女儿墙屋面雨水口

图 8.9　雨水斗的构造

雨水斗的间距要考虑每个雨水斗所能负担的汇水面积，(除长天沟以外)一般为18～24 m。少雨地区可为30～36 m，当采用悬吊管外排水时，最大间距为24 m。

(3) 雨水管。在工业厂房中一般采用铸铁雨水管，当雨水对金属有腐蚀性时可采用塑料雨水管，铸铁雨水管管径常选用 ϕ100、ϕ150、ϕ200 3 种。一般可根据雨水管最大集水面积确定。雨水管用支架(或铁卡)固定在墙(或柱)上(如图 8.10 所示)。支架(或铁卡)的间距视管材而定，一般铸铁管约为 2 m，石棉水泥管为 1 m，镀锌铁皮管为 1.3 m。

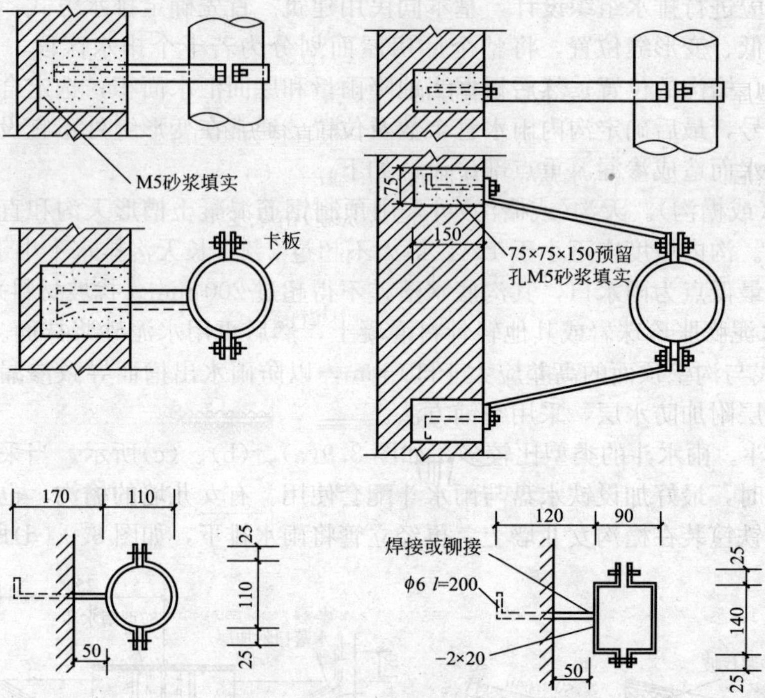

图 8.10 雨水管的固定支架

8.4 厂房屋面防水

单层厂房的屋面防水主要有卷材防水、钢筋混凝土构件自防水和各种波形瓦(板)屋面防水等类型。

8.4.1 卷材防水屋面

卷材防水屋面在单层工业厂房中应用较为广泛，尤其是北方地区需采暖的厂房和振动较大的厂房。卷材防水屋面分为保温和非保温两种，构造的原则和做法与民用建筑基本相同，它的防水质量关键在于基层的稳定和防水层的质量。由于厂房屋面荷载大、振动大，因此变形可能性大，一旦基层变形过大时，易引起卷材拉裂，同时施工质量不高也会引起渗漏。

为了防止屋面卷材开裂，应选择刚度大的屋面构件，并采取改进构造做法等措施增强屋面基层的刚度和整体性，减少屋面基层的变形。

下面着重介绍单层厂房卷材防水屋面的几个节点构造。

1. 接缝

采用大型预制屋面板做基层的卷材防水屋面，其相接处的缝隙必须用 C20 细石混凝土灌缝填实。屋面板短边端肋的接缝(即横缝)处的卷材由于受屋面板的板端变形的影响，即不管屋面上有无保温层，接缝均开裂相当严重时，卷材易被拉裂，应加以处理。实践证明，为防止接缝处的卷材开裂，首先要减少基层的变形，一般缝宽小于等于 40 mm 的采用 C20 细石混凝土灌缝，缝宽大于 40 mm 的采用 $2\phi12$ 通长钢筋 $\phi6$ 箍筋，再浇 C20 细石混凝土。同时，还要改进接缝处的卷材做法，使卷材适应基层变形，其措施如图 8.11 所示。即在大型屋面板或保温层上做找平层时，先将找平层沿接缝处做出分格缝，缝中用密封膏封严，缝上先干铺 300 mm 宽卷材一条(或铺一根直径为 40 mm 左右聚乙烯泡沫塑料棒)作为缓冲层，然后再铺卷材防水层，使屋面卷材在基层变形时有一定的缓冲余地，对防止横缝开裂可起一定的作用。板的长边主肋的交缝(即纵缝)由于变形较小，一般不需特别处理。

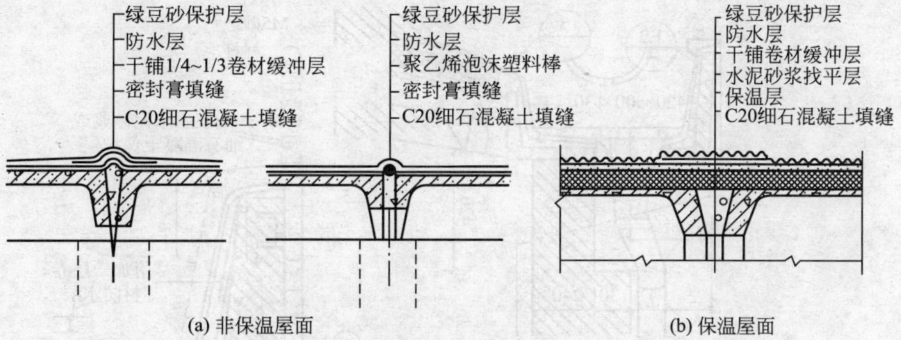

(a) 非保温屋面 (b) 保温屋面

图 8.11 屋面板接缝处卷材防水层处理

2. 挑檐

当檐口采用无组织排水时，檐口须外挑一定长度。目前在厂房中常用的为特制檐口板(带挑檐)，檐口板支撑在屋架(或屋面梁)端部伸出的钢筋混凝土(或钢)挑梁上。有时也可利用顶部圈梁挑出挑檐板，其构造做法同民用建筑。挑檐处应处理好卷材的收头，以防止卷材起翘、翻裂。通常可采用卷材自然收头，或附加镀锌铁皮收头，如图 8.12 所示。

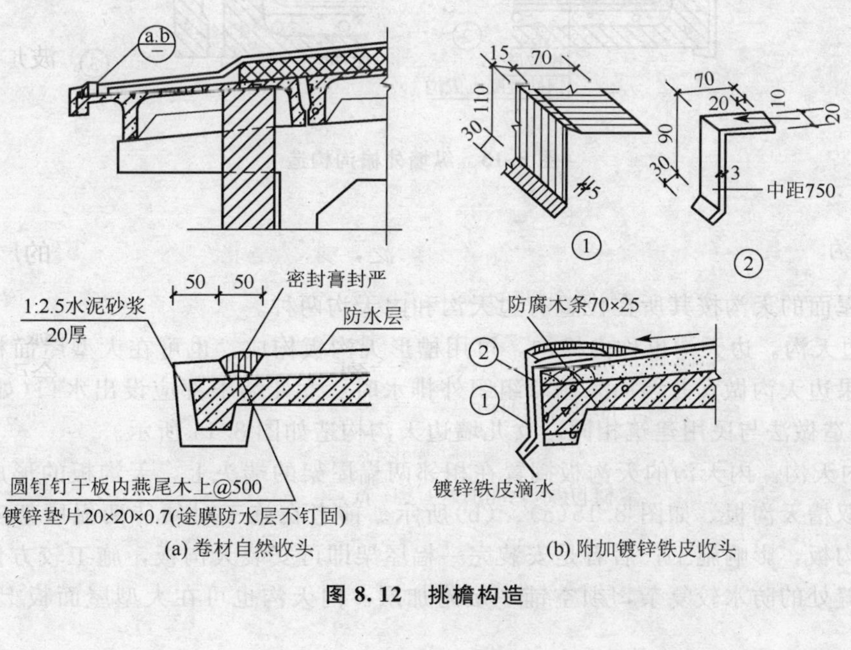

(a) 卷材自然收头 (b) 附加镀锌铁皮收头

图 8.12 挑檐构造

3. 纵墙外檐沟

当采用有组织外排水时，檐口应设檐沟板，南方地区较多采用檐沟外排水的形式。其槽形檐沟板一般支撑在钢筋混凝土屋架端部挑出的水平挑梁上或钢屋架、钢筋混凝土屋面大梁端部的钢牛腿上。为保证檐沟排水通畅，沟底应做坡度，坡向雨水斗，坡度为1%，为防止檐沟渗漏，沟内卷材应在屋面防水层底下加铺一层卷材，铺至屋面上200 mm；或涂防水涂料。雨水口周围应附加玻璃布两层。檐沟的卷材防水也应注意收头的处理。因檐沟的檐壁较矮，为保证屋面检修、清灰的安全，可在沟外壁设铁栏杆，纵墙外檐沟构造如图8.13所示。

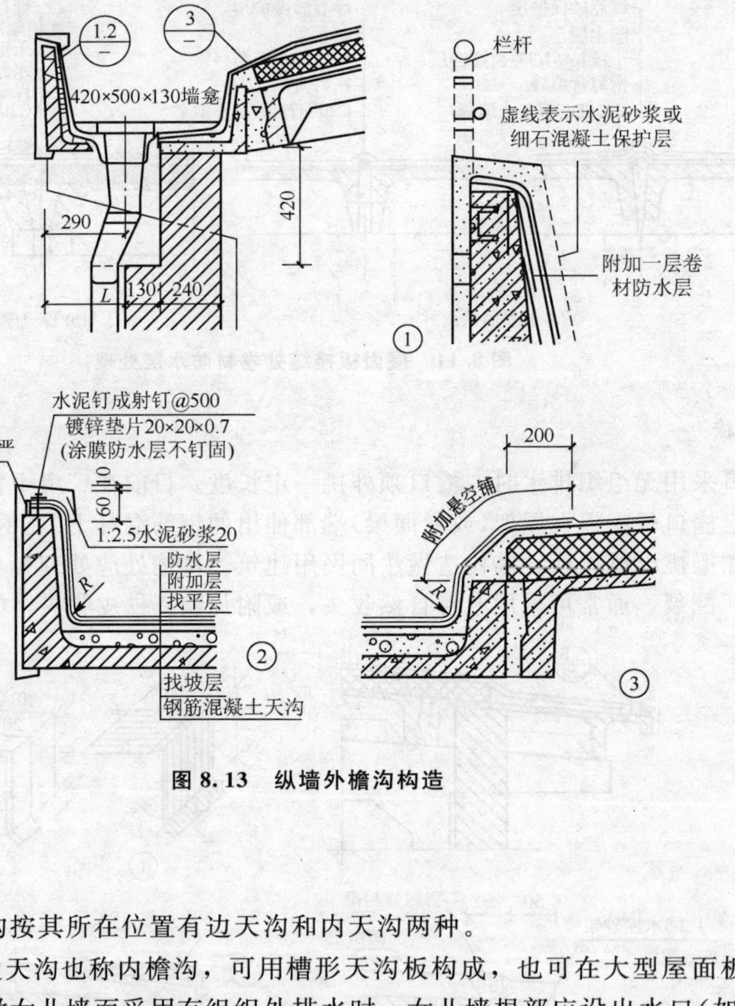

图8.13 纵墙外檐沟构造

4. 天沟

厂房屋面的天沟按其所在位置有边天沟和内天沟两种。

(1) 边天沟。边天沟也称内檐沟，可用槽形天沟板构成，也可在大型屋面板上直接做天沟。如果边天沟做女儿墙而采用有组织外排水时，女儿墙根部应设出水口(如图8.9(d)所示)，构造做法与民用建筑相同。女儿墙边天沟构造如图8.14所示。

(2) 内天沟。内天沟的天沟板搁置在相邻两榀屋架的端头上，天沟板的形成有宽单槽天沟板和双槽天沟板，如图8.15(a)、(b)所示。前者在施工时须待两榀屋架安装完后才能安装天沟板，影响施工；后者是安装完一榀屋架即可安装天沟板，施工较方便。但两个天沟板接缝处的防水较复杂，须空铺一层附加层。内天沟也可在大型屋面板上直接形成，

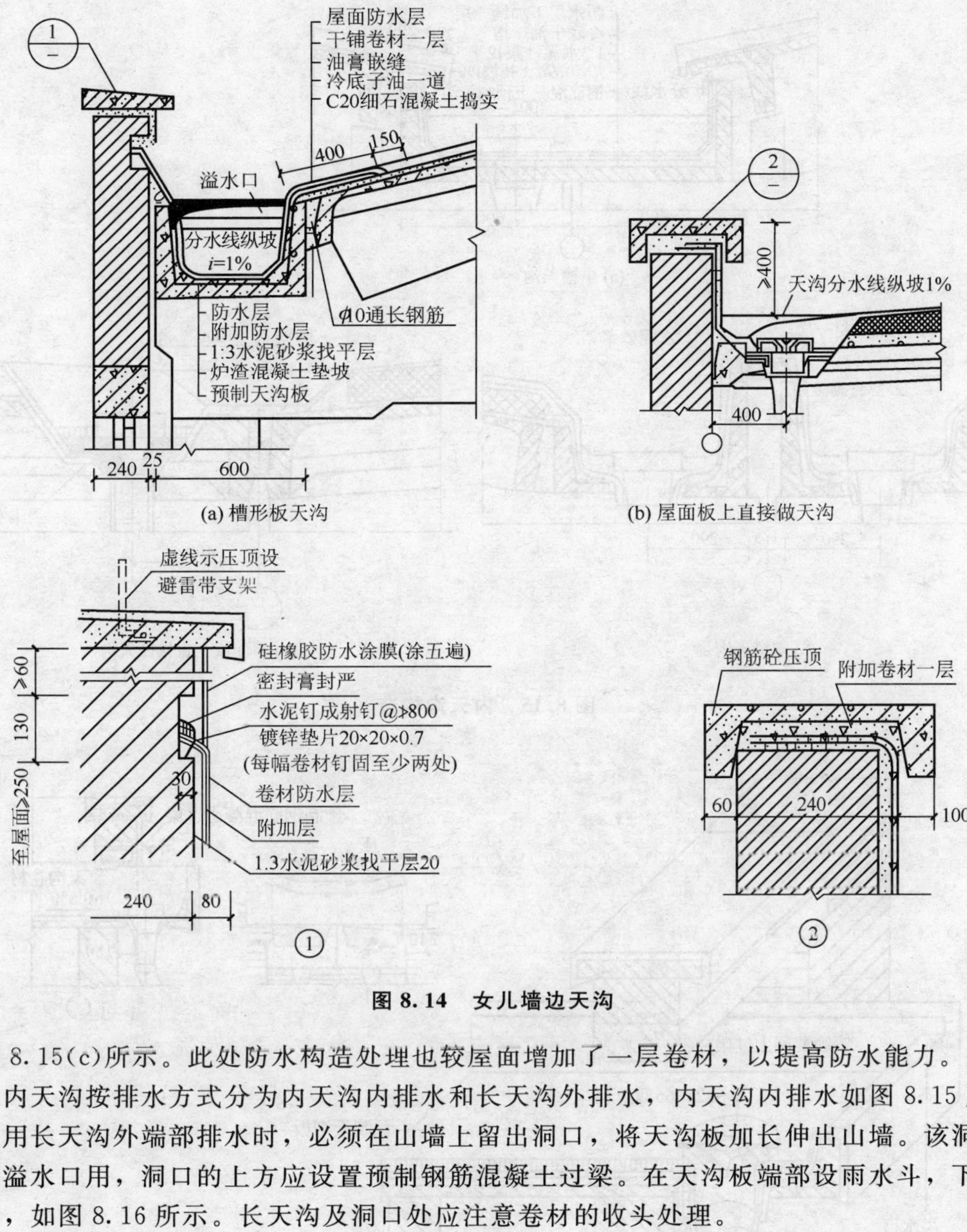

图 8.14 女儿墙边天沟

如图 8.15(c)所示。此处防水构造处埋也较屋面增加了一层卷材，以提高防水能力。

内天沟按排水方式分为内天沟内排水和长天沟外排水，内天沟内排水如图 8.15 所示。当采用长天沟外端部排水时，必须在山墙上留出洞口，将天沟板加长伸出山墙。该洞口可兼作溢水口用，洞口的上方应设置预制钢筋混凝土过梁。在天沟板端部设雨水斗，下接雨水管，如图 8.16 所示。长天沟及洞口处应注意卷材的收头处理。

5. *屋面泛水*

屋面泛水是指屋面与高出屋面的墙、烟囱及伸出屋面的设备管道的交缝处的防水构造处理。与民用建筑的要求一样，应做好卷材的收头处理和转折处理，严防雨水侵入缝内。卷材转折处要求垫层用水泥砂浆做成圆弧形，以免卷材转折破裂。需比普通屋面多增加一层卷材做泛水。卷材卷起的高度不小于 250 mm，卷材端头一般用密封胶贴牢，然后用水泥砂浆保护，如图 8.14 所示①处。山墙一般应采用钢筋混凝土压顶，以利于防水和加强山墙的整体性。

(1) 女儿墙泛水。纵墙女儿墙泛水位于屋面边天沟处(如图 8.14 所示)；山墙女儿

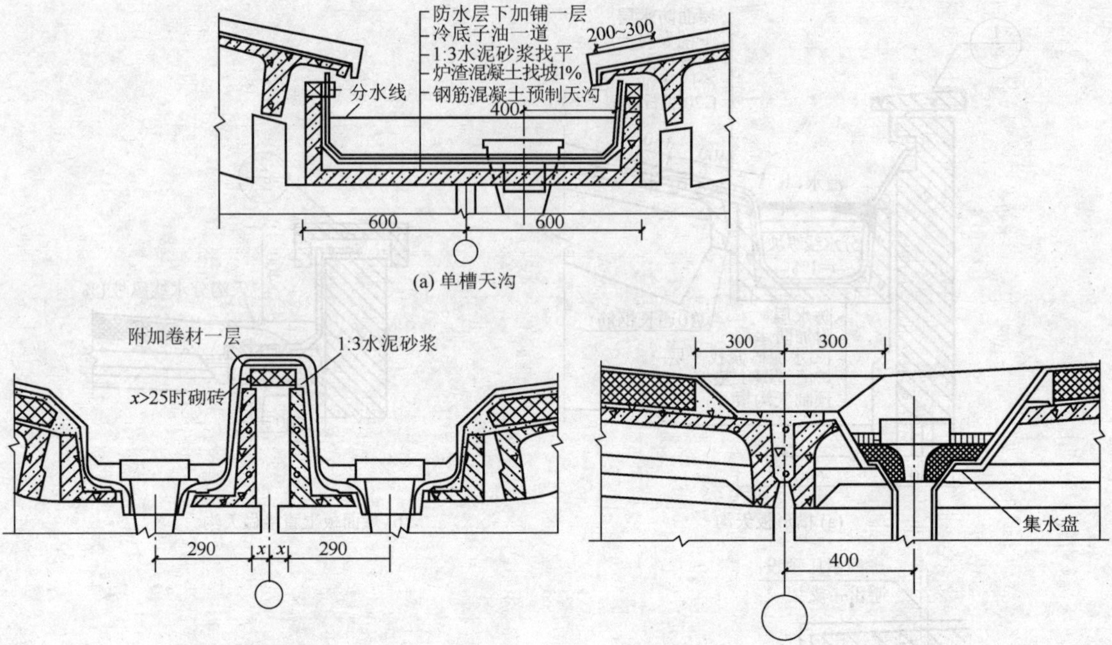

(a) 单槽天沟

(b) 双槽天沟

(c) 屋面板上直接做天沟

图 8.15　内天沟构造

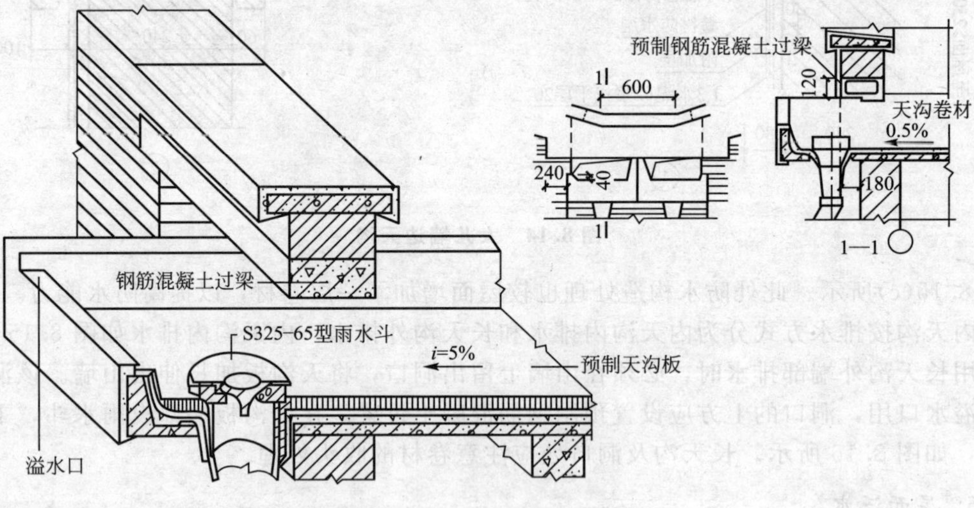

图 8.16　长天沟外排水构造

墙与屋面的交接缝均与屋面流水方向平行，因受屋面坡度的影响，雨水侵入缝内的机会较少，其泛水可沿屋面做成。在山墙靠近檐口处，为封住挑檐或檐沟，其多适当外挑以利外观(如图 8.17 所示)。外挑之墙被俗称为“马头墙”。“马头墙”用钢筋混凝土卧梁承托。

(2) 管道出屋面泛水。在厂房中常有生产设备管道、通风管道等伸出屋面，管道与屋面相交处的处理倘若不当，极易造成漏水。图 8.18 为管道出屋面泛水做法示例。

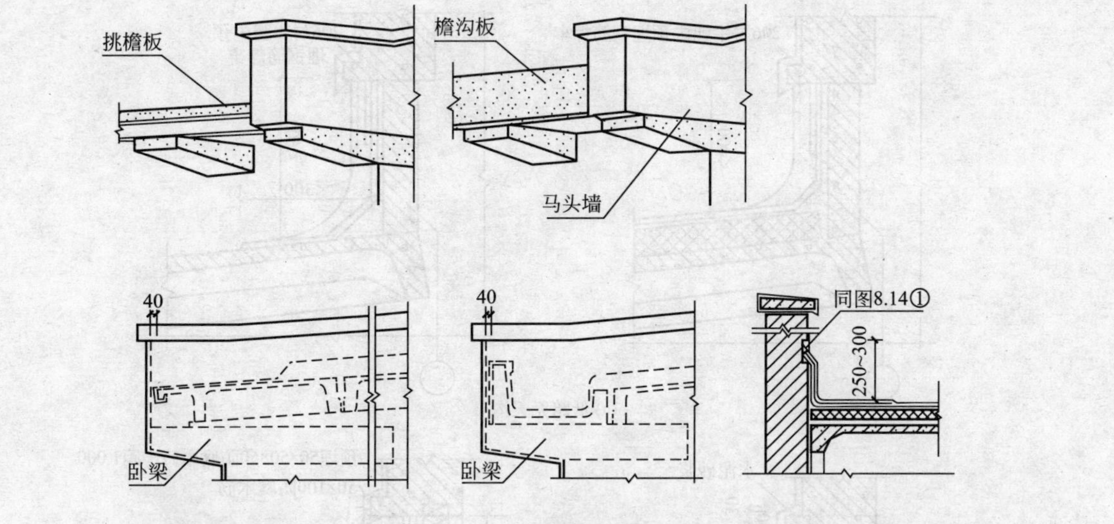

(a) 檐口板排水　　(b) 檐沟板排水　　(c) 山墙女儿墙泛水构造

图 8.17　山墙女儿墙及其端部处理

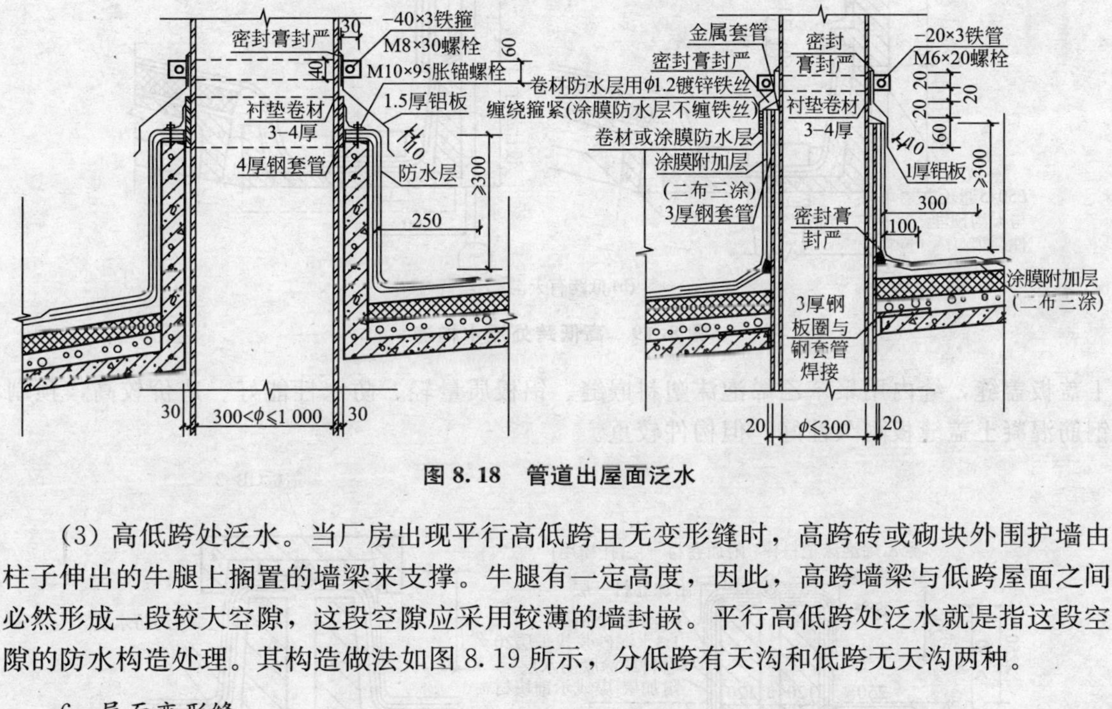

图 8.18　管道出屋面泛水

(3) 高低跨处泛水。当厂房出现平行高低跨且无变形缝时，高跨砖或砌块外围护墙由柱子伸出的牛腿上搁置的墙梁来支撑。牛腿有一定高度，因此，高跨墙梁与低跨屋面之间必然形成一段较大空隙，这段空隙应采用较薄的墙封嵌。平行高低跨处泛水就是指这段空隙的防水构造处理。其构造做法如图 8.19 所示，分低跨有天沟和低跨无天沟两种。

6. *屋面变形缝*

单层厂房屋面变形缝主要有等高跨处变形缝和高低跨处变形缝。

等高跨处设变形缝包括横向变形缝和纵向变形缝。横向变形缝须在变形缝两侧，屋面板端肋处设置 120 mm 厚矮墙(如图 8.20(a)所示)；纵向变形缝则有两种做法：①变形缝两侧设有槽形天沟板(如图 8.20(b)所示)；②变形缝两侧直接在屋面上作天沟(如图 8.20(c)所示)，这时就需要在屋面板边肋上砌 120 mm 厚的矮墙。无论是砌矮墙还是设槽形天沟，在矮墙上或沟壁上，均需进行盖缝防水处理。缝的上部应设置能适应变形的铝盖板或预制钢筋混凝

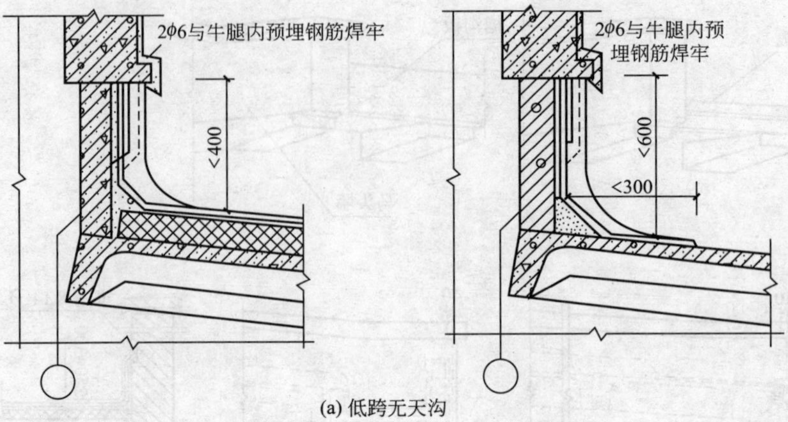

(a) 低跨无天沟

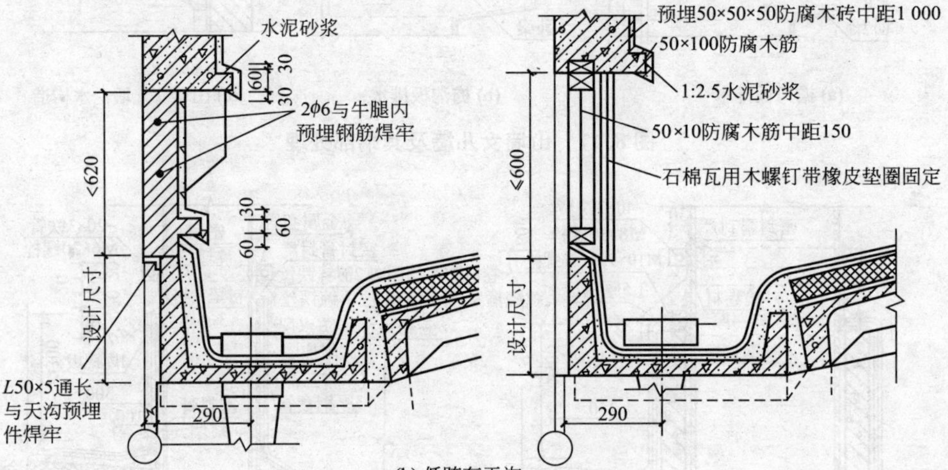

(b) 低跨有天沟

图 8.19　高低跨处泛水构造

土盖板盖缝，缝内用聚苯乙烯泡沫塑料嵌缝。铝板质量轻、防水性能好、造价较高，预制钢筋混凝土盖缝板耐久性好，但构件较重。

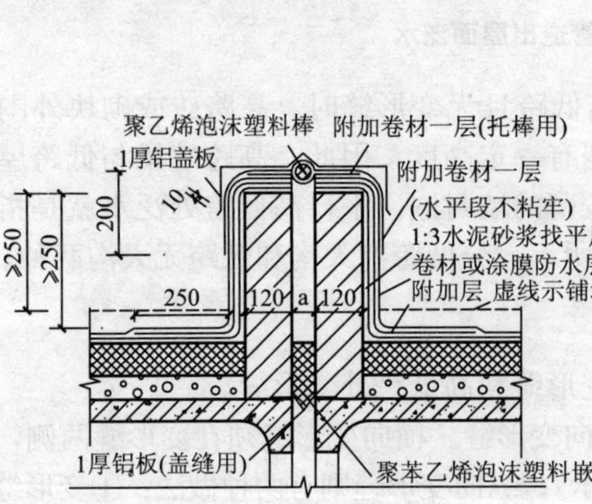

(a) 横向变形缝

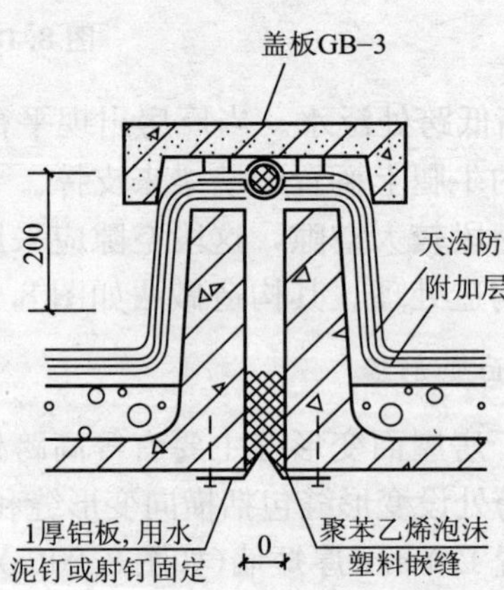

(b) 纵向变形缝(两侧天沟板)

图 8.20　等高跨处变形缝的构造

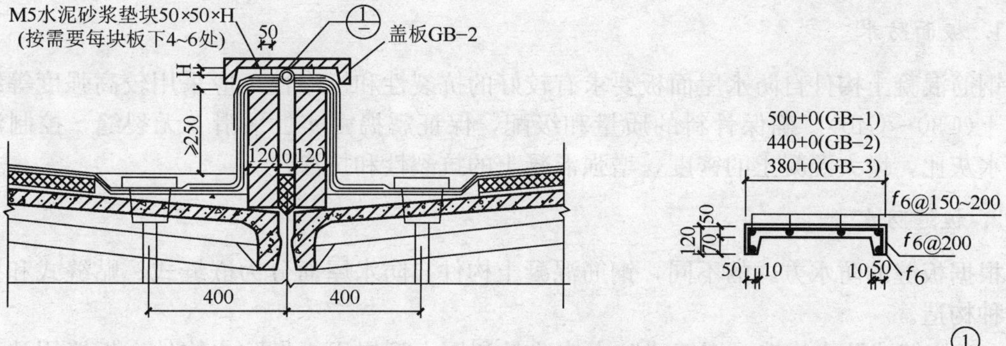

(c) 纵向变形缝(屋面板上做天沟)

图 8.20(续)

高低跨处设变形缝包括平行高低跨处和纵横跨相交处。其构造做法如图 8.21 所示，采用附加卷材铝板盖缝，并保证变形的要求。

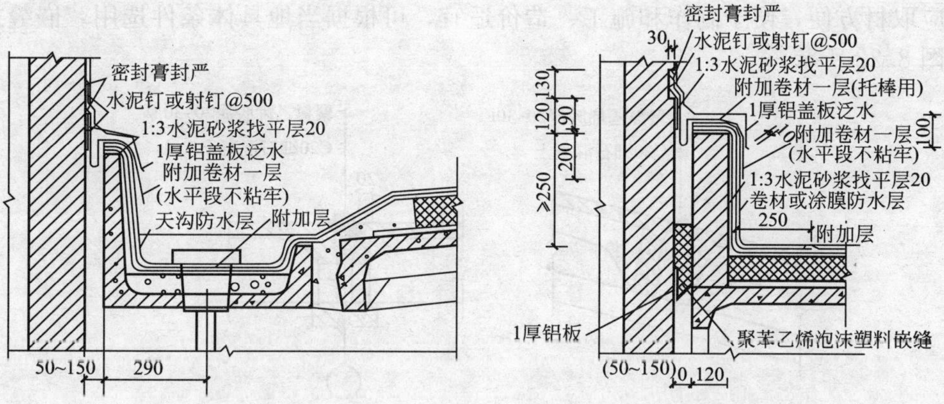

(a) 平行高低跨处设变形缝　　(b) 纵横跨相交处设变形缝

图 8.21　高低跨处变形缝的构造

8.4.2 钢筋混凝土构件自防水屋面

钢筋混凝土构件自防水屋面，是利用钢筋混凝土板自身的密实性，对板缝进行局部防水处理而形成防水的屋面。构件自防水屋面具有省工、省料、造价低和施工方便、维修容易等优点。一般每平方米较卷材防水屋面可减少 35 kgf(1 kgf＝9.806 65 N)静荷载，相应的也减轻了各种结构构件的自重，从而节省了钢材和混凝土的用量，降低屋顶造价。但也存在一些缺点，例如，混凝土暴露在大气中容易引起风化和碳化等；板面容易出现后期裂缝而引起渗漏；油膏和涂料易老化；接缝的搭盖处易产生飘雨等。增大屋面结构厚度、提高施工质量，控制混凝土的水灰比，增大混凝土的密度，从而增加混凝土的抗裂性和抗渗性，或在屋面板的表面涂防水涂料等，是提高钢筋混凝土构件自防水性能的重要措施。钢筋混凝土构件自防水屋面目前在我国南方和中部地区应用较广泛。

钢筋混凝土构件自防水屋面板有钢筋混凝土屋面板、钢筋混凝土 F 板。根据板的类型不同，其板缝的防水处理方法也不同。

1. 板面防水

钢筋混凝土构件自防水屋面板要求有较好的抗裂性和抗渗性，应采用较高强度等级的混凝土(C30～C40)。确保骨料的质量和级配，保证震捣密实、平滑、无裂缝，控制混凝土的水灰比，增大混凝土的密度，增强混凝土的抗裂性和抗渗性。

2. 板缝防水

根据板缝的防水方式的不同，钢筋混凝土构件自防水屋面分为嵌缝式、贴缝式和搭盖式 3 种构造。

(1) 嵌缝式防水构造。嵌缝式防水构造是利用大型屋面板做防水构件，板缝用油膏等弹性防水材料嵌实，板缝分为横缝、纵缝、脊缝。板缝防水尤其是横缝防水是这类屋面防水的关键。缝内应先清扫干净后用 C20 细石混凝土填实，缝的下部在浇捣前应吊木条，浇捣时预留 20～30 mm 的凹槽，待干燥后涂冷底子油，填嵌油膏。嵌缝油膏的质量是保证板缝不渗漏的关键，要求有良好的防水性能、弹塑性、黏附性、耐热性、防冻性和抗老化性，还应取材方便，便于制作和施工、造价适宜，可根据当地具体条件选用。嵌缝式防水构造如图 8. 22 所示。

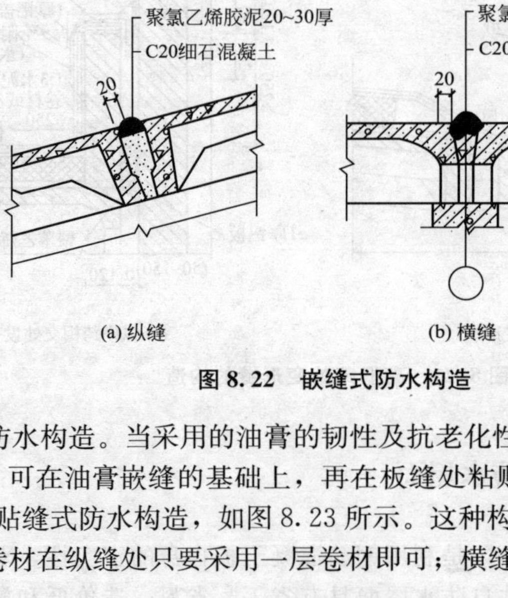

图 8. 22　嵌缝式防水构造

(2) 贴缝式防水构造。当采用的油膏的韧性及抗老化性能较差时，为保护油膏，减慢油膏的老化速度，可在油膏嵌缝的基础上，再在板缝处粘贴上卷材条(油毡玻璃布或其他卷材)，便构成了贴缝式防水构造，如图 8. 23 所示。这种构造自防水屋面的防水性能优于嵌缝式，贴缝的卷材在纵缝处只要采用一层卷材即可；横缝和脊缝处，由于变形较大，宜

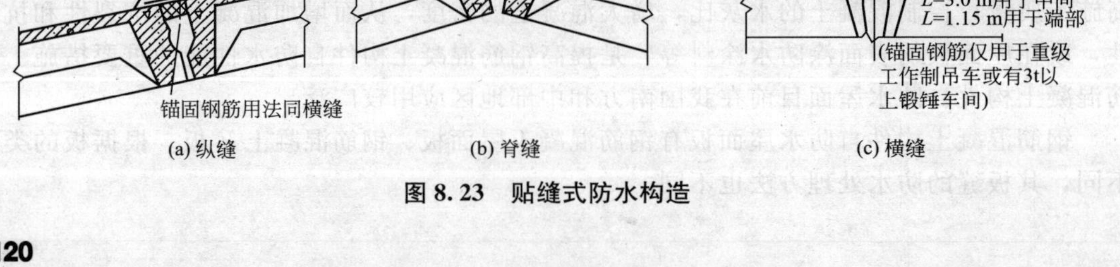

图 8. 23　贴缝式防水构造

采用两层卷材，每种缝在卷材粘贴之前，先要干铺(单边点贴)一层卷材，以适应变形需要。

嵌缝式和贴缝式构件自防水屋面的天沟(或檐沟)及泛水、变形缝等局部位置，也均应采用卷材防水做法。

(3) 搭盖式防水构造。搭盖式构件自防水屋面的构造原理和瓦材相似，是利用钢筋混凝土F形屋面板做防水构件，板的纵缝上下搭接，横缝和脊缝用盖瓦覆盖(如图 8.24 所示)。这种屋面安装简便、施工速度快，但板型较复杂、不便生产，在运输过程中易损坏，盖瓦在振动影响下易滑脱，屋面易渗漏。

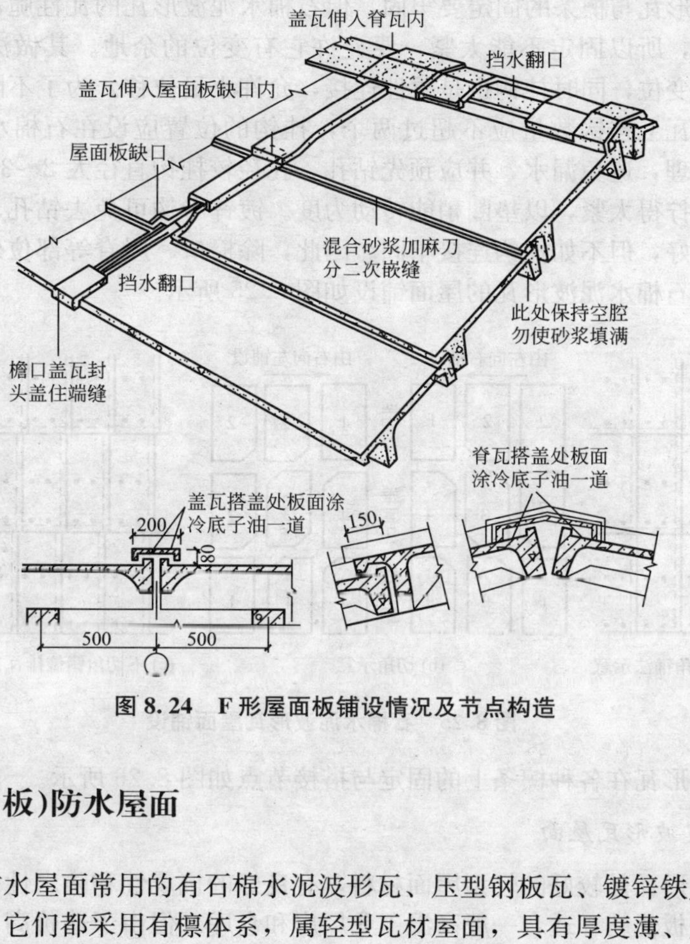

图 8.24 F形屋面板铺设情况及节点构造

8.4.3 波形瓦(板)防水屋面

波形瓦(板)防水屋面常用的有石棉水泥波形瓦、压型钢板瓦、镀锌铁皮波形瓦和钢丝网水泥波形瓦等。它们都采用有檩体系，属轻型瓦材屋面，具有厚度薄、质量轻、施工方便和防火性能好等优点。

1. *石棉水泥波形瓦屋面*

石棉水泥波形瓦的优点是厚度薄、质量轻、施工简便。缺点是易脆裂，耐久性及保温隔热性差，所以主要用于一些仓库及对室内温度状况要求不高的厂房中。对高温、高湿、振动较大、积尘较多、屋面穿管较多的车间以及炎热地区厂房高度较小的冷加工车间不宜采用。石棉水泥波形瓦规格有大波瓦、中波瓦和小波瓦 3 种。在厂房中常采用大波瓦。

石棉水泥波形瓦直接铺设在檩条上，檩条间距应与石棉水泥波形瓦的规格相适应，一般是一块瓦跨 3 根檩条。所以，大波瓦的檩条最大间距为 1 300 mm，中波瓦为 1 100 mm，小波瓦为 900 mm。檩条有木檩条、钢筋混凝土檩条、钢檩条及轻钢檩条等，采用较多的是钢筋混凝土檩条。

石棉水泥波形瓦应顺主导风向铺设。横向间的搭接为 1.5 个瓦波；为防风和保证瓦的稳定，上下搭接长度应不小于 200 mm，檐口处挑出长度不大于 300 mm。在 4 块瓦的搭接处会出现瓦角相叠现象，从而引起瓦面翘起，因此在相邻 4 块瓦的搭接处，应随盖瓦方向的不同事先将斜对的瓦片进行割角，对角缝隙不宜大于 5 mm。石棉水泥波形瓦的铺设也可采用不割角的方法，但应将上下两排瓦的长边搭接缝错开，大波瓦和中波瓦错开一个波，小波瓦错开两个波。

石棉水泥波形瓦与檩条的固定要牢固，但石棉水泥波形瓦的瓦性脆，对温湿度收缩及振动的适应性差，所以固定不能太紧，要允许它有变位的余地。其做法是用挂钩保证固定，用卡钩保证变位，同时挂钩也是柔性连接，允许小量位移。为了不限制石棉水泥波形瓦的变位，一块瓦上挂钩数量应不超过两个，挂钩的位置应设在石棉水泥波形瓦的波峰上，并做密封处理，避免漏水，并应预先钻孔，孔径较挂钩直径大 2～3 mm，以利变形和安装。挂钩不应拧得太紧，以垫圈稍能转动为度。镀锌卡钩可免去钻孔、漏雨等缺点，瓦材的伸缩性也较好，但不如挂钩连接牢固。因此，除檐口、屋脊等部位外，其余均可用卡钩与檩条连接，石棉水泥波形瓦的屋面铺设如图 8.25 所示。

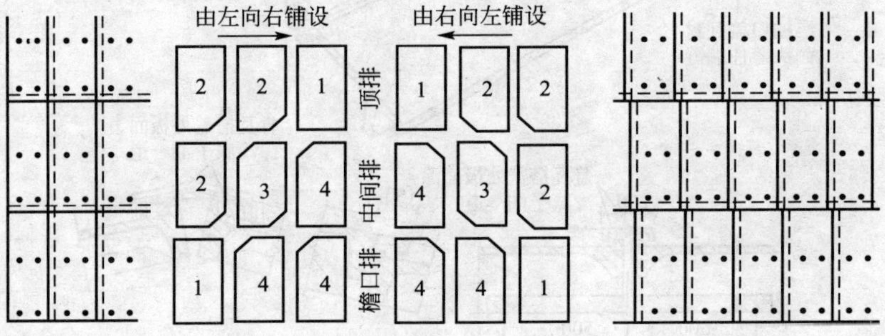

(a) 切角铺法示意　(b) 切角示意　(c) 不切角错位排瓦方法示意

图 8.25　石棉水泥波形瓦屋面铺设

石棉水泥波形瓦在各种檩条上的固定与搭接节点如图 8.26 所示。

2. 镀锌铁皮波形瓦屋面

镀锌铁皮波形瓦是较好的轻型屋面材料，有良好的抗震性和防水性，在高烈度地震区应用比大型屋面板优越，适合一般高温工业厂房和仓库。但由于造价高，维修费用大，目前使用很少。

镀锌铁皮波形瓦的横向搭接一般为一个波，上下搭接、固定铁件以及固定方法基本与石棉水泥波形瓦相同，但其与檩条连接较石棉水泥波形瓦紧密，屋面坡度比石棉水泥波形瓦屋面小，一般为 1∶7。

此外尚有钢丝网水泥波形瓦以及可同时采光的玻璃钢波形瓦等。

3. 压型钢板瓦及彩色压型钢板瓦屋面

压型钢板分为单层钢板、多层复合板、金属夹芯板等。这类屋面板的特点是质量轻、耐锈蚀、美观、施工速度快。彩色压型钢板具有承重、防锈、耐腐、防水和装饰性好等特点，但造价较高。根据需要压型钢板也可设置保温、隔热及防结露层，金属夹芯板则直接

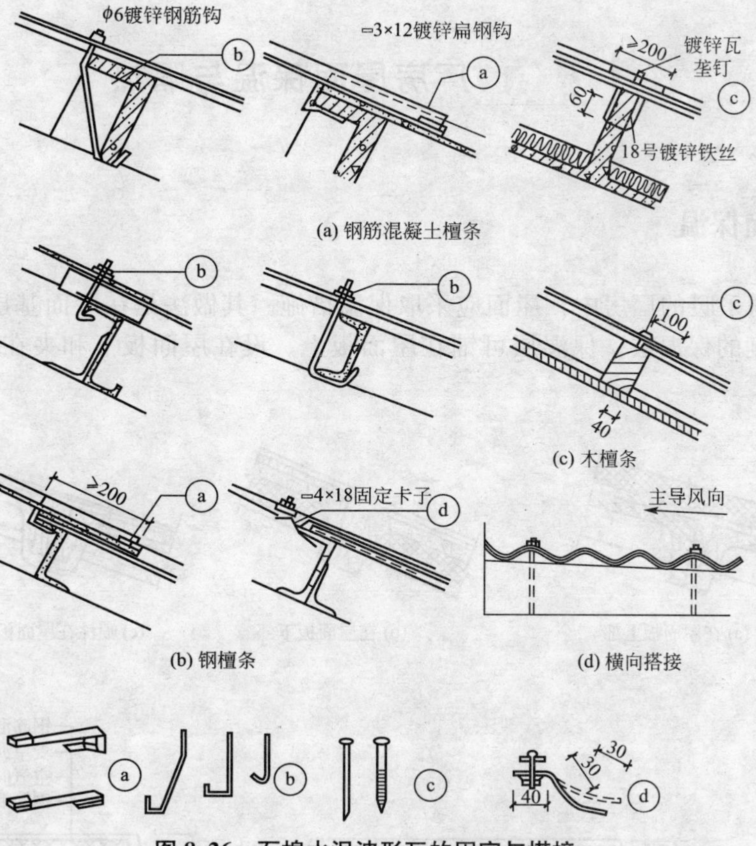

图 8.26　石棉水泥波形瓦的固定与搭接

具有保温、隔热的作用。

压型钢板瓦按断面形式有 W 形板、V 形板、保温夹芯板等，如图 8.27 所示。单层 W 形压型钢板瓦屋面构造如图 8.28 所示。

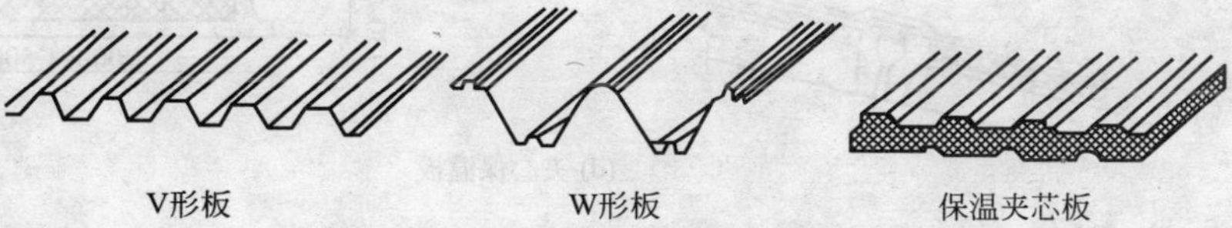

图 8.27　压型钢板瓦

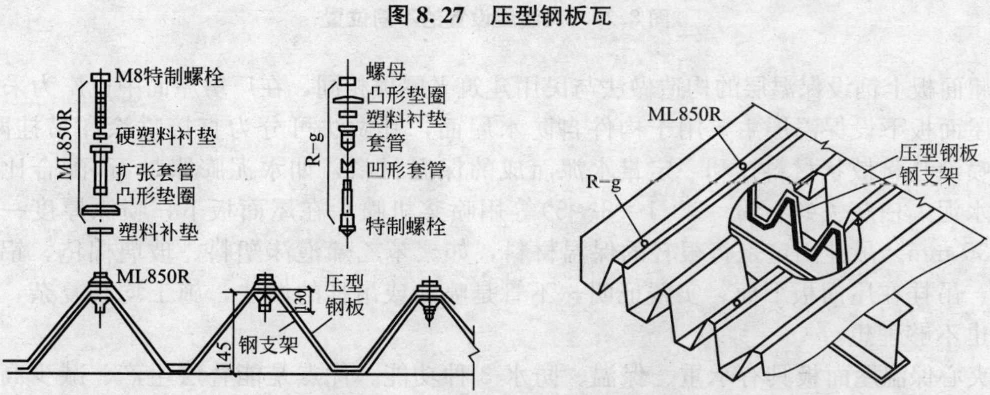

图 8.28　W 形压型钢板瓦屋面构造

8.5 厂房屋面保温与隔热

8.5.1 屋面保温

在冬季需采暖的厂房中，屋面应采取保温措施。其做法是在屋面基层上按热工计算增设一定厚度的保温层。保温层可铺在屋面板上、设在屋面板下和夹在屋面板中间(见图 8.29)。

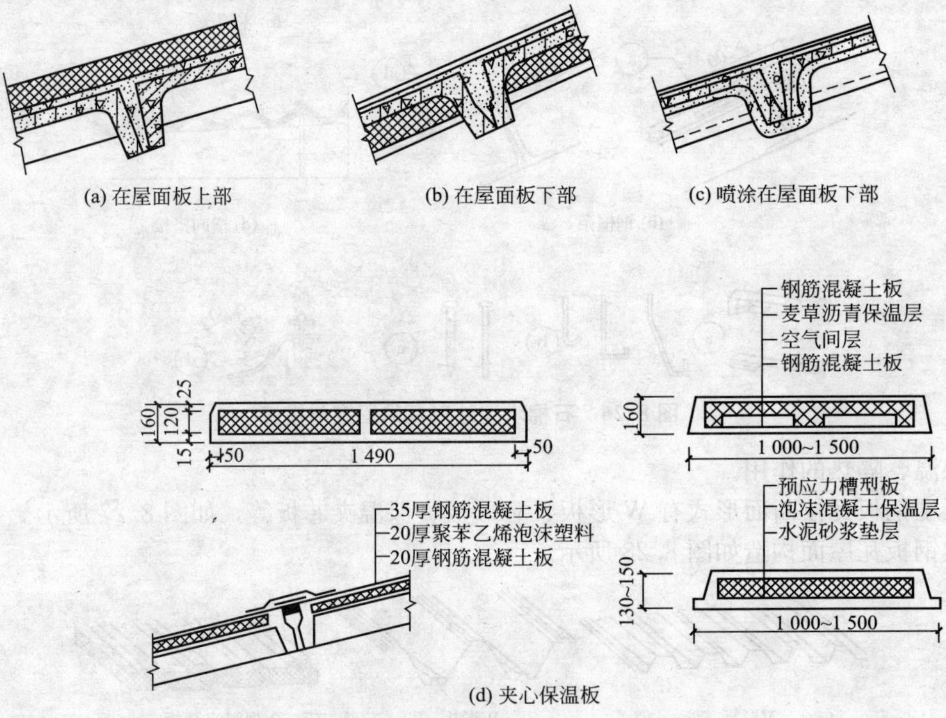

图 8.29　保温层设置的不同位置

屋面板上铺设保温层的构造做法与民用建筑平屋顶相同，在厂房屋面中也广为采用。

屋面板下设保温层主要用于构件自防水屋面，其做法可分为直接喷涂和吊挂两种。直接喷涂是将散状材料拌和一定量水泥而成的保温材料，如水泥膨胀蛭石(配合比按体积，水泥∶白灰∶蛭石粉＝1∶1∶8～5)等用喷浆机喷涂在屋面板下，喷涂厚度一般为20～30 mm。吊挂固定是将很轻的保温材料，如聚苯乙烯泡沫塑料、玻璃棉毡、铝箔等固定、吊挂在屋面板下面。实践证明，不管是喷涂或吊挂的做法，施工均较复杂，使用效果也不够理想。

夹心保温屋面板具有承重、保温、防水 3 种功能。优点是能叠层生产、减少高空作业、施工进度快；它的缺点是不同程度地存在着板面、板底裂缝，板较重和温度变化引起板的起伏变形，以及有热桥等问题。这种做法在我国部分地区有所使用。图 8.29(d)所示是几种夹心保温屋面板。

为减少屋面工程的施工程序，可将屋面板连同保温层、隔气层、找平层及防水层等均在工厂预制好，运至现场组装成屋面，接缝处再贴以卷材防水条(见图 8.30)，则可减少现场作业，加快施工进度，保证质量，并可少受气候影响。

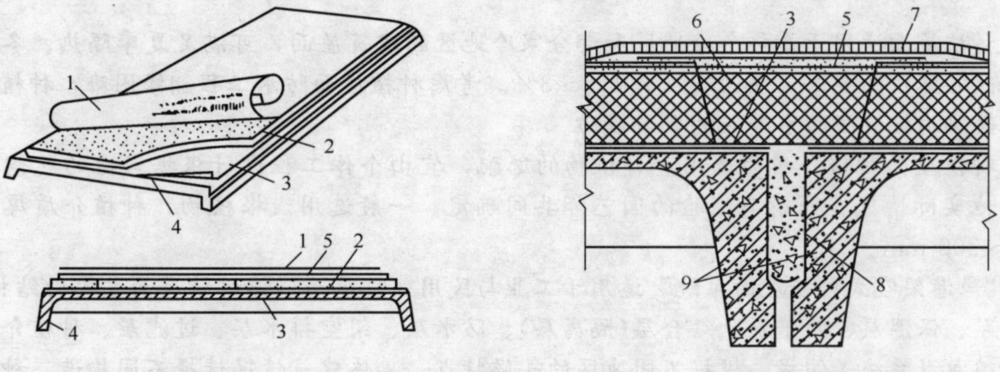

(a) 组装屋面板　　(b) 板缝处理及连接

图 8.30　现场组装卷材防水层屋面构造

1—防水层；2—保温层；3—隔气层；4—屋面板；5—找平层；
6—陶粒混凝土层；7—油毡条；8—细石混凝土；9—屋面板

8.5.2　屋面隔热

厂房的屋面隔热措施同民用建筑。当厂房高度低于 8 m，且系采用钢筋混凝土结构屋盖时，须考虑屋面辐射热对工作区的影响，屋面应采取隔热措施。可根据屋面构成、防水措施、内部使用情况等采用通风屋面或种植屋面等。

本 章 小 结

1. 屋面基层分有檩体系和无檩体系，无檩体系应用较广。

2. 厂房屋面排水方式可分为有组织排水和无组织排水(自由落水)两种，有组织排水又分有组织内排和有组织外排水两种。有组织外排水根据排水组织和位置的不同，又分为长天沟外排水、檐沟外排水、女儿墙边天沟外排水、内落外排水。

3. 屋面排水应进行排水组织设计。选择排水方式；划分排水区域；确定排水坡及排水方向；选定合适的雨水管管径，雨水斗型号；确定雨水管个数及位置。

4. 单层厂房的屋面防水主要有卷材防水、钢筋混凝土构件自防水和各种波形瓦(板)屋面防水等类型。卷材防水屋面在单层工业厂房中应用较为广泛，分为保温和非保温屋面两种。其接缝、挑檐、纵墙外檐沟、天沟泛水、变形缝等部位在构造上比较复杂。

5. 厂房屋面保温可采用保温层铺在屋面板上、设在屋面板下和夹在屋面板中间。屋面板上铺设保温层的构造做法与民用建筑平屋顶相同，在厂房屋面中也广为采用。

知识拓展——种植屋面构造

种植屋面适用于夏热冬冷地区和部分寒冷地区的建筑屋面，可满足夏季隔热、冬季保温和改善环境的要求。屋面坡度为1%～3%。考虑种植屋面防水工程翻修困难，种植屋面防水等级均按Ⅱ级防水等级的要求设防。

种植屋面种植介质的选用和种植物的选配，宜由个体工程设计根据当地的气候条件和其他实际情况并商请有经验的园艺师共同确定。一般选用浅根植物，种植介质厚度为100～300 mm。

“豫港架空式种植屋面系统”适用于工业与民用建筑屋面。该种植屋面主要由结构层、找坡层、保温层、找平层、结合层(隔离层)、防水层、架空排水层、过滤层、种植介质层和微喷灌溉系统等组成，根据不同地区的气候特点、单体建筑情况选择不同构造。种植屋面构造示意如图 8.31 所示。

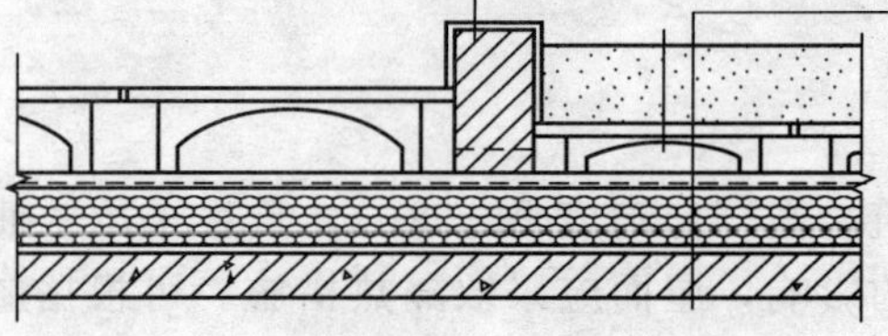

图 8.31　豫港架空式种植屋面系统构造示意

其中 YJB 架空蜂窝排水板层主要优点是利于通风隔热、利于滤水排水、耐腐蚀、抗老化、不容易堵塞、易维修、质量轻、强度大等。

本 章 习 题

1. 单层厂房屋面的特点(区别于民用建筑屋面)?

2. 单层厂房屋面基层类型及组成?

3. 单层厂房屋面排水有哪几种方式？各适用于哪些范围？屋面排水如何组织？排水装置包括哪些？试画出屋顶平面图并表达排水方式。

4. 单层厂房屋面排水坡度与哪些因素有关？卷材防水常用的屋面坡度是多少？其他防水屋面常用的坡度是多少？

5. 单层厂房卷材防水屋面与民用建筑卷材防水屋面有什么不同？单层厂房卷材防水屋面的接缝、挑檐、纵墙外檐沟、天沟泛水、变形缝等部位在构造上应如何处理？试画出各节点构造图。

6. 钢筋混凝土构件自防水屋面有什么特点？它有什么优缺点？有哪些类型？构件自防水屋面在屋面板构件上有什么要求？板缝处理有哪几种？试画出节点图。

7. 厂房屋面保温与隔热如何处理？哪种保温方法最好？

第9章 单层厂房天窗构造

【教学目标与要求】

- 掌握天窗的种类
- 掌握矩形天窗组成及构造并能画图说明
- 了解矩形通风天窗构造
- 了解平天窗构造
- 了解下沉式天窗构造

单层厂房中，为了满足天然采光和自然通风的要求，在屋顶上常设置各种形式的天窗。按天窗的作用可分为采光天窗和通风天窗两类。采光天窗如设有可开启的天窗扇，可兼有通风作用，但很难保证排气的稳定性，影响通风效果，一般常用于对通风要求不很高的冷加工车间。通风天窗排气稳定、通风效率高，多用于热加工车间。

常见的采光天窗有：矩形天窗、锯齿形天窗、平天窗、三角形天窗、横向下沉式天窗等，如图 9.1 所示。通风天窗有：矩形通风天窗、纵或横向下沉式天窗、井式天窗等。下面仅介绍几种常见的天窗构造处理。

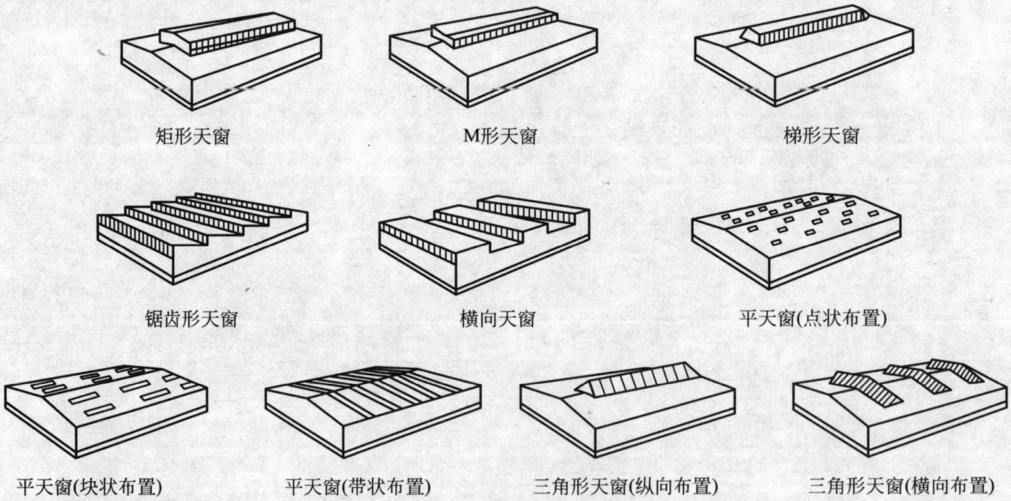

图 9.1　采光天窗的形式

9.1 矩形天窗

矩形天窗是我国单层工业厂房中应用最广泛的一种，南北方均适用。矩形天窗沿厂房的纵向布置，主要由天窗架、天窗扇、天窗屋面板、天窗侧板和天窗端壁等构件组成，如图 9.2 所示。矩形天窗在布置时，靠山墙第一柱距和变形缝两侧的第一柱距常不设天窗，主要利于厂房屋面的稳定，同时作为屋面检修和消防的通道。在每段天窗的端壁处应设置上天窗屋面的消防梯(检修梯)。

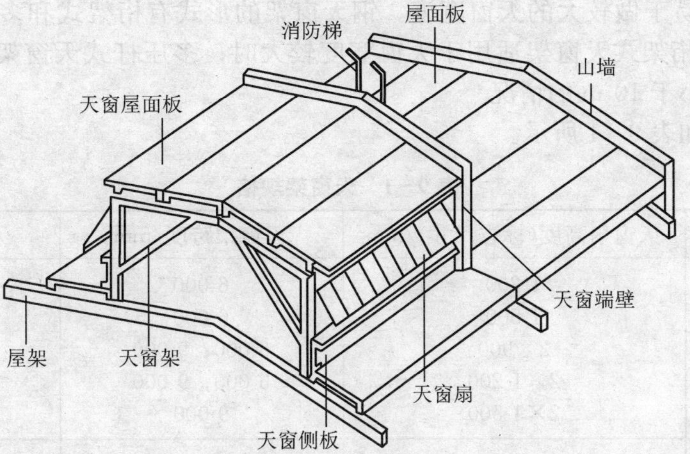

图 9.2　矩形天窗组成

9.1.1　天窗架

天窗架是天窗的承重构件，它直接支承在屋架上。为使整个屋面结构构件尺寸相协调，以及使屋架受力合理，天窗架必须支承在屋架上弦的节点上。常用的有钢筋混凝土天窗架、钢天窗架。天窗架的宽度根据采光、通风要求一般为厂房跨度的 1/2～1/3，目前所采用的天窗架宽度为 3 M 的倍数。天窗架高度是根据采光和通风的要求，并结合所选用的天窗扇的尺寸及天窗的侧板构造等因素确定的。

(1) 钢筋混凝土天窗架形式一般为Ⅱ形或 W 形，也可做成双 Y 形，如图 9.3(a)所示。

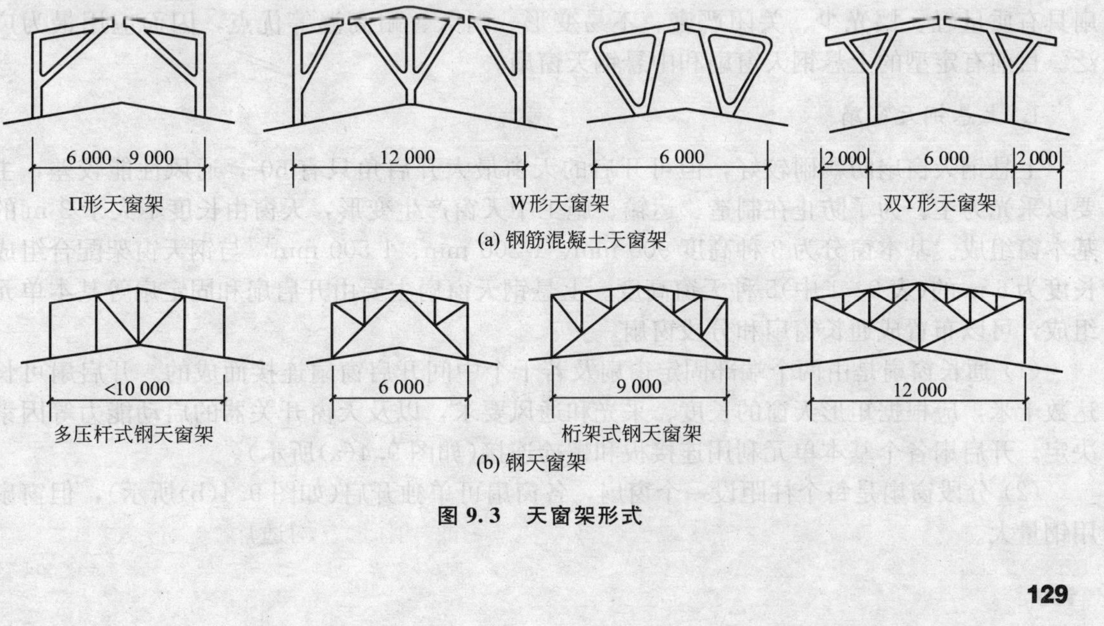

图 9.3　天窗架形式

天窗架宽度一般为6 m、9 m、12 m。6 m、9 m宽天窗架由两块预制拼装而成，6 m宽天窗架适用于18 m、21 m跨度厂房；9 m宽天窗架适用于24 m、27 m、30 m跨度厂房；12 m宽天窗架分3块预制拼装，厂房跨度为33 m、36 m时采用。

(2) 钢天窗架的质量轻，制作及吊装均方便，多与钢屋架配合使用，也可用于钢筋混凝土屋架上，易于做较大的天窗宽度。钢天窗架的形式有桁架式和多压杆式两种，如图9.3(b)所示。桁架式天窗架适用于天窗宽度较大时；多压杆式天窗架制作简单，但只适用于天窗宽度小于10 m的情况。

天窗架规格如表9-1所示。

表9-1 天窗架规格

	天窗扇高度(标志尺寸)/mm	天窗架跨度/mm	天窗架高度/mm
Ⅱ形钢筋混凝土天窗架	1 200 1 500 2×900 2×1 200 2×1 500	6 000 6 000 6 000；9 000 6 000；9 000 9 000	2 070 2 370 2 670 3 270 3 870
W形钢筋混凝土天窗架	1 200 1 500	6 000 6 000	1 950 2 250
钢天窗架	1 200 1 500 2×900 2×1 200 2×1 500	6 000 6 000 6 000；9 000 6 000；9 000；12 000 9 000；12 000	2 050 2 350 2 650 3 250 3 850

9.1.2 天窗扇

天窗扇可采用钢、塑料和铝合金等材料制作。无论南北方一般均为单层。其中钢天窗扇具有质量轻、挡光少、关闭严密、不易变形、耐久、耐高温等优点，因而应用最为广泛。目前有定型的上悬钢天窗扇和中悬钢天窗扇。

1. 上悬钢天窗扇

上悬钢天窗扇防飘雨较好，但可开启的天窗最大开启角只有60°，通风性能较差，主要以采光为主。为了防止在制造、运输、施工中天窗产生变形，天窗由长度不大于3 m的基本窗组成。基本窗分为3种高度900 mm、1 200 mm、1 500 mm，与钢天窗架配合组成长度为6 m的(表9-1中)5种天窗高度。上悬钢天窗扇主要由开启扇和固定扇等基本单元组成，可以布置成通长窗扇和分段窗扇。

(1) 通长窗扇是由两个端部固定窗扇及若干个中间开启窗扇连接而成的。开启扇可长达数十米，应根据矩形天窗的长度、采光和通风要求，以及天窗开关器的启动能力等因素决定。开启扇各个基本单元利用连接板和螺栓连接(如图9.4(a)所示)。

(2) 分段窗扇是每个柱距设一个窗扇，各窗扇可单独开启(如图9.4(b)所示)，但窗扇用钢量大。

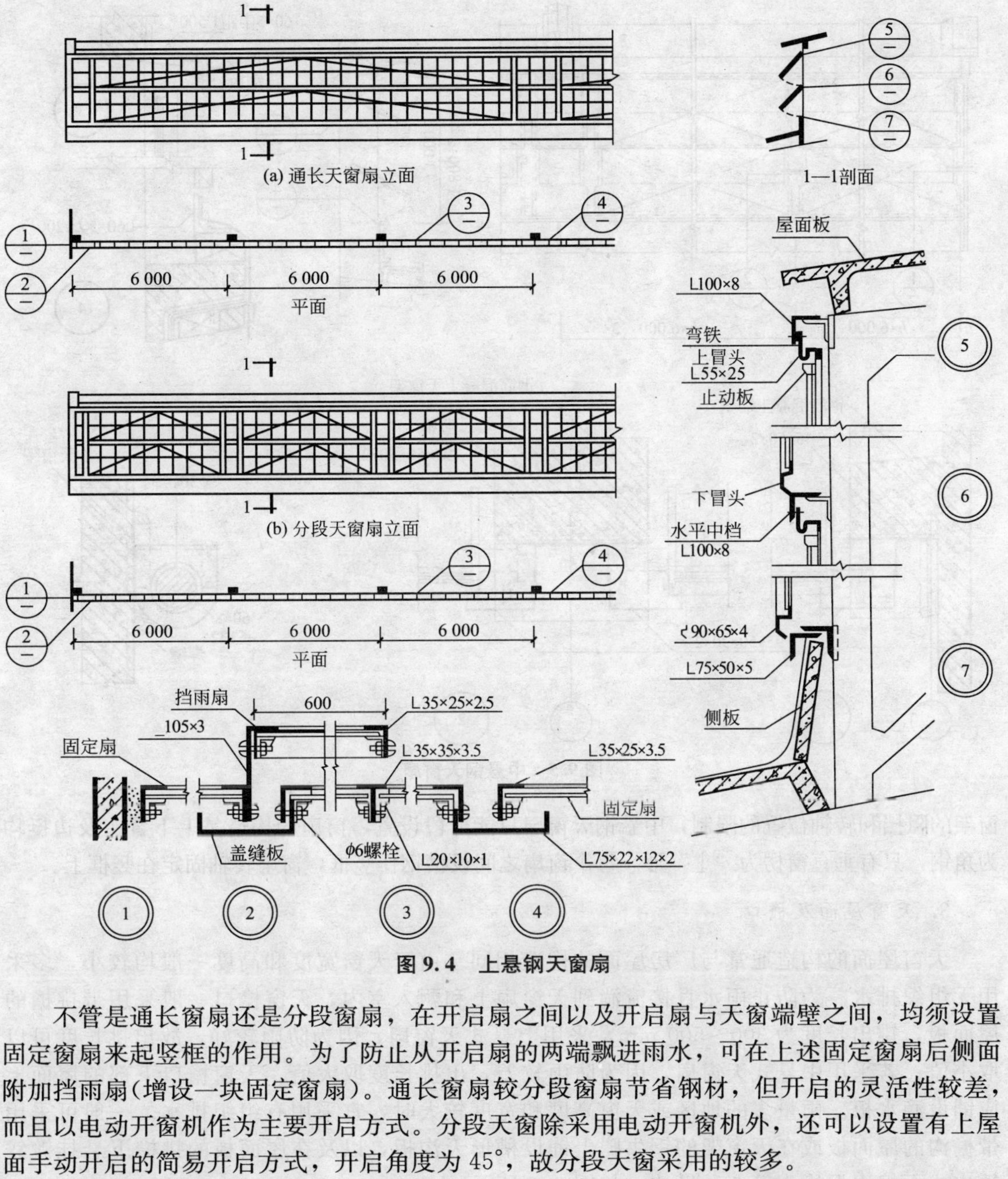

图 9.4　上悬钢天窗扇

不管是通长窗扇还是分段窗扇，在开启扇之间以及开启扇与天窗端壁之间，均须设置固定窗扇来起竖框的作用。为了防止从开启扇的两端飘进雨水，可在上述固定窗扇后侧面附加挡雨扇(增设一块固定窗扇)。通长窗扇较分段窗扇节省钢材，但开启的灵活性较差，而且以电动开窗机作为主要开启方式。分段天窗除采用电动开窗机外，还可以设置有上屋面手动开启的简易开启方式，开启角度为 45°，故分段天窗采用的较多。

上悬钢天窗扇是由上冒头、下冒头、边梃、窗芯、玻璃(采光板)组成。在钢筋混凝土天窗架上部预埋铁板，焊接上一短角钢，然后将通长角钢∟100×8 焊接在短角钢上，再用螺栓固定通长弯铁。窗扇上冒头为槽钢，就挂在通长的弯铁上。窗扇的下冒头为“{”型断面，关闭时搭在下挡或中挡或直接搭在侧板上。边梃为角钢。当设置两排以上的窗扇时，在上下两排窗扇之间必须设置角钢中挡(如图 9.4 所示)。

2. 中悬钢天窗扇

中悬钢天窗扇开启角为 60°～80°，通风性能较好，但防水较差(如图 9.5 所示)。因受天

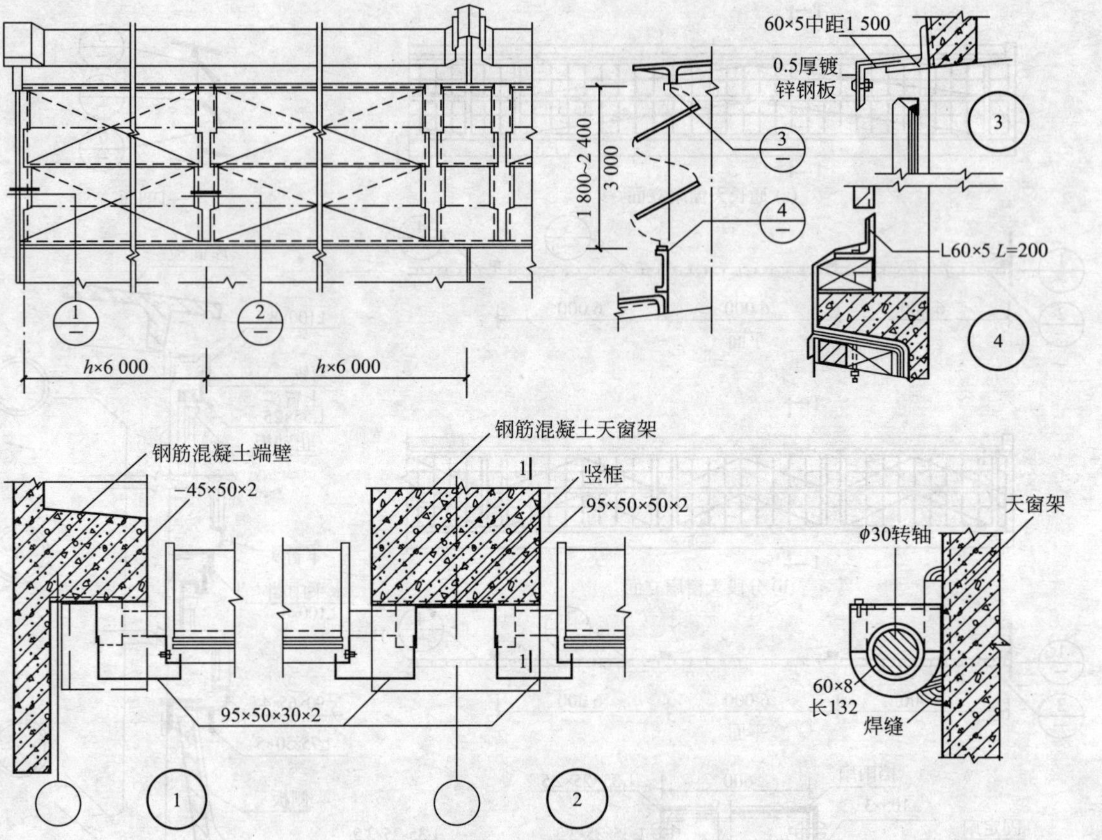

图 9.5　中悬钢天窗扇

窗架的阻挡和转轴位置的限制，中悬钢天窗扇只能分段设置，窗扇的构造是上下冒头及边挺均为角钢，只有垂直窗楞为“⊥”形。每个窗扇之间设槽钢作竖框，窗扇转轴固定在竖框上。

3. 天窗屋面及檐口

天窗屋面的构造通常与厂房屋面的构造相同。由于天窗宽度和高度一般均较小，多采用无组织排水。为防止雨水直接流淌到天窗扇上和飘入室内，天窗檐口一般采用带挑檐的屋面板，挑出长度为 300～500 mm。采用上悬式天窗扇，因为防雨较好，故出挑长度可以取小值；若采用中悬式天窗扇，因为防雨较差，出挑长度取大值。天窗檐口下部的屋面上应铺设滴水板。雨量多的地区或天窗高度和宽度较大时，宜采用有组织排水。一般可采用带檐沟的屋面板或在天窗架的钢牛腿上铺设槽形天沟板，以及在屋面板的挑檐下悬挂镀锌铁皮或石棉水泥檐沟等 3 种做法，如图 9.6 所示。

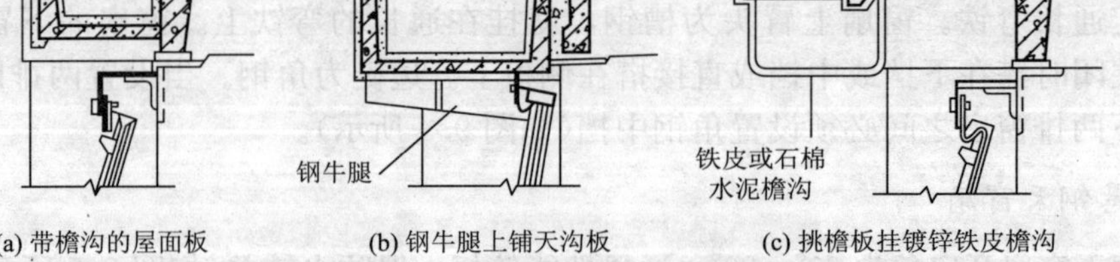

(a) 带檐沟的屋面板　(b) 钢牛腿上铺天沟板　(c) 挑檐板挂镀锌铁皮檐沟

图 9.6　有组织排水的天窗檐口

4. 天窗侧板

天窗侧板是天窗下部的围护构件，它的主要作用是防止屋面的雨水溅入车间以及不被积雪挡住天窗扇开启。屋面至侧板顶面的高度一般应小于 300 mm，常有大风雨或多雪的地区应增高至 400～600 mm，但也不宜太高，过高会加大天窗架的高度，对采光不利。天窗侧板及檐口构造如图 9.7 所示。

侧板的形式应与厂房屋面结构相适应。当屋面采用无檩体系时，天窗侧板宜采用槽形钢筋混凝土侧板，长度与屋面板长度一致。侧板与天窗架的连接方法是在天窗架下端的相应位置预埋铁件，焊接短角钢，侧板放在角钢上，其预埋件与角钢焊接，如图 9.7(a)所示。当屋面采用有檩体系时，天窗侧板可采用石棉水泥波形瓦等轻质材料(如图 9.7(d)所示)。图 9.7(b)为 W 形天窗侧板及檐口构造，图 9.7(c)为预应力钢筋混凝土侧板构造，图 9.7(e)为钢天窗架侧板及檐口构造。侧板安装时应向外稍倾斜，以利排水。侧板与屋面板交接处应作好泛水处理。天窗侧板处是否加保温层，应与屋面相一致。

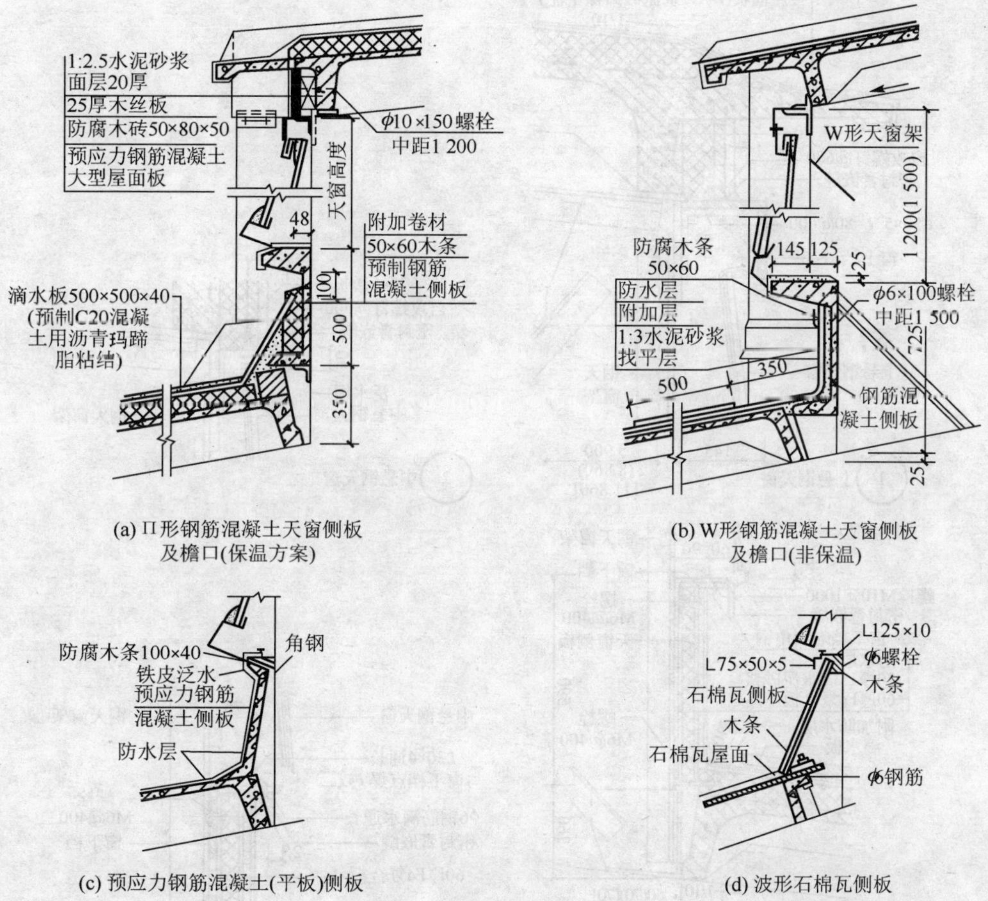

(a) Π形钢筋混凝土天窗侧板及檐口(保温方案)
(b) W形钢筋混凝土天窗侧板及檐口(非保温)
(c) 预应力钢筋混凝土(平板)侧板
(d) 波形石棉瓦侧板

图 9.7　天窗檐口及侧板

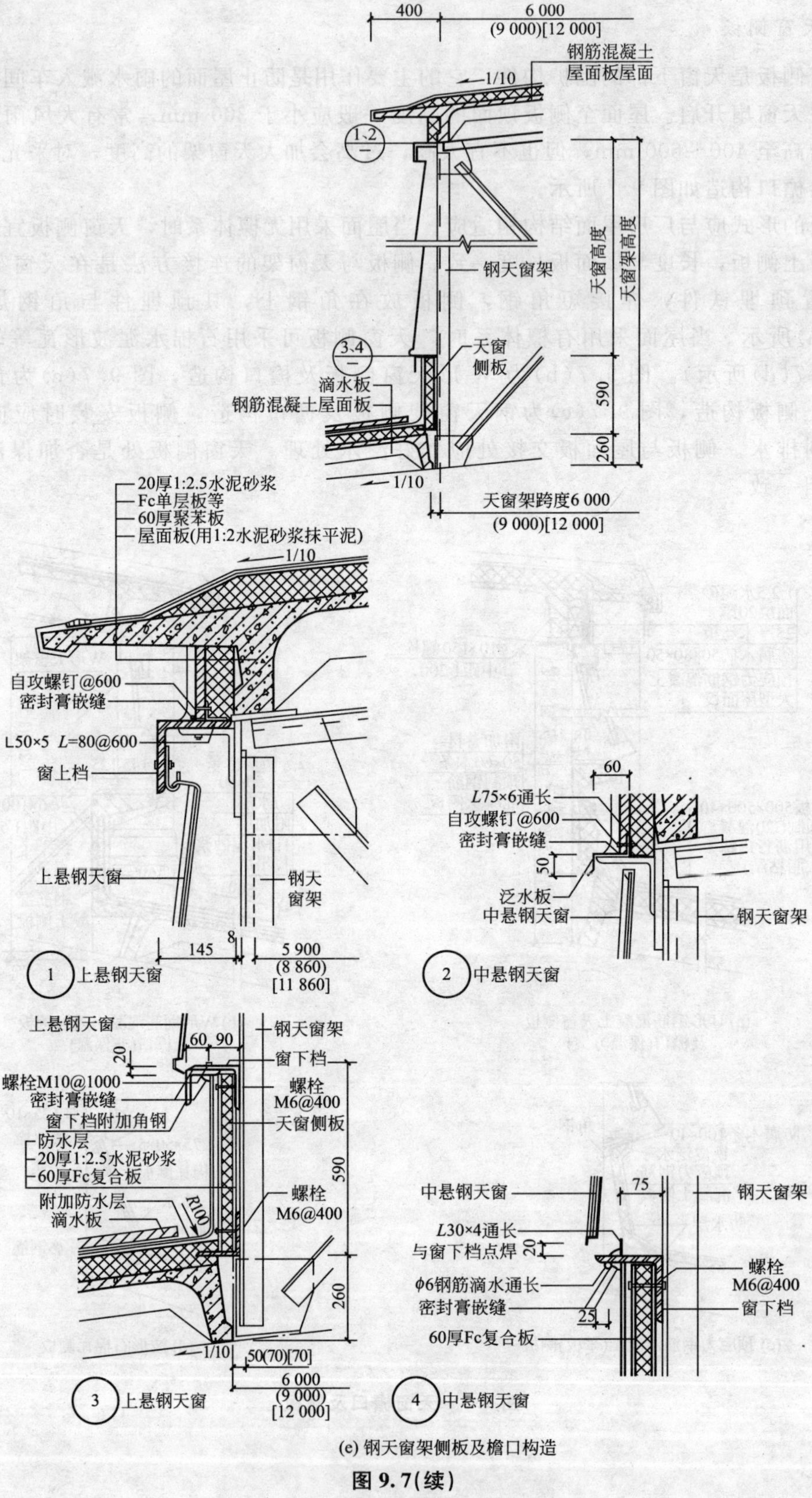

(e) 钢天窗架侧板及檐口构造

图 9.7(续)

5. 天窗端壁

天窗端壁常采用预制钢筋混凝土端壁板、石棉水泥波形瓦端壁板和压型钢板端壁板 3 种。

预制钢筋混凝土端壁板常作成肋形板，它代替端部的天窗架支承天窗屋面板并兼起围护作用(如图 9.8 所示)。根据天窗宽度不同，端壁板可由 2 块或 3 块预制板拼接做成，端

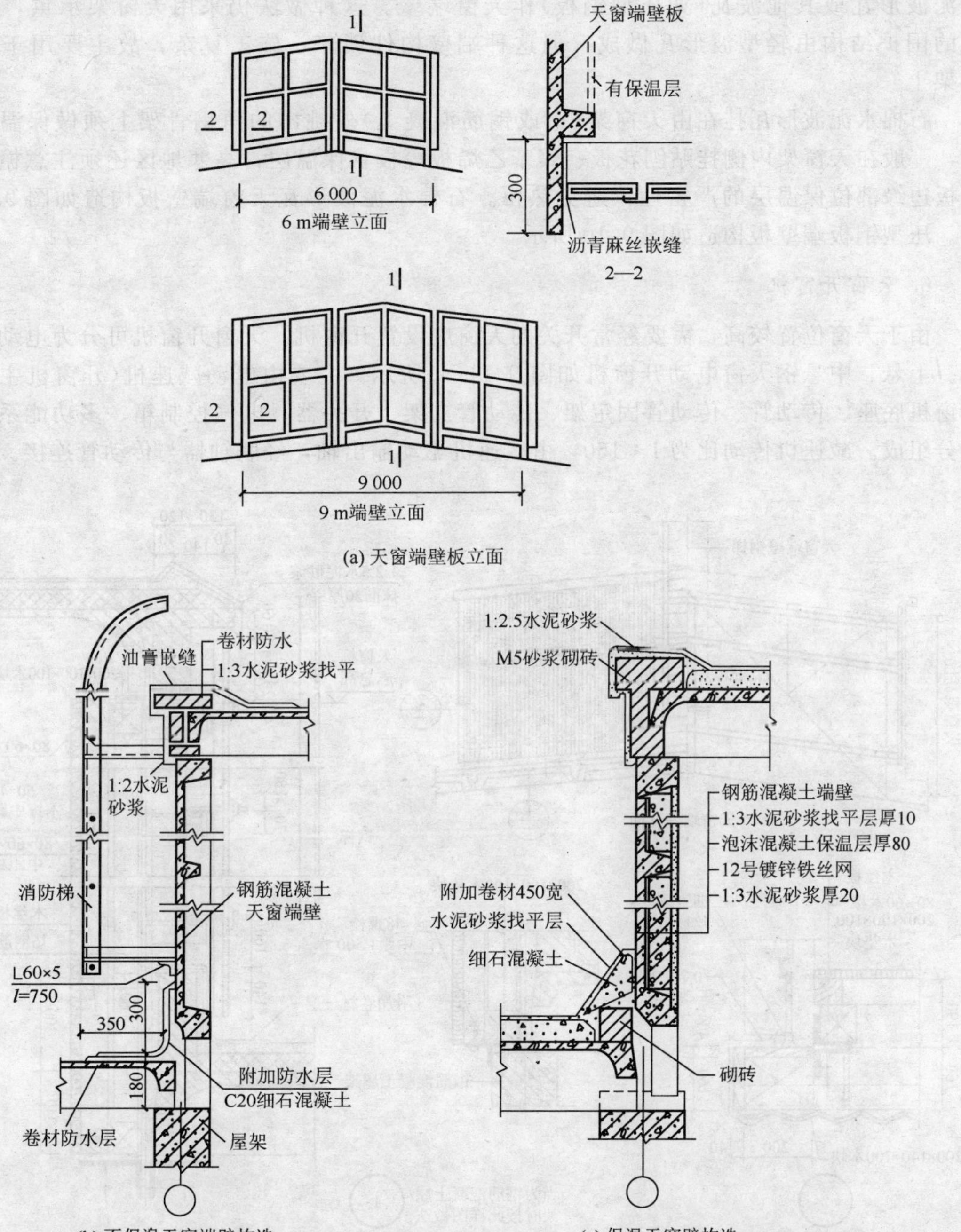

(a) 天窗端壁板立面

(b) 不保温天窗端壁构造

(c) 保温天窗壁构造

1—1

图 9.8　预制钢筋混凝土端壁板构造

壁板通过焊接固定在屋架上弦的一侧，屋架上弦的另一侧搁置相邻的屋面板。端壁板顶部与天窗屋面板之间的缝隙，应用砖填实并作好压檐，端壁板下部与屋面相交处应作好泛水处理。当厂房需要保温时，在端壁板内侧填以保温材料，然后在保温材料表面钉以钢丝网，并抹 20 mm 厚的水泥砂浆。

钢筋混凝土端壁板重量较大，为了减少构件类型及减轻屋盖荷载，也可改用石棉水泥波形瓦或其他波瓦(如压型钢板)作天窗端壁。这种做法仍采用天窗架承重，而端壁的围护结构由轻型波形瓦做成，但这种端壁构件琐碎，施工复杂，故主要用于钢天窗架上。

石棉水泥波形瓦挂在由天窗架(钢或钢筋混凝土)外挑出的角钢骨架上须做保温处理时，一般在天窗架内侧挂贴刨花板、聚苯乙烯板等板状保温层；高寒地区还须注意檐口及壁板边缘部位保温层的严密性，避免热桥。石棉水泥波形瓦天窗端壁板构造如图 9.9 所示。压型钢板端壁板构造如图 9.10 所示。

6. 天窗开窗机

由于天窗位置较高，需要经常开关的天窗应设置开窗机。天窗开窗机可分为电动、手动。上悬、中悬钢天窗电动开窗机如图 9.11(a)所示，主要由电动减速机(开窗机主机)、开窗机底座、传动管、传动管固定架、传动管支架、开关器、电气控制箱、多功能系统等部分组成。减速机传动比为 1∶160，由减速机驱动输出轴，经联轴器与传动管连接。齿条

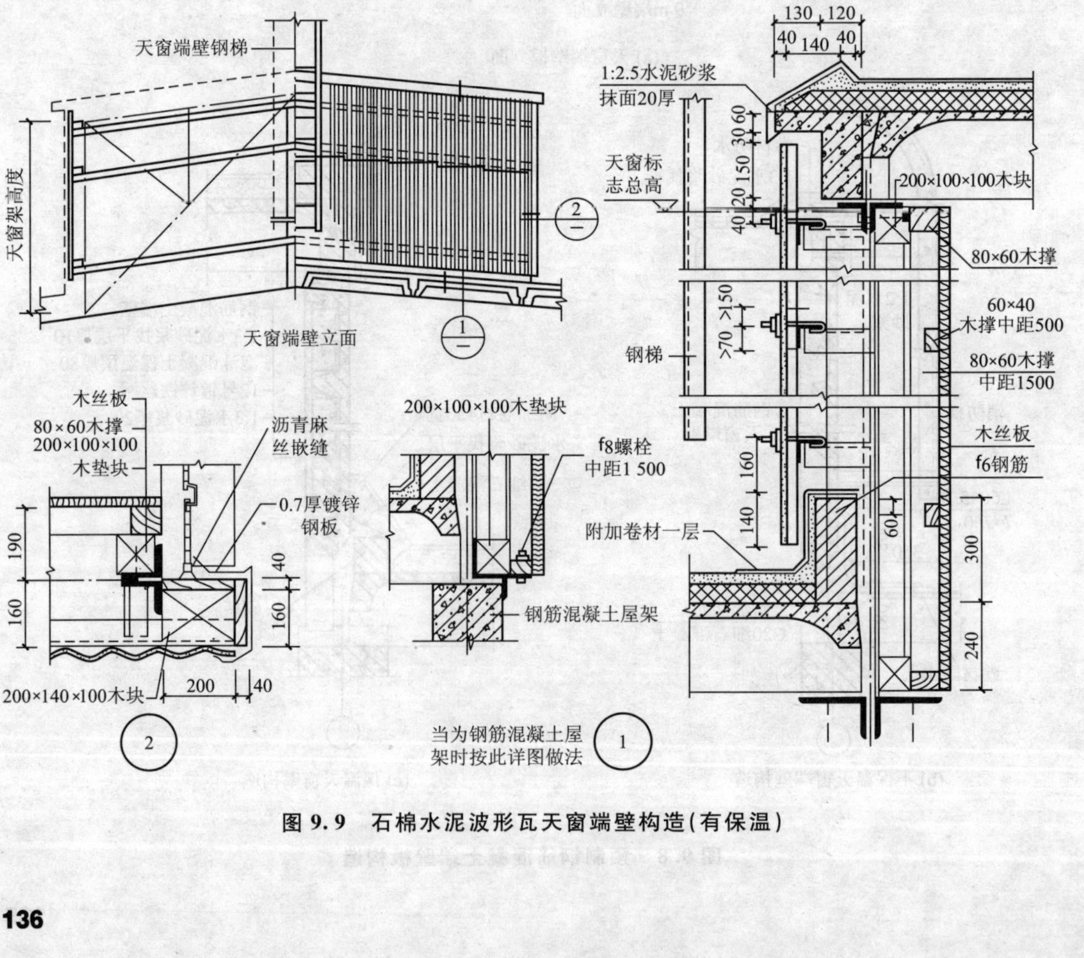

图 9.9　石棉水泥波形瓦天窗端壁构造(有保温)

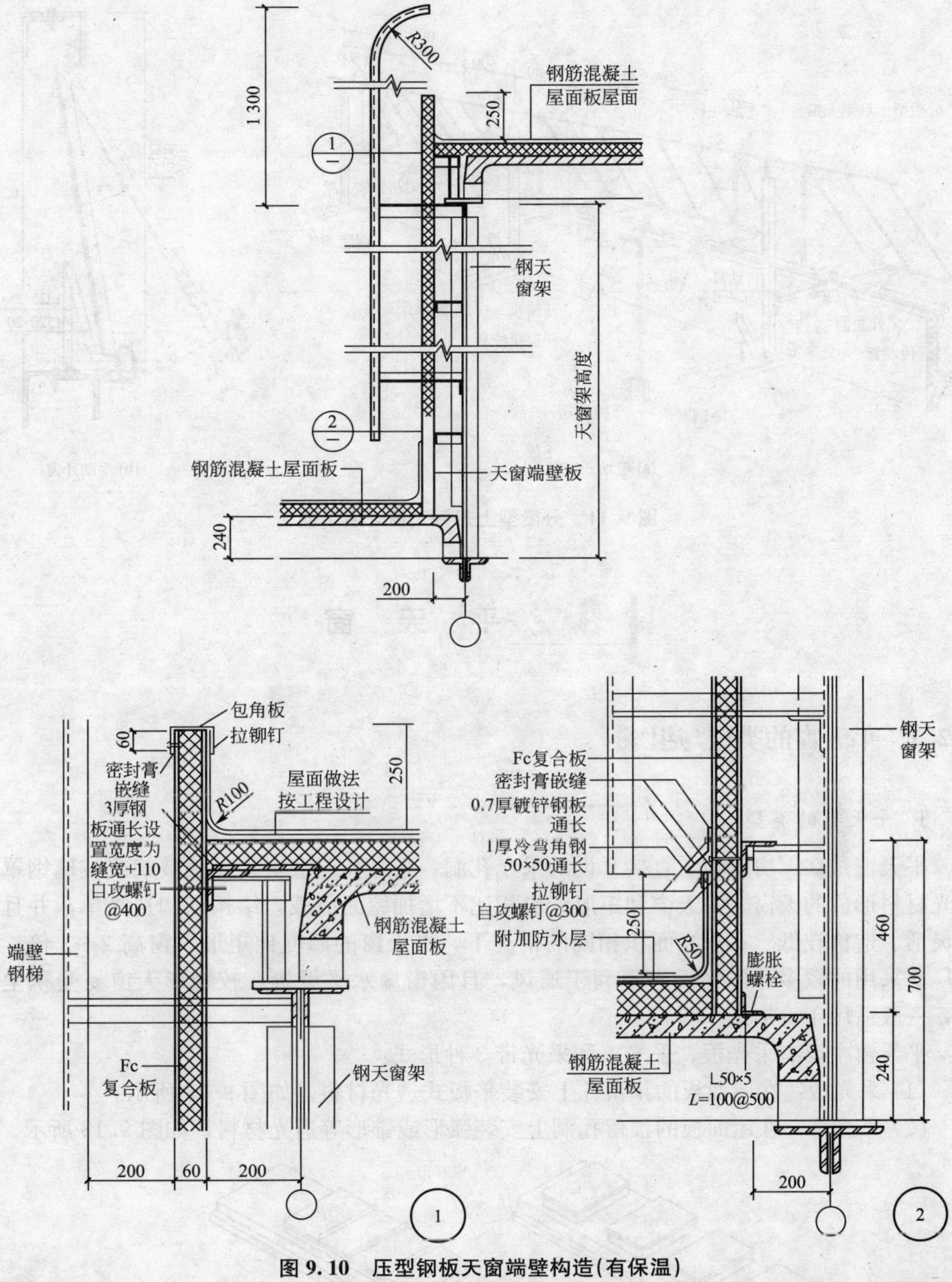

图 9.10 压型钢板天窗端壁构造(有保温)

一端通过支架与窗扇连接，另一端与开关器中的齿轮啮合，开窗机工作时，传动管运转带动齿轮齿条传动，实现窗扇的开启和关闭。开窗机运转和停止均由电气控制箱控制。为方便安装和调试，在开窗机轴端配有手摇柄以备用。图 9.11(b) 为上屋面手动天窗，仅适用于分段天窗。

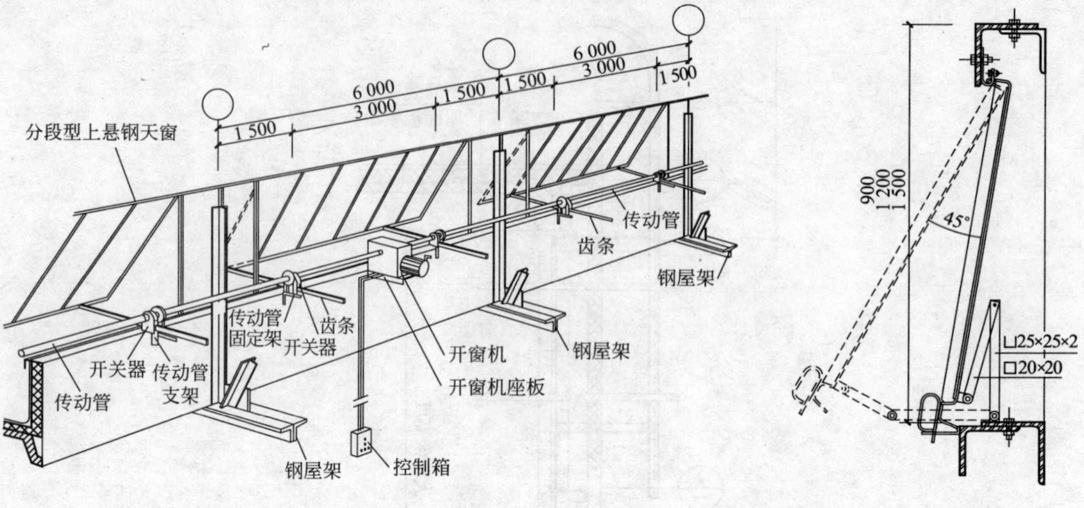

(a) 电动开窗机　　(b) 手动开窗

图 9.11　分段型上悬钢天窗开启示意

9.2 平　天　窗

9.2.1　平天窗的类型与组成

1. 平天窗的类型

平天窗是在厂房屋面上直接开设的采光孔洞，采光孔洞上安装平板玻璃或玻璃钢罩等透光材料形成的天窗。平天窗和矩形天窗相比不增加屋面荷载，结构和构造简单，并且布置灵活、造价较低。在采光面积相同的情况下，平天窗的照度比矩形天窗高 2～3 倍。目前厂房采用的较多。但平天窗不利于通风，且因窗扇水平设置，较矩形天窗易受积尘污染，一般适用于冷加工车间。

平天窗主要有采光板、采光罩和采光带 3 种形式：

(1) 采光板：在屋面板的预留孔上安装平板式透光材料，如图 9.12 所示。

(2) 采光罩：在屋面板的预留孔洞上安装弧形或锥形等透光材料，如图 9.13 所示。

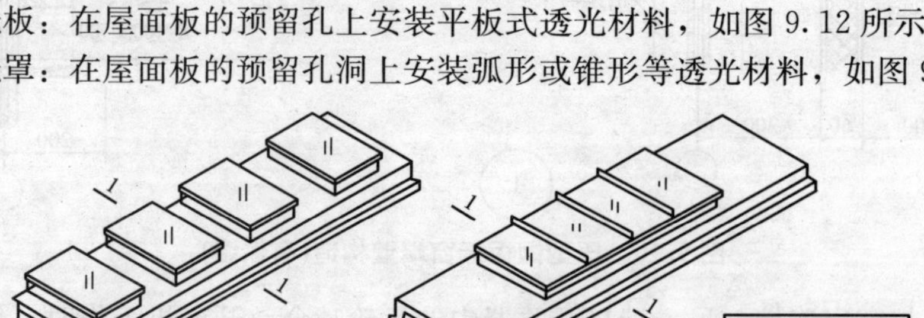

(a) 小孔采光板　　(b) 大孔采光板

图 9.12　采光板形式

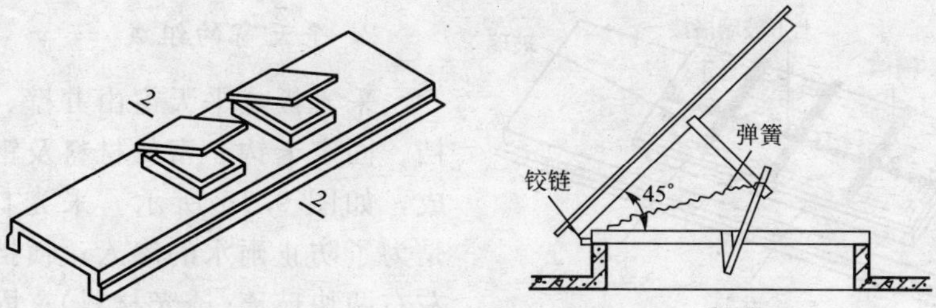

(c) 可开启采光板

图 9.12(续)

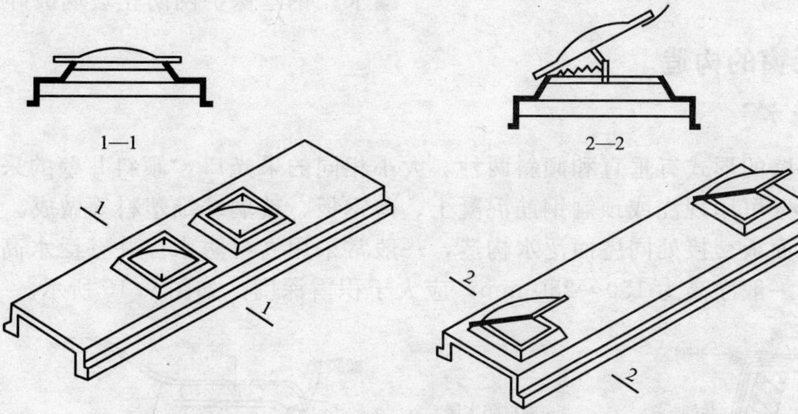

(a) 玻璃钢罩　　(b) 可开启玻璃钢罩

图 9.13　采光罩形式

(3) 采光带：在屋面板的纵向或横向安装长度在 6 m 以上的采光口，并安装平板透光材料。采光带如图 9.14 所示。

采光板与采光罩有固定式和开启式，开启式采光板以采光为主，兼作通风。

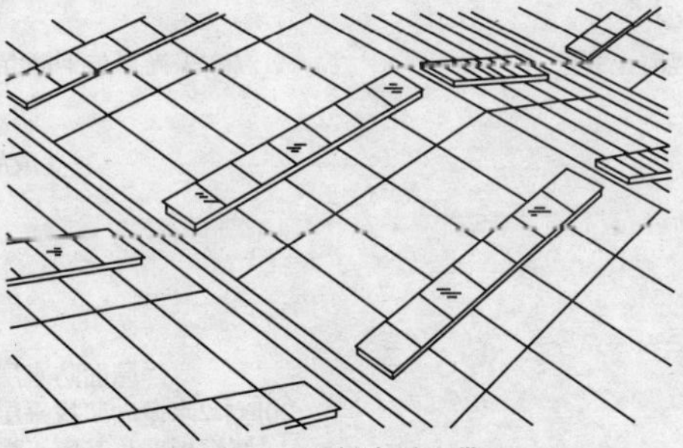

(a) 横向采光带

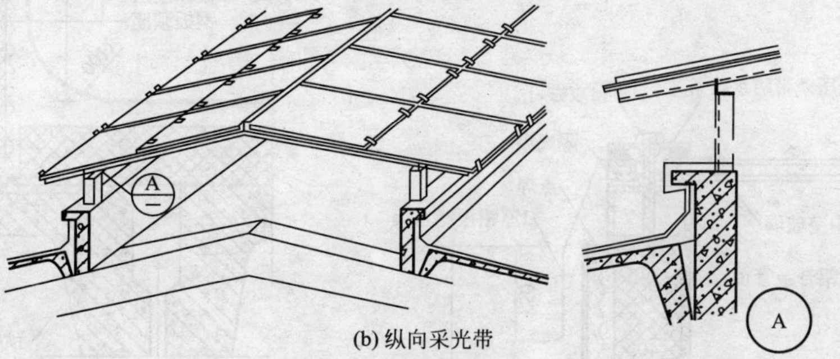

(b) 纵向采光带

图 9.14　采光带形式

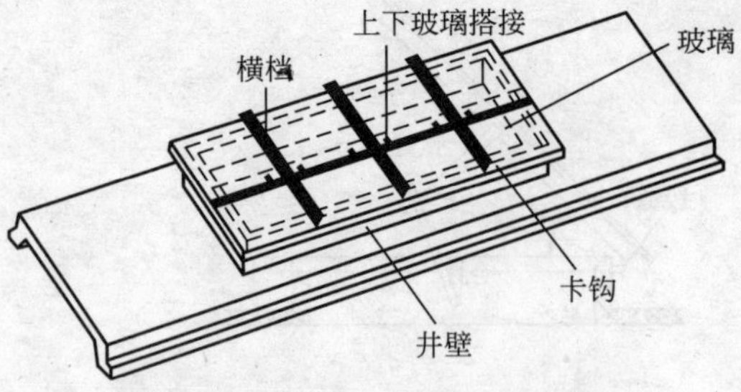

图 9.15　采光板式平天窗的组成

2. 平天窗的组成

采光板式平天窗由井壁、透光材料、横挡、固定卡钩、密封材料及钢丝保护网等组成，如图 9.15 所示。采光口周围作井壁，是为了防止雨水的渗入；横挡用来安装固定左右两块玻璃(透光材料)；固定卡钩用以把玻璃固定在井壁上；密封材料防止连接部位漏水；钢丝保护网防止玻璃破碎落下伤人。

9.2.2　平天窗的构造

1. 井壁泛水

平天窗井壁的形式有垂直和倾斜两种。大小相同的采光口，倾斜井壁的采光效率较垂直井壁高。井壁可用现浇或预制钢筋混凝土、薄钢板、玻璃纤维塑料等做成。

井壁与屋面板交接处同屋面泛水构造，一般常采用卷材防水。井壁泛水高度主要取决于防水要求，一般净高为 150～250 mm，应大于积雪深度，如图 9.16 所示。

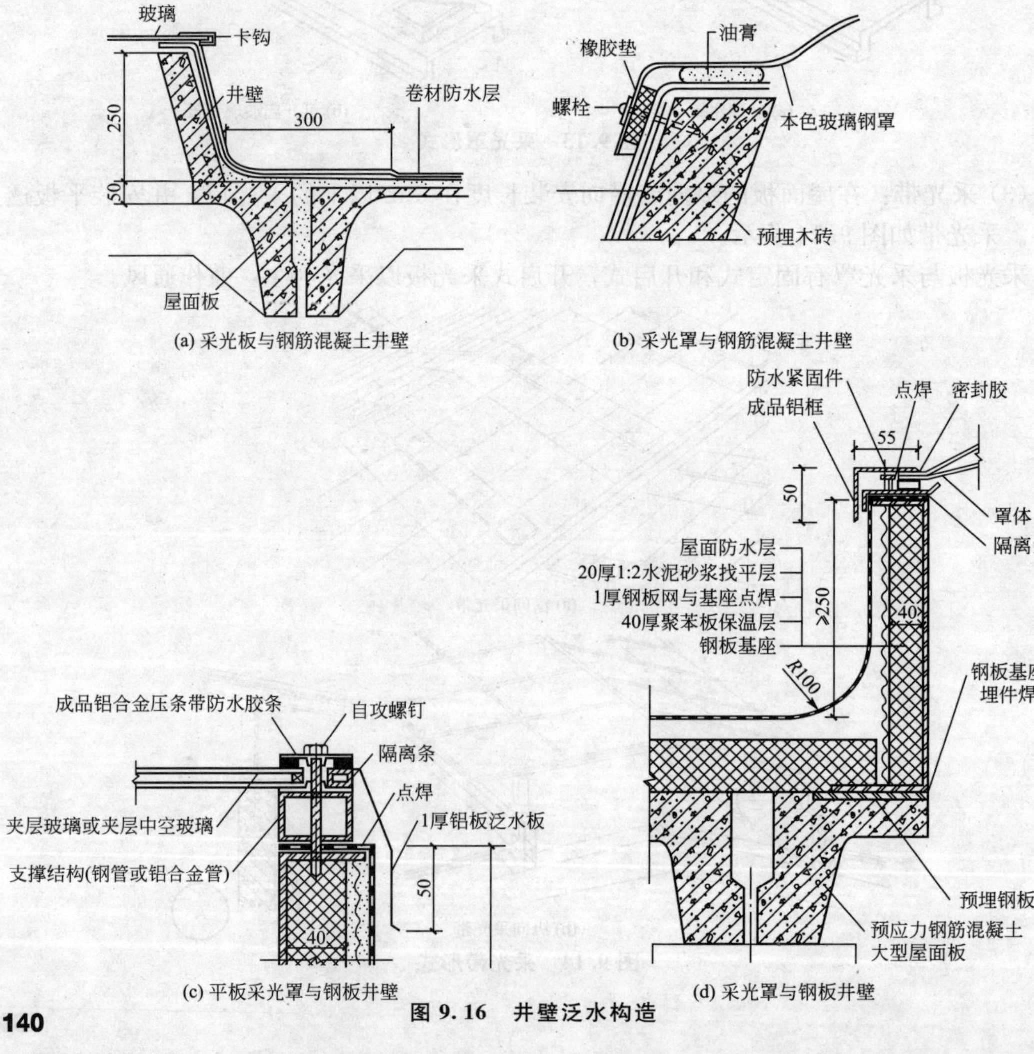

图 9.16　井壁泛水构造

2. 井壁防水

由于平天窗透光材料的坡度小，玻璃与井壁之间的缝隙是防水的薄弱环节，宜用建筑油膏或聚氯乙烯胶泥等弹性好、耐老化的材料垫缝；用钢卡钩及木螺钉将玻璃或玻璃罩固定在孔壁的预埋木砖上；在井壁顶部可设排水沟，以接住玻璃内表面产生的冷凝水并顺坡排至屋面，平天窗井壁防水构造如图 9.17 所示。

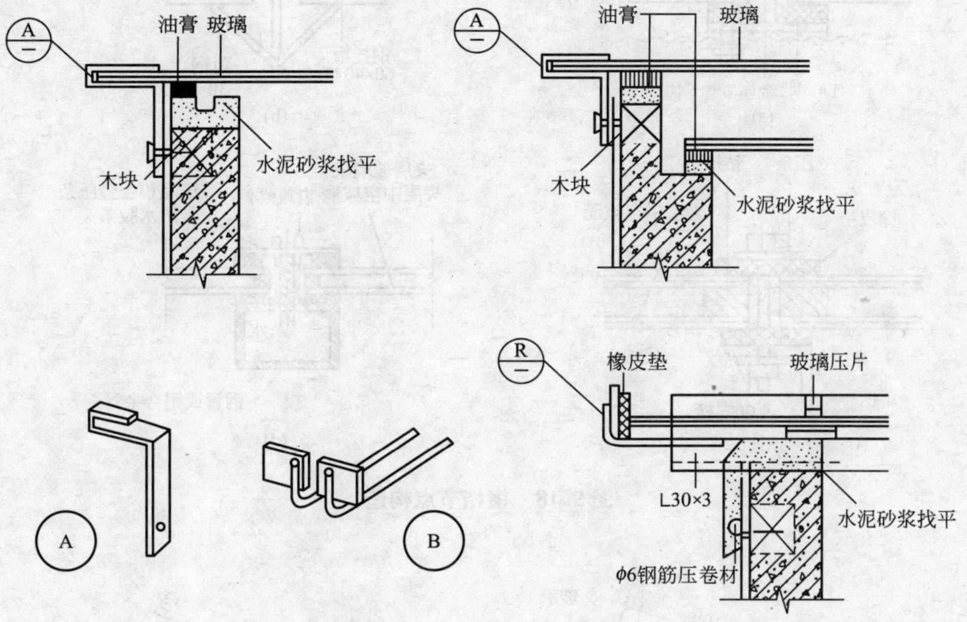

图 9.17 井壁防水构造

3. 玻璃搭接部位防水

大孔采光板和采光带需由多块玻璃(采光板)拼接而成，故须设置横挡，安装固定玻璃。横档的用料有型钢、铝材和预制钢筋混凝土条等。在玻璃搭接部位易渗漏，应注意玻璃与横档搭接处的防水，一般用油膏防止渗水。平天窗常用横档节点构造如图 9.18 所示。其中图 9.18(a)构造简单，但易漏水；图 9.18(b)设有排水沟，虽用料较多，但防漏性较好；图 9.18(c)(d)采用夹层中空玻璃以隔热。

玻璃上下搭接一般应大于等于 100 mm，用 S 形镀锌铁皮卡子固定，搭接形式如图 9.19 所示。为防止雨雪及灰尘随风从搭缝处渗入，上下搭缝宜用油膏条、胶管或浸油绳索或塑料管等柔性材料封缝。但因玻璃用铁卡子连接以及温度变形、振动等影响，缝隙很难嵌实。所以，应尽可能避免上下搭接。

4. 玻璃的安全防护

为防止冰雹撞击等原因损坏采光玻璃，造成对室内人员的伤害，平天窗宜采用安全玻璃(如钢化玻璃、夹丝玻璃和玻璃钢罩)。这种玻璃在遭到破坏时不会形成伤害人体的碎片，但价格较高。当采用平板玻璃、磨砂玻璃、压花玻璃等非安全玻璃时，须加设安全网。安全网一般设在玻璃下面，常采用镀锌铁丝网制作，挂在孔壁的挂钩上或横挡上，安全网构造如图 9.20 所示。安全网易积灰、清扫困难，构造处理时应考虑便于更换的问题。

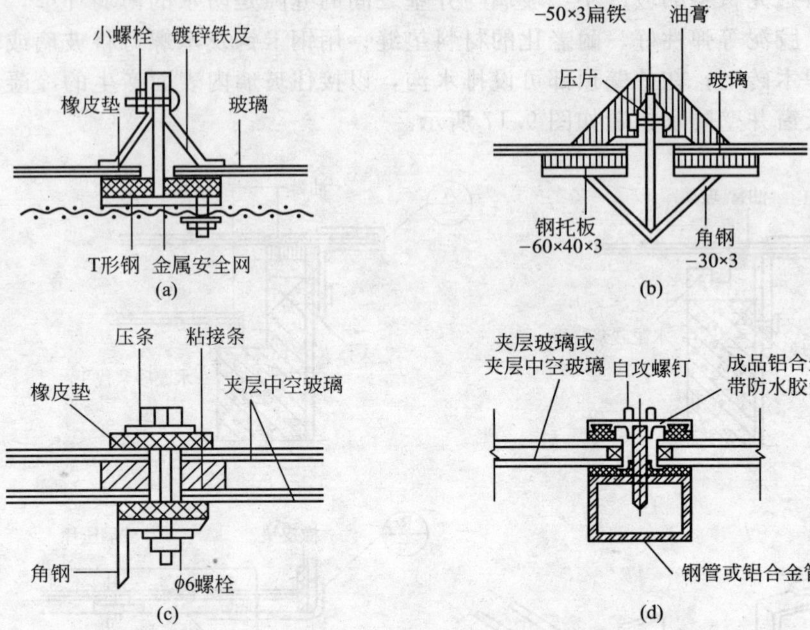

图 9.18　横档节点构造

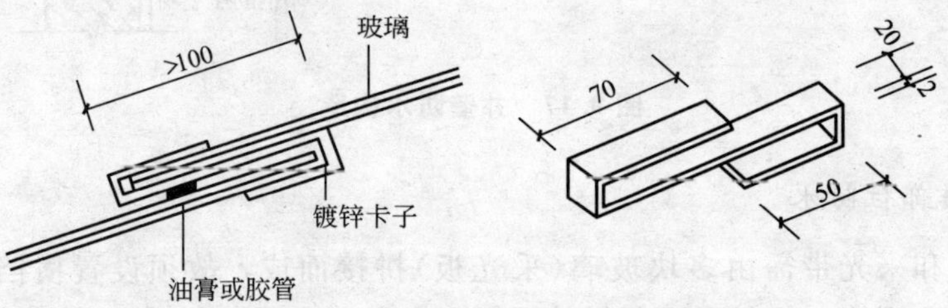

图 9.19　玻璃搭接用卡子构造

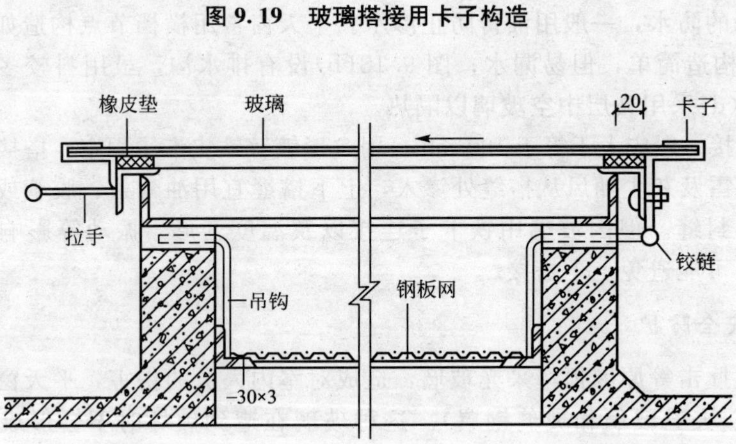

图 9.20　安全网构造示例

9.2.3　平天窗防太阳辐射和眩光处理

平天窗受直射阳光强度大、时间长，如果采用一般的平板玻璃和钢化玻璃作透光材料，直射阳光会使车间内过热和产生眩光，损害视力健康，影响安全生产和产品质量。因此应优先选用扩散性能好、透热系数小的透光材料，如中空镀膜玻璃、吸热玻璃、热反射平板玻璃、夹丝压花玻璃、钢化磨砂玻璃、玻璃钢、变色玻璃、乳白玻璃和磨砂玻璃等。它们能使直射阳光扩散，减少太阳辐射热和眩光。但这些透光材料价格较高，为了降低成本，还可采用在平板玻璃下表面涂刷半透明涂料。

采用双层中空玻璃，中间留一定的空气间层，周围用橡胶条等密封，也能起到隔热和保温效果，并可减轻或避免严寒地区或高湿采暖车间玻璃内表面的冷凝水。

9.2.4　通风问题

采用平天窗时，如果不在屋面上设置适当的通风口，厂房内热空气始终留在屋盖的下表面，致使厂房内闷热，尤其是南方地区更为显著。因此采用平天窗时，必须考虑通风散热措施，使热气能及时排出室外。目前采用的通风方式有以下两类：

(1) 采光和通风结合处理。采用可开启的采光板、采光罩或带开启扇的采光板，如图 9.12(c)、9.13(b)、9.21(a)所示，既通风又采光，但使用不够灵活。因此，有的就在两个采光罩的相对侧面做百叶，百叶两侧加上挡风板构成一个通风井，比前几种形式有所改进，如图 9.21(b)所示。当采用采光带时，则可将泛水侧壁加高，或在侧壁上装百叶或窗扇，达到主要采光，并兼有一定通风效果的目的(如图 9.14 所示)。

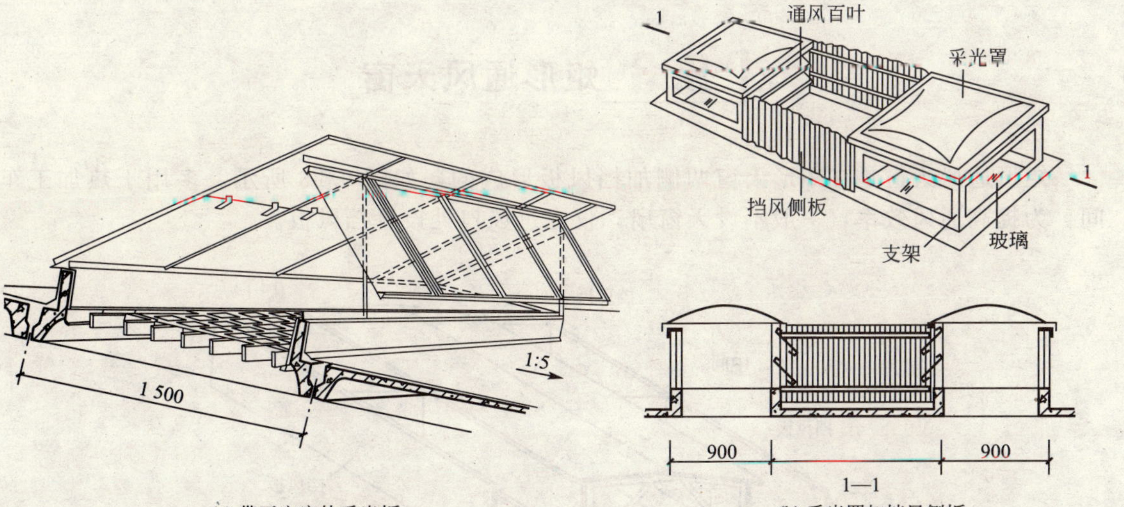

(a) 带开启扇的采光板　　(b) 采光罩加挡风侧板

图 9.21　平天窗的通风

(2) 采光和通风分开处理。平天窗只考虑采光，另外利用通风屋脊来解决通风(见图 9.22)。通风屋脊是在屋脊处留一定宽度的空隙，空隙大小根据通风量确定。构成通风屋脊的方式有：用砖墩或混凝土墩将屋面架空；当厂房的余热量较大时，用钢筋混凝土或型钢作支架，构成较大的通风口。为了保证通风屋脊排气稳定，还可加设挡风板，设计通风屋脊时应注意防止飘雨雪的问题。

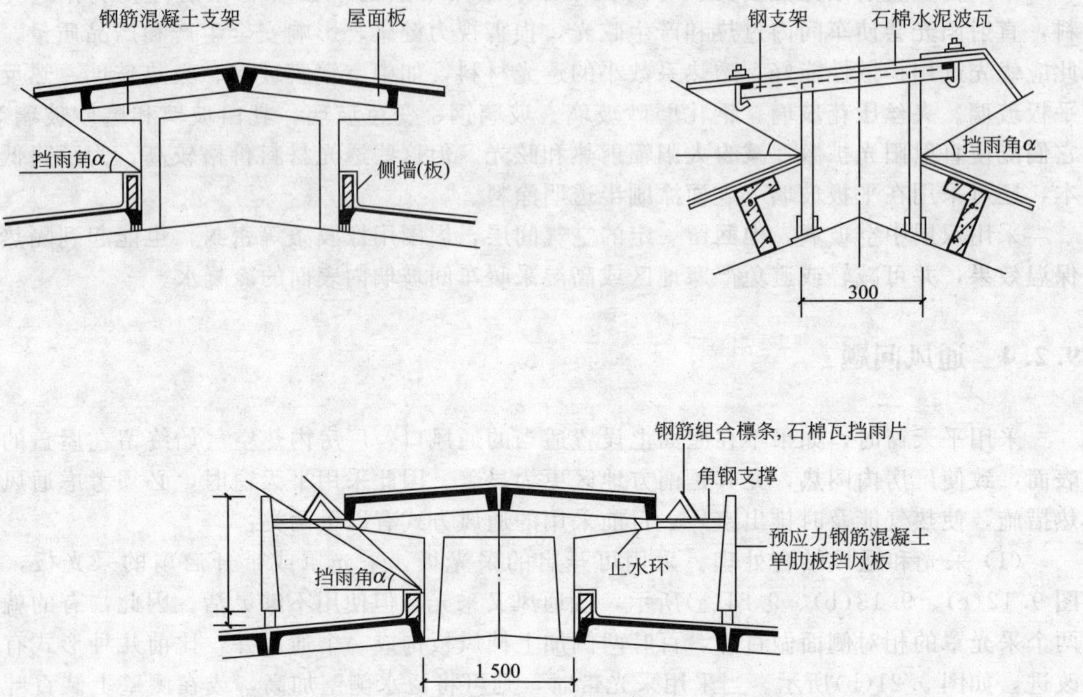

图 9.22 通风屋脊

9.3 矩形通风天窗

矩形通风天窗是在矩形天窗两侧加挡风板形成的，如图 9.23 所示，多用于热加工车间。为提高通风效率，一般不设天窗扇，仅在进风口处设置挡风板。

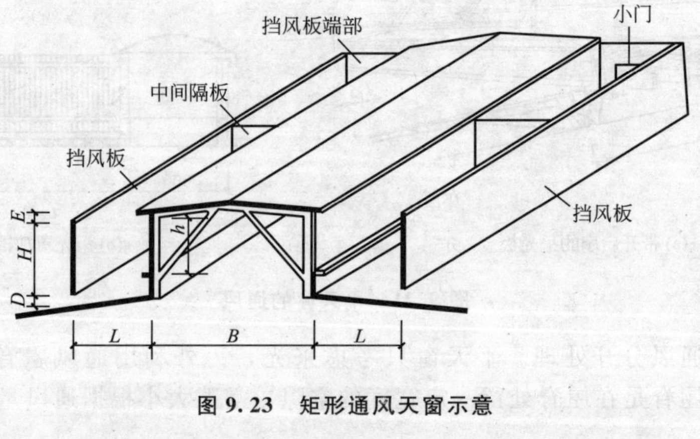

图 9.23 矩形通风天窗示意

9.3.1 挡风板

挡风板常用垂直式和倾斜式两种。向外倾斜的挡风板与水平面夹角一般为 50°～70°，可使气流大幅度飞跃，提高排风效果。

矩形通风天窗挡风板与天窗喉口的距离 L 直接影响通风效率，一般 L/h 在 0.6～2.5 之间。

矩形通风天窗挡风板的高度不宜超过天窗檐口的高度，一般应比檐口稍低，E 在 0.1～0.15 h之间。挡风板与屋面板之间应留空隙，D 在 50～100 mm之间，便于排出雨雪和积尘，在多雪地区不大于 200 mm。挡风板的端部必须封闭，防止端部进风影响天窗排气。在挡风板上还应设置供清灰和检修时通行的小门。有时按需要增置中间隔板。

挡风板由面板和支架组成，支架的支承方式有支座型和悬挑型两种，支座型即立柱式，有直或斜立柱式；悬挑型分直线悬挑型(直或斜悬挑式)和弧线悬挑型，如图 9.24 所示。

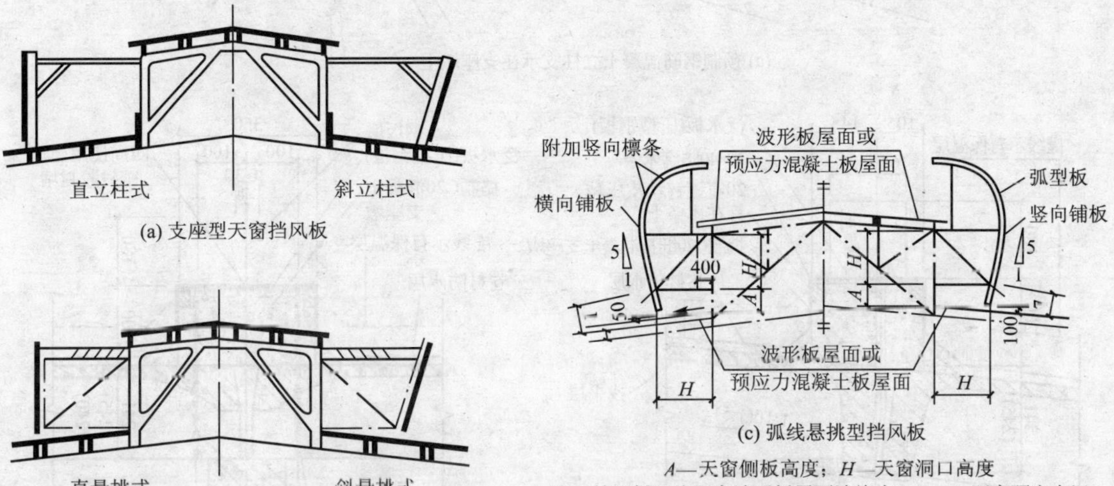

A—天窗侧板高度；H—天窗洞口高度

注：挡风板下缘距离波形板屋面波峰为50 mm，距离预应力混凝土屋面面层为100 mm。

图 9.24 挡风板形式

(1) 支座型挡风板。支座型挡风板是将钢立柱或预制钢筋混凝土立柱支承在屋架上弦的支座墩(柱墩)上，如图 9.25 所示。立柱下部与柱墩上的预埋铁件焊接牢固，立柱上部焊接钢筋混凝土檩条或型钢。挡风板固定在钢筋混凝土檩条或型钢上。支座型挡风板结构合理，但为保证柱墩能通过屋面板的板缝与屋架结合，挡风板与天窗的距离会受影响，而且立柱处的屋面防水构造也比较复杂。支座型天窗挡风板及挡雨板适用于有保温层及无保温层的坡度为 1∶5、1∶10 的预应力混凝土板屋面。

(2) 悬挑型挡风板。悬挑型挡风板的支架固定在天窗架上，挡风板与屋架完全分离，其构造如图9.26 所示。悬挑型挡风板布置灵活，但增大了天窗架的荷载，不利于抗震。适用于有保温层及无保温层的坡度为 1∶10 的预应力混凝土板屋面及坡度为 1∶10、1∶15、

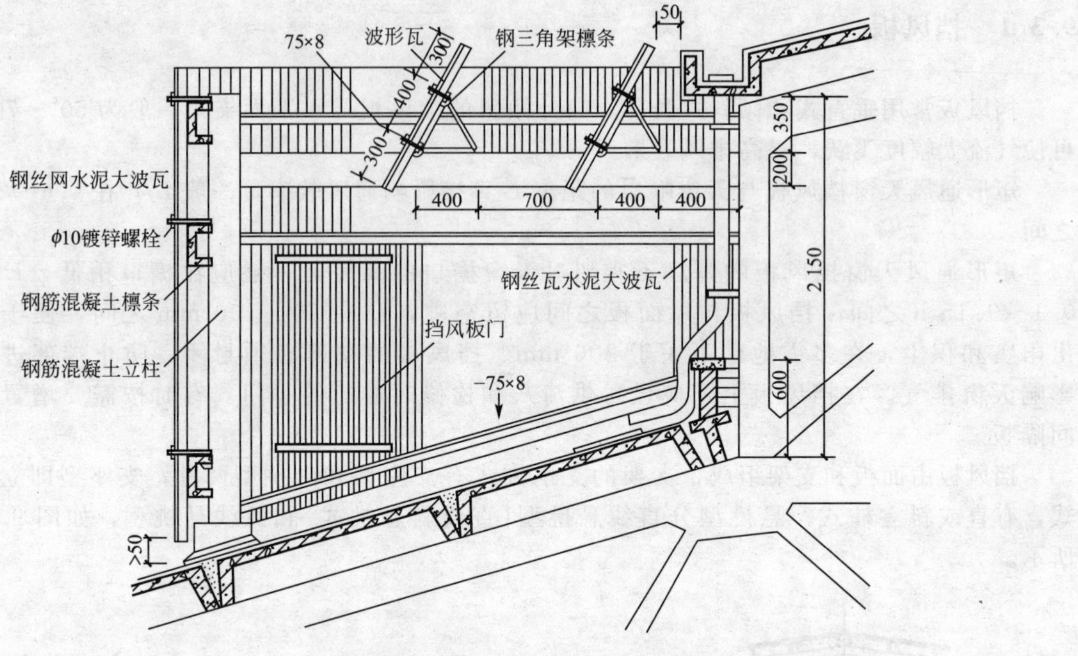

(a) 预制钢筋混凝土立柱支承在支座墩上

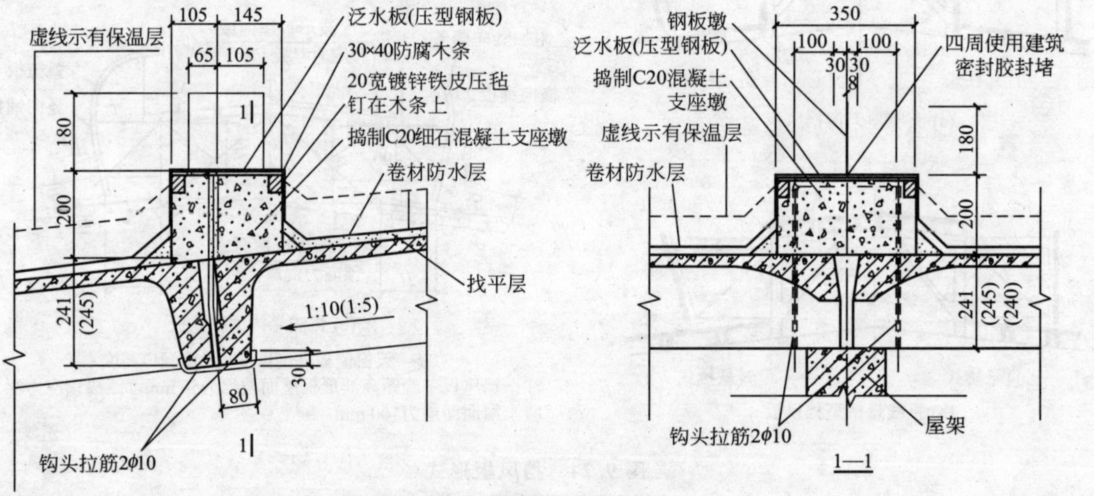

(b) 钢立柱与钢板墩焊接支承在支座墩上

图 9.25　支座型挡风板构造

1∶20 的波型板屋面。

（3）活动的挡风板。矩形通风天窗还可以采用活动的挡风板，根据室内的排气量要求和室外的气候条件来调整挡风板的开启角度，活动挡风板的形式如图 9.27 所示。

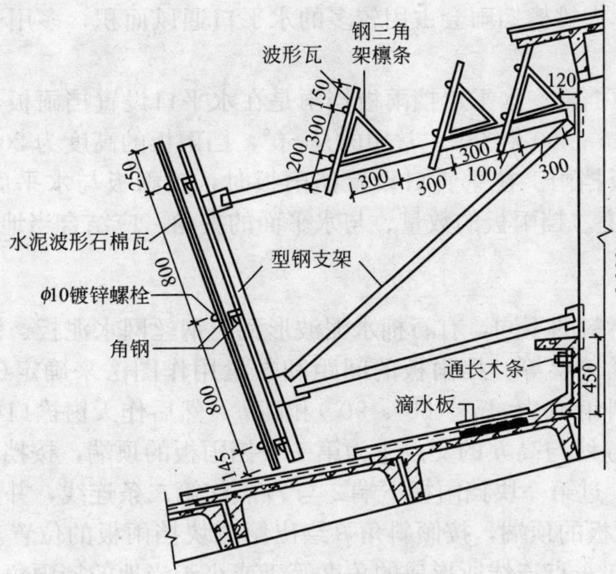

图 9.26　悬挑型挡风板构造

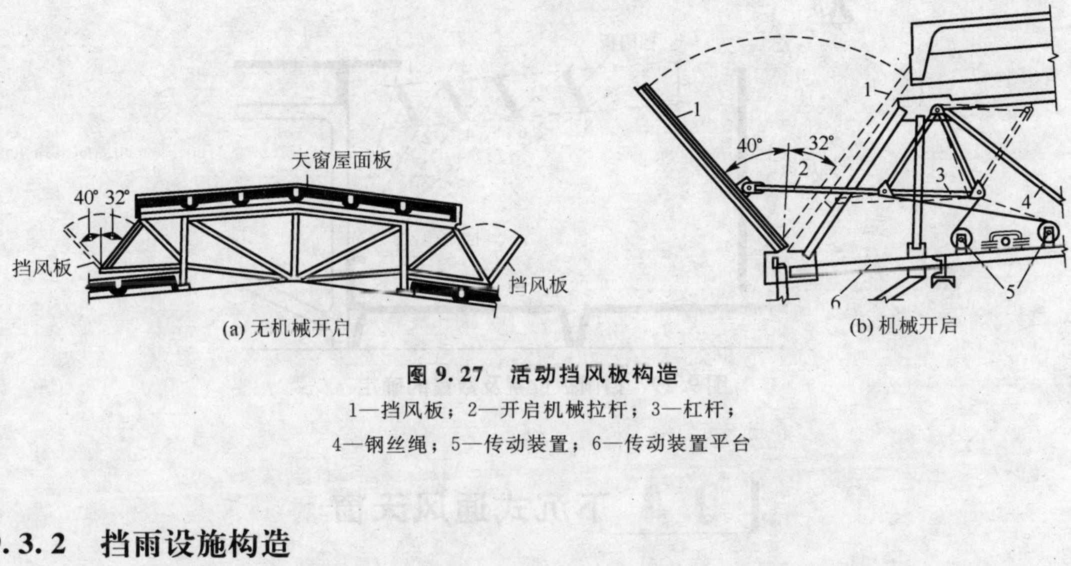

(a) 无机械开启　　(b) 机械开启

图 9.27　活动挡风板构造

1—挡风板；2—开启机械拉杆；3—杠杆；

4—钢丝绳；5—传动装置；6—传动装置平台

9.3.2　挡雨设施构造

1. 挡雨方式

矩形通风天窗常用的挡雨设施有大挑檐挡雨、水平口挡雨板挡雨和竖直口挡雨板挡雨，如图 9.28 所示。

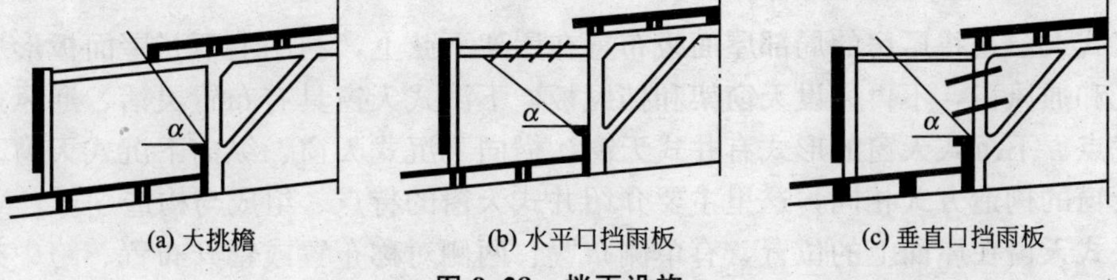

(a) 大挑檐　　(b) 水平口挡雨板　　(c) 垂直口挡雨板

图 9.28　挡雨设施

(1) 大挑檐挡雨。大挑檐挡雨会占用较多的水平口通风面积，多用于挡风板与天窗扇距离较大的天窗。

(2) 水平口挡雨板挡雨。水平口挡雨板挡雨是在水平口设置挡雨板，通风阻力小，挡雨板与水平面夹角有 45°、60°和 90°，常用的是 60°，挡雨板的高度为 200～300 mm。

(3) 垂直口挡雨板挡雨。在垂直口设置挡雨板时，挡雨板与水平面的夹角不宜小于 15°。大桃檐的挑出长度、挡雨板的数量、与水平面的夹角，应结合当地的挡雨角 α 确定。

2. 挡雨板设计

按挡雨板的制作材料的不同，有石棉水泥波形瓦、钢丝网水泥板、钢筋混凝土板、薄钢板、钢化玻璃和铅丝玻璃等。挡雨板的间距和数量用作图法来确定(如图 9.29 所示)。首先确定挡雨板的倾斜角 β(β=45°、60°、90°)和高 h，然后作天窗檐口板边缘与天窗侧板上端 A 点的连线，此连线与高 h 的交点 1 为第一块挡雨板的顶端，按挡雨板倾斜角 β 绘出第一块挡雨板的位置。过第一块挡雨板下端 2 与 A 点作第二条连线，并延长与高度 h 相交于点 3，为第二块档雨板的顶端，按倾斜角 β 绘出第二块挡雨板的位置。以此类推，直至最后一块挡雨板下端与 A 点连线所形成的角度等于或小于当地的挡雨角为止。

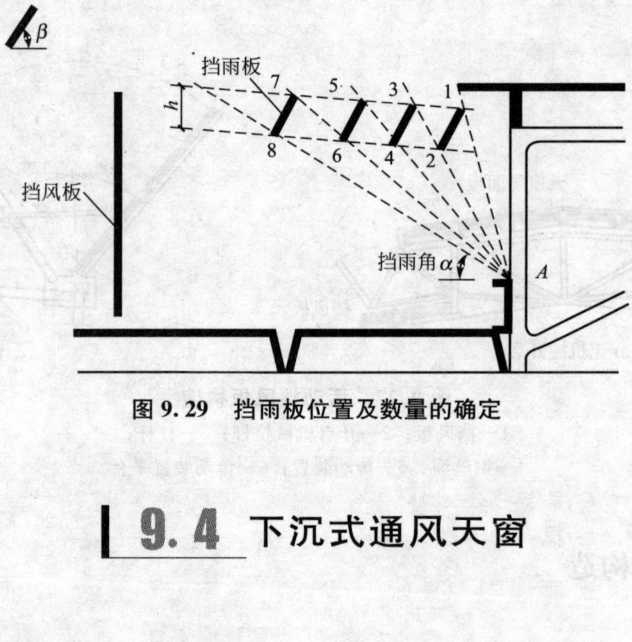

图 9.29　挡雨板位置及数量的确定

9.4 下沉式通风天窗

9.4.1　下沉式天窗的类型与组成

1. 下沉式天窗的类型

下沉式天窗是将厂房的局部屋面板布置在屋架下弦上，利用上下弦屋面板形成的高度差做采光和通风口，不再另设天窗架和挡风板。下沉式天窗具有布置灵活、通风好、采光均匀等优点。下沉式天窗的形式有井式天窗、横向下沉式天窗、纵向下沉式天窗。这几种下沉式天窗的构造方式相同，这里主要介绍井式天窗的特点、组成与构造。

按井式天窗在屋面上的位置，有单侧布置、两侧对称布置或错开布置、跨中布置等方案，如图 9.30 所示。

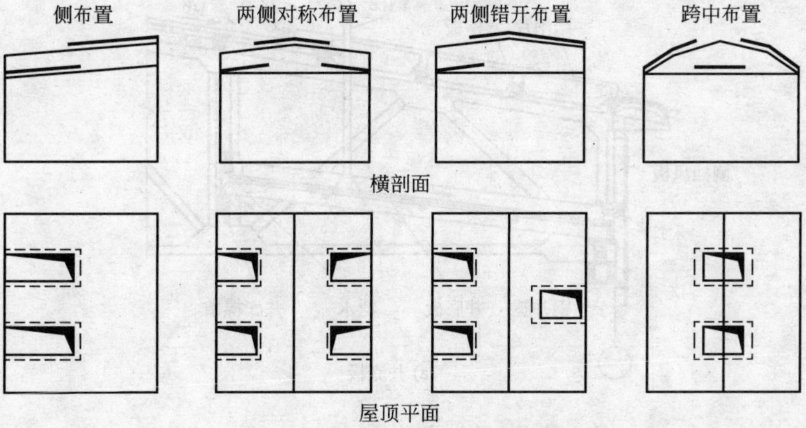

图 9.30 井式天窗布置形式

(1) 单侧或两侧布置方案。通风效果好，天窗处清灰扫雪方便，构造较跨中布置方案简单，一般用于热加工车间。

(2)跨中布置方案。可以利用屋架中部较高部分作天窗，采光效果好，但天窗处排水与除尘构造复杂，一般用于有采光、通风要求、灰尘、余热不大的车间。

2) 井式天窗的组成

井式天窗由井底板、井底檩条、井口空格板、挡雨板、挡风墙及排水设施等组成，如图 9.31 所示。

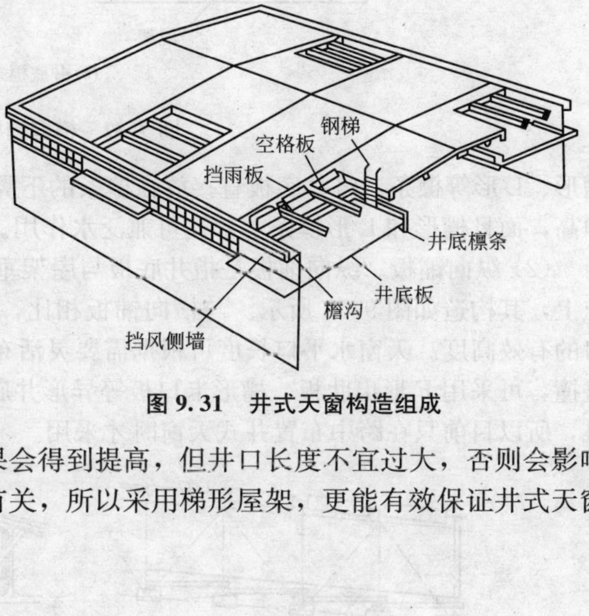

图 9.31 井式天窗构造组成

井式天窗的通风效果与该天窗水平井口面积和垂直通风口的面积比有关。随着水平井口面积的扩大，通风效果会得到提高，但井口长度不宜过大，否则会影响通风效果。通风口垂直高度与屋架高度有关，所以采用梯形屋架，更能有效保证井式天窗的通风效果。

9.4.2 井式天窗的构造

1. 井底板

井底板位于屋架下弦处，有纵向铺板和横向铺板两种形式。

(1) 横向铺板。横向铺板是指井底板与屋架平行。它是先在屋架下弦上搁置檩条，井底板搁置在檩条上，横向铺板构造如图 9.32 所示。井底板边缘应做高为 300 mm 左右的泛水，防止落在井底板上的雨水溅入车间内。横向铺板施工吊装较方便，但井底板的长度受屋架下弦节点间距的限制，灵活性较小。

为了争取较多的垂直口通风面积，充分利用屋架上下弦之间的净空，常采用下卧式、

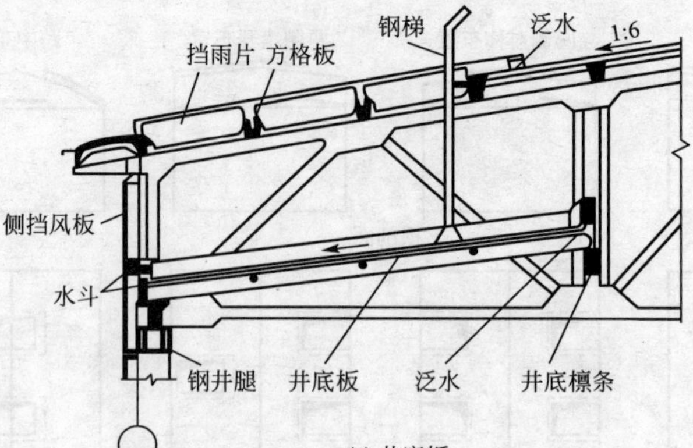

(a) 井底板

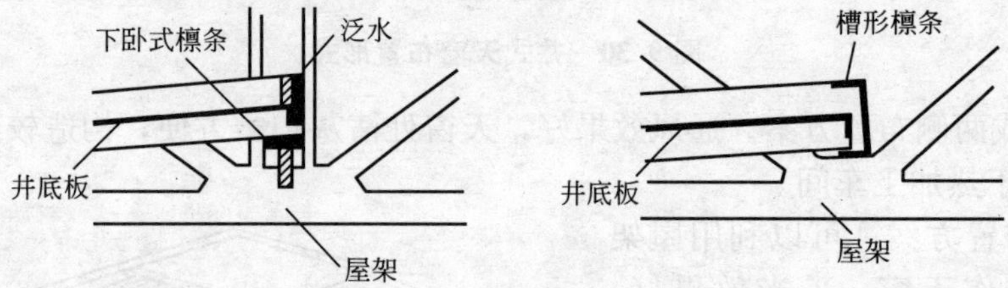

(b) 井底檩条

图 9.32　横向铺板构造

槽形、L 形等檩条。将井底板直接放在檩条的下翼缘上，不但可以争取约 200 mm 的天窗净高，面且槽形和 L 形檩条上部还可兼泛水作用。

(2) 纵向铺板。纵向铺板是指井底板与屋架垂直。它是将井底板直接搁置在屋架的下弦上，其构造如图 9.33 所示。与横向铺板相比，纵向铺板既可省去檩条，又可增加垂直口的有效高度。天窗水平口长度可根据需要灵活布置。为防止井底板端部与屋架腹杆相互碰撞，可采用 F 形出肋板、槽形卡口板等异形井底板，避开腹杆。这种形式铺板吊装较困难，所以目前只在跨中布置井式天窗时才采用。

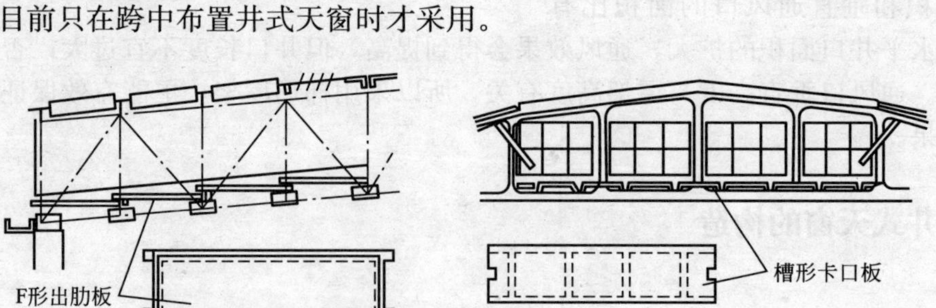

图 9.33　纵向铺板构造

2. 井口板及挡雨设施

井式天窗通风口一般不设窗扇而做成开敞式，但需在井口处设挡雨设施。与矩形通风天窗挡雨设施基本相同，常用的做法有井口上设挑檐、井口上设挡雨板、垂直口设挡雨板等 3 种挡雨方式。

(1) 井口上设挑檐(如图 9.34 所示)。由相邻屋面直接挑出悬臂板，或者井口设檩条，挑檐板放在檩条上，挑出长度应满足挡雨角的要求。当井口面积不大时，挑檐将占去过多的天窗水平口面积，影响通风效果。因此挑檐挡雨形式适用于 9 m 柱距天井，或 6 m 柱距连井的情况。

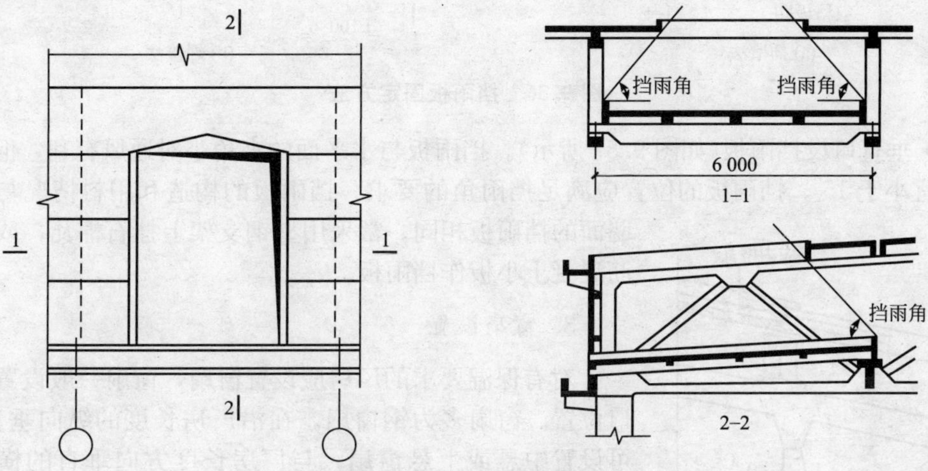

图 9.34 井口上设挑檐

(2) 井口上设挡雨板(如图 9.35 所示)。井口上铺设空格板，空格板是由纵肋和两端横肋组成，长宽尺寸与屋面板一致。挡雨板固定在空格板的纵肋上，挡雨片的角度为 60°，材料可用石棉瓦、钢丝网水泥片、钢板、玻璃等。挡雨片的数量及其位置的确定与矩形通风天窗挡雨板设置一样。

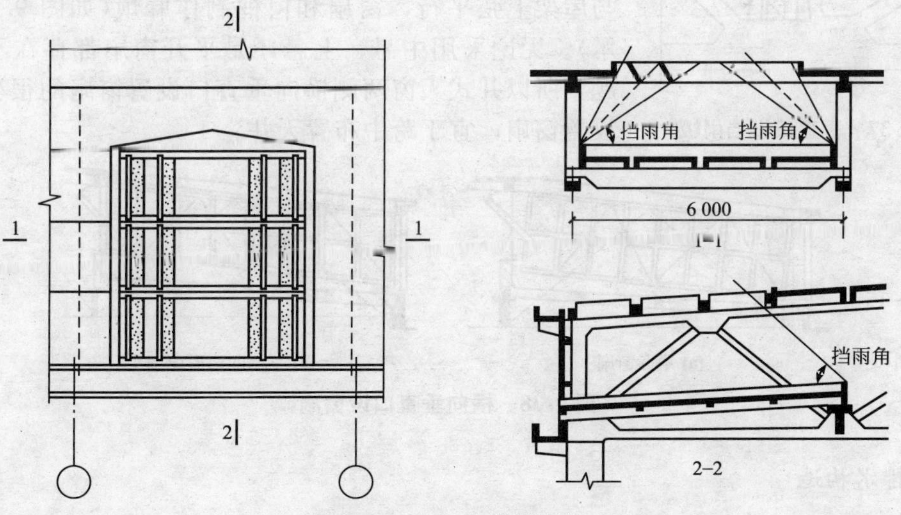

图 9.35 井口上设挡雨片

挡雨板的固定方法有：插槽法和焊接法(如图 9.36 所示)。插槽法是在空格板大肋上预留槽口，安装时只需将挡雨板插入槽内。这种方式的空格板制作较麻烦，但挡雨板安装较方便。焊接法是安装时将挡雨板焊接在空格板的预埋铁件上，虽制作方便，但增加了铁件和焊接工作量。

井口上铺空格板，厂房的纵向刚度好，吊装也方便，但用料多，增加造价。

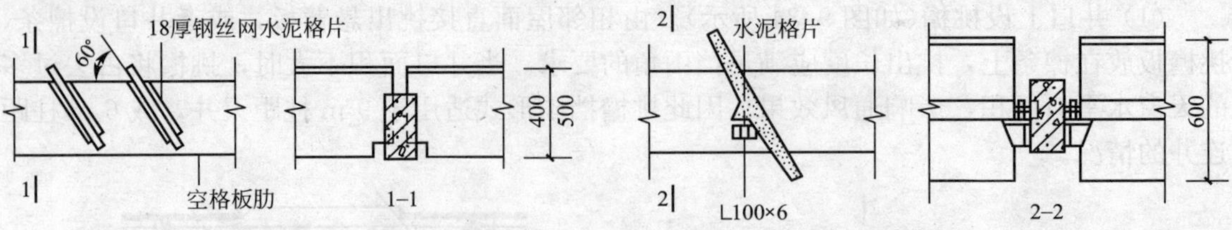

(a) 插槽法　　(b) 焊接法

图 9.36　挡雨板固定方法

(3) 垂直口设挡雨板(如图 9.37 所示)。挡雨板与水平面的夹角小对通风有利，但为了排水，不宜小于 15°。挡雨板的位置应满足挡雨角的要求。挡雨板的构造和用料情况与开敞式墙面的挡雨板相同。常采用型钢支架上挂石棉瓦，或预制钢筋混凝土小板作挡雨板。

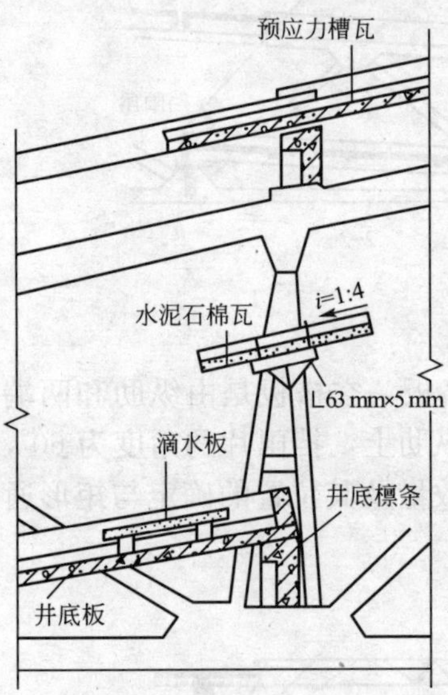

图 9.37　垂直口设挡雨板

3. 窗扇设置

对有保温要求的厂房应设置窗扇，窗扇一般设置在垂直口位置。窗扇多为钢窗扇。在沿厂房长度的纵向垂直口上，可设置中悬或上悬窗扇；与厂房长度方向垂直的横向垂直口，由于受屋架腹杆的影响，如果采用中悬窗扇，窗扇的位置必须离开屋架一定距离，构造复杂，只能设置上悬窗扇。

受屋架坡度影响，井式天窗横向垂直口是倾斜的，窗扇有两种做法：①矩形窗扇，可用标准窗组合，但两端填补空隙不方便，如图 9.38(a)所示；②平行四边形窗扇，与屋架上弦平行，窗扇和窗框制作麻烦(如图 9.38(b)所示)。无论采用中悬、上悬还是平开窗扇都存在不同的问题，所以井式天窗两侧横向垂直口设置窗扇的很少。如需设置窗扇，宜于跨中布置天井。

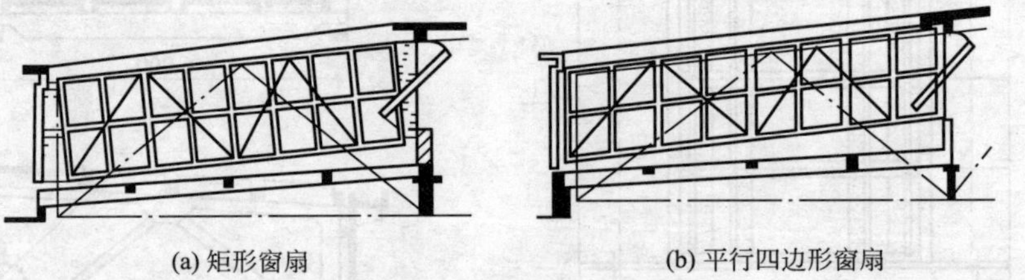

(a) 矩形窗扇　　(b) 平行四边形窗扇

图 9.38　横向垂直口设窗扇

4. 排水构造

井式天窗排水包括井口处的上层屋面板排水和下层井底板排水，构造较复杂。设计时应尽量减少天沟、雨水管、水斗的数量；减少排水系统堵塞的可能性；便于清灰扫雪。排水处理主要有以下几种，可根据当地降雨量、车间灰尘量、天窗大小等情况进行选择。

(1) 边井外排水。边井外排水可采用无组织排水、单层天沟排水和双层天沟排水方式，如图 9.39 所示。

① 无组织排水。上层屋面板排水和下层井底板排水均为无组织排水，雨水由井底板的

雨水口排至室外，如图 9.39(a)所示。这种排水方式构造简单，适用于降雨量不大的地区。

② 单层天沟排水。单层天沟排水有两种处理方法：一种是上层屋面檐沟为通长天沟，下层井底板为自由落水，如图 9.39(b)所示。它适用于降雨量较大的地区，灰尘量小的热车间。同时这种形式的上层天沟兼作屋架的连系构件，使上部屋面檐口连成整体，加强了屋盖的刚度和整体性。

另一种是上层屋面为自由落水，下层井底板外缘设置用于清尘和排水的通长天沟，如图 9.39(c)所示、它适用于降雨量较大的地区及烟尘大的热车间。当上下屋面的高度差不大时，采用此种形式较好。

③ 双层天沟排水。在上层屋面和下层井底板设置两层通长天沟的排水方式，如图 9.39(d)所示。这种方法构造复杂、用料较多，适用于降雨量大的地区，灰尘较多的车间。

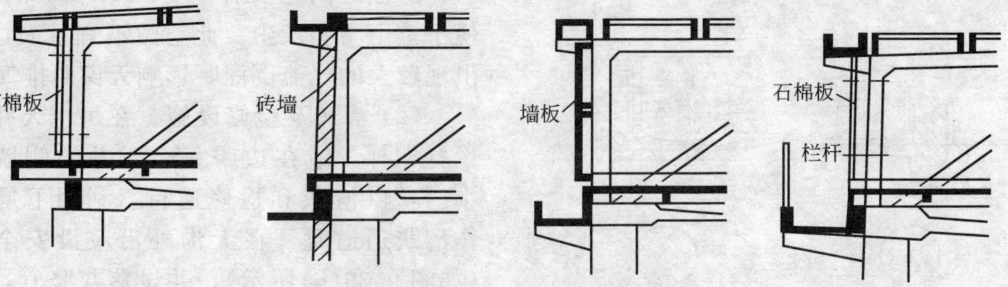

(a) 无组织排水　(b) 上层通长天沟排水　(c) 下层通长天沟排水　(d) 双层天沟排水

图 9.39　边井外排水

(2) 连跨内排水。

① 对多跨厂房相连屋面形成的中井式天窗，当车间产生的灰尘量不大时，可采用上、下层屋面间断天沟，如图 9.40(a)所示。可以节省天沟的材料，但落水管和水斗的数量可能增多。

② 对降雨量大的地区或灰尘多的车间可用上、下两层通长天沟，如图 9.40(b)所示。或在上层设间断天沟，下层设通长天沟。

③ 井底板的雨水也可以不设天沟，直接用内落水管外排，如图 9.40(c)所示。一般用在降雨量不大的地区。

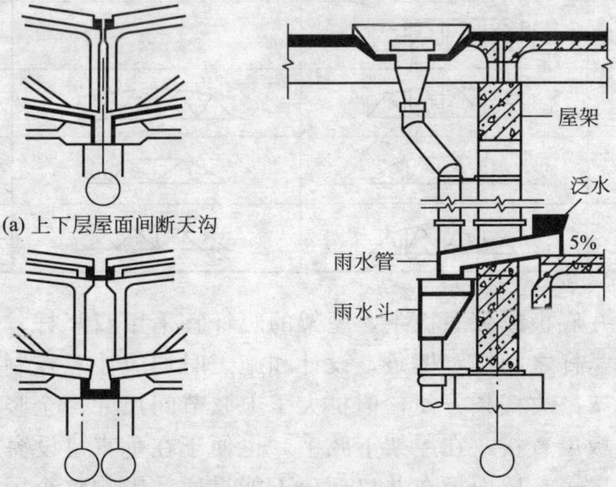

(a) 上下层屋面间断天沟　(b) 上下两层通长天沟　(c) 雨水口接内落水管

图 9.40　连跨内排水的形式

(3) 井口及井底板泛水。为使屋面雨水不流入井内，在井口的周围须做150～200 mm高的泛水。同样，为防止雨水溅入和流入车间，井底板周围亦应设泛水，高度不宜小于300 mm。泛水可用砖砌，外抹水泥砂浆，或用预制钢筋混凝土挡水条(如图9.41所示)。

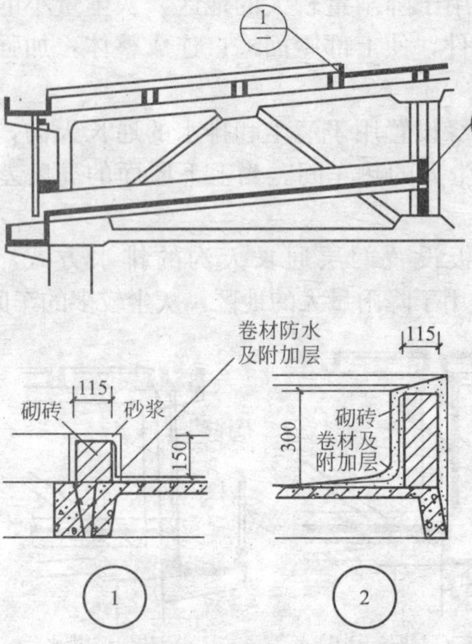

图9.41 井式天窗泛水构造

5. 其他设施

(1) 挡风侧墙。为了保证两侧井式天窗有稳定的通风效果，在跨边需设垂直挡风侧墙。侧墙的材料一般与墙体材料相同，有墙板、石棉水泥波形瓦、砖墙等。在挡风侧墙与井底板之间应留有100～150 mm的空隙，便于排雨雪和灰尘。此空隙不宜过大，以免出现较大的气流倒灌，影响天窗的排气。

(2) 清灰及检修设施。在每个天井内应设置钢梯，或在边跨每个天井的侧墙上设小门，供清灰和检修通行。利用下层天沟作清灰通道时，在天沟外沿应设安全栏杆(如图9.39(d)所示)，并设落灰竖管，竖管间隔一般不大于120 mm。

6. 对屋架形式的要求

屋架形式影响井式天窗的布置(见表9-2)。梯形屋架与拱形、折线形屋架相比，虽然技术经济指标较差，但由于梯形屋架上下弦之间空间较大，而且屋架端头较高，适于两侧布置井式天窗，故目前用梯形屋架布置井式天窗的占70%。拱形或折线形屋架因端头较低，只适于跨中布置井式天窗。

表9-2 适用于井式天窗的屋架形式

形　　式	双竖杆屋架	天竖杆屋架	全竖杆屋架
平行弦			
梯形			
拱形	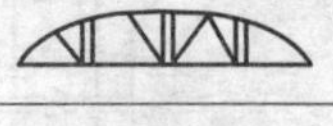	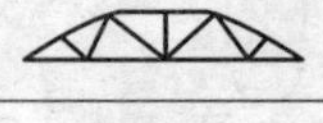	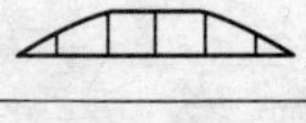
折线形		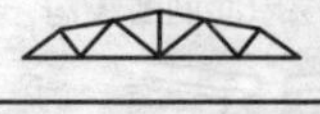	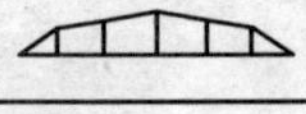

屋架下弦要搁置井底板或井底檩条，屋架的腹杆宜采用双竖杆、无竖杆或全竖杆3种形式。双竖杆屋架在竖杆之间搁置檩条，设计和施工时均应注意控制构件尺寸，以免造成安装困难；无竖杆屋架搭放檩条方便，但扩大了上弦节间尺寸；全竖杆拱形屋架，适用于跨中布置天窗，井底板可直接放在屋架下弦上，也便于在垂直口设窗扇。

采用井式天窗的屋盖，屋面板在井口部分不能贯通，影响整个屋盖的刚度，尤其横向下沉式及纵向下沉式天窗。为克服这一弱点，在井口上可设置空格板或连系构件以增强屋盖刚度(如图 9.42 所示)。支承井式天窗的屋架，由于其上弦一侧搁置屋面板，下弦另一侧为井底板，从而使屋架处于偏心状态。经试验研究，为增强稳定件，适当加强下弦受荷一侧的构造筋即可。

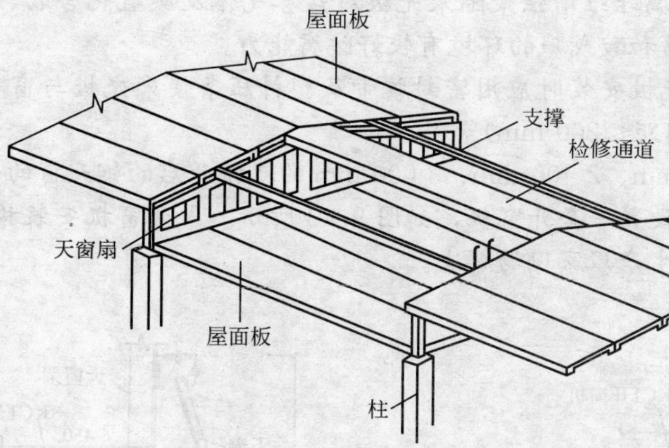

图 9.42 横向下沉式天窗增强屋盖刚度示意

本章小结

1. 单层厂房天窗可分为采光天窗和通风天窗两类。常见的采光天窗有：矩形天窗、锯齿形天窗、平天窗、三角形天窗、横向下沉式天窗等。通风天窗有：矩形通风天窗、纵或横向下沉式天窗、井式天窗等。

2. 矩形采光天窗主要由天窗架、天窗扇、天窗屋面板、天窗侧板和天窗端壁等构件组成，各组成部分设计要满足构造要求。

3. 平大窗是在厂房屋面上直接开设采光孔洞，采光孔洞上安装平板玻璃或玻璃钢罩等透光材料形成的天窗。平天窗主要有采光板、采光罩和采光带 3 种形式。平天窗防水是构造的关键。

4. 矩形通风天窗是在矩形天窗两侧加挡风板形成的。一般不设天窗扇，仅在进风口处设置挡风板。挡风板由面板和支架组成，支架的支承方式有支座型(立柱式)和悬挑型两种，支座型分直或斜立柱式，悬挑型分直线悬挑型(直或斜悬挑式)和弧线悬挑型。

5. 下沉式天窗是利用上下弦屋面板形成的高度差做采光和通风口。下沉式天窗的形式有井式天窗、横向下沉式天窗、纵向下沉式天窗。

6. 按井式天窗在屋面上的位置，有单侧布置、两侧对称布置或错开布置、跨中布置等方式。井式天窗由井底板、井底檩条、井口空格板、挡雨板、挡风墙及排水设施组成。应注意通风及防水问题。

背景知识

1. 上悬窗、中悬窗天窗采光板材料

目前天窗采光板均选用玻璃纤维增强聚酯采光板(玻璃钢采光板)，一般选用厚度为1.2～1.5 mm的阻燃型透光平板。该板材具有轻质高强、透光率高、耐腐蚀、耐老化、阻燃、不渗水等特点。玻璃纤维增强聚酯采光板表面覆盖有耐老化高分子合成树脂薄膜，正常使用寿命15～20年。玻璃纤维增强聚酯采光板对盐雾气体及碳氢化合物、乙醇、过氧化物、碳酸、稀释的卤化物和酸或碱的环境有较好防腐能力。

玻璃纤维增强聚酯采光板安装时应用密封胶带及塑料压条使采光板与窗框紧密贴合，然后用 ϕ4 mm抽芯铆钉(间距≤200 mm)紧固。

2. 天窗高度为1 800 mm、2 400 mm、3 000 mm的双排开启的钢天窗的开窗机布置

① 上悬钢天窗每排各设置一套开窗机，如图9.43所示。当开窗机安装构造与现场实际情况不符时 安装问题由生产厂家现场解决。

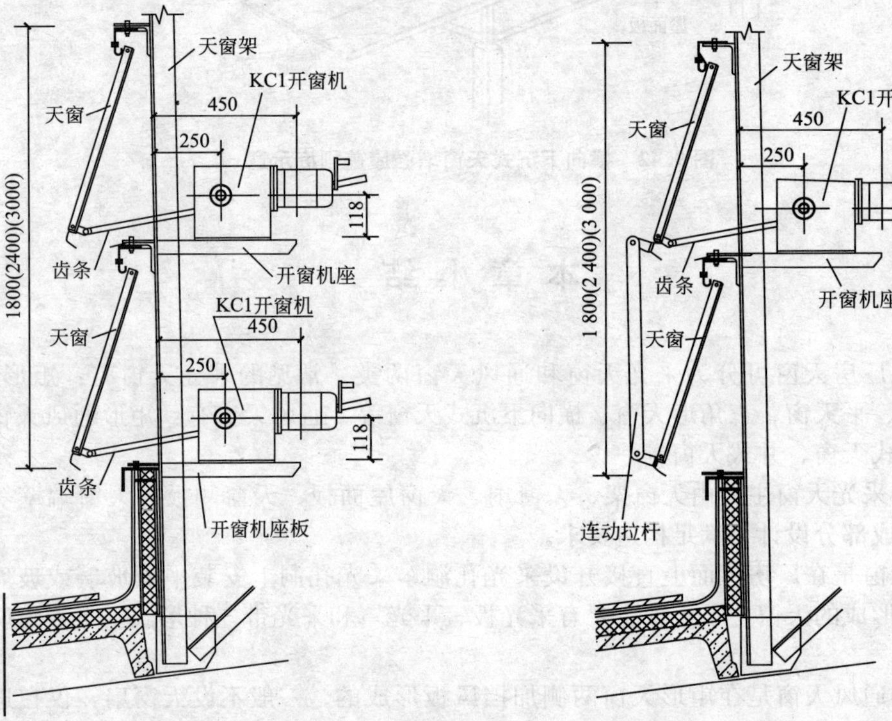

图9.43　上悬钢天窗电动开窗机安装方法

② 上悬钢天窗只在上排设置一套开窗机，下排窗通过连动拉杆与上排窗同时开启。中悬钢天窗只在下排设置一套开窗机，上排窗通过连动拉杆与下排窗同时开启，但开启极限长度要减少一半。

本 章 习 题

1. 单层厂房为什么要设置天窗？天窗有哪些类型？试分析它们的优缺点及适用性。

2. 常用的矩形天窗布置有什么要求？它由哪些构件组成？天窗架有哪些形式？它与屋架或屋面梁如何连接？一般天窗端壁有哪些类型及其构造？天窗屋顶排水有哪些方式？

构造上有什么要求？天窗侧板有哪些类型？它如何搁置？天窗侧板在构造上有什么要求？天窗扇有哪些类型和开启形式？经常使用哪些开关器？上悬(中悬)钢天窗扇应如何组合？试用画图表达上述构件的连接和构造。

3. 什么通风天窗？为什么通风天窗排气、通风能稳定？

4. 矩形通风天窗的挡风板有哪些形式？立柱式和悬挑式矩形通风天窗在构造上有什么不同？试通过画图来表达。

5. 什么是平天窗？它有什么优缺点？平天窗有几种类型？它在构造处理上应注意什么问题？

6. 什么是井式天窗？它有什么优缺点？它有哪些布置形式？井式天窗是由哪些构配件组成的？它们在构造上应如何处理？

第10章 钢结构厂房构造

【教学目标与要求】

- 了解钢结构厂房的结构形式和布置
- 了解钢结构厂房结构的框架形式、轻型门式刚架结构形式
- 了解钢结构厂房的构造处理

10.1 概　　述

随着我国建筑业的不断发展，钢结构厂房以其建设速度快、适应条件广泛等特点，建造的数量越来越多，其特有的构造形式也越来越受到普遍的关注。

钢结构厂房按其承重结构的类型可分为普通钢结构厂房和轻型钢结构厂房两种，在构造组成上与钢筋混凝土结构厂房大同小异。其差别主要表现为钢结构厂房因使用压型钢板外墙板和屋面板而在构造上增设了墙梁和屋面檩条等构件，从而在构造上产生了相应的变化。

10.1.1 厂房结构的组成

厂房结构一般是由屋盖结构、柱、吊车梁、制动梁(或桁架)、各种支撑以及墙架等构件组成的空间体系（如图 10.1 所示）。这些构件按其作用可分为下面几类：

(1) 横向框架由柱和它所支承的屋架组成，是厂房的主要承重体系，承受结构的自重、风荷载、雪荷载和吊车的竖向与横向荷载，并把这些荷载传递到基础。

(2) 屋盖结构是承担屋盖荷载的结构体系，包括横向框架的横梁、托架、中间屋架、天窗架、檩条等。

(3) 支撑体系包括屋盖部分的支撑和柱间支撑等，它一方面与柱、吊车梁等组成厂房的纵向框架，承担纵向水平荷载；另一方面又把主要承重体系由个别的平面结构连成空间的整体结构，从而保证了厂房结构所必需的刚度和稳定。

(4) 吊车梁和制动梁(或制动桁架)主要承受吊车竖向及水平荷载，并将这些荷载传到横向框架和纵向框架上。

(5) 墙架承受墙体的自重和风荷载。

此外，还有一些次要的构件如楼梯、走道、门窗等。在某些厂房中，由于工艺操作上的要求，还设有工作平台。

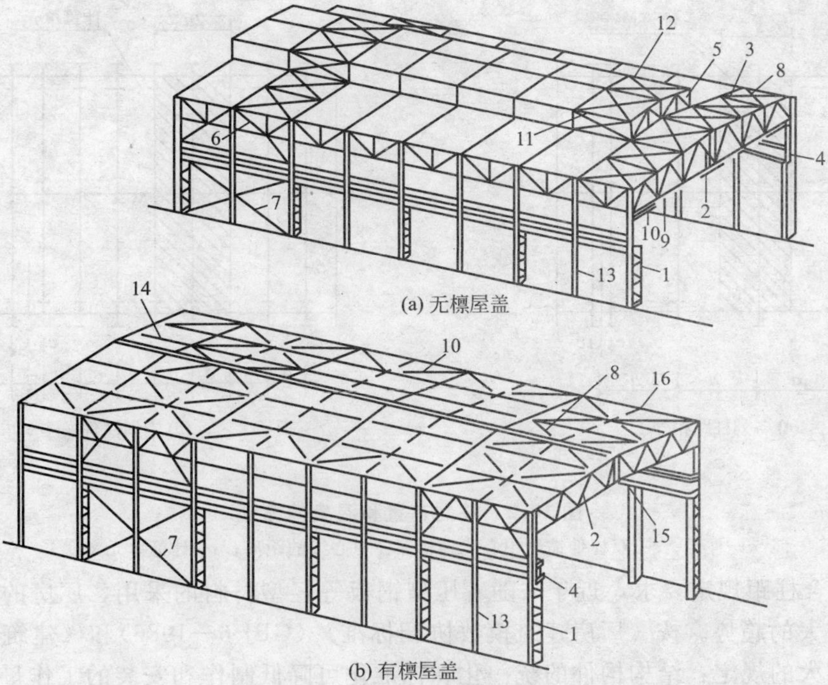

图 10.1　厂房结构的组成示例

1—框架柱；2—屋架(框架横梁)；3—中间屋架；4—吊车梁；5—天窗架；
6—托架；7—柱间支撑；8—屋架上弦横向支撑；9—屋架下弦横向支撑；
10—屋架纵向支撑；11　天窗架垂直支撑；12—大窗架横向支撑；
13—墙架柱；14—檩条；15—屋架垂直支撑；16—檩条间撑杆

10.1.2　柱网和温度伸缩缝的布置

1. 柱网布置

进行柱网布置时，应注意以下几方面的问题：

(1) 满足生产工艺要求的柱的位置应与地上、地下的生产设备和工艺流程相配合，还应考虑生产发展和工艺设备的更新问题。

(2) 满足结构的要求，为了保证车间的正常使用，有利于吊车运行，使厂房具有必要的横向刚度，应尽可能将柱布置在同一横向轴线上(如图 10.2 所示)，以便与屋架组成刚度较强的横向框架。

(3) 符合经济合理的要求，柱的纵向间距同时也是纵向构件(吊车梁、托架等)的跨度，它的大小对结构的重量影响很大。厂房的柱距增大，可使柱的数量减少，总重量随之减少，同时也可减少柱基础的工程量，但会使吊车梁及托架的重量增加。最适宜的柱距与柱上的荷载及柱高有密切的关系。在实际设计中要结合工程的具体情况进行综合方案比较才能确定。

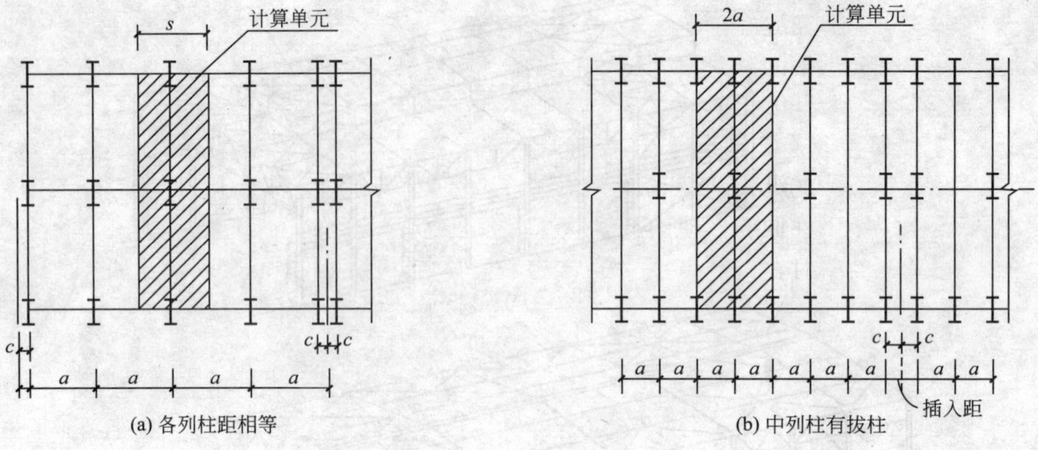

图 10.2　柱网布置和温度伸缩缝

a—柱距；c—双柱伸缩缝中心线到相邻柱中心线的距离；s—计标单元宽度

(4) 符合柱距规定要求，近年来随着压型钢板等轻型材料的采用，厂房的跨度和柱距都有逐渐增大的趋势。按《厂房建筑模数协调标准》(GBJ 6—1986)和《建筑模数协调统一标准》加大的规定：结构构件的统一化和标准化可降低制作和安装的工作量。对于厂房的横向，当厂房跨度$L\leqslant 18$ m时，其跨度宜采用3 m的倍数；当厂房跨度$L>18$ m时，其跨度宜采用6 m的倍数。只有在生产工艺有特殊要求时，跨度才采用21 m、27 m、33 m等。对于厂房的纵向，以前基本柱距一般采用6 m或12 m；现在采用压型钢板作屋面和墙面材料的厂房日益广泛，常以18 m甚至24 m作为基本柱距。多跨厂房的中列柱，常因工艺要求需要“拔柱”，其柱距为基本柱距的倍数，最大可达48 m。

2. 温度伸缩缝

温度变化将引起厂房结构变形，使厂房结构产生温度应力。故当厂房平面尺寸较大时，为避免产生过大的温度变形和温度应力，应在厂房的横向或纵向设置温度伸缩缝。

温度伸缩缝的布置决定于厂房的纵向和横向长度。纵向很长的厂房在温度变化时，纵向构件伸缩的幅度较大，引起整个结构的变形，使构件内产生较大的温度应力，并可能导致墙体和屋面的破坏。为了避免这种情况的产生，常采用横向温度伸缩缝将厂房分成伸缩时互不影响的温度区段。当温度区段长度不超过表10-1所列的数值时，可不计算温度应力。

表 10-1　温度区段长度值　　(单位：m)

结构情况	温度区段长度值		
	纵向温度区段(垂直于屋架或构架跨度方向)	横向温度区段(沿屋架或构架跨度方向)	
		柱顶为刚接	柱顶为铰接
采暖房屋和非采暖地区的房屋	220	120	150
热车间和采暖地区的非采暖房屋	180	100	125
露天结构	120	—	—

温度伸缩缝最普遍的做法是设置双柱。即在缝的两旁布置两个无任何纵向构件连系的横向框架，使温度伸缩缝的中线和定位轴线重合(如图 10.2(a)所示)。在设备布置条件不允许时，可采用插入距的方式(如图 10.2(b)所示)，将缝两旁的柱放在同一基础上，其轴线间距一般可采用 1.0 m。对于重型厂房，由于柱的截面积较大，轴线间距可能要放大到 1.5 m或 2.0 m，有时甚至到 3 m，方能满足温度伸缩缝的构造要求。为节约钢材也可采用单柱温度伸缩缝，即在纵向构件(如托架、吊车梁)支座处设置滑动支座，以使这些构件有伸缩的余地。不过单柱伸缩缝使构造复杂，实际应用较少。

当厂房宽度较大时，也应该按规范规定布置纵向温度伸缩缝。

10.2 厂房结构的框架形式

厂房的主要承重结构通常采用框架体系，因为框架体系的横向刚度较大，且能形成矩形的内部空间，便于桥式吊车运行，能满足使用上的要求。

厂房横向框架的柱脚一般与基础刚接，而柱顶可分为铰接和刚接两类。柱顶铰接的框架对基础不均匀沉陷及温度影响敏感性小，框架节点构造容易处理，且因屋架端部不产生弯矩，下弦杆始终受拉，可免去一些下弦支撑的设置。但柱顶铰接时，下柱的弯矩较大，厂房横向刚度差，因此一般用于多跨厂房或厂房高度不大而刚度容易满足的情况。当采用钢屋架、钢筋混凝土柱的混合结构时，也常采用铰接框架形式。

反之，在厂房较高、吊车的起重量大、对厂房刚度要求较高时，钢结构的单跨厂房框架常采用柱顶刚接方案。在选择框架类型时必须根据具体条件进行分析与比较。

10.2.1 框架柱的类型

框架柱按结构形式可分为等截面柱、阶形柱和分离式柱 3 大类。

等截面柱有实腹式和格构式两种(如图 10.3(a)、(b)所示)，通常采用实腹式。等截面柱将吊车梁支于牛腿上，构造简单，但吊车竖向荷载偏心大，只适用于吊车起重量 $Q<150$ kN，或无吊车且厂房高度较小的轻型厂房中。

阶形柱也可分为实腹式和格构式两种(如图 10.3 (c)、(d)所示)。从经济角度考虑，阶形柱由于吊车梁或吊车桁架支承在柱截面变化的肩梁处，荷载偏心小、构造合理，其用钢量比等截面柱节省，因而在厂房中广泛应用。阶形柱还根据厂房内设单层吊车或双层吊车做成单阶柱或双阶柱。阶形柱的上段由于截面高度 h 不高(无人孔时 h=400～600 mm；有人孔时 h=900～1 000 mm)，并考虑柱与屋架、托架的连接等，一般采用工字形截面的实腹柱。下段柱，对于边列柱来说，由于吊车支撑承受的荷载较大，通常设计成不对称截面，中列柱两侧荷载相差不大时，可以采用对称截面。下段柱截面高度小于等于 1 m 时，采用实腹式；截面高度大于等于 1 m 时，采用缀条柱(如图 10.3(d)、(e)所示)。

分离式柱(如图 10.3(f)所示)由支承屋盖结构的屋盖支撑和支承吊车梁或吊车桁架的吊车支撑所组成，两支撑之间用水平板相连接。吊车支撑在框架平面内的稳定性就依靠连在屋盖支撑上的水平连系板来解决。屋盖支撑承受屋面荷载、风荷载及吊车水平荷载，按压弯构件设计。吊车支撑仅承受吊车的竖向荷载，当吊车梁采用突缘支座时，按轴心受压构件设计；当采用平板支座时，仍按压弯构件设计。分离式柱构造简单、制作和安装比较方便，但用钢量比阶形柱多，且刚度较差，只宜用于吊车轨顶标高低于 10 m，且吊车起重量 $Q \geqslant 750$ kN的情况，或者相邻两跨吊车的轨顶标高相差很悬殊，而低跨吊车的起重量 $Q \geqslant 500$ kN的情况。

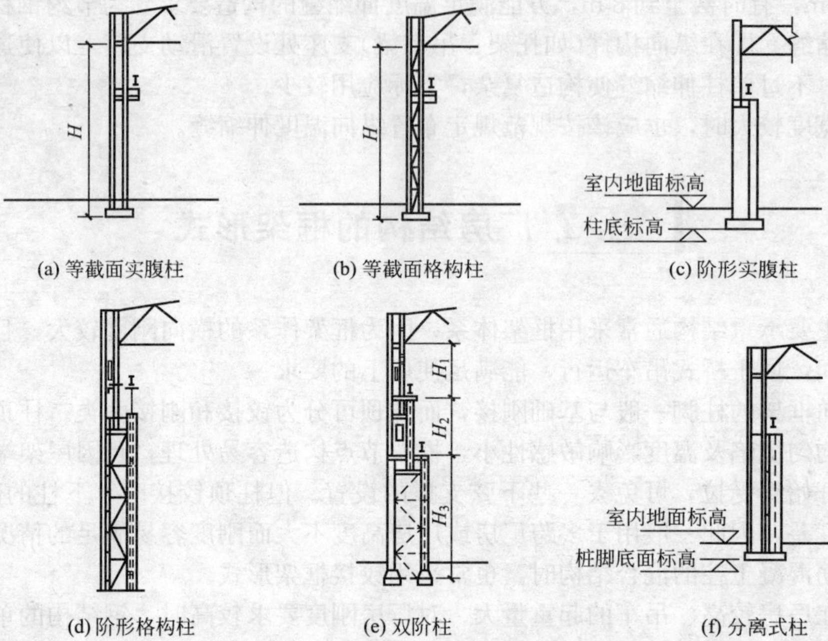

图 10.3　框架柱的形式

10.2.2　纵向框架的柱间支撑

1. 柱间支撑的作用和布置

柱间支撑与厂房框架柱相连接，其作用为；

(1) 组成坚固的纵向构架，保证厂房的纵向刚度。

(2) 承受厂房端部山墙的风荷载、吊车纵向水平荷载及温度应力等，在地震区还应承受厂房纵向的地震力，并传至基础。

(3) 可作为框架柱在框架平面外的支点，减少柱在框架平面外的计算长度。

柱间支撑由两部分组成：在吊车梁以上的部分称为上层支撑，吊车梁以下部分称为下层支撑，下层柱间支撑与柱和吊车梁一起在纵向组成刚性很强的悬臂桁架。显然，将下层支撑布置在温度区段的端部对温度变化的影响方面将是很不利的。因此，为了使纵向构件在温度发生变化时能较自由地伸缩，下层支撑应该设在温度区段中部。只有当吊车位置高而车间总长度又很短(如混铁炉车间)时，下层支撑设在两端才不会产生很大的温度应力，而对厂房纵向刚度却能提高很多，这时放在两端才是合理的。

当温度区段小于 90 m时，在它的中央设置一道下层支撑(如图 10.4(a)所示)；如果温度区段长度超过 90 m，则在它的 1、3 点和 2、3 点处各设一道下层支撑(如图 10.4(b)所示），以免传力路程太长。

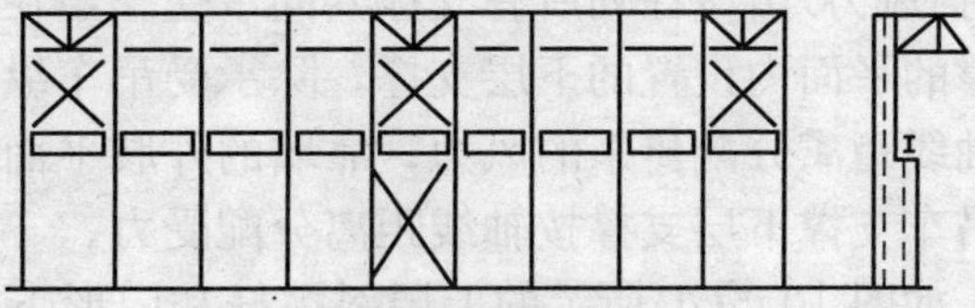
(a) 温度区段小于90 m

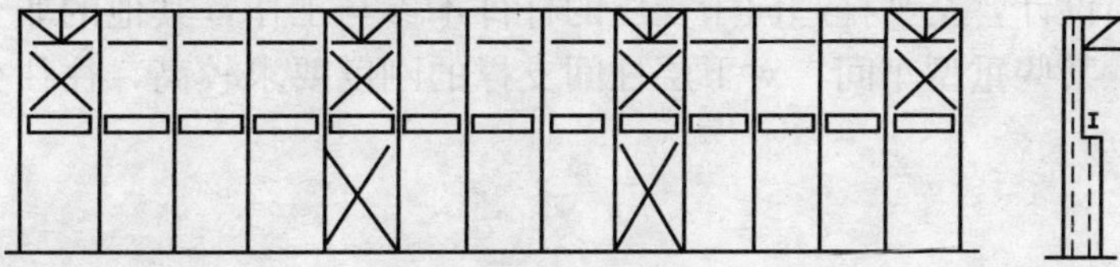
(b) 温度区段大于90 m

图 10.4 柱间支撑的布置

上层柱间支撑又分为两层，第一层在屋架端部高度范围内属于屋盖垂直支撑。显然，当屋架为三角形或虽为梯形但有托架时，并不存在此层支撑。第二层在屋架下弦至吊车梁上翼缘范围内。为了传递风力，上层支撑需要布置在温度区段端部，由于厂房柱在吊车梁以上部分的刚度小，不会产生过大的温度应力，从安装条件来看这样布置也是合适的。此外，在有下层支撑处也应设置上层支撑。上层柱间支撑宜在柱的两侧设置，只有在无人孔而柱截面高度不大的情况下才可沿柱中心设置一道。下层柱间支撑应在柱的两个支撑的平面内成对设置，如图 10.4(b)所示侧视图的虚线所示；与外墙墙架有联系的边列柱可仅设在内侧，但重级工作制吊车的厂房外侧也同样设置支撑。此外，吊车梁和辅助桁架作为撑杆是柱间支撑的组成部分，承担并传递厂房纵向水平力。

2. 柱间支撑的形式

柱间支撑按结构形式分为十字交叉式、八字式、门架式等(如图 10.5 所示)。十字交叉支撑的构造简单、传力直接、用料节省，使用最为普遍，其斜杆倾角宜为 45°左右。上层支撑在柱间距大时可改用斜撑杆；下层支撑高而不宽者可以用两个十字形，高而刚度要求严格者可以占用两个开间(如图 10.5(c)所示)。当柱间距较大或Ｉ字撑妨碍生产空间时，可采用门架式支撑(如图 10.5(d)所示)。如图 10.5(e)所示的支撑形式，上层为Ｖ形，下层为人字形，它与吊车梁系统的连接应做成能传递纵向水平力而竖向可自由滑动的构造。

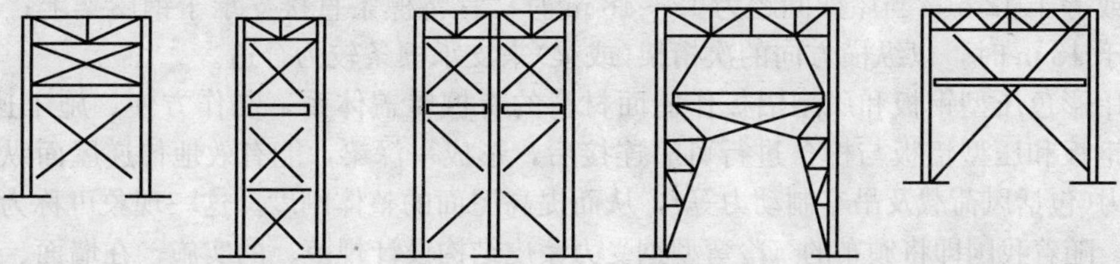
(a)　(b)　(c)　(d)　(e)

图 10.5 柱间支撑的形式

上层柱间支撑承受端墙传来的风力；下层柱间支撑除承受端墙传来的风力以外，还承受吊车的纵向水平荷载。在同一温度区段的同一柱列设有两道或两道以上的柱间支撑时，则全部纵向水平荷载(包括风力)由该柱列所有支撑共同承受。当在柱的两个支撑的平面内成对设置时，在吊车支撑的平面内设置的下层支撑，除承受吊车纵向水平荷载外，还承受与屋盖支撑下层支撑按轴线距离分配传来的风力；靠墙的外肢平面内设置的下层支撑，只承受端墙传来的风力与吊车支撑下层支撑按轴线距离分配受力。

柱间支撑的交叉杆、如图 10.5(d)所示的上层斜撑杆和门形下层支撑的主要杆件一般按柔性杆件(拉杆)设计，交叉杆趋向于受压的杆件不参与工作，其他的非交叉杆以及水平横杆按压杆设计。某些重型车间，对下层柱间支撑的刚度要求较高，往往交叉杆的拉杆均按压杆设计。

10.3 钢结构厂房屋盖构造

10.3.1 屋盖的结构形式

1. 屋盖结构体系

1) 无檩屋盖

无檩屋盖(如图 10.1(a)所示)一般用于预应力混凝土大型屋面板等重型屋面，将屋面板直接放在屋架或天锚架上。

预应力混凝土大型屋面板的跨度通常采用 6 m，有条件时也可采用 12 m。当柱距大于所采用的屋面板跨度时，可采用托架(或托梁)来支承中间屋架。

采用无檩屋盖的厂房，屋面刚度大、耐久性也高，但由于屋面板的自重大，从而使屋架和柱的荷载增加；且由于大型屋面板与屋架上弦杆的焊接常常得不到保证，只能有限地考虑它的空间作用，屋盖支撑不能取消。

2) 有檩屋盖

有檩屋盖(如图 10.1(b)所示)常用于轻型屋面的材料，例如，压型钢板、压型铝合金板、石棉瓦、瓦楞铁皮等。对石棉瓦和瓦楞铁皮屋面，屋架间距通常为 6 m；当柱距大于或等于 12 m 时，则用托架支承中间屋架。对于压型钢板和压型铝合金板屋面，屋架间距常大于或等于 12 m；当屋架间距为 12～18 m 时，宜将檩条直接支承于钢屋架上；当屋架间距大于 18 m 时，以纵横方向的次桁架(或梁)来支承檩条较为合适。

采用彩色压型钢板和压型铝板作屋面材料的有檩屋盖体系，制作方便、施工速度快。当压型钢板和压型铝板与檩条进行可靠连接后，形成一深梁，能有效地传递屋面纵横方向的水平力(包括风荷载及吊车制动力等)，从而提高屋面的整体刚度。这一现象可称为应力蒙皮效应。随着我国即将颁布的《冷弯型钢受力蒙皮结构设计规范》的实施，在墙面、屋面均采用压型钢板作围护材料的房屋设计中已逐步开始考虑应力蒙皮效应对屋面刚度的贡献。

2. 屋架的形式

屋架外形常用的有三角形、梯形、平行弦和人字形等。

屋架选形是设计的第一步，桁架的外形首先取决于建筑物的用途，其次应考虑用料经济、施工方便、与其他构件的连接以及结构的刚度等问题。对屋架来说，其外形还取决于屋面材料要求的排水坡度。在制造简单的条件下，桁架外形应尽可能与其弯矩图接近，这样才能使弦杆受力均匀，腹杆受力较小。腹杆的布置应使内力分布趋于合理，尽量使长杆受拉、短杆受压，腹杆的数目较少，总长度较短，斜腹杆的倾角一般在30°～60°之间，腹杆布置时应注意使荷载都作用在桁架的节点上(石棉瓦等轻屋面的屋架除外)，避免由于节间荷载而使弦杆承受局部弯矩。节点构造要求简单合理、便于制造。上述要求往往不易同时满足，因此需要根据具体情况，全面考虑、精心设计，从而得到较满意的结果。

三角形桁架适用于陡坡屋面($i>1/3$)的有檩屋盖体系，这种屋架通常与柱子只能铰接，房屋的整体横向刚度较低。对简支屋架来说，荷载作用下的弯矩图是抛物线分布，致使这种屋架弦杆受力不均，支座处内力较大，跨中内力较小，弦杆的截面不能充分发挥作用。支座处上、下弦杆交角过小，内力较大。

三角形屋架的腹杆布置常用的有芬克式(如图10.6(a)、(b)所示)和人字式(如图10.6(d)所示)。芬克式的腹杆虽然较多，但它的压杆短、拉杆长，受力相对合理，且可分成两个小桁架制作与运输，较为方便。人字式腹杆的节点较少，但受压腹杆较长，适用于厂层跨度较小($L\leqslant18$ m)的情况。但是，人字式屋架的抗震性能优于芬克式屋架，所以在强地震烈度地区，跨度大于18 m时仍常用人字式腹杆的屋架。单斜式腹杆的屋架(如图10.6(c)所示)，其腹杆和节点数目均较多，只适用于下弦需要设置天棚的屋架，一般情况较少采用。由于某些屋面材料要求檩条的间距很小，不可能将所有檩条都放置在节点上，从而使上弦产生局部弯矩，因此，三角形屋架在布置腹杆时，要同时处理好檩距和上弦节点之间的关系。

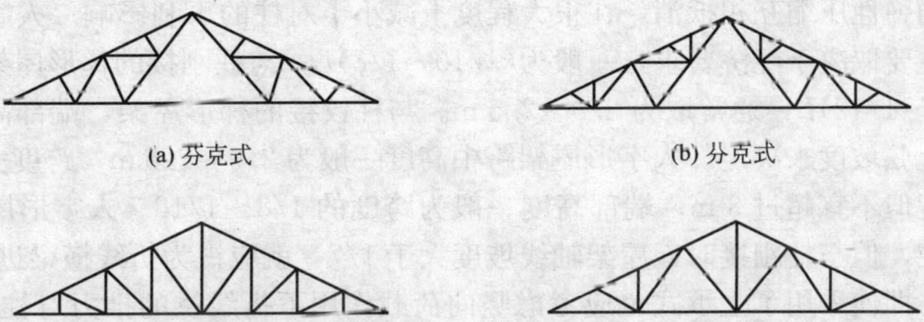

(a) 芬克式　(b) 分克式　(c) 单斜式腹杆　(d) 人字式

图10.6　三角形屋架

尽管从内力分配观点看，三角形屋架的外形存在着明显的不合理性，但是从建筑物的整个布局和用途出发，在屋面材料为石棉瓦、瓦楞铁皮以及短尺压型钢板等需要上弦坡度较陡的情况下，往往还是要用三角形屋架的。当屋面坡度为(1/3～1/2)时，三角形屋架的高度$H=(1/6\sim1/4)L$。

梯形屋架适用于屋面坡度较为平缓的无檩屋盖体系，它与简支受弯构件的弯矩图形比较接近，弦杆受力较为均匀。梯形屋架与柱的连接可以做成铰接的也可以做成刚接的。刚性连接可提高建筑物的横向刚度。

梯形屋架的腹杆体系可采用单斜式、人字式和再分式(如图10.7所示)。人字式腹杆体系按支座斜杆与弦杆组成的支承点在下弦或上弦的不同分为下承式和上承式两种。一般情况下，与柱刚接的屋架宜采用下承式；与柱铰接的则下承式或上承式均可。由于下承式使排架柱计算高度减小且便于在下弦设置屋盖纵向水平支撑，故以往多采用之，但上承式使屋架重心降低，支座斜腹杆受拉，并给安装带来很大的方便，近年来逐渐推广使用。当桁架下弦要做天棚时，须设置吊杆(如图 10.7(b)虚线所示)或者采用单斜式腹杆(如图 10.7(a)所示)。当上弦节间长度为 3 m，而大型屋面板宽度为 1.5 m 时，常采用再分式腹杆(如图 10.7(d)所示)将节间长度减小至 1.5 m，有时也采用 3 m 节间长度而使上弦承受局部弯矩，虽然构造较简单但耗钢量增多，一般很少采用。

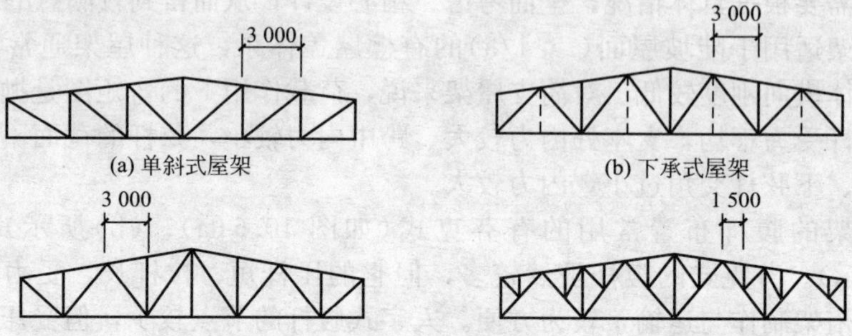

(a) 单斜式屋架 (b) 下承式屋架

(c) 上承式屋架 (d) 再分式屋架

图 10.7 梯形屋架

人字形屋架的上、下弦可以是平行的，坡度为 1/20～1/10(如图 10.8 所示)，节点构造较为统一。也可以上、下弦具有不同坡度或者下弦有一部分水平段(如图 10.8(c)、(d)所示)，以改善屋架受力情况。人字形屋架有较好的空间观感，制作时可不再起拱，多用于较大跨度。人字形屋架一般宜采用上承式，这种形式不但安装方便而且可使折线拱的推力与上弦杆的弹性压缩互相抵消，在很大程度上减小了对柱的不利影响。人字形梯形屋架的中部高度主要取决于经济要求，一般为(1/10～1/8)L，与柱刚接的梯形屋架，端部高度一般为(1/16～1/12)L，通常取为 2.0～2.5 m。与柱铰接的梯形屋架，端部高度可按跨中经济高度和上弦坡度来决定。人字形屋架跨中高度一般为 2.0～2.5 m，跨度大于 36 m 时，可取较大高度但不宜超过 3 m；端部高度一般为跨度的 1/8～1/12。人字形屋架可适应不同的屋面坡度，但与柱刚接时，屋架轴线坡度大于 1/7，就应视为折线横梁进行框架分析；与柱铰接时，即使采用了上承式也应考虑竖向荷载作用下折线拱的推力对柱的不利影响，设计时，要求在屋面板及檩条等安装完毕后再将屋架支座焊接固定。

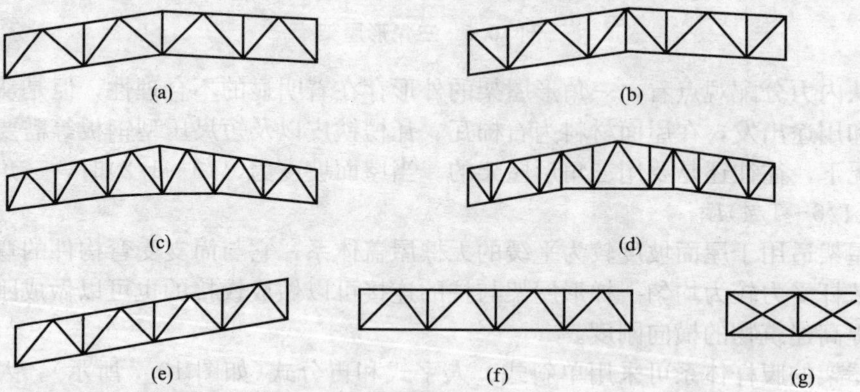

(a) (b) (c) (d) (e) (f) (g)

图 10.8 人字形屋架和平行弦桁架

平行弦桁架在构造方面有突出的优点，弦杆及腹杆分别等长、节点形式相同、能保证桁架的杆件重复率最大，且可使节点构造形式统一、便于制作工业化。

平行弦桁架还可用于单坡屋架、吊车制动桁架、栈桥和支撑构件等。腹杆布置通常采用人字式(如图 10.8(e)、(f)所示)，用作支撑桁架时腹杆常采用交叉式(如图 10.8(g)所示)。

3. 托架、天窗架形式

支承中间屋架的桁架称为托架，托架一般采用平行弦桁架，其腹杆采用带竖杆的人字形体系(如图 10.9 所示)。直接支承于钢筋混凝土柱上的托架常用下承式(如图 10.9(b)所示)；支于钢柱上的托架常用上承式(如图 10.9(a)所示)。托架高度应根据所支承的屋架端部高度、刚度要求、经济要求以及有利于节点构造的原则来决定。一般取跨度的 1/5～1/10，托架的节间长度一般为 2 m 或 3 m。

当托架跨度大于 18 m 时，可做成双壁式(如图 10.9(c)所示)，此时，上下弦杆采用平放的 H 形钢，以满足平面外刚度的要求。托架与柱的连接通常做成铰接。为了使托架在使用中不致过分扭转，且使屋盖具有较好的整体刚度，屋架与托架的连接应尽量采用铰支的平接。

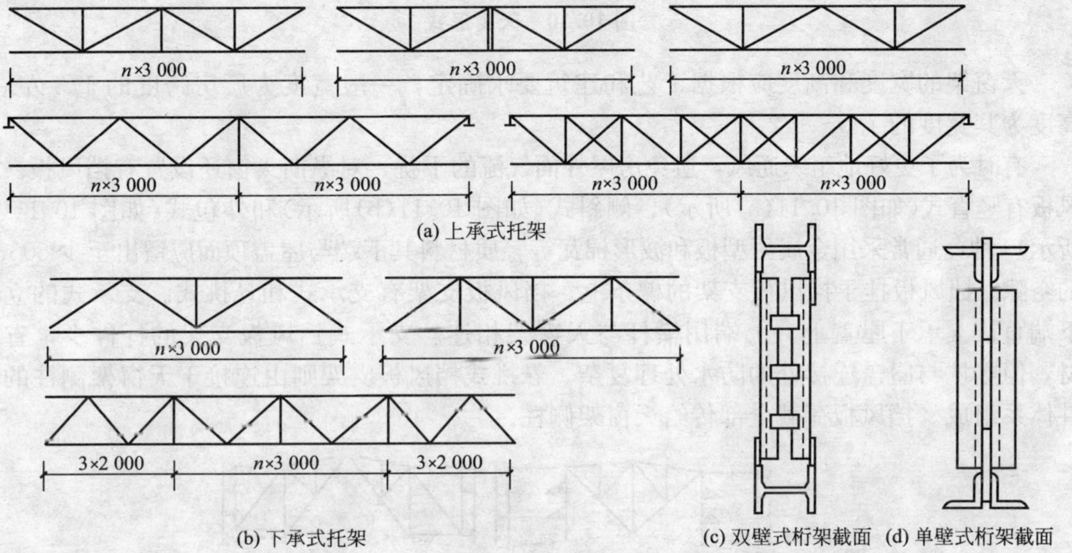

图 10.9 托架形式

为了满足采光和通风的要求，厂房中常设置天窗。天窗的形式可分为纵向天窗、横向天窗和井式天窗等。一般采用纵向天窗(如图 10.10(a)所示)。

纵向天窗的天窗架形式一般有多竖杆式、三铰拱式和三支点式(如图 10.10 所示)。

多竖杆式天窗架(如图 10.10(a)所示)构造简单，传给屋架的荷载较为分散，安装时通常与屋架在现场拼装后再整体吊装，可用于天窗高度和宽度不太大的情况。

三铰拱式天窗架(如图 10.10(b)所示)由两个三角形桁架组成，它与屋架的连接点最少，制造简单，通常用作支于混凝土屋架的天窗架。由于顶铰的存在，安装时稳定性较差，当与屋架分别吊装时宜进行加固处理。

三支点式天窗架(如图 10.10(c)所示)由支于屋脊节点和两侧柱的桁架组成。它与屋架连接的节点较少，常与屋架分别吊装，施工较方便。

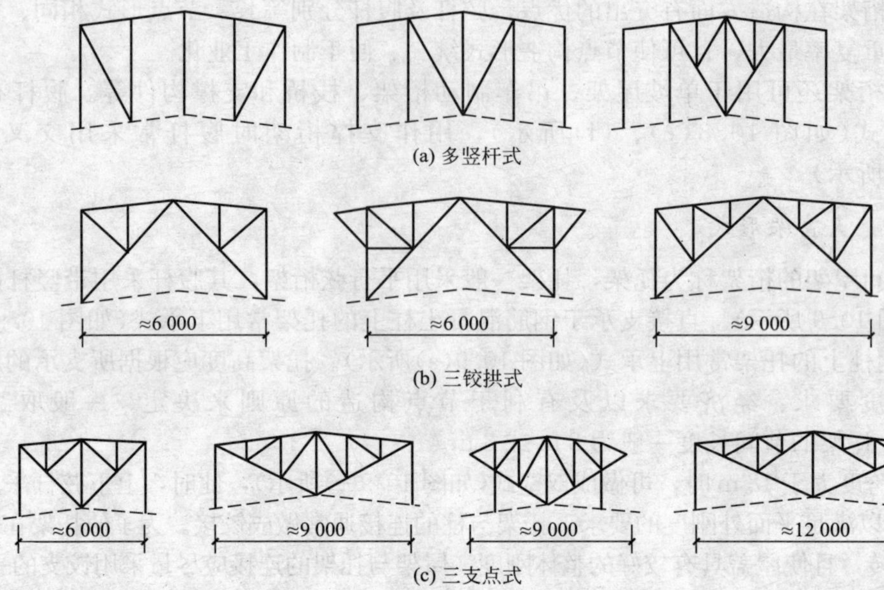

图 10.10　天窗形式

天窗架的宽度和高度应根据工艺和建筑要求确定，一般宽度为厂房跨度的 1/3 左右，高度为其宽度的 1/5～1/2。

有时为了更好地组织通风，避免房屋外面气流的干扰，对纵向天窗还设置有挡风板。挡风板有竖直式(如图 10.11(a)所示)、侧斜式(如图 10.11(b)所示)和外包式(如图 10.11(c)所示)3 种，通常采用金属压型板和波形棉瓦等轻质材料其下端与屋盖顶面应留出至少 50 mm 的空隙。挡风板挂于挡风板支架的檩条上。挡风板支架有支承式和悬挑式。支承式的立柱下端直接支承于屋盖上，上端用横杆与天窗架相连。支承式挡风板支架的杆件少，省钢材，但立柱与屋盖连接处的防水处理复杂。悬挑式挡风板支架则由连接于天窗架侧柱的杆件体系组成。挡风板荷载全部传给天窗架侧柱。

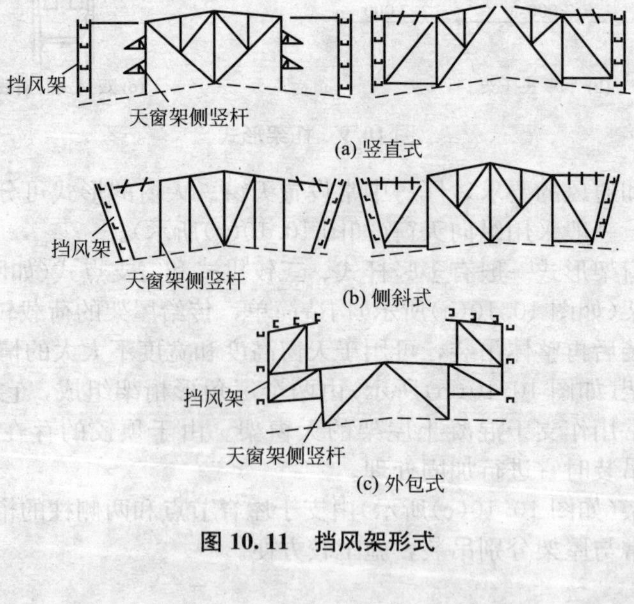

图 10.11　挡风架形式

10.3.2 屋盖支撑

屋架在其自身平面内为几何形状不可变体系，并具有较大的刚度，能承受屋架平面内的各种荷载。但是，平面屋架本身在垂直于屋架平面的侧向(称为屋架平面外)刚度和稳定性则很差，不能承受水平荷载。因此，为使屋架结构有足够的空间刚度和稳定性，必须在屋架间设置支撑系统(如图 10.12 所示)。

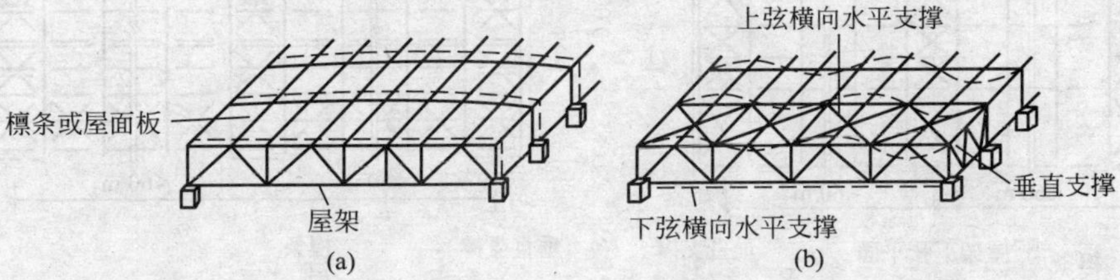

图 10.12 屋盖支撑作用示意图

1. 支撑的作用

(1) 保证结构的空间整体作用。

如图 10.12(a)所示为仅由平面桁架和檩条及屋面材料组成的屋盖结构，是一个不稳定的体系，简支在柱顶上的所有屋架有可能向一侧倾倒。如果将某些屋架在适当部位用支撑连系起来，成为稳定的空间体系(如图 10.12(b)所示)，其余屋架再由檩条或其他构件连接在这个空间稳定体系上，就保证了整个屋盖结构的稳定，使之成为空间整体。

(2) 避免压杆侧向失稳，防止拉杆产生过大的振动。支撑可作为屋架弦杆的侧向支撑点(如图 10.12(b)所示)，减小弦杆在屋架平面外的计算长度，保证受压弦杆的侧向稳定，并使受拉下弦不会在某些动力作用下(如吊车运行时)产生过大的振动。

(3) 承担和传递水平荷载(如风荷载、悬挂吊车水平荷载和地震荷载)。

(4) 保证结构安装时的稳定与方便。屋盖的安装工作一般是从房屋温度区段的一端开始的，首先用支撑将两相邻屋架连系起来组成一个基本空间稳定体，在此基础上即可顺序进行其他构件的安装。

2. 支撑的布置

屋盖支撑系统可分为：横向水平支撑、纵向水平支撑、垂直支撑和系杆。

1)上弦横向水平支撑

通常情况下，在屋架上弦和无窗架上弦均应设置横向水平支撑。横向水平支撑一般应设置在房屋两端或纵向温度区段两端(如图 10.13、图 10.14 所示)。有时在山墙承重，或设有纵向天窗，但此天窗又未到温度区段尽端而退一个柱间断开时，为了与天窗支撑配合，可将屋架的横向水平支撑布置在第二个柱间，但在第一个柱间要设置刚性系杆以支持端屋架和传递端墙风力(如图 10.14 所示)。两道横向水平支撑间的距离不宜大于 60 m，当温度区段长度较大时，还应在中部增设支撑，以符合此要求。

当采用大型屋面板的无檩屋盖时，如果大型屋面板与屋架的连接满足每块板有三点支

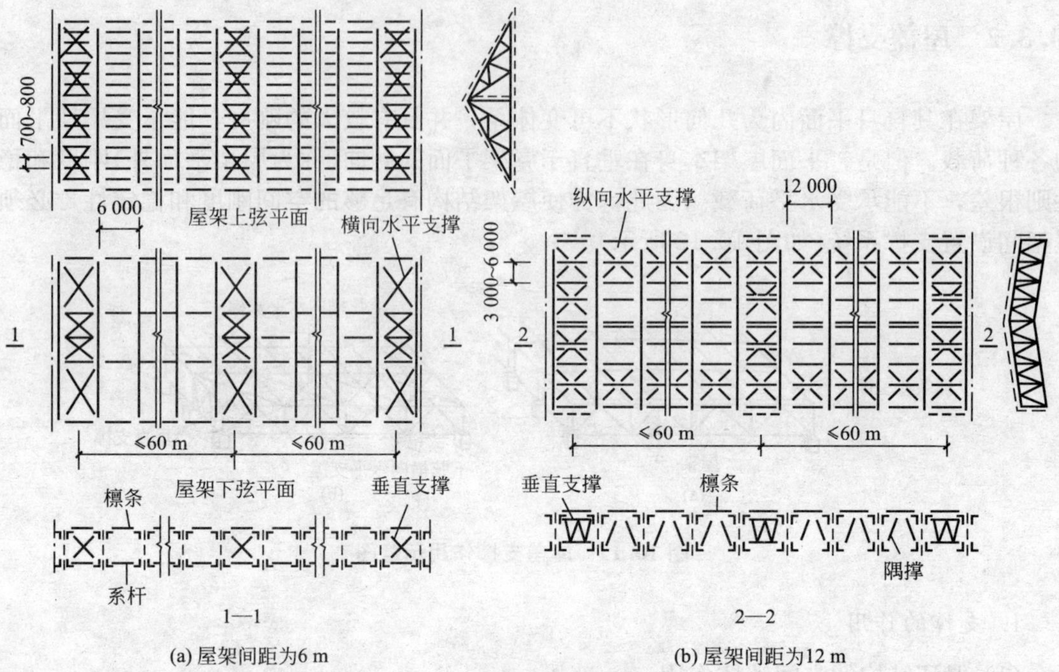

图 10.13　有檩屋盖的支撑布置

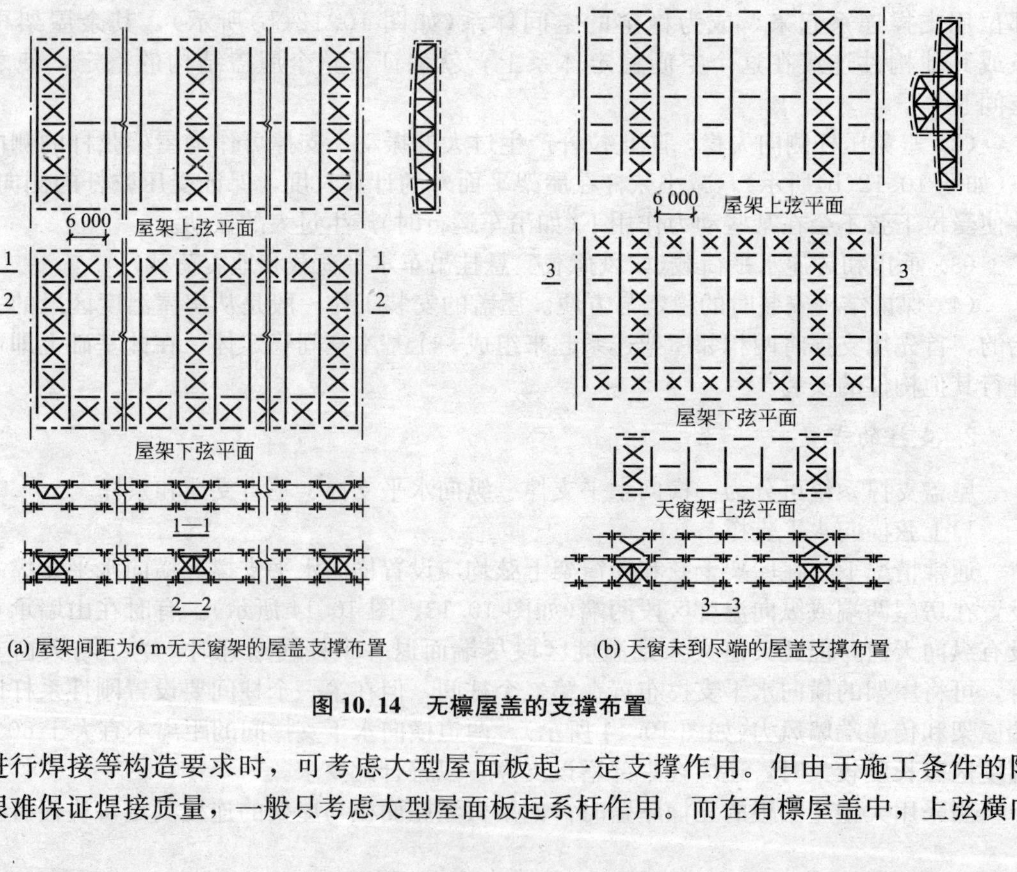

图 10.14　无檩屋盖的支撑布置

承处进行焊接等构造要求时，可考虑大型屋面板起一定支撑作用。但由于施工条件的限制，很难保证焊接质量，一般只考虑大型屋面板起系杆作用。而在有檩屋盖中，上弦横向水平支撑的横杆可用檩条代替。

当屋架间距大于 12 m 时，上弦水平支撑还应予以加强，以保证屋盖的刚度。

2）下弦横向水平支撑

当屋架间距小于 12 m 时，尚应在屋架下弦设置横向水平支撑，但当屋架跨度比较小($L<18$ m)又无吊车或其他振动设备时，可不设下弦横向水平支撑。

下弦横向水平支撑一般和上弦横向水平支撑布置在同一柱间，以形成空间稳定体系的基本组成部分(如图 10.13(a)、图 10.14 所示)。

当屋架间距大于等于 12 m 时，由于在屋架下弦设置支撑不便，可不必设置下弦横向水平支撑，但上弦支撑应适当加强，并应用隅撑或系杆对屋架下弦侧向加以支承(如图 10.13(b)所示)。

屋架间距大于等于 18 m 时，如果仍采用上述方案则檩条跨度就过大，此时宜设置纵向次桁架，使主桁架(屋架)与次桁架组成纵横桁架体系，次桁架间再设置檩条或设置横梁及檩条，同时，次桁架还对屋架下弦平面外提供支承。

3）纵向水平支撑

当房屋较高、跨度较大、空间刚度要求较高时，设有支承中间屋架的托架，为保证其侧向稳定时，或设有重级或大吨位的中级工作制桥式吊车、壁行吊车或有锻锤等较大振动设备时，均应在屋架端节间平面内设置纵向水平支撑。纵向水平支撑和横向水平支撑形成封闭体系将大大提高房屋的纵向刚度。单跨厂房一般沿两纵向柱列设置，多跨厂房(包括等高的多跨厂房和多跨厂房的等两部分)则要根据具体情况，沿全部或部分纵向柱列布置。

屋架间距小于 12 m 时，纵向水平支撑通常布置在屋架下弦平面，但三角形屋架及端斜杆为下降式且主要支座设在上弦处的梯形屋架和人字形屋架，也可以布置在上弦平面内。

屋架间距大于等于 12 m 时，纵向水平支撑宜布置在屋架的上弦面内(如图 10.13(b)所示)。

4）垂直支撑

无论有檩屋盖或无檩屋盖，通常均应设置垂直支撑。屋架的垂直支撑应与上、下弦横向水平支撑设置在同一柱间(如图 10.13、图 10.14 所示)。

对于三角形屋架的垂直支撑，当屋架跨度小于等于 18 m 时，可仅在跨度中央设置一道；当跨度大于 18 m 时，宜设置两道(在跨度 1/3 左右两处各一道)。

对梯形屋架、人字形屋架或其他端部有一定高度的多边形屋架，必须在屋架端部设置垂直支撑，此外还应按下列条件设置中部的垂直支撑：当屋架跨度小于等于 30 m 时，可仅在屋架跨中布置一道垂直支撑；当跨度大于 30 m 时，应在跨度 1/3 左右两处的竖杆平面内各设一道垂直支撑，当有天窗时，宜设置在天窗侧腿的下面(如图 10.15 所示)。若屋架端部有托架时，就用托架等代替，不另设端部垂直支撑。

与天窗架上弦横向支撑类似，天窗架垂直支撑也应设置在天窗架端部以及中部有屋架横向支撑的柱间(如图 10.14(b)所示)，并应在天窗两侧柱平面内布置(如图 10.15(b)所示)。对多竖杆和三支点式天窗架，当其宽度大于 12 m 时，尚应在中央竖杆平面内增设一道支撑。

5）系杆

为了支持未连支撑的平面屋架和天窗架，保证它们的稳定和传递水平力，应在横向支

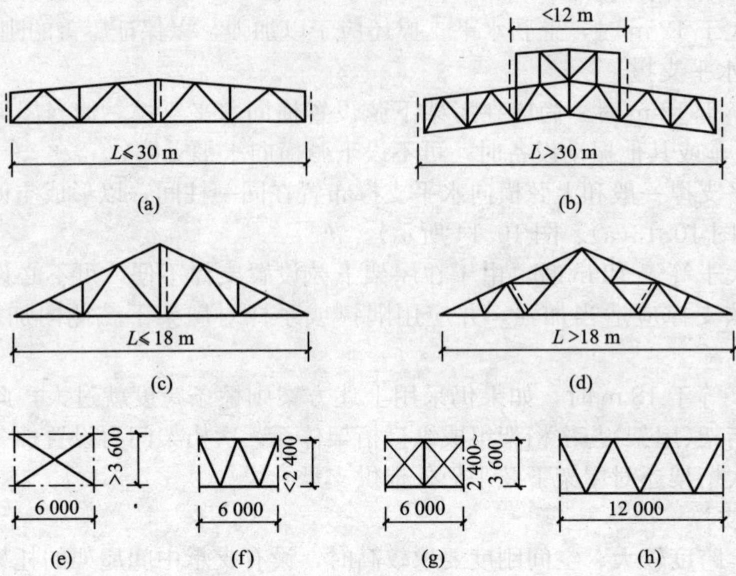

图 10.15　垂直支撑的布置和形式

撑或垂直支撑节点处沿房屋通长设置系杆(如图 10.13、图 10.14 所示)。

在屋架上弦平面内，对无檩体系屋盖应在屋脊处和屋架端部处设置系杆；对有檩体系只在有纵向天窗下的屋脊处设置系杆。

在屋架下弦平面内，当屋架间距为 6 m 时，在屋架端部处、下弦杆有弯折处、与柱刚接的屋架下弦端节间受压但未设纵向水平支撑的节点处、跨度大于等于 18 m 的芬克式屋架的主斜杆与下弦相交的节点处等部位皆应设置系杆。当屋架间距大于等于 12 m 时，支撑杆件截面积将人大增加而多耗钢材，比较合理的做法是将水平支撑全部布置在上弦平面内，并利用檩条作为支撑体系的压杆和系杆，而作为下弦侧向支承的系杆可用支于檩条的隅撑代替。

系杆分刚性系杆(既能受拉也能受压)和柔性系杆(只能受拉)两种。屋架主要支承节点处的系杆，屋架上弦脊节点处的系杆均宜用刚性系杆。当横向水平支撑设置在房屋温度区段端部第二个柱间时，第一个柱间的所有系杆(如图 10.14(b)所示)均为刚性系杆，其他情况的系杆可用柔性系杆。

3. 支撑的构造

屋架的横向和纵向水平支撑都是平行弦桁架，屋架或托架的弦杆均可兼作支撑桁架的弦杆。斜腹杆一般采用十字交叉式(如图 10.13、图 10.14 所示)，斜腹杆和弦杆的交角值在 30°～60°之间。通常横向水平支撑节点间的距离为屋架上弦节间距离的 2～4 倍，纵向水平支撑的宽度取屋架端节间的长度，一般为 6 m 左右。

屋架垂直支撑也是一个平行弦桁架(如图 10.15(f)、(g)、(h)所示)，其上、下弦可兼作水平支撑的横杆。有的垂直支撑还可兼作檩条，屋架间垂直支撑的腹杆体系应根据其高度与长度之比采用不同的形式，如交叉式、V 式或 W 式(如图 10.15 所示)。天窗架垂直支撑的形式也可按如图 10.15 所示选用。

支撑中的交叉斜杆以及柔性系杆按拉杆设计，通常用单角钢做成；非交叉斜杆、弦杆、横杆以及刚性系杆按压杆设计，宜采用双角钢做成的T形截面或十字形截面，其中横杆和刚性系杆常用十字形截面使两个方向具有等稳定性。屋盖支撑杆件的节点板厚度通常采用6 mm，对重型厂房屋盖宜采用8 mm。

10.4 轻型门式刚架结构

(轻钢)门式刚架是对轻型房屋钢结构门式刚架的简称。近年来，(轻钢)门式刚架在我国快速发展，给钢结构注入了新的活力。不仅在轻工业厂房中得到了非常广泛的应用，而且在一些城市公共建筑，如超市、展览厅、停车场等也得到普遍应用。

门式刚架的广泛应用，除其自身具有的优点外，还与近年来普遍采用轻型(钢)屋面和墙面系统——冷弯薄壁型钢的檩条和墙梁、彩涂压型钢板和轻质保温材料的屋面板和墙板密不可分。它们完美地结合构成了如图10.16所示的轻(型)钢结构系统(美国称金属建筑系统)。

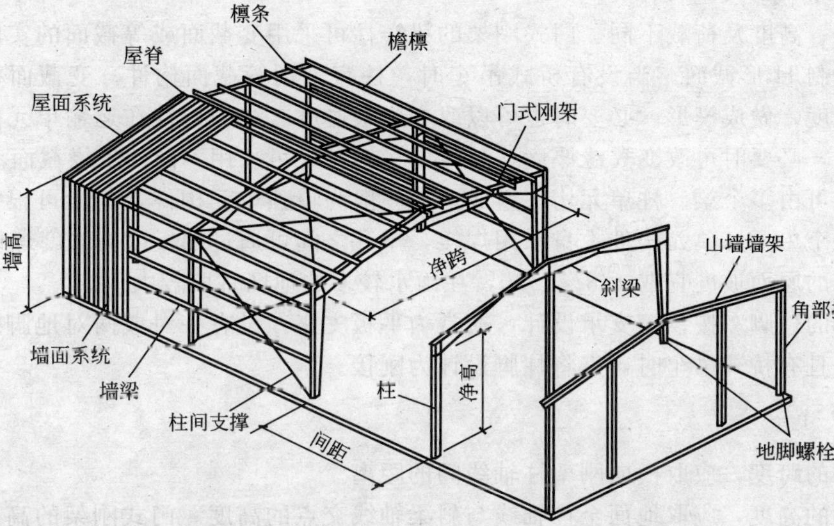

图10.16 轻钢结构系统—门式刚架轻型房屋钢结构

轻钢结构系统代替传统的混凝土和热轧型钢制作的屋面板、檩条等，不仅可减小梁、柱和基础截面尺寸，使整体结构质量减轻，而且式样美观、工业化程度高、施工速度快、经济效益显著。

1. 结构形式

门式刚架分为单跨(如图10.17(a)所示)、双跨(如图10.17(b)所示)，多跨(如图10.17(c)所示)刚架以及带挑檐的(如图10.17(d)所示)和带毗屋的(如图10.17(e)所示)刚架等形式。多跨刚架中间柱与刚架斜梁的连接，可采用铰接，多跨刚架宜采用双坡或单坡屋盖(如图10.17(f)所示)，必要时也可采用由多个双坡单跨相连的多跨刚架形式。

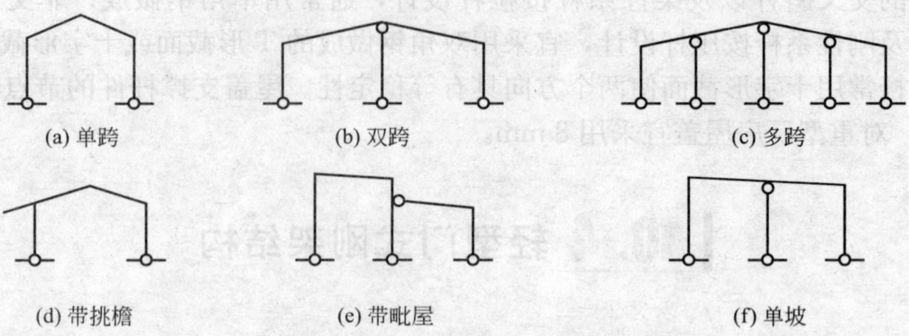

图 10.17　门式刚架的形式

在门式刚架轻型房屋钢结构体系中，屋盖应采用压型钢板屋面板和冷弯薄壁型钢檩条，主刚架可采用变截面实腹刚架，外墙宜采用压型钢板墙板和冷弯薄壁型钢墙梁，也可以采用砌体外墙或底部为砌体、上部为轻质材料的外墙。主刚架斜梁下翼缘和刚架柱内翼缘的平面外稳定性，由与檩条或墙梁相连接的隅撑来保证。主刚架间的交叉支撑可采用张紧的圆钢。

单层门式刚架轻型房屋可采用隔热卷材做屋盖隔热和保温层，也可以采用带隔热层的板材作屋面。

根据跨度、高度及荷载不同，门式刚架的梁、柱可采用变截面或等截面的实腹焊接工字形截面或轧制 H 形截面。当设有桥式吊车时，柱宜采用等截面构件。变截面构件通常改变腹板的高度，做成楔形，必要时也可以改变腹板厚度。结构构件在运输单元内一般不改变翼缘截面，必要时可改变翼缘厚度，邻接的运输单元可采用不同的翼缘截面。

门式刚架可由多个梁、柱单元构件组成，柱一般为单独单元构件，斜梁可根据运输条件划分为若干个单元。单元构件本身采用焊接，单元之间可通过端板以高强度螺栓连接。

门式刚架的屋面坡度宜取 1/8～1/20，在雨水较多的地区宜取较大值。

门式刚架的柱脚多按铰接支承设计，通常为平板支座，设有一对或两对地脚螺栓。当用于工业厂房且有桥式吊车时，宜将柱脚设计为刚接。

2. 建筑尺寸

门式刚架的跨度，应取横向刚架柱轴线间的距离。

门式刚架的高度，应取地面至柱轴线与斜梁轴线交点的高度。门式刚架的高度，应根据使用要求的室内净高确定，设有吊车的厂房应根据轨顶标高和吊车净高要求而定。

柱的轴线可取通过柱下端(较小端)中心的竖向直线；工业建筑边柱的定位轴线可取柱外皮；斜梁的轴线可取通过变截面梁段最小端中心与斜上表面平行的轴线。

对于门式刚架的檐口高度取地面至房屋外侧檩条上缘的高度，其最大高度取地面至屋盖顶部檩条上缘的高度，其宽度取房屋侧墙墙梁外皮之同的距离，其长度取两端山墙墙梁外皮之间的距离。

门式刚架的跨度，宜为 9～36 m，以 3 m 为模数。一般经济跨度为 21～30 m。边柱的宽度不相等时，其外侧要对齐。

门式刚架的高度，宜为 4.5～9.0 m，必要时可适当加大，一般可加大到 12 m。

门式刚架的间距，即柱距宜为 6 m，也可采用 7.5 m 或 9 m，最大可用 12 m，跨度较小时间距可为 4.5 m。

3. 结构、平面布置

门式刚架结构的纵向温度区段长度不大于 300 m，横向温度区段长度不大于 150 m。当需要设置伸缩缝时，可在搭接檩条的螺栓连接处采用长圆孔并使该处屋面板在构造上允许胀缩，或者设置双柱。

在多跨刚架局部抽掉中柱处，可布置托架。

山墙处可设置由斜梁、抗风柱和墙架组成的山墙墙架，或直接采用门式刚架。

4. 墙梁布置

门式刚架结构的侧墙，在采用压型钢板作围护面时，墙梁宜布置在刚架柱的外侧，其间距随墙板的板型及规格而定，但不应大于计算确定的值。

外墙在抗震设防烈度不高于 6 度的情况下，可采用砌体；当为 7 度、8 度时，不宜采用嵌砌砌体，9 度时宜采用与柱柔性连接的轻质墙板。

5. 支撑布置

在每个温度段或者分期建设的区段中，应分别设置能独立构成空间稳定结构的支撑体系。柱间支撑的间距根据安装条件确定，一般取 30～40 m，不大于 60 m。房屋高度较大时，柱间支撑要分层设置。在设置柱间支撑的开间的同时设置屋盖横向支撑以组成几何不变体系。

端部支撑宜设在温度区段端部的第二个开间，这种情况下，在第一开间的相应位置宜设置刚性系杆。刚架转折处(如柱顶和屋脊)也宜设置刚性系杆。

由支撑斜杆等组成的水平桁架，其直腹杆宜按刚性系杆考虑；若刚度或承载力不足，可在刚架斜梁间设置钢管、H 形钢或其他截面形式的杆件。

门式刚架结构的支撑，宜采用张紧的十字交叉圆钢组成，用特制的连接件与梁柱腹板相连。连接件应能适应不同的夹角。圆钢端部都应有丝扣，校正定位后将拉条张紧固定。

10.5 吊车梁设计特点

直接支承吊车的受弯构件有吊车梁和吊车桁架。因为简支结构传力明确、构造简单、施工方便，且对支座沉陷不敏感，所以设计时一般采用简支结构。吊车梁有型钢梁、组合工字形梁及箱形梁等形式(如图 10.18 所示)，其中焊接工字形梁最为常用。吊车梁的动力性能好，特别适用于重级工作制吊车的厂房，应用最为广泛。吊车桁架(即支承吊车的桁架)对动力作用反应敏感(特别是上弦)，故只有在跨度较大而吊车起重量较小时才采用。

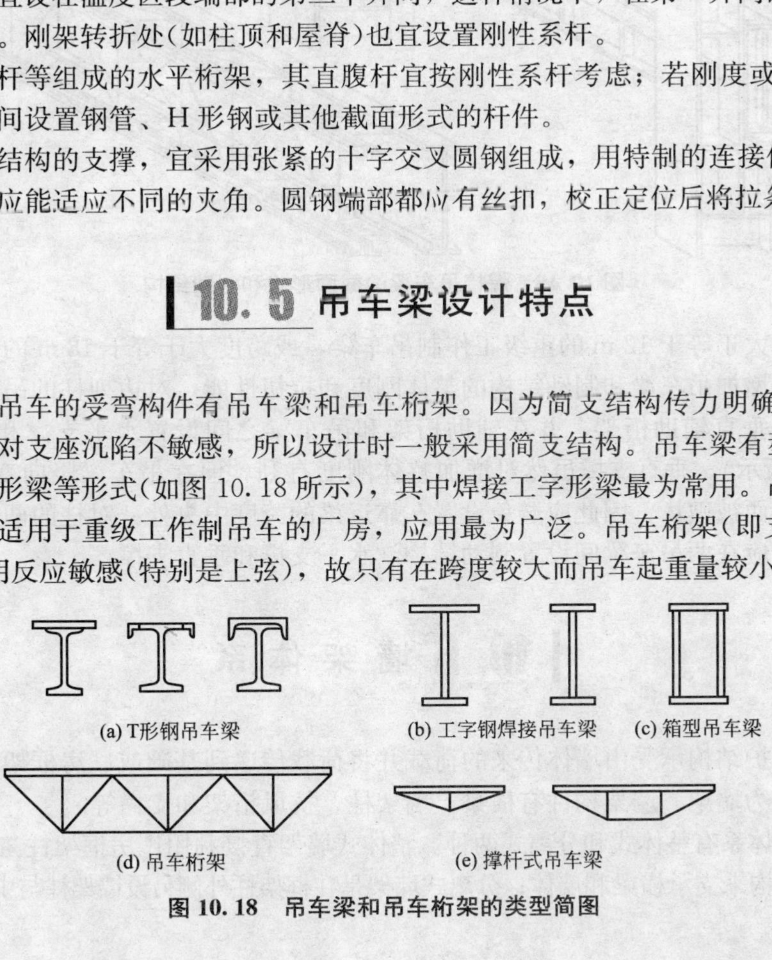

图 10.18 吊车梁和吊车桁架的类型简图

根据吊车梁所受的荷载，必须将吊车梁上翼缘加强或设置制动系统以承担吊车的横向水平力。当跨度机及荷载很小时，可采用型钢梁(工字钢或H形钢加焊钢板、角钢或槽钢)。当吊车起重量不大($Q\leqslant 30$ kN)且柱距又小时($L\leqslant 6$ m)，可以将吊车梁的上翼缘加强(如图10.18(a)所示)，使它在水平面内具有足够的抗弯强度和刚度。对于跨度或起重量较大的吊车梁，应设置制动梁或制动桁架。如图10.19(a)所示是一个边列柱的吊车梁，设置有钢板和槽钢组成的制动梁；吊车梁的上翼缘为制动梁的内翼缘，槽钢则为制动梁的外翼缘。制动梁的宽度不宜小于1.0～1.5 m，宽度较大时宜采用制动桁架(如图10.19(b)所示)。制动桁架是用角钢组成的平行弦桁架。吊车梁的上翼缘兼作制动桁架的弦杆。制动梁和制动桁架统称为制动结构。制动结构不但用以承受横向水平荷载，保证吊车梁的整体稳定，并且可作为检修走道。制动梁腹板(兼作走道板)宜用花纹钢板以防行走滑倒，其厚度一般为6～10 mm，走道的活荷载一般按2 kN/m^{2}设计。

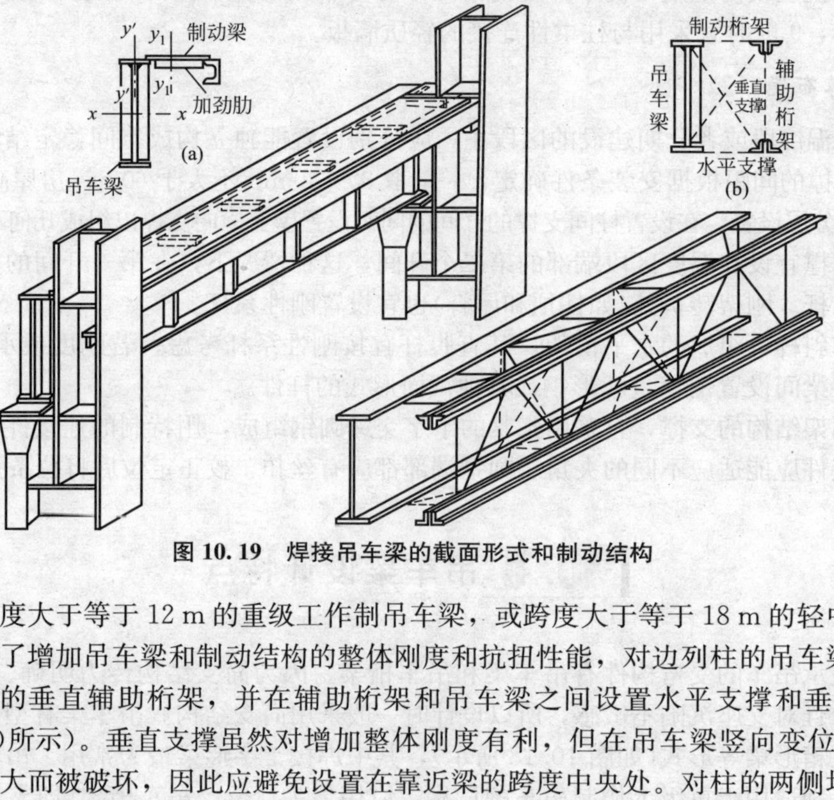

图10.19　焊接吊车梁的截面形式和制动结构

对于跨度大于等于12 m的重级工作制吊车梁，或跨度大于等于18 m的轻中级工作制吊车梁，为了增加吊车梁和制动结构的整体刚度和抗扭性能，对边列柱的吊车梁宜设置与吊车梁平行的垂直辅助桁架，并在辅助桁架和吊车梁之间设置水平支撑和垂直支撑(如图10.19(b)所示)。垂直支撑虽然对增加整体刚度有利，但在吊车梁竖向变位的影响下，容易受力过大而被破坏，因此应避免设置在靠近梁的跨度中央处。对柱的两侧均有吊车梁的中列柱，则应在两吊车梁间设置制动结构、水平支撑和垂直支撑。

10.6 墙架体系

厂房的围护结构承受由墙体传来的荷载并将荷载传递到基础或厂房框架柱上，这种结构构件系统称为墙架。墙架构件有横梁、墙架柱、抗风桁架和支撑等。

墙架结构体系有整体式和分离式两种。整体式墙架直接利用厂房框架柱与中间墙架柱一起组成墙架结构来支承横梁和墙体；分离式墙架是在框架柱外侧另设墙架柱与中间墙架柱和横梁等组成独立的墙架结构体系。分离式墙架虽然要多消耗一些钢材，但可避免墙架构件与吊车梁辅助桁架、柱间支撑以及水落管等相冲突时构造处理的困难，目前在大型厂房中经常采用。

10.6.1 墙体类型

厂房围护墙分为砌体自承重墙、大型混凝土墙板和轻型墙板三大类。

砌体自承重墙由砌体本身承受砌体自重并通过基础梁传给基础，而水平方向的风荷载和地震作用等则传给墙架柱和框架柱。当厂房较高时，宜在适当高度设置承重墙梁，以便将上部墙自重传给墙架柱或框架柱。同时，为了减小墙架柱的跨度，常利用吊车梁系统的制动结构或下弦水平支撑作为墙架柱中部的抗风支撑(如图 10.20 所示)。

大型混凝土墙板有预应力和非预应力两种。墙板应连在墙架柱或框架柱上以传递水平荷载和墙板自重，其中支承墙板自重的支托一般每隔 4～5 块板设置一个(如图 10.20(b)所示)。

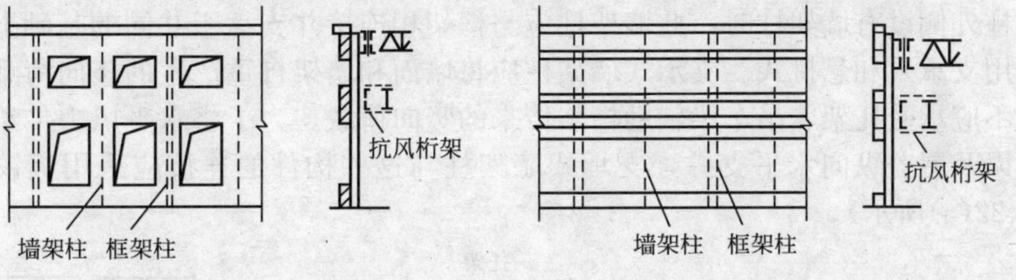

图 10.20 砌体的承重墙及大型板侧墙

轻型墙皮是将压型钢板、压型铝合金板、石棉瓦和瓦楞铁等连接于墙架横梁上，通过横梁将水平荷载和墙板自重传给墙架柱或框架柱(如图 10.21 所示)。

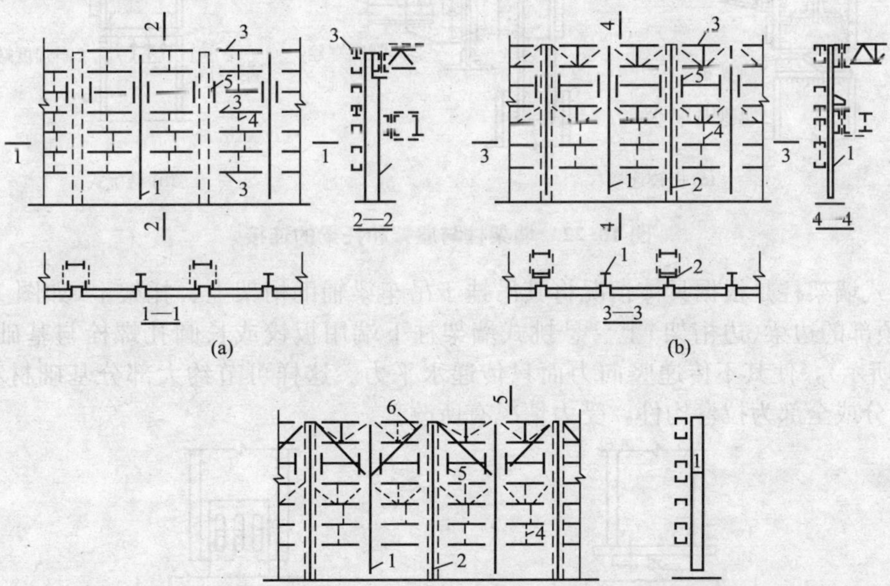

图 10.21 轻型墙的墙架布置

1—墙架柱；2—框架柱；3—墙架横梁；4—拉条；5—窗镶边构件；6—斜拉杆

当采用压型钢板和压型铝合金板做墙板时，由于压型板平面尺寸大，一片墙可以从屋面到基脚用一块压型板拉通，并通过弯钩螺栓或拉铆钉、射钉或自攻螺钉与墙架柱和横梁进行可靠连接，形成一个能够传递竖向荷载和沿压型板平面方向的水平荷载的结构体系。近年来有试验结果和理论分析证明，压型板与周边构件进行可靠连接后，面内刚度很好，能传递纵横方向的面内剪力，这种抗剪薄膜作用(应力蒙皮效应)能使厂房结构体系简化，并节约钢材，还有很好的经济效益。

10.6.2 墙架结构的布置

当厂房柱的间距大于等于 12 m 时，通常在柱间设置墙架柱，使墙架柱距为 6 m。轻型材料的墙体还须再设置墙架横梁，横梁间距可根据墙板材料的尺寸和强度确定。为了减少横梁在竖向荷载下的计算跨度，可在横梁间设置拉条(如图 10.21 所示)。

框架柱外侧设有墙架柱时，此墙架柱应与框架相连接并支承于共同的基础上。中间墙架柱可采用支承式和悬挑式。支承式墙架柱应将墙面和墙架自重产生的竖向荷载全部传至基础，但不应承受托架、吊车梁辅助桁架传来的竖向荷载。为了将水平风力传给制动梁或制动桁架以及屋盖纵向水平支撑，支承式墙架柱与这些构件的连接应采用板铰连接形式(如图 10.22(a)所示)。

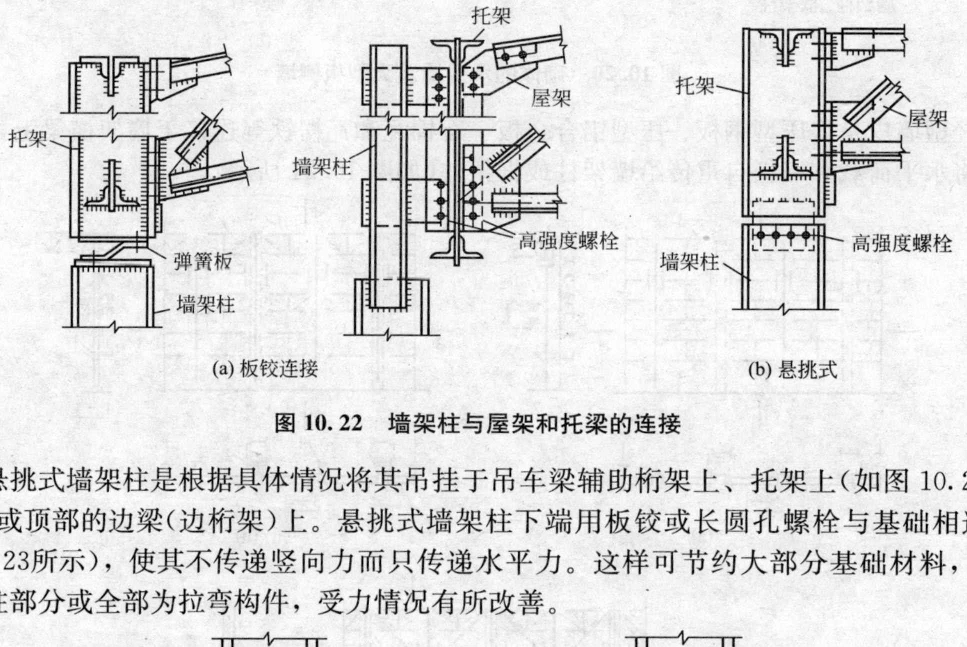

图 10.22 墙架柱与屋架和托梁的连接

悬挑式墙架柱是根据具体情况将其吊挂于吊车梁辅助桁架上、托架上(如图 10.22(b)所示)或顶部的边梁(边桁架)上。悬挑式墙架柱下端用板铰或长圆孔螺栓与基础相连(如图 10.23所示)，使其不传递竖向力而只传递水平力。这样可节约大部分基础材料，且使墙架柱部分或全部为拉弯构件，受力情况有所改善。

图 10.23 悬挑式墙架柱与基础的连接

山墙墙架柱间距宜与纵墙的间距相同(一般采用 6 m)，使外墙围护构件尺寸统一，当山墙下部有大洞口时，应予以加强(如图 10.24 所示)。山墙墙架柱上端宜尽量使其支承于屋架横向支撑节点上。当墙架柱位置与横向支撑节点不重合时，应设置分布梁，把水平荷载传至支撑节点处。为保证山墙的刚度，在墙架柱之间还可设置柱间支撑。

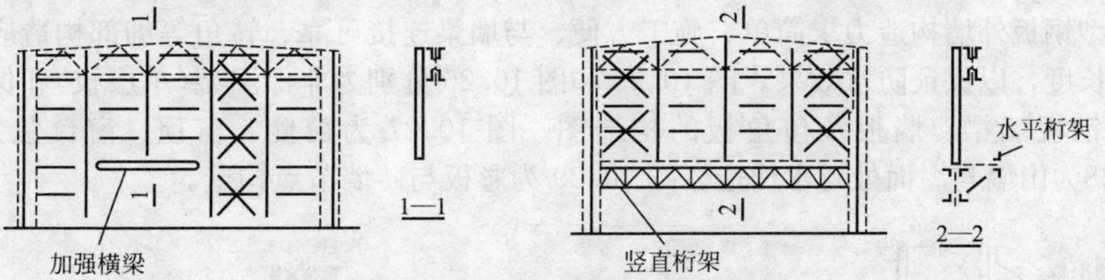

图 10.24　山墙下部有大洞口时的墙架布置

10.7 钢结构厂房构造

10.7.1　压型钢板外墙

1. 外墙材料

压型钢板按材料的热工性能可分为非保温的单层压型钢板和保温复合型压型钢板。非保温的单层压型钢板目前使用较多的为彩色涂层镀锌钢板，一般为 0.4～1.6 mm 厚波形板。彩色涂层镀锌钢板具有较高的耐温性和耐腐蚀性，一般使用寿命可达 20 年左右。保温复合式压型钢板通常做法有两种：①施工时在内外两层钢板中填充以板状的保温材料，如聚苯乙烯泡沫板等；②利用成品材料(工厂生产的具有保温性能的墙板)直接施工安装，其材料是在两层压型钢板中填充发泡型保温材料，利用保温材料自身凝固使两层压型钢板结合在一起形成的复合式保温外墙板。

压型钢板板型、连接件如表 10－2 所示。

表 10－2　压型钢板板型及部分连接件

板型				
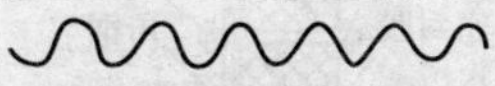	开花螺栓	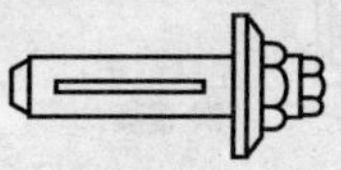	自攻螺钉	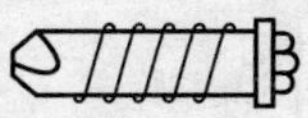
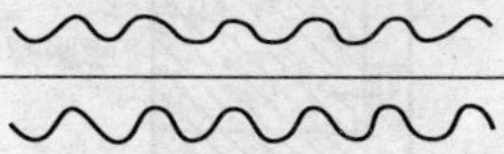	拉铆钉		挂钩螺栓	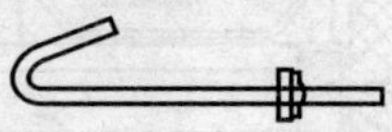
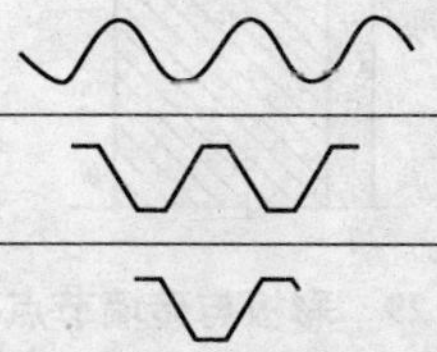	墙头板	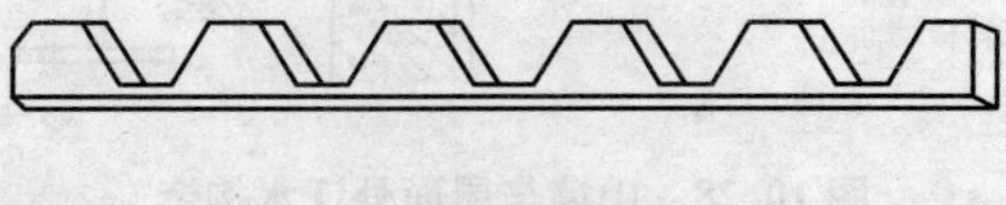		

2. 外墙构造

钢结构厂房的外墙，一般采用下部为砌体(一般高度不超过 1.2 m)，上部为压型钢板墙体，或全部采用压型钢板墙体的构造形式。当抗震烈度为 7 度、8 度时，不宜采用柱间嵌砌砖墙；9 度时，宜采用与柱子柔性连接的压型钢板墙体。

压型钢板外墙构造力求简单、施工方便、与墙梁连接可靠、转角等细部构造应有足够的搭接长度，以保证防水效果。图 10.25 和图 10.26 分别为非保温型(单层板)和保温型外墙压型钢板墙梁、墙板及包角板的构造图。图 10.27 为窗侧、窗顶、窗台包角构造。图 10.28为山墙与屋面处泛水构造。图 10.29 为彩板与砖墙节点构造。

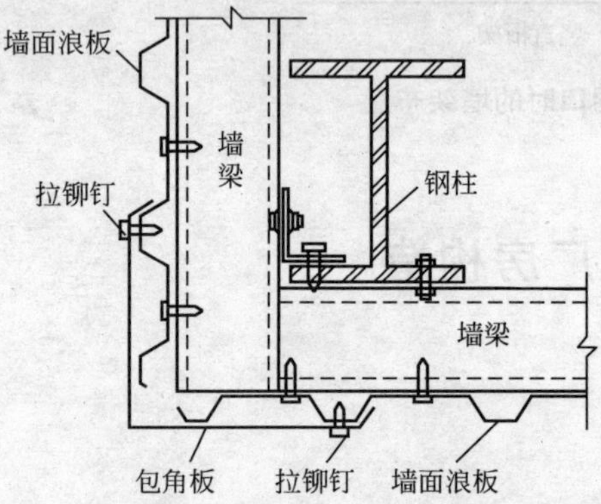

图 10.25 非保温外墙转角构造

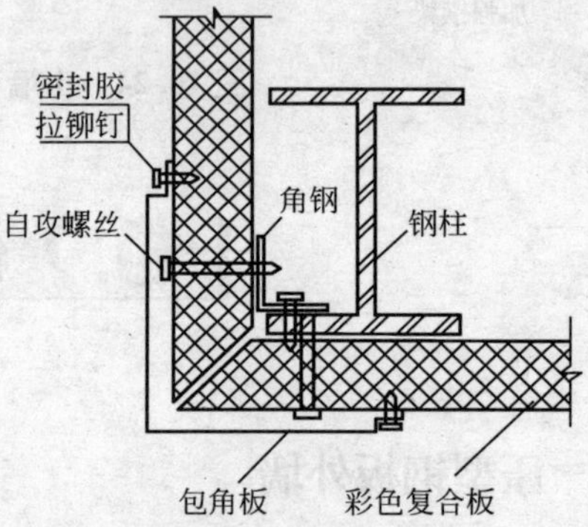

图 10.26 保温外墙转角构造

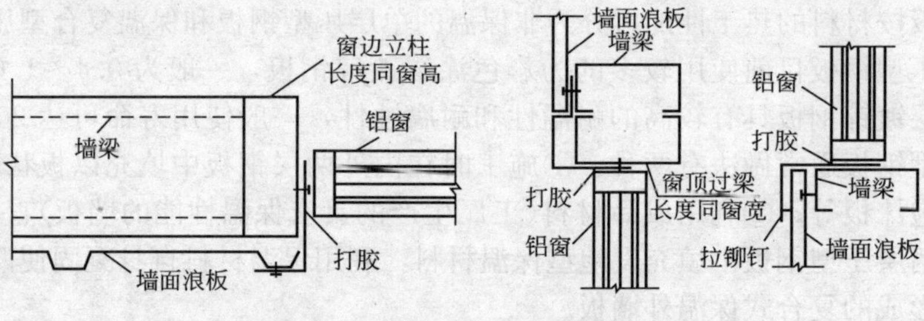

图 10.27 窗户包角构造

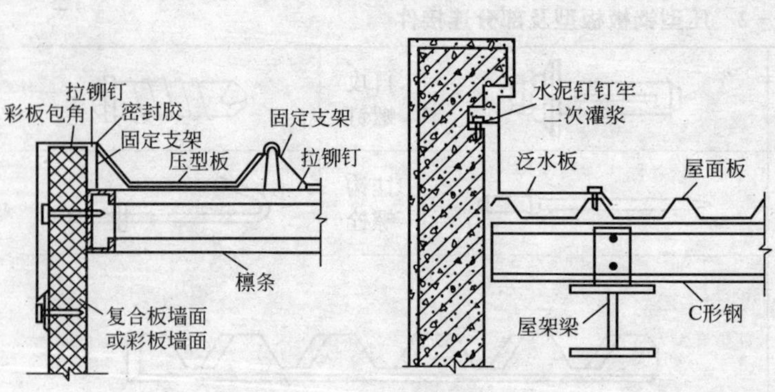

图 10.28 山墙与屋面处泛水构造

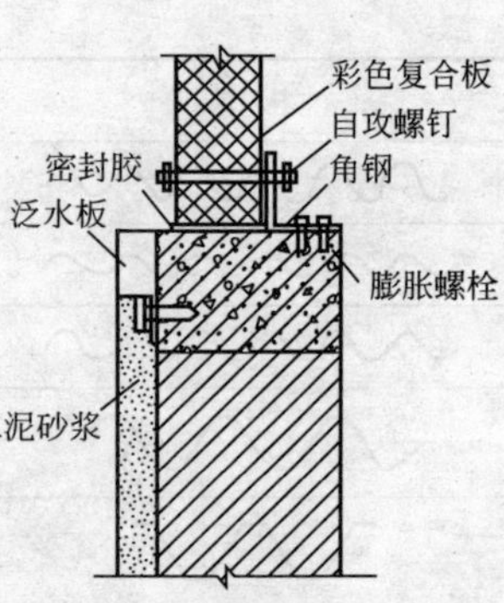

图 10.29 彩板与砖墙节点构造

3. 围护结构(外墙、屋面板)保温

寒冷和严寒地区冷加工车间冬季室内温度较低，对生产工人身体健康不利，一般应考虑采暖要求。为节约能源，不使围护结构(外墙、屋面、外门窗)流失的热量过多，外墙、屋面及门窗应采取保温措施。

10.7.2 压型钢板屋顶

厂房屋顶应满足防水、保温隔热等基本围护要求。同时，根据厂房需要设置天窗解决厂房采光问题。

钢结构厂房屋面采用压型钢板有檩体系，即在刚架斜梁上设置C形或Z形冷轧薄壁钢檩条，再铺设压型钢板屋面。彩色压型钢板屋面施工速度快、质量轻，表面带有色彩涂层，防锈、耐腐、美观，并可根据需要设置保温、隔热、防结露涂层等，适应性较强。

压型钢板屋面构造做法与墙体做法有相似之处。图10.30为压型钢板屋面及檐沟构造，图10.31为屋脊节点构造，图10.32为檐沟构造，图10.33为双层板屋面构造，图10.34为内天沟构造。

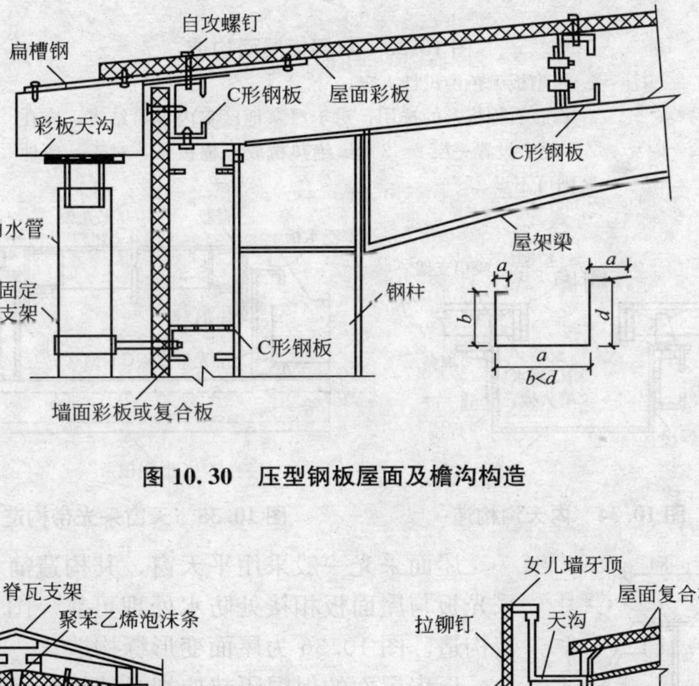

图10.30 压型钢板屋面及檐沟构造

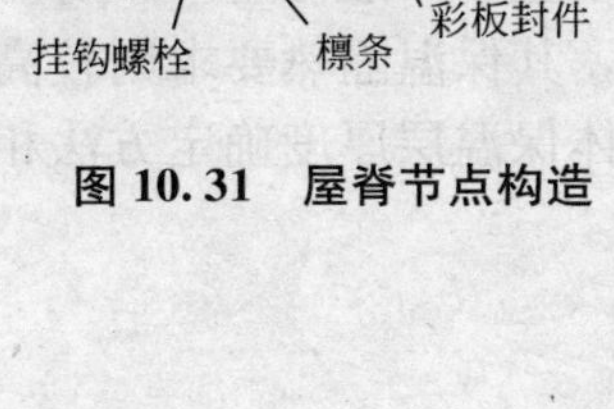

图10.31 屋脊节点构造

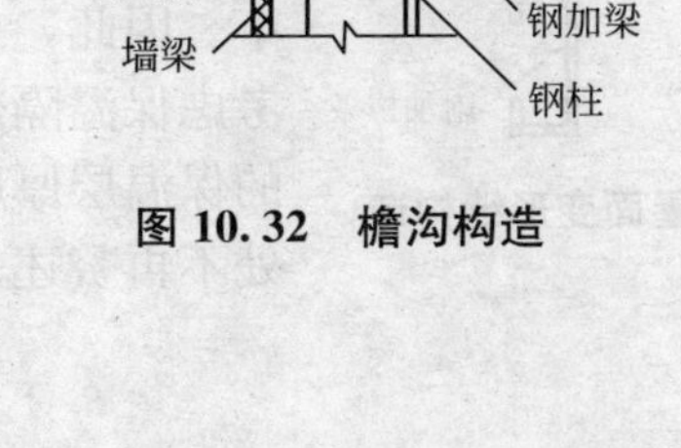

图10.32 檐沟构造

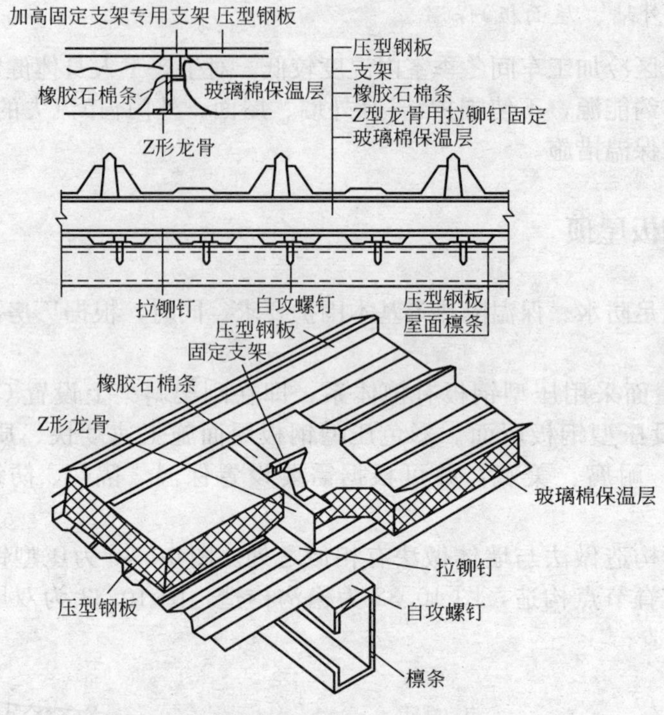

图 10.33 双层板屋面构造

注：1. 压型板颜色由设计人定；

2. 橡胶石棉板条的选用：对于严寒地区室内容易结露，应在Z形钢上设置一层 2～3 mm 绝热橡胶石棉板条，对于一般地区则可不设。

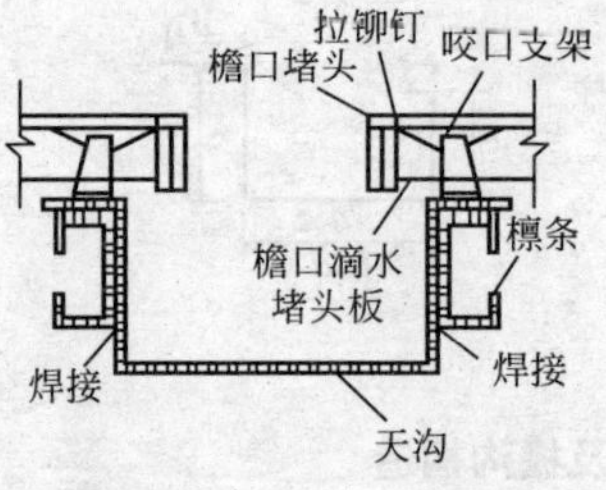

图 10.34 内天沟构造

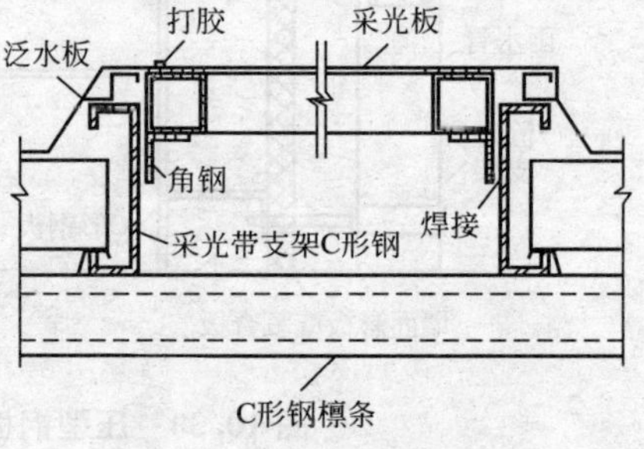

图 10.35 天窗采光带构造

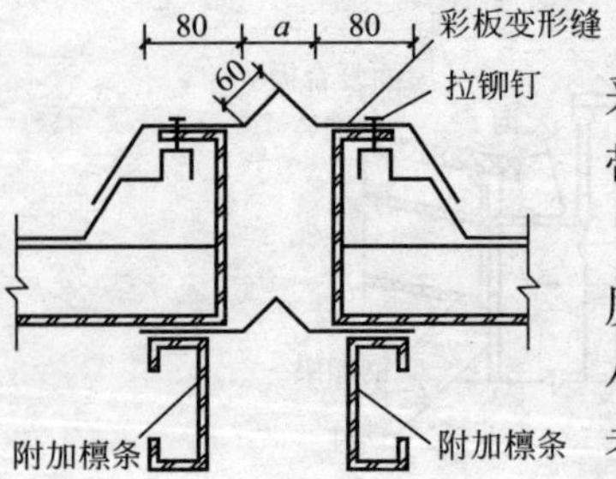

图 10.36 屋面变形缝构造

屋面采光一般采用平天窗，其构造简单，但要保证天窗采光板与屋面板相接处防水处理可靠。图 10.35 为天窗采光带构造。图 10.36 为屋面变形缝构造。

厂房屋面的保温隔热应视具体情况而确定。一般厂房高度较大，屋面对工作区的冷热辐射影响随高度的增加而减小。因此，柱顶标高在 7 m 以上的一般性生产厂房屋面可不考虑保温隔热，而恒温车间，其保温隔热要求则较高。屋面的保温层厚度确定方法与墙体保温层厚度确定方法相同，此处不再赘述。

本章小结

1. 钢结构厂房结构一般是由屋盖结构、柱、吊车梁、制动梁(或桁架)、各种支撑以及墙架等构件组成的空间体系。

2. 厂房的主要承重结构通常采用框架体系，因为框架体系的横向刚度较大，且能形成矩形的内部空间，便于桥式吊车运行，能满足使用上的要求。

3. (轻钢)门式刚架是对轻型房屋钢结构门式刚架的简称。近年来，它在我国快速发展，给钢结构注入了新的活力。不仅在轻工业厂房中得到非常广泛的应用，而且在一些城市公共建筑，如超市、展览厅、停车场等也得到了普遍应用。

4. 墙架结构体系有整体式和分离式两种。整体式墙架直接利用厂房框架柱与中间墙架柱一起组成墙架结构来支承横梁和墙体；分离式墙架是在框架柱外侧另设墙架柱与中间墙架柱和横梁等组成独立的墙架结构体系。

5. 钢结构厂房的外墙，一般采用下部为砌体(一般高度不超过1.2 m)，上部为压型钢板墙体，或全部采用压型钢板墙体的构造形式。

6. 钢结构厂房屋面采用压型钢板有檩体系，即在刚架斜梁上设置C形或Z形冷轧薄壁钢檩条，再铺设压型钢板屋面。彩色压型钢板屋面施工速度快、质量轻，表而带有色彩涂层，防锈、耐腐、美观，并可根据需要设置保温、隔热、防结露涂层等，适应性较强。

背景知识——钢结构厂房的防火设计

钢结构厂房由于其施工简便、节约经济等优点，在现代工业建筑中已得到广泛应用，但钢结构耐火性能低，使消防设计显得有为重要。

一、钢结构厂房的火灾危险性

钢结构厂房具有耐火性能低的弱点，在未进行防火处理的情况下，其本身虽然不会起火燃烧，但火灾时，强度会迅速下降，一般结构温度达到350 ℃、500 ℃、600 ℃时，强度分别下降1/3、1/2、2/3。理论计算显示，在全负荷情况下，钢结构失去静态平衡稳定性的临界温度为500 ℃左右，而一般火场温度达到800～1 000 ℃，在这样的火场温度下，裸露的钢结构一般在15 min左右，就会出现塑性变形，产生局部损坏，造成钢结构整体倒塌失效。钢结构的特性使必须要对钢结构必须采取措施进行保护。

二、钢结构厂房的防火设计

若用没有防火保护的普通建筑用钢作为建筑物承载的主体，一旦发生火灾，则建筑物会迅速坍塌，对人民的生命和财产安全造成严重的损失。目前，国内的钢结构防火保护时间是按照《建筑设计防火规范》(GB 50016—2006)、《高层民用建筑设计防火规范》(GB 50045—1995/2005)所规定的建筑结构构件耐火极限来确定的。一是对钢构件进行耐火保护，使其在火灾时温度升高不超过临界温度，结构在火灾中就能保护稳定性；二是对厂房内部进行有效的防火分区，防止火势向其他区域蔓延、扩散。

目前，保护钢结构厂房最常用的方法是在其表面涂覆钢结构防火涂料，发生火灾时它作为耐火隔热保护层，有效地提高钢构件的耐火极限，满足现行国家规范的要求。涂覆钢结构防火涂料作为防火保护的一种手段，不但具有很高的防火效率，而且使用十分方便，施工不受钢结构几何形状的限制，且一般不需要辅助设施，有广泛的适用性。按照防火机理，可将其分为隔热型防火涂料和膨胀型钢结构防火涂料两大类。目前膨胀型钢结构防火涂料已经被成功应用于各类工业及民用建筑中的钢结构防火保护，它在我国的研究及应用中虽然起步较晚，但却十分活跃和迅速，并正向超薄型、低污染、高性能、装饰性好等多功能方向发展。

对于现代轻钢结构厂房的大跨度、大空间来说，防火分区的设置具有一定难度。目前轻钢厂房常用防火分区做法有以下几种：①用防火墙将厂房分隔。厂房大空间被分割后影响其通透性，而且从生产工艺的连续性要求心以及厂房内物流组织的通畅性来说，也是不太可行的。②使用防火门、防火卷帘等来划分防火分区。利用防火门与防火卷帘进行防火分区面对大跨度的轻钢厂房(经常采用 18～36 m跨)，很难实现。这不仅因为没有如此跨度的卷帘，而且这样大的跨度，在收放时很难控制，容易卡在滑槽里。③利用自动喷水灭火划分防火分区，根据《自动喷水灭火系统设计规范》(GB 50084—2001)，高度超过 8 m 的大空间建筑物，安装自动喷水灭火系统的作用不大，而单层轻钢结构厂房的高度一般都超过 8 m，虽安装自动喷水灭火系统后，防火分区允许面积扩大 1 倍也无法覆盖全厂房。④水幕可以起防火墙的作用，用独立水幕作防火分隔，是一个非常好的方案。这种分隔方式灵活，不像防火墙要把车间截断，也没有大跨度防火卷帘的麻烦，理论上多大跨度都可以。在正常生产时，就好像它不存在，一旦有火灾需要防火分隔时，它可以立即实现有效分隔。但独立水幕作防火分隔也不是完美解决方案：①需水量大。②厂房内发生火灾开始往往是局部的，只需几个灭火器就能解决问题，可此时若启动水幕，会对生产设备造成破坏，由此造成的损失比局部火灾的损失更大。因此需严格控制水幕的启动时机，防止误动，所以设计时采用人工手动启动更合适。③有效维护麻烦，无法试水检验水幕系统的可靠性。

总之，在现代工业厂房中大量采用钢结构，目前钢结构工业厂房的耐火保护和防火分区存在各方法，我们仍需在工作中不断探索和研究，以便更好为钢结构厂房在现代工业应用中做出更好的服务意见。

本章习题

1. 钢结构厂房结构空间体系包括哪些内容?
2. 简述钢结构厂房的框架体系。
3. 简述钢结构厂房的门式刚架体系。
4. 画图说明钢结构厂房的墙身构造。
5. 画图说明钢结构厂房的屋面构造。

第11章 单层厂房地面及其他构造

【教学目标与要求】

- 掌握单层工业厂房建筑的地面特点、组成及类型
- 了解单层工业厂房建筑的地面细部构造
- 了解单层工业厂房建筑中钢梯、走道板构造

11.1 地　面

单层厂房地面基本同民用建筑地面，但较民用建筑地面复杂，具有不同的特点。

11.1.1 单层厂房地面特点

(1) 单层厂房地面面积大、承受的荷载大、不利因素多。单层厂房地面必须满足生产使用的要求，因此要求地面具有抵抗各种破坏作用的能力。例如，生产精密仪器和仪表的车间，地面要满足防尘要求，易于清洁；生产中有爆炸危险的车间，地面应不致因摩擦撞击而产生火花，满足防暴要求；生产中有化学侵蚀的车间，地面应有足够的抗腐蚀性；生产中要求防水防潮的车间，地面应有足够的防水性能等。

(2) 单层厂房地面构造复杂、设施较多。由于工艺要求，单层厂房地面经常设置地沟、地坑、设备基础等地面设施；而不同工段采用不同类型地面时又要求相临地面之间设交界缝及变形缝。

(3) 地面造价所占工程比例较大。一般厂房地面的造价占厂房造价的10%左右，有特殊要求者可达30%。所以地面构造设计应充分利用地方材料、工业废料，并做到技术先进、经济合理。

11.1.2 地面的组成与类型

1. 地面的组成

厂房地面与民用建筑地面一样，一般由面层、垫层和基层(地基)组成。当上述构造层不能充分满足使用要求或构造要求时，可增设其他构造层，例如，结合层、找平层、防水(潮)层、保温层和防腐蚀层等，如图11.1所示；为便于排水，地面还可设置0.5%～2%的坡度。

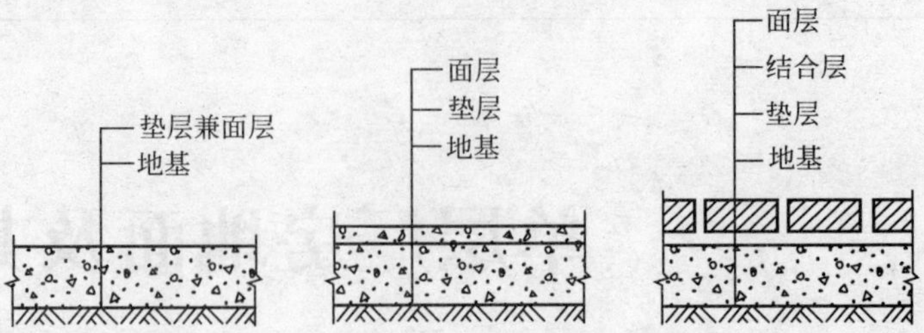

图 11.1 厂房地面的组成

1) 基层(地基)

基层是承受上部荷载的土壤层，是经过处理的地基土层，要求具有足够的承载力。最常见的是素土夯实基层。当地基土质较弱或地面承受荷载较大时，可铺设灰土夯实，或加入碎石、碎砖碾压压实，或卵石灌 M2.5 混合砂浆震捣以提高地基强度。用单纯加厚混凝土垫层和提高其强度等级的办法来提高承载力是不经济的。

2) 垫层

垫层在基层上设置，是承受并传递地面荷载至基层(地基)的构造层。按材料性质的不同，垫层可分为刚性垫层、半刚性垫层和柔性垫层 3 种。

刚性垫层是指用混凝土、沥青混凝土和钢筋混凝土等材料做成的垫层。它整体性好，不透水，强度大，适用于直接安装中小型设备、地面承受较大荷载，且不允许面层变形或裂缝的地面；或受侵蚀性介质或有大量水、中性溶液作用的地面；或面层构造要求垫层为刚性垫层的地面。

半刚性垫层是指灰土、三合土和四合土等材料做成的垫层。半刚性垫层受力后有一定的塑性变形，它可以利用工业废料和建筑废料制作，因而造价低。

柔性垫层是夯实的砂、碎石及矿渣等做成的垫层。当地面有重大冲击、剧烈振动作用，或储放笨重材料及生产过程伴有高温时，采用柔性垫层。

垫层材料的选择应与面层材料相适应，同时应考虑生产特征和使用要求等因素。例如，现浇整体式面层、卷材或塑料面层，以及用砂浆或黏结剂做结合层的板、块材面层，其下部的垫层宜采用混凝土垫层；用砂、炉渣作结合层的块材面层，宜采用柔性垫层或半刚性垫层。

垫层的厚度，主要根据作用在地面上的荷载情况来确定的，其所需的厚度应按《建筑地面设计规范》(GB 50037—1996)的有关规定计算确定。垫层按构造要求的最小厚度、最低强度等级和配合比如表 11-1 所示。

表 11-1 垫层最小厚度、最低强度等级和配合比

垫层名称	最小厚度/mm	最低强度等级和配合比
混凝土	60	C10(水泥、砂、石子)
四合土	80	1∶1∶6∶12(水泥∶石灰膏∶砂∶碎砖)
三合土	100	1∶3∶6(石灰∶砂∶碎砖)
灰土	100	3∶7 或 2∶8(熟化石灰∶黏性土)
粒料	60	(砂、炉渣、碎(卵)石等)
矿渣	80	

当地面有大面积密集堆料、普通金属切削机床或其他设备布置，有无轨运输车辆或其他大荷载作用时，地面垫层应根据《建筑地面设计规范》(GB 50037—1996)的附录B附录C确定垫层厚度及是否有配筋要求。

3) 面层

地面面层是直接使用的表层，承受各种物理和化学作用。它与车间的工艺生产特点有直接关系，其名称常以面层材料来命名。

4) 附加层

单层厂房地面根据需要可设置结合层和隔离层等附加层。

(1) 结合层。结合层是连接块材面层、板材或卷材与垫层的中间层。它主要起上下结合的作用。结合层的材料应根据面层和垫层的条件来进行选择，水泥砂浆或沥青砂浆结合层适用于有防水、防潮要求或要求稳定而无变形的地面；当地面有防酸、防碱要求时，结合层应采用耐酸砂浆或树脂胶泥等。此外，块材、板材之间的拼缝也应填以与结合层相同的材料。有冲击荷载或高温作用的地面常用砂作结合层。

(2) 隔离层。隔离层的作用是防止地面的水、腐蚀性液体渗漏到地面下影响建筑结构；或防止地下的水、潮气、腐蚀性介质由下向上渗透扩散，对地面产生不利影响的构造层。隔离层可采用防水卷材类、防水涂料类和沥青砂浆等材料。如果厂房地面有侵蚀性液体影响垫层时，隔离层应设在垫层之上，可采用再生胶油毡(一毡二油)、沥青玻璃布油毡或石油沥青油毡(二毡三油)及采用软聚氯乙烯卷材一层或防水涂膜2～3道做隔离层来防止渗透；防油渗隔离层可采用具有防油渗性能的防水涂膜材料或防油渗胶泥玻璃纤维布(一布二胶)。地面处于地下水位毛细管作用上升范围内，而生产上又需要有较高的防潮要求时，地面须设置防水的隔离层，且隔离层应设在垫层下。可采用一层沥青砂浆(10～20 mm厚)、沥青混凝土或灌沥青碎石的隔离层。防止地下水影响的隔离层设置如图11.2所示。

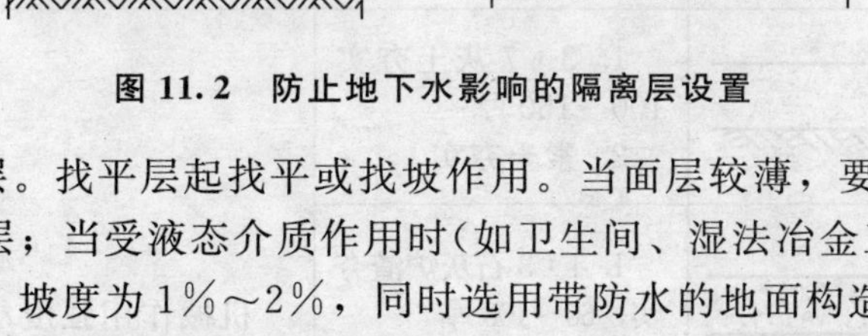

图11.2 防止地下水影响的隔离层设置

(3) 找平(找坡)层。找平层起找平或找坡作用。当面层较薄，要求面层平整或有坡度时，垫层上须设找平层；当受液态介质作用时(如卫生间、湿法冶金工厂等)，地面应设坡向地漏或地沟的坡度，坡度为1%～2%，同时选用带防水的地面构造。在刚性垫层上，找平(找坡)层一般用1∶3水泥砂浆(厚度≥20 mm)制作；在柔性垫层上，找平(找坡)层宜采用C10～C15细石混凝土制作(厚度≥30 mm)。找坡层还可以采用基土找坡。

2. 地面的类型

在实践中，地面类型多按构造特点和面层材料来分，可分为单层整体地面、多层整体地面、整体树脂面层地面及块(板)料地面。有腐蚀介质的车间，在选材和构造处理上，应使地面具有防腐蚀性能。

1）单层整体地面

单层整体地面是将面层和垫层合为一层的地面。它由夯实的黏土、灰土、碎石(砖)、三合土或碎、砾石等直接铺设在地基上而成。由于这些材料来源较多、价格低廉、施工方便、构造简单、耐高温、破坏后容易修补，故可用在某些高温车间，例如，钢坯库。

2）多层整体地面

多层整体地面的构造特点是：面层厚度较薄，以便在满足使用的条件下节约面层材料，而加大垫层厚度以满足承载力的要求。面层材料很多，例如，水泥砂浆、水磨石、混凝土、沥青砂浆及沥青混凝土、水玻璃混凝土、菱苦土等。

3）整体树脂面层地面

整体树脂面层地面是在水泥砂浆及细石混凝土面层上涂刷或喷刷面层涂料(不少于3遍)，或在细石混凝土找平层上抹环氧砂浆的地面。其面层致密不透气、无缝、不易起尘，常用于有气垫运输的地段。例如，丙烯酸涂料面层、环氧涂料面层、自流平环氧砂浆面层、聚酯砂浆面层及橡胶板面层等。

4）块材、板材地面

块材、板材地面是用块或板料，例如，各类砖块、石块、各种混凝土的预制块、瓷砖、陶板以及铸铁板等铺设而成。块(板)材地面一般承载力较大，且考虑面层变形后便于维修，所以常采用柔性垫层。但当块(板)材地面不允许变形时则采用刚性垫层。

单层厂房常用地面的构造如表11-2～表11-5所示。

表11-2　常用单层整体地面构造做法

序号	类型	构造图形	地面做法	建议采用范围	备注
1	素土地面	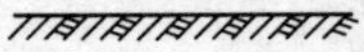	1. 素土夯实 2. 素土中掺骨料夯实	承受灼热物件或高温影响及巨大冲击的地段，例如，铸工车间、锻压车间、金属材料库、钢坯库、堆场	
2	矿渣或碎石地面	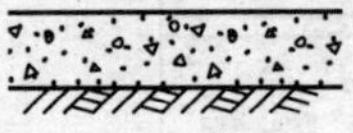	1. 矿渣(碎石)面层压实，厚度不小于60 2. 素土夯实	承受高温机械作用强度较大，平整度和清洁度要求不高，例如，仓库、堆场	
3	灰土地面	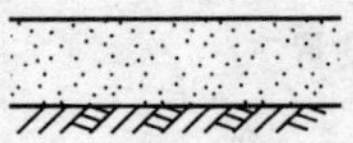	1. 3∶7灰土夯实100～150厚 2. 素土夯实		
4	石灰炉渣地面	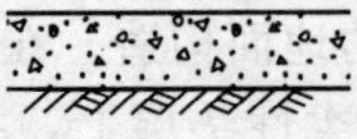	1. 1∶3石灰炉渣夯实，60～100厚 2. 素土夯实	机械作用强度小的一般辅助生产用房、仓库等	
5	石灰三合土地面		1. 1∶3∶5、1∶2～4三合土夯实100～150厚 2. 素土夯实		有水地段不宜采用

表 11-3 常用多层整体地面构造做法

序号	类型	构造图形	地面做法	建议采用范围	备注
1	水泥砂浆地面	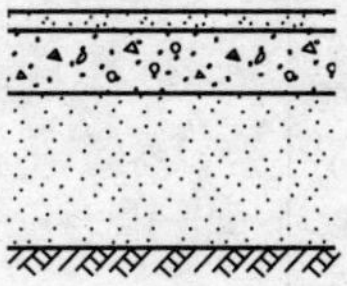	1. 1∶2.5 水泥砂浆 20 厚 2. 刷水泥浆一道(内掺建筑胶) 3. C10 混凝土垫层 60 厚 4. 5-32 卵石灌 M2.5 混合砂浆，振捣密实或 3∶7 灰土 150 厚 5. 夯实土	承受一定机械作用强度，有矿物油、中性溶液、水作用的地段，如油漆车间、锅炉房、变电间、车间办公室等	容易起砂不发火花的水泥砂浆地面面层用，不含杂质的石灰石、白云石砂水泥砂浆。适用有爆炸危险的厂房、仓库地面等
2	水泥砂浆地面(有防水层)	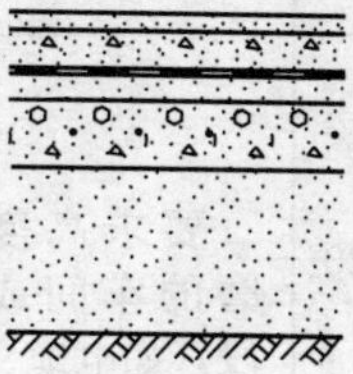	1. 1∶2.5 水泥砂浆 15 厚 2. C15 细石混凝土 35 厚 3. 聚氨酯防水层 1.5 厚(两道) 4. 1∶3 水泥砂浆或 C20 细石混凝土找坡层最薄处 20 厚抹平 5. 水泥浆一道(内掺建筑胶) 6. C10 混凝土垫层 60 厚 7. 5-32 卵石灌 M2.5 混合砂浆振捣密实或 3∶7 灰土 150 厚 8. 夯实土		
3	混凝土地面层	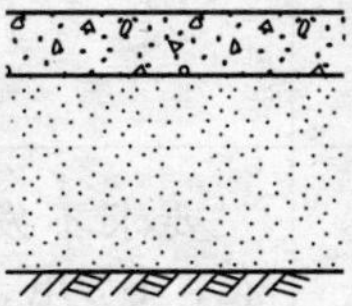	1. C15～C20 混凝土面层兼垫层≥60 厚 2. 5-32 卵石灌 M2.5 混合砂浆，振捣密实或 3∶7 灰土 150 厚 3. 素土夯实	承受较大的机械作用，有矿物油、中性溶液、水作用的地段，如金工、热处理、油漆、机修、工具、焊接、装配车间	C15 混凝土兼面层时，表面须加适量水泥，随捣随抹光。 重载地面经计算设计
4	细石混凝土地面	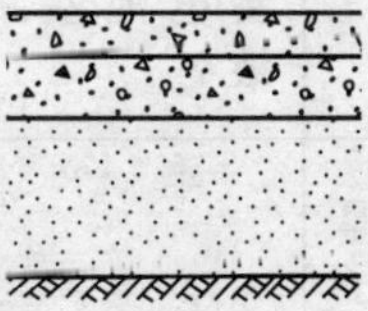	1. C20 细石混凝土 40 厚，表面撒 1∶1 水泥砂子随打随抹光 2. 刷水泥浆一道(内掺建筑胶) 3. C10 混凝土垫层 60 厚 4. 5-32 卵石灌 M2.5 混合砂浆，振捣密实或 3∶7 灰土 150 厚 5. 夯实土		耐油细石混凝土地面垫层采用 C15 混凝土，面层采用 C20 耐油细石混凝土
5	细石混凝土地面(有防水层)	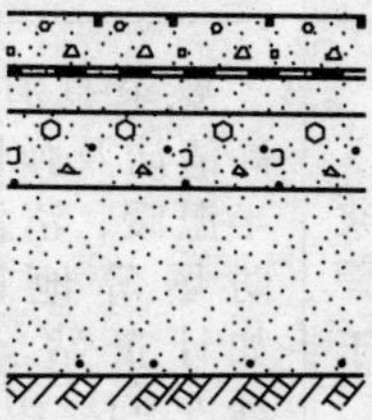	1. C20 细石混凝土 40 厚，表面撒 1∶1 水泥砂子随打随抹光 2. 聚氨酯防水层 1.5 厚(两道) 3. 1∶3 水泥砂浆或 C20 细石混凝土找坡层最薄处 20 厚抹平 4. 水泥浆一道(内掺建筑胶) 5. C10 混凝土垫层 60 厚 6. 5-32 卵石灌 M2.5 混合砂浆，振捣密实或 3∶7 灰土 150 厚 7. 夯实土		不发火花细石混凝土地面用石灰石、白云石骨料

(续)

序号	类型	构造图形	地面做法	建议采用范围	备注
6	水磨石地面	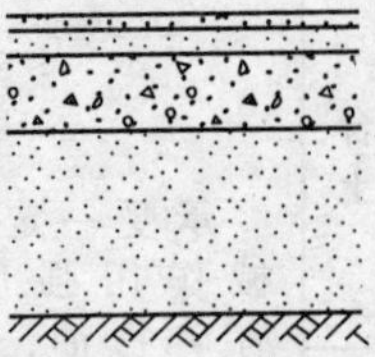	1. 1∶2.5 水泥彩色石子地面 10厚，表面磨光打蜡 2. 1∶3 水泥砂浆结合层20 厚 3. 水泥浆一道（内掺建筑胶） 4. C10 混凝土垫层 60 厚 5. 5－32 卵石灌 M2.5 混合砂浆，振捣密实或 3∶7 灰土 150 厚 6. 夯实土		重载地面经计算设计
7	铁屑地面	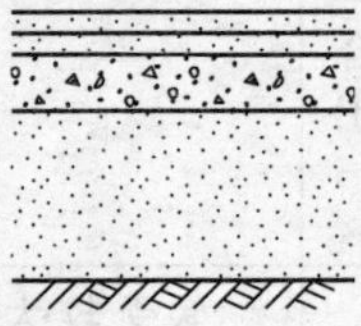	1. C40 铁屑水泥面层厚15～20 2. 1∶2 水泥砂浆结合层厚 20 3. 水泥浆一道(内掺建筑胶) 4. C25 混凝土垫层厚不小于 60 5. 5－32 卵石灌 M2.5 混合砂浆，振捣密实或 3∶7 灰土 150 厚 6. 素土夯实	要求高度耐磨的车间或地段，如电缆、电线、钢绳、钢丝车间，履带式拖拉机、施工机械装配车间等	清洁要求较高时不宜采用
8	沥青砂浆地面	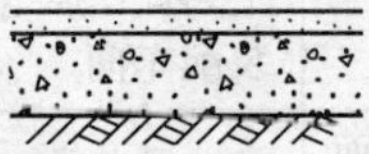	1. 沥青砂浆面层厚 20～30 2. 冷底子油一道 3. C10 混凝土垫层厚不小于 60 4. 素土夯实	要求不发火花、不导电、防潮、防酸、防碱的地段，如乙炔站、控制盘室、蓄电池室、电镀室	经常有煤油、汽油及其他有机溶剂的地段不宜采用
9	沥青混凝土地面	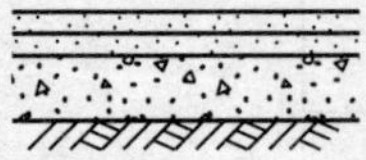	1. 沥青细石混凝土面层厚 30～50，分两次铺设，冷底子油一道 2. C10 混凝土或碎石垫层，厚不小于 60 3. 素土夯实		重载地面经计算设计
10	菱苦土地面	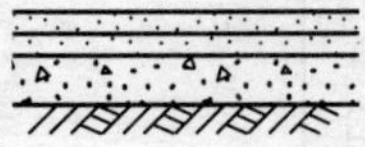	1. 菱苦土面层 12～18 厚 2. 1∶3 菱苦土氯化镁稀浆一遍 3. C10 混凝土垫层(不小于 60 厚) 4. 素土夯实	要求具有较高清洁及弹性、半温暖、清洁、防爆等地段，如计量站、纺纱车间、织布车间、校验室等	受潮湿影响或地面温度经常处于 35℃以上地段不宜采用

表 11-4 常用整体树脂面层构造

序号	类型	构造图形	地面做法	建议采用范围	备注
1	丙烯酸涂料面层	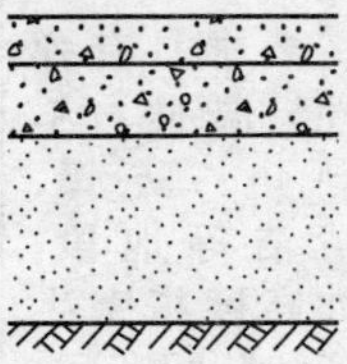	1. C20 细石混凝土 40 厚，表面涂丙烯酸地板涂料 200 2. 刷水泥浆一道(内掺建筑胶) 3. C10 混凝土垫层 60 厚 4. 5-32 卵石灌 M2.5 混合砂浆，振捣密实或 3∶7 灰土 150 厚 5. 夯实土	具有一定清洁要求、耐磨的地段	
2	环氧涂料面层	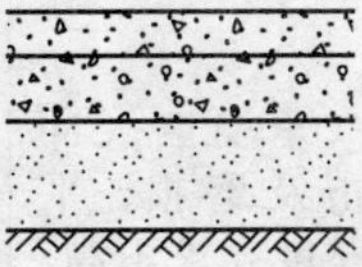	1. C20 细石混凝土 40 厚，随打随磨光，表面涂环氧 200 μm 2. 刷水泥浆一道(内掺建筑胶) 3. C10 混凝土垫层 60 厚 4. 5-32 卵石灌 M2.5 混合砂浆，振捣密实或 3∶7 灰土 150 厚 5. 夯实土		
3	自流平环氧胶泥面层(有防水层)	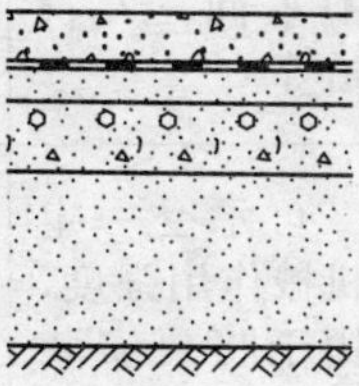	1. 自流平环氧胶泥 1～2 厚 2. 环氧稀胶料一道 3. C25 细石混凝土 40 厚，随打随打磨或喷砂处理 4. 聚氨酯防水层 1.5 厚(两道)抹光，强度达标后进行表面 5. 1∶3 水泥砂浆或细石混凝土找坡层最薄处 20 厚抹平 6. 水泥浆一道(内掺建筑胶) 7. C10 混凝土垫层 60 厚5-32 卵石灌 M2.5 混合砂浆 8. 振捣密实或 3∶7 灰土 150 厚 9. 夯实土	要求具有弹性、清洁、耐磨、抗冲击的地段。如食品厂、制药厂、实验室、货仓通道、交叉通道等	重载地面经计算设计
4	聚酯砂浆面层	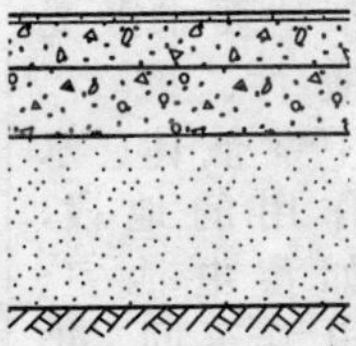	1. 聚酯砂浆 5～7 厚 2. C30 细石混凝土 40 厚，表面抹平，强度达标后，表面打磨或喷砂处理 3. 水泥浆一道(内掺建筑胶) 4. C10 混凝土垫层 60 厚 5. 5-32 卵石灌 M2.5 混合砂浆，振捣密实或 3∶7 灰土 150 厚 6. 夯实土	要求具有清洁、防水、防腐的地段、如食品厂、洁净电子、防腐蚀车间、实验室等	
5	橡胶板面层	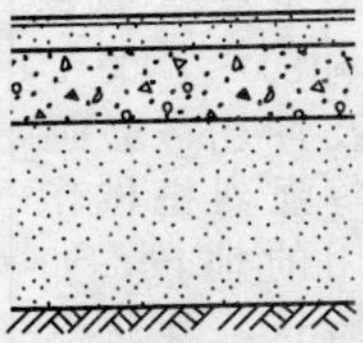	1. 橡胶板 3 厚，用专用胶粘剂粘贴 2. 1∶2.5 水泥砂浆 20 厚，压实抹光 3. 水泥浆一道(内掺建筑胶) 4. C10 混凝土垫层 60 厚 5. 5-32 卵石灌 M2.5 混合砂浆，振捣密实或 3∶7 灰土 150 厚 6. 夯实土	要求有电绝缘、清洁、耐磨地段	

表 11-5　常用块材、板材地面构造做法

序号	类型	构造图形	地面做法	建议采用范围	备注
1	木地板面层	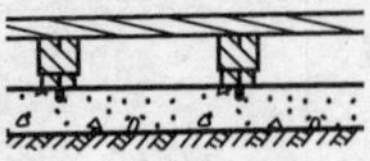	1. 地板漆2道 2. 100×25长条松木地板(背面满刷氟化钠防腐剂) 3. 50×50木龙骨@400架空20，表面刷防腐剂 4. C15混凝土垫层60厚 5. 夯实土	要求具有弹性、温暖、不导电、防爆、清洁等地段，如高度精密生产和装配车间、计量室、校验室等	
2	粗石或块石地面	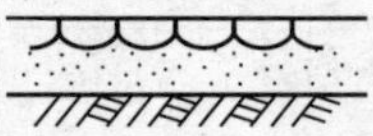	1. 100～180厚块石，粒径15～25卵石或碎砖填缝，碾压沉落后以粒径5～15卵石或碎石填缝，再次碾实 2. 砂垫层，压实后为60的厚度 3. 素土夯实	承受巨大冲击及磨损、平整度要求不高、便于修理等地段，例如，锻锤车间、电缆、钢绳车间、履带式拖拉机装配车间、人行道等	1. 块石厚度：100 mm、120 mm、150 mm 2. 粗石厚度：120 mm、150 mm、180 mm
3	混凝土板面层	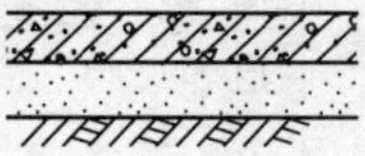	1. C20混凝土预制板60厚 2. 砂或细炉渣垫层60厚	可承受一定机械作用强度，用于将要安装设备及敷设地下管线而预留位置的地段或人行道	
4	陶板地面	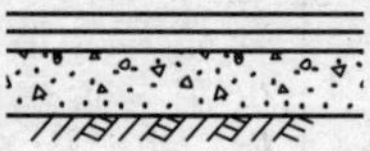	1. 陶板面层沥青胶泥勾缝 2. 3厚沥青胶混结合层 3. 1∶3水泥砂浆找平层上刷冷底子油一道 4. C10混凝土垫层，厚不小于60 5. 素土夯实	用于有一定清洁要求及受酸性、碱性、中性液体、水作用的地段，如蓄电池室、电镀车间、染色车间及尿素车间等	
5	铸铁板地面	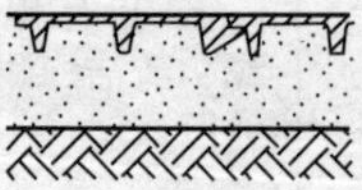	1. 6厚厚铸铁板面层 2. 60～150厚砂或矿渣结合层 3. 素土夯实(或搀骨科夯实)	承受高温影响(800～1 400 ℃)及冲击、磨损等强烈机械作用的地段，如铸铁、锻压及热轧车间等	不适用于有磁性吸盘吊车的地段

11.1.3 地面的细部构造

1. 缩缝、分格缝

当采用混凝土作垫层时，为减少温度变化产生不规则裂缝引起地面的破坏，混凝土垫层应设接缝，接缝按其作用可分为伸缝和缩缝两种。缩缝是防止混凝土垫层在气温降低时产生不规则裂缝而设置的收缩缝。伸缝是防止混凝土垫层在气温升高时在缩缝边缘产生挤碎或拱起而设置的伸胀缝。厂房室内的混凝土垫层受温度变化影响不大，故不设伸缝，只做缩缝。

缩缝分为纵向和横向两种，平行于施工方向的缩缝称为纵向缩缝，垂直于施工方向的缩缝称为横向缩缝。纵向缩缝宜采用平头缝；当混凝土垫层厚度大于 150 mm 时，宜设企口缝，间距一般为 3～6 m；企口拆模时的混凝土抗压强度不宜低于 3 MPa。横向缩缝宜采用假缝，假缝的处理是上部有缝，但不贯通地面，其目的是引导垫层的收缩裂缝集中于该处，假缝间距为 6～12 m。高温季节施工的地面，假缝间距宜采用 6 m。假缝的宽度宜为 5～20 mm，高度宜为垫层厚度的 1/3，缝内应填水泥砂浆。有大面积密集堆料的地面，混凝土垫层的纵向缩缝、横向缩缝，应采用平头缝，其间距宜采用 6 m。设置防冻胀层的地面，混凝土垫层的纵向缩缝、横向缩缝应采用平头缝，其间距不宜大于 3 m。混凝土垫层缩缝形式如图 11.3 所示。

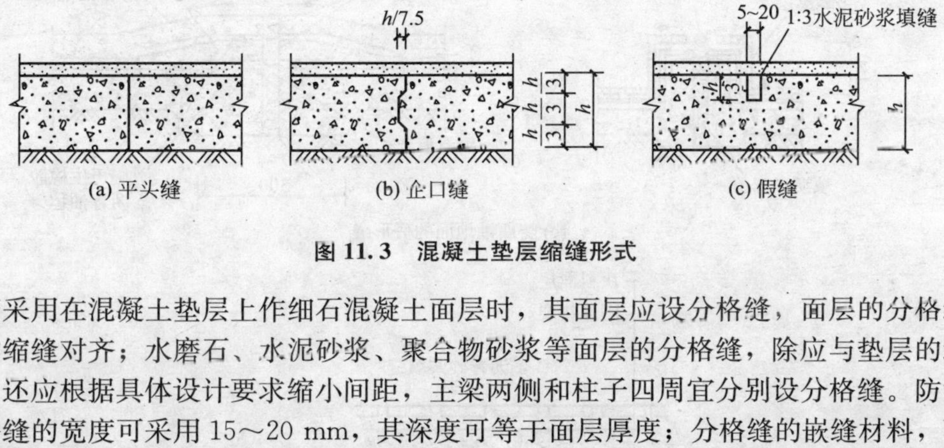

(a) 平头缝　(b) 企口缝　(c) 假缝

图 11.3 混凝土垫层缩缝形式

当采用在混凝土垫层上作细石混凝土面层时，其面层应设分格缝，面层的分格缝应与垫层的缩缝对齐；水磨石、水泥砂浆、聚合物砂浆等面层的分格缝，除应与垫层的缩缝对齐外，还应根据具体设计要求缩小间距，主梁两侧和柱子四周宜分别设分格缝。防油渗面层分格缝的宽度可采用 15～20 mm，其深度可等于面层厚度；分格缝的嵌缝材料，下层宜采用防油渗胶泥，上层宜采用膨胀水泥砂浆封缝。对设有隔离层的水玻璃混凝土或耐碱混凝土面层，分格缝可不与垫层的缩缝对齐；若采用沥青类地面或块材面层，面层可不设分格缝。

2. 地面接缝

1）变形缝

厂房地面变形缝与民用建筑的变形缝相同，有伸缩缝、沉降缝和防震缝。地面变形缝的位置与整个建筑的变形缝一致，且贯穿地面地基以上的各构造层。通常在一般地面与锻锤、破碎机等振动大的设备基础之间应设变形缝；在承受荷载的大小悬殊地面的相邻处应设变形缝。变形缝应在排水坡的分水线上，不得通过有液体流经或积聚的部位。变形缝的宽度为 20～30 mm，用沥青砂浆或沥青胶泥填缝。

一般地面变形缝的构造如图 11.4(a)所示。在有较大冲击、磨损或车辆频繁作用以及有巨型机械作用的地面变形缝处，地面应设钢板盖缝，角钢或扁铁护边，如图 11.4(b)所示。防腐蚀地面应尽量避免设置变形缝，若确需设置时，可在变形缝两侧利用增加面层厚度或基层厚度的方式设置挡水。挡水设置和缝内的防腐蚀处理，如图 11.4(c)所示。若面层为块料时，面层不再留缝，如图 11.4(d)所示。设有分格缝的大面积混凝土作垫层的地面，可不另设地面伸缩缝。

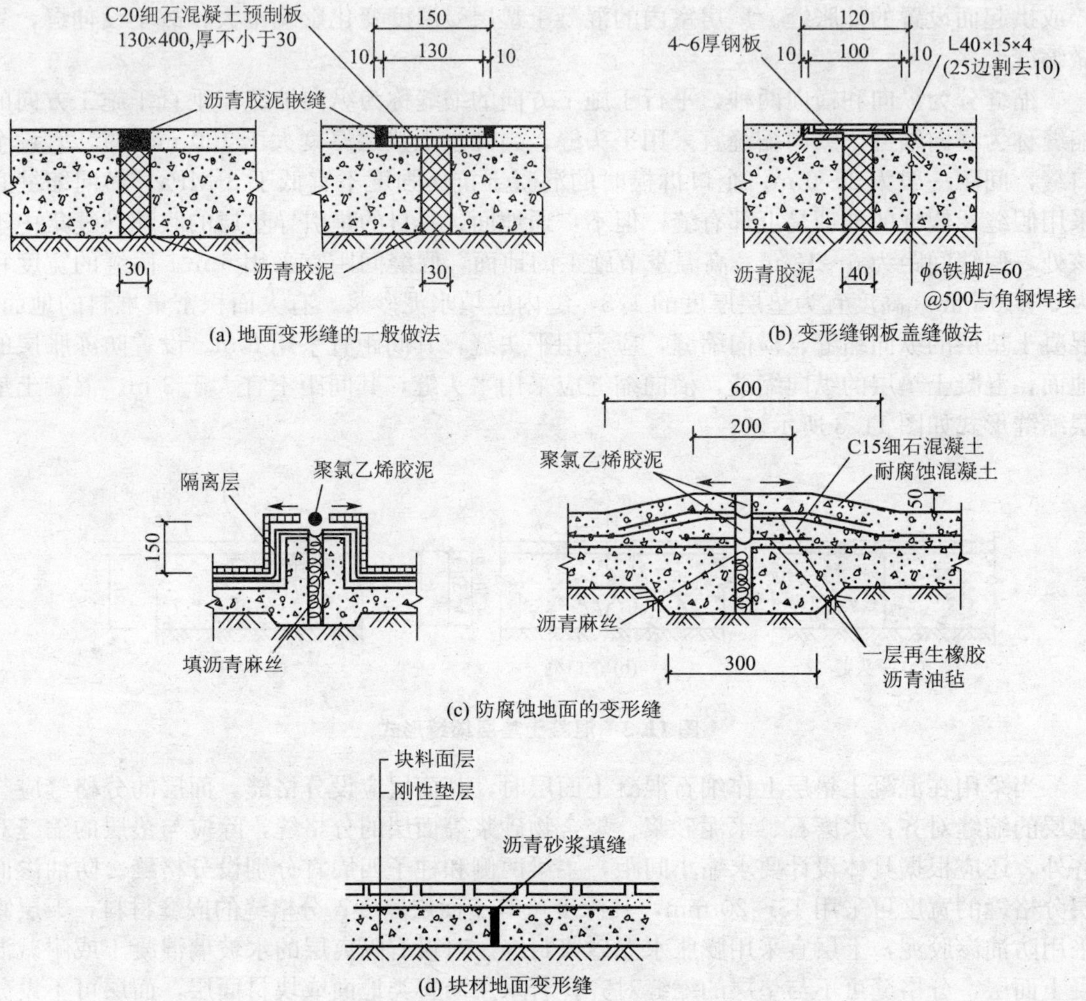

(a) 地面变形缝的一般做法　(b) 变形缝钢板盖缝做法

(c) 防腐蚀地面的变形缝

(d) 块材地面变形缝

图 11.4　地面变形缝构造

2）变界缝

(1) 不同材料地面的接缝。两种不同材料的地面由于强度不同，交界缝处易遭破坏，应采取加固措施。一般可在地面交界处设置与垫层中预埋钢板焊接的角钢或扁钢嵌边，角钢与整体面层的厚度要一致；也可设置混凝土预制块加固，以保证不同材料的垫层或面层的接缝施工，如图 11.5 所示。

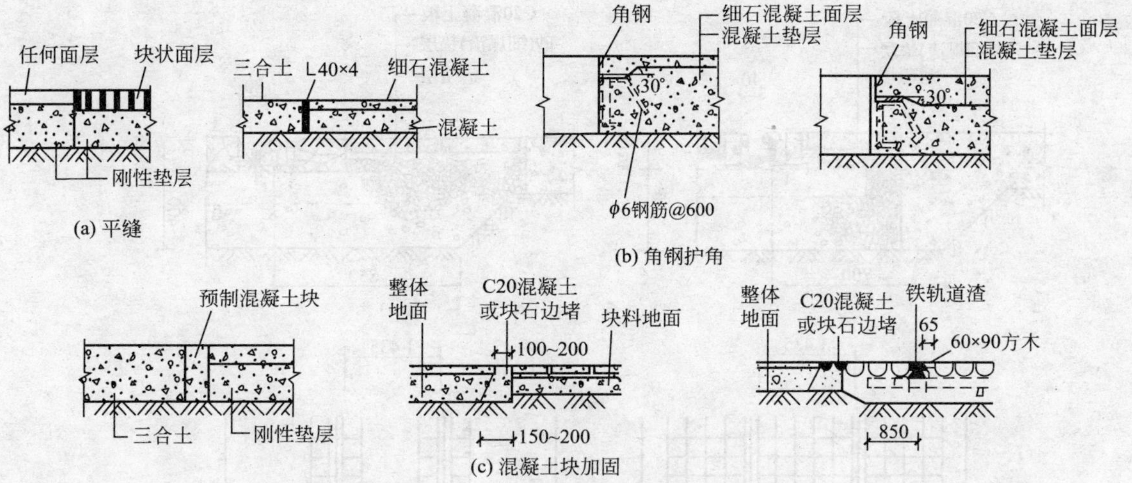

图 11.5　不同材料地面的交界缝

（2）防腐地面与非防腐地面接缝。防腐地面与非防腐地面交界处一般应设挡水，并对挡水采取相应的防水措施，如图 11.6 所示。

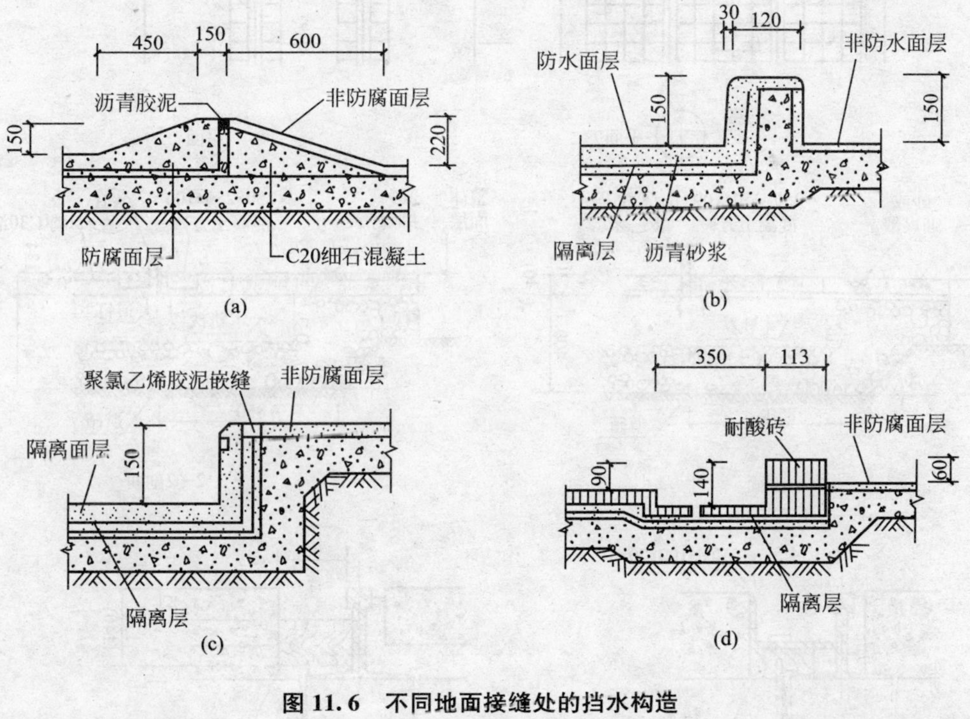

图 11.6　不同地面接缝处的挡水构造

（3）地面与铁路的连接。当厂房内铺设铁轨时，应考虑车辆和行人的通行方便，铁轨应与地面平齐。轨道区一般铺设板、块地面，其宽度不小于枕木的外伸长度(距铁轨两侧不小于 850 mm 的地带)。当轨道上常有重型车辆通过时，轨沟要用角钢或旧钢轨等加固。地面与铁路的连接构造如图 11.7 所示。

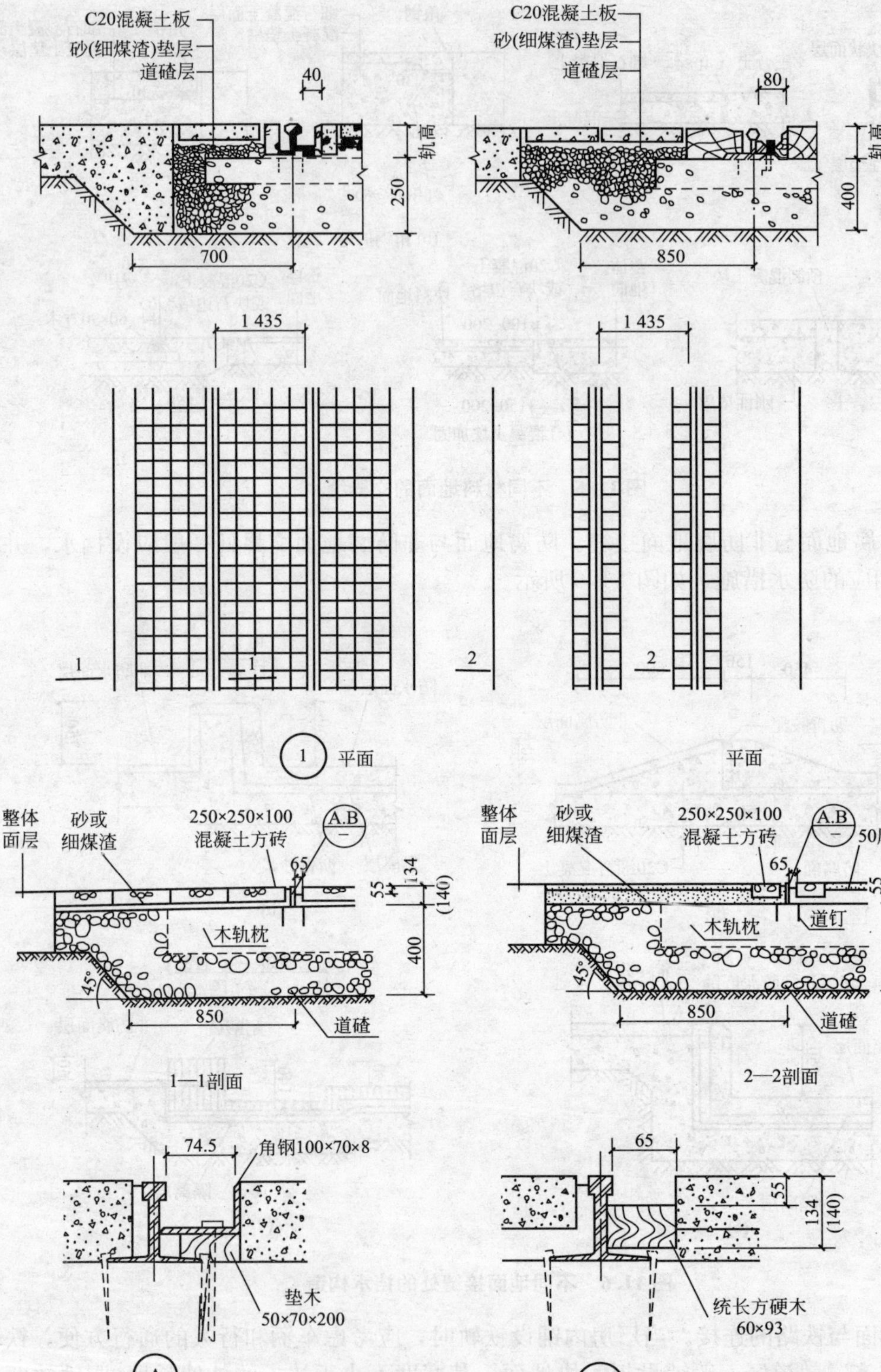

图 11.7　地面与铁路的连接构造

3）地面与墙间的接缝

地面与墙间的接缝处均设踢脚线，有水冲洗的车间或工部须做墙裙，厂房中踢脚线高度不应小于 150 mm，踢脚线的材料一般与地面层的材料相同，但须注意以下几点：

(1) 混凝土及沥青地面的踢脚线一般采用水泥砂浆。

(2) 块料地面的踢脚线可采用水磨石。

(3) 设有隔离层的地面，其隔离层应延伸至踢脚线的高度，同时还应注意边缘的固结问题。

(4) 当有腐蚀介质和水冲洗的车间，踢脚线的高度应为 200～300 mm，并和地面一次施工减少缝隙。

11.1.4 排水沟、地沟

1）排水沟。在地面范围内常设有排水沟和通行各种管道的地沟。当室内水量不大时，可采用排水明沟，沟底须做垫坡，其坡度为 0.5%～1%，沟边则采用边堵构造方法(如图 11.8所示)。水量大或有污染性时，应用有盖板的排水沟或管道排水。

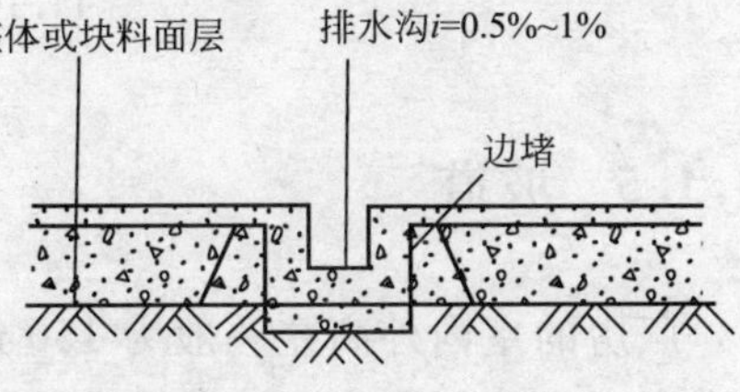

图 11.8 排水沟构造

2）地沟。由于生产工艺的要求，厂房内需要铺设各种生产管线，例如，电缆、采暖、通风、压缩空气、蒸汽管道等，需要设置地沟。地沟的深度及宽度根据敷设及检修管线的要求确定。

地沟由底板、沟壁、盖板 3 部分组成。常用的地沟有砖砌地沟和混凝土地沟两种，地沟的构造如图 11.9 所示。砖砌地沟适用于沟内无防酸、防碱要求，沟外部也不受地下水影响的厂房。沟底为现浇混凝土，沟壁一般由 120～490 mm 砖砌筑，如图 11.9(a)所示。上端应设混凝土垫梁，以支承盖板。砖砌地沟一般须作防潮处理，做法是在沟壁外刷冷底子油一道，热沥青二道，沟壁内抹 20 mm 厚 1∶2 水泥砂浆，内掺 3%防水剂。现浇钢筋混凝土地沟能用于地下水位以下，沟底和沟壁由混凝土整体浇汁而成，并应作防水处理，如图 11.9(b)所示。

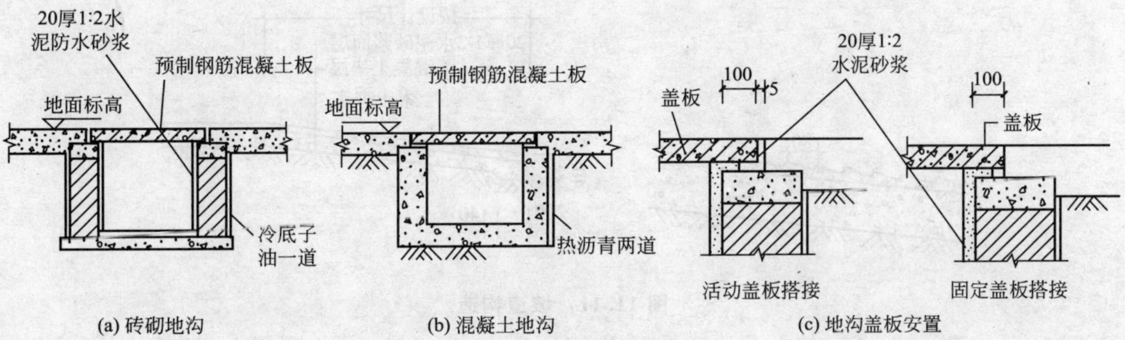

(a) 砖砌地沟　(b) 混凝土地沟　(c) 地沟盖板安置

图 11.9 地沟构造

地沟盖板多为预制钢筋混凝土板，根据地面荷载不同配筋，板上应设有活动拉手，如图 11.9(c)所示。

当地沟穿越外墙时，为避免发生不均匀沉降，应注意室内外管沟的接头处理，一般做法是在墙体外侧的管沟部分设置变形缝，如图 11.10 所示。

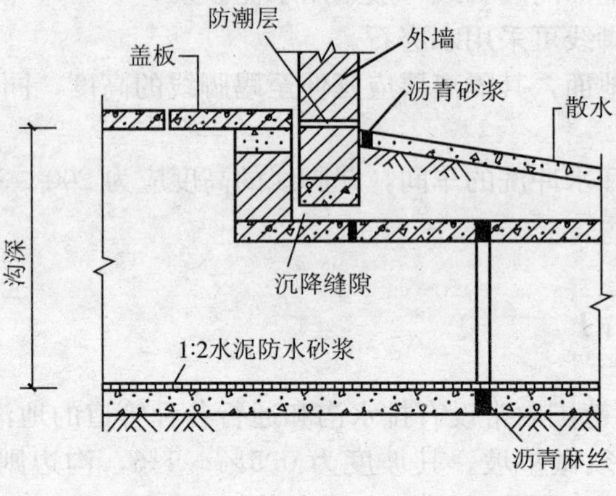

图 11.10　地沟穿越外墙的变形缝处理

11.1.5　坡道

厂房的室内外高差一般为 150 mm。为了便于各种车辆通行，在门口外侧须设置坡道。坡道宽度应比门洞口两边各大出 600 mm，坡度一般为 10%～15%，最大不超过 30%。坡度大于 10%时，应在坡道表面作齿槽防滑，如图 11.11 所示。若车间有铁轨通入时，则坡道设在铁轨两侧，如图 11.12 所示。

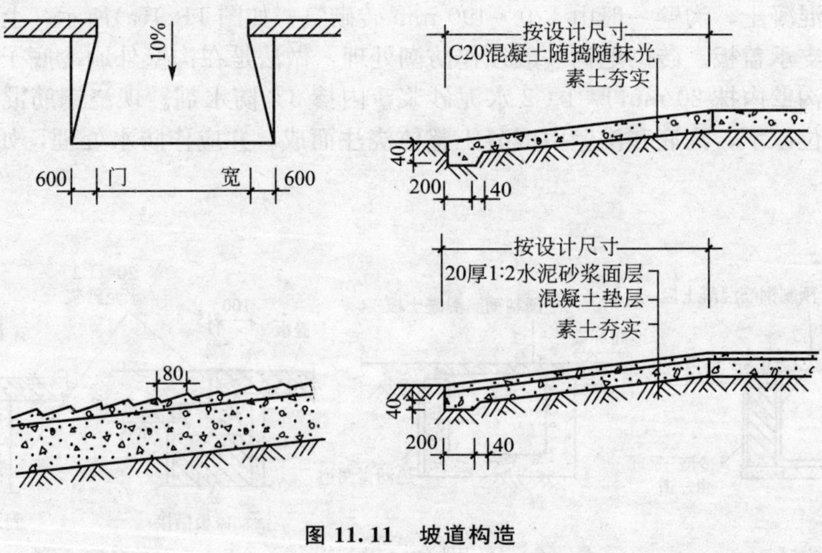

图 11.11　坡道构造

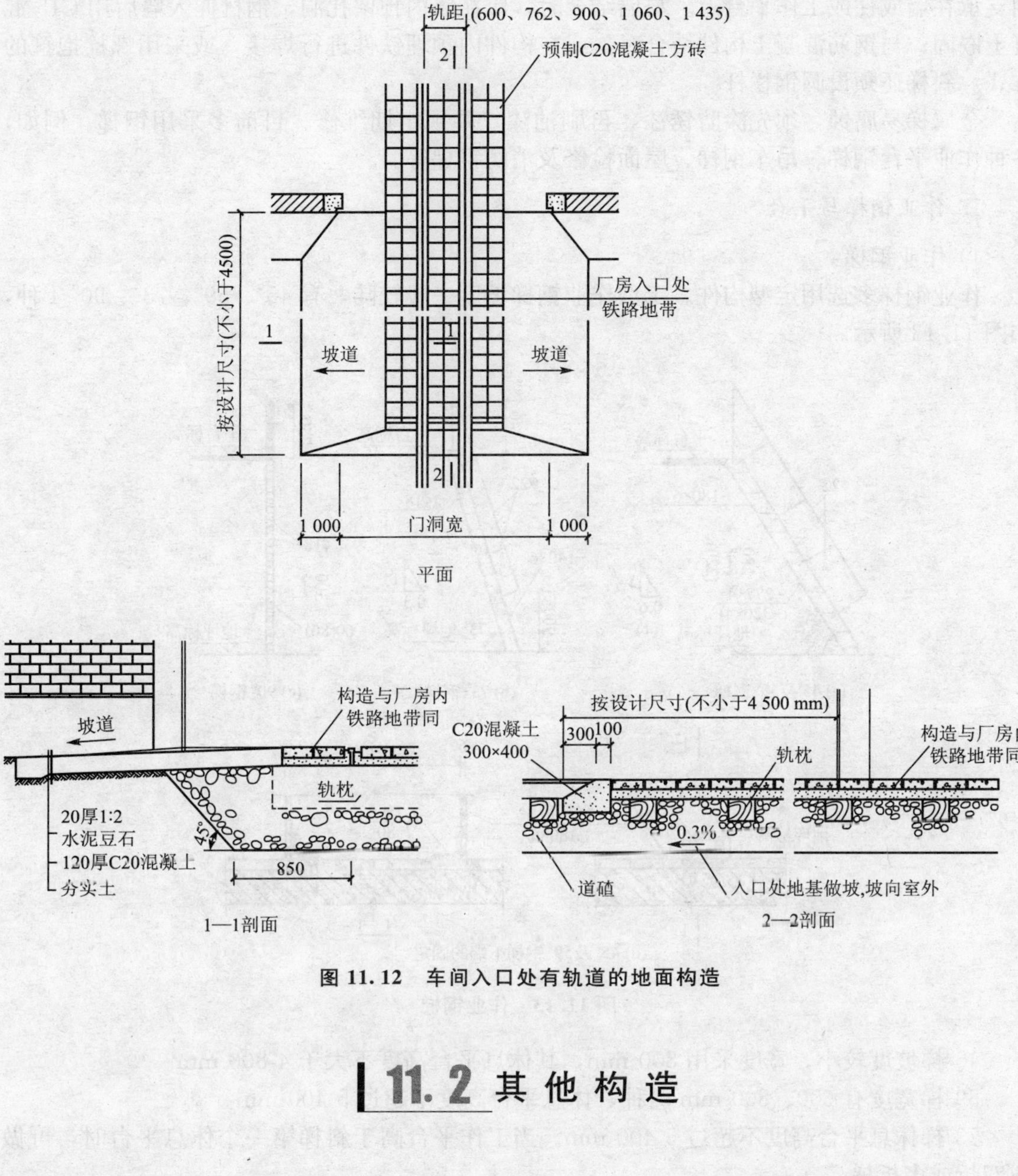

图 11.12　车间入口处有轨道的地面构造

11.2 其他构造

11.2.1　钢梯

在厂房中由于使用的需要，常设置各种金属梯，如从地面到工作平台的工作梯，到吊车操纵室的吊车梯，以及室外到屋面去的消防检修梯等。它们的宽度一般为 600～800 mm，梯级每步高为 300 mm，其形式有直梯和斜梯两种。直梯的梯梁常采用角钢，踏步用 ϕ18 mm 圆钢；斜梯的梯梁多用 6 mm 厚钢板，踏步用 3 mm 厚花纹钢板，也可用不少于 2 根的 ϕ18 mm 圆钢做成。金属梯用料剖面尺寸视车间生产状况有所不同，如果车间内相对湿度高，以及有腐蚀性介质作用时，则构件剖面应加一级。金属梯一端支承在地面上，另一端则支承在墙或柱或工作平台上。与墙结合时，应在墙内预留孔洞，钢材伸入墙后用 C15 混凝土嵌固；与钢筋混凝土构件结合时，或在构件内预埋铁件进行焊接，或采用螺栓抱箍的方式。斜梯还须设圆钢栏杆。

金属梯易腐蚀，须先涂防锈漆，再刷油漆，并须定期维修。目前多采用钢梯。例如，各种作业平台钢梯、吊车钢梯、屋面检修及消防钢梯等。

1. 作业钢梯与平台

1）作业钢梯

作业钢梯多选用定型构件。定型作业钢梯坡度一般较陡，有 45°、59°、73°、90° 4 种，如图 11.13 所示。

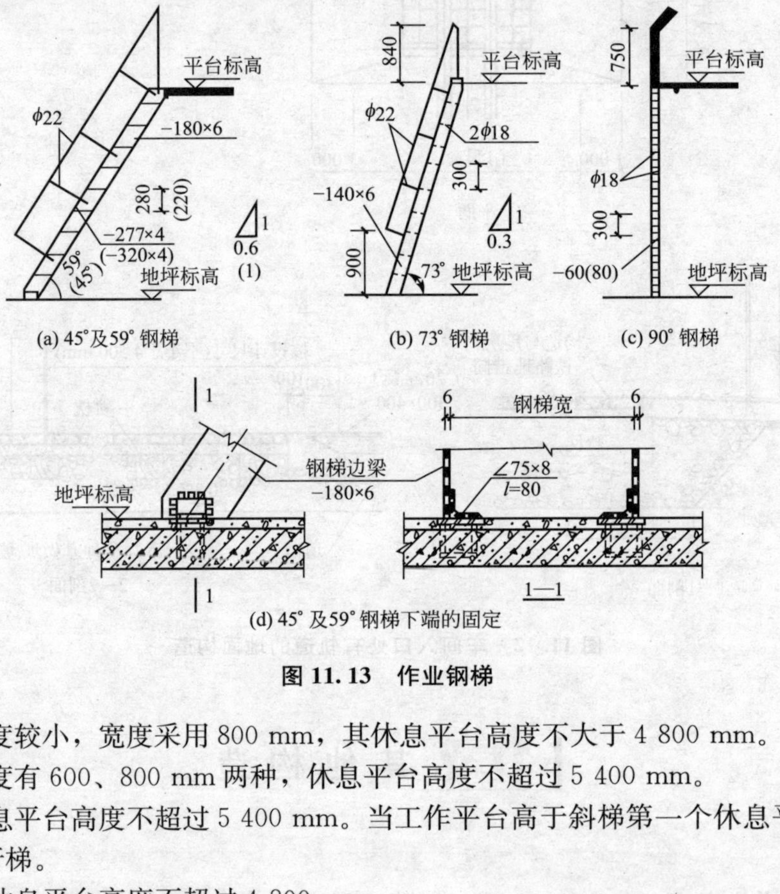

图 11.13　作业钢梯

45°梯坡度较小，宽度采用 800 mm，其休息平台高度不大于 4 800 mm。

59°梯宽度有 600、800 mm 两种，休息平台高度不超过 5 400 mm。

73°梯休息平台高度不超过 5 400 mm。当工作平台高于斜梯第一个休息平台时，可做成双折或多折梯。

90°梯的休息平台高度不超过 4 800 mm。

作业钢梯的构造随坡度陡缓而异，45°、59°、73°钢梯的踏步一般采用网纹钢板，若材料供应困难时，可改用普通钢板压制或做电焊防滑点(条)；90°钢梯的踏条一般用 1～2 根 ϕ18 mm 圆钢做成；钢梯边梁的下端与预埋在地面混凝土基础中的预埋钢板焊接；边梁的上端固定在作业(或休息)平台钢梁或钢筋混凝土梁的预埋铁件上。

2）作业平台

作业平台是指在一定高度上用于设备操作的平台，按其制作的材料分有钢平台和钢筋混凝土平台。一般采用钢筋混凝土板平台，当面积较小、开洞较多、结构复杂时，宜用钢平台。作业平台周边应设1.0 m高的安全栏杆，作业平台示例如图 11.14 所示。

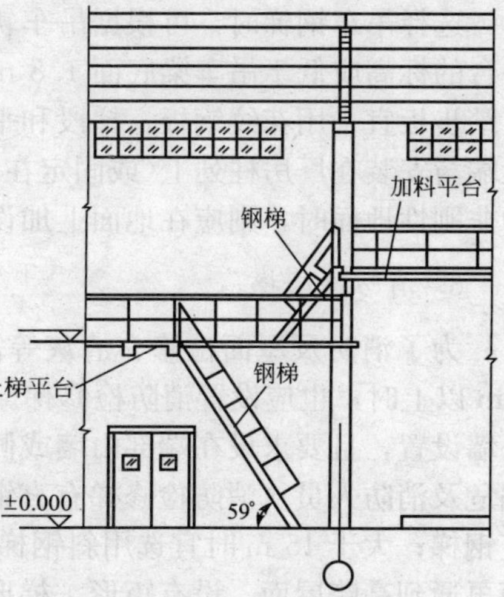

图 11.14 作业平台示例

2. 吊车钢梯

为便于吊车司机上下吊车，应在靠吊车司机室一侧设置吊车钢梯。为了避免吊车停靠时撞击端部的车挡，吊车钢梯宜布置在厂房端部的第二个柱距内。

当多跨车间相邻两跨均有吊车时，吊车梯可设在中柱上，使一部吊车钢梯为两跨吊车服务。同一跨内有两台以上吊车时，每台吊车均应有单独的吊车钢梯。

吊车钢梯主要由梯段和平台两部分组成，当梯段高度小于 4.8 m时，可不设中间平台，做成直梯，其形式与连接如图 11.15 所示。吊车钢梯的坡度一般为 59°，宽度为 600 mm，59°吊车钢梯的形式与连接构造如图 11.16 所示。

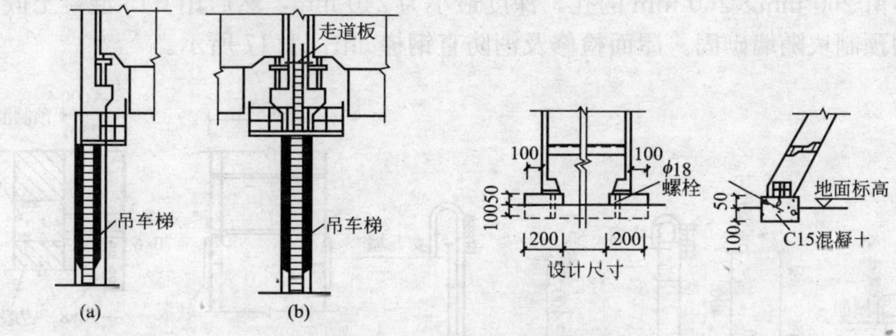

图 11.15 吊车钢梯及连接

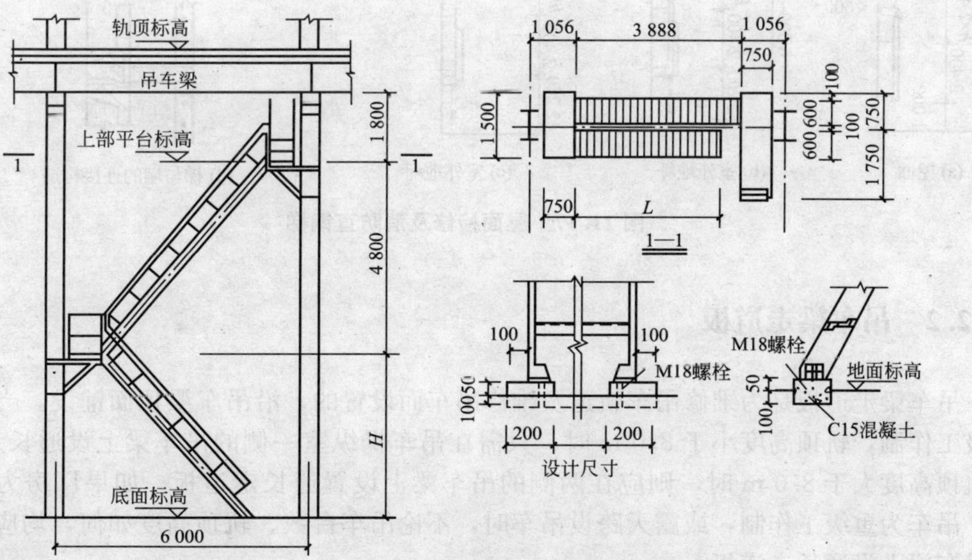

图 11.16 59°吊车钢梯的形式与连接构造

选择吊车钢梯时，可根据吊车轨顶标高，选用定型的吊车钢梯和平台型号。吊车钢梯平台的标高应低于吊车梁底面 1.8 m 以上，以利于通行。为防止滑倒，吊车钢梯的平台板及踏步板宜采用花纹钢板。梯段和平台的栏杆扶手一般为 ϕ22 mm 圆钢制作。梯段斜梁的上端与安装在厂房柱列上(或固定在墙上)的平台连接，斜梁的下端固定在刚性地面上。若为非刚性地面时，则应在地面上加设混凝土基础。

3. 消防检修梯

为了消防及屋面检修、清灰等需要，单层厂房需设置消防检修梯。相邻屋面高差在 2 m 以上时，也应设置消防检修梯。该梯的数量根据厂房面积的大小确定。其位置一般沿外墙设置，且要求设在端部山墙或侧墙实墙面处，这是为了便于梯的固定和避免火灾时火焰危及消防人员。消防检修梯有直钢梯和斜钢梯两种。当厂房檐口高度小于 15 m 时选用直钢梯；大于 15 m 时宜选用斜钢梯。当厂房有高低跨时，应使屋面检修钢梯先经低跨屋面再通到高跨屋面。设有矩形、梯形、M 形天窗时，屋面检修及消防钢梯宜设在天窗的间断处附近，以便于上屋面后横向穿越，并应在天窗端壁上设置上天窗屋面的直梯。

直钢梯的宽度一般为 600 mm，斜钢梯的宽度为 800 mm。为了便于管理，梯的下端距室外地面宜大于 2 m，梯与外墙的表面距离通常不小于 250 mm。梯梁用焊接的角钢埋入墙内，墙预留 260 mm×260 mm 的孔，深度最小为 240 mm，然后用 C15 混凝土嵌固或做成带角钢的预制块随墙砌固。屋面检修及消防直钢梯如图 11.17 所示。

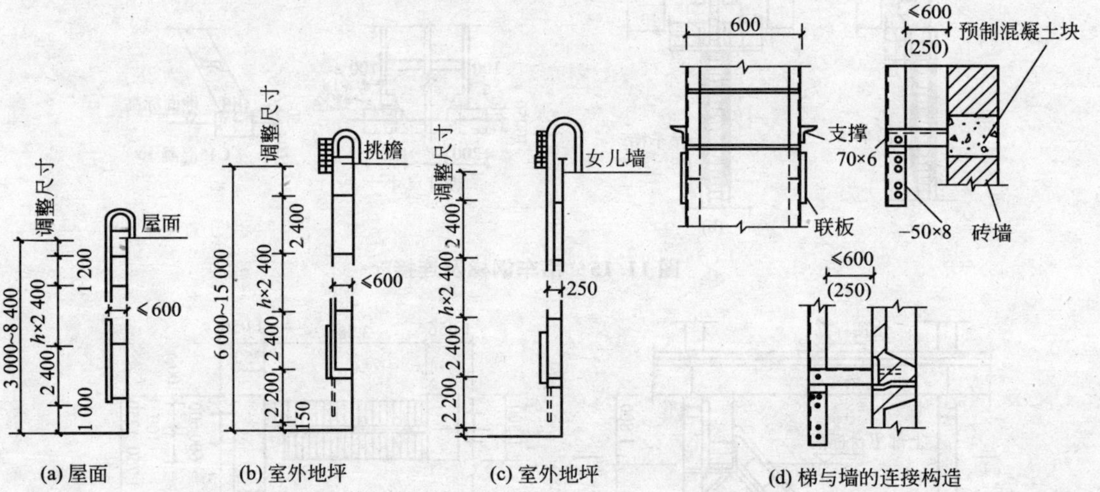

(a) 屋面　(b) 室外地坪　(c) 室外地坪　(d) 梯与墙的连接构造

图 11.17　屋面检修及消防直钢梯

11.2.2　吊车梁走道板

吊车梁走道板是为维修吊车轨道及维修吊车而设置的，沿吊车梁顶面铺设。当吊车为中级工作制，轨顶高度小于 8.0 m 时，只需在吊车操纵室一侧的吊车梁上设通长走道板；若轨顶高度大于 8.0 m 时，则应在两侧的吊车梁上设置通长走道板；如果厂房为高温车间、吊车为重级工作制，或露天跨设吊车时，不论吊车台数、轨顶高度如何，均应在两侧的吊车梁上设通长走道板。

走道板可设置在厂房边柱位置或中柱位置。走道板在边柱位置是利用吊车梁与外墙间的空隙设置。在中柱位置上，如果只有一侧有吊车梁时，设一列走道板，并在上柱内侧考虑通行宽度；如果两侧都有吊车梁，且标高相同时，可共同设一列走道板，走道板可直接铺放在两个吊车梁上，须注意考虑两侧通行时的宽度。当其标高相差很大或为双层吊车，则仍根据需要设两层走道板。

吊车梁走道板由支架、走道板和栏杆组成，走道板有木制、钢制及钢筋混凝土 3 种、目前采用较多的预制钢筋混凝土走道板，有定型构件供设计时选择。预制钢筋混凝土走道板宽度有 400 mm、600 mm、800 mm 3 种，板的长度与柱子净距相配套，横断面为槽形或T 形。

走道板的固定有两种方式：①两端搁置在相临柱子侧面的钢牛腿上，并与之焊牢；②走道板固定在吊车梁与柱子钢支架上，若利用外墙支撑时，可不另设支架；边柱走道板设置如图 11.18 所示，中柱走道板的设置如图 11.19 所示。

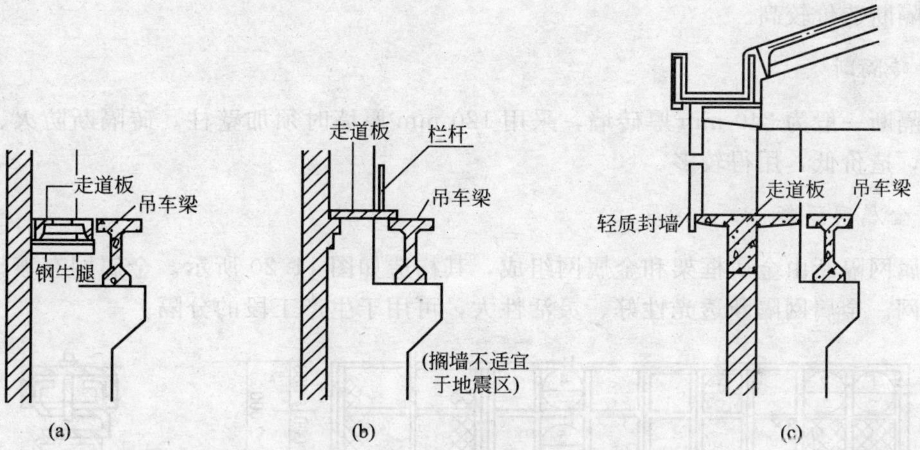

图 11.18　边柱走道板布置

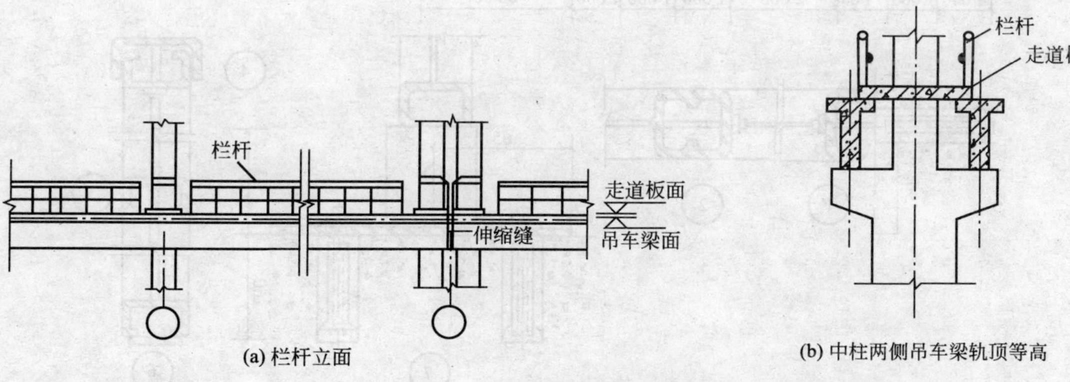

图 11.19　中柱走道板的设置

走道板的一侧或两侧还应设置栏杆，栏杆材料为角钢制作，栏杆高度为 900 mm。当走道宽度未满 500 mm 时，中柱的走道板栏杆应改为单面栏杆，边柱走道板的栏杆改为靠墙扶手。

11.2.3 车间内部隔断

隔断，可以按生产、管理、安全卫生等不同的需要，在单层工业厂房内设置出车间办公室、工具间、临时仓库等房间。

通常隔断的上部空间是与车间连通的，只是在为了防止车间生产的有害介质侵袭时，才在隔断的上部加设胶合板、薄钢板、硬质塑料及石棉水泥板等材料做成顶盖，构成一个封闭的空间。不加顶盖的隔断高度一般为 2.1 m，加顶盖的隔断高度一般为 3.0～3.6 m。

常用的隔断有木板隔断、金属网隔断、预制钢筋混凝土板隔断、铝合金隔断、混合隔断以及塑钢、玻璃钢、石膏板等轻质材料隔断等。

1. 木隔断

木隔断多用于车间内的办公室、工具间。木隔断有全木隔断和玻璃与木材的组合隔断。木隔断造价较高。

2. 砖隔断

砖隔断一般为 240 mm 厚砖墙，采用 120 mm 厚墙时须加壁柱。砖隔断防火、防腐蚀性能好，造价低，用得较多。

3. 金属网隔断

金属网隔断由金属框架和金属网组成，其构造如图 11.20 所示。金属网有镀锌铁丝网和钢板网。金属网隔断透光性好、灵活性大，可用于生产工段的分隔。

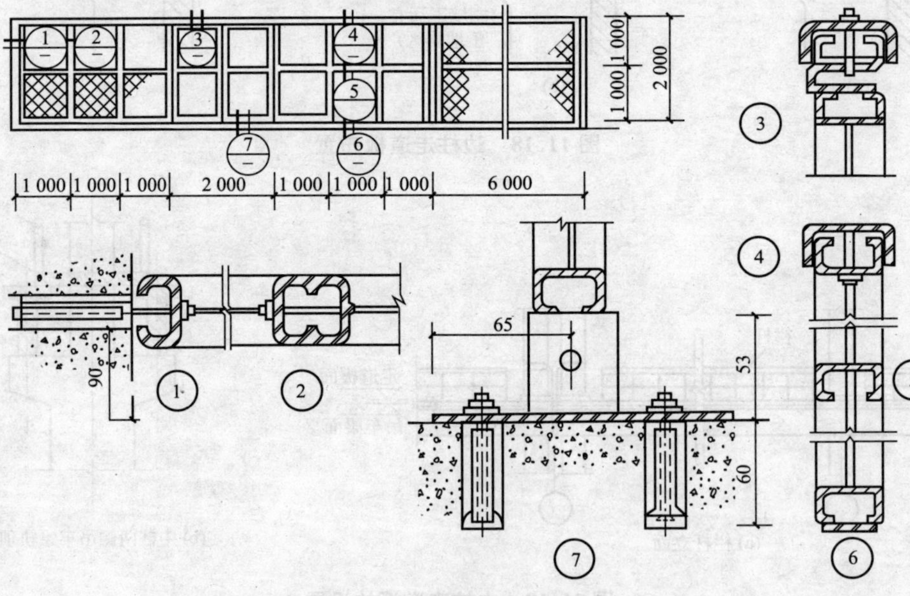

图 11.20 金属网隔断构造

4. 钢筋混凝土隔断

钢筋混凝土隔断多为预制装配式，施工方便、防火性能好，适用于温度高的车间，装配式钢筋混凝土隔断构造如图 11.21 所示。

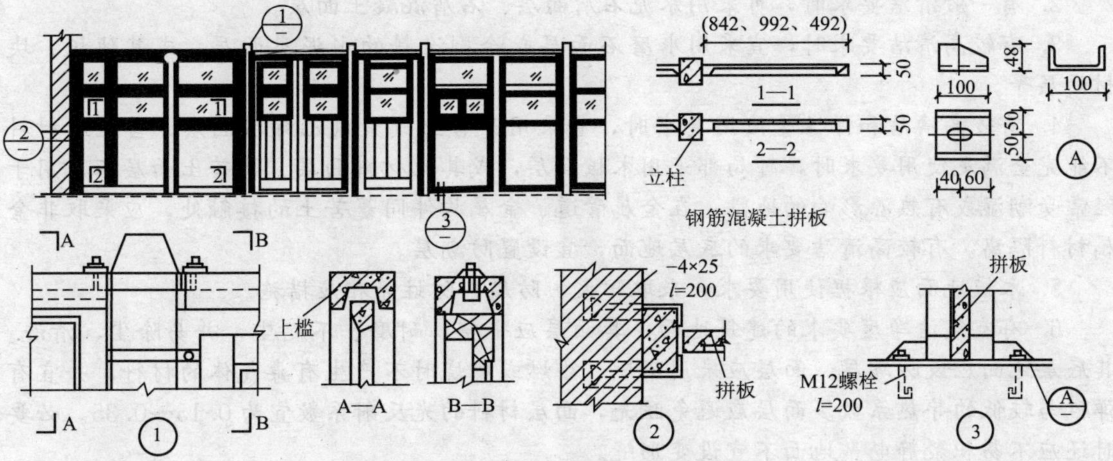

图 11.21 装配式钢筋混凝土隔断构造

5. 混合隔断

混台隔断的下部一般是高约 1.0 m 的砖砌隔断、上部为玻璃木材组合隔断、玻璃铝合金隔断或金属网隔断。隔断的每 3.0 m 间距应设置一砖柱，提高隔断的稳定性。

本章小结

1. 厂房地面与民用建筑地面一样，一般由面层、垫层和基层(地基)组成。垫层可分为刚性垫层、半刚性垫层和柔性垫层三种。单层厂房地面根据需要可设置结合层和隔离层等附加层。

2. 厂房地面类型可分为单层整体地面、多层整体地面整体树脂面层地面及块(板)料地面。

3. 地面细部构造较复杂，注意在缩缝、变形缝、变界缝、地沟等处的构造处理。

4. 厂房的室内外高度差一般为 150 mm。在门口外侧须设置坡道。坡度一般为 10%。

5. 工业厂房中室内常需设置各种作业平台钢梯、吊车钢梯；室外需设置屋面检修及消防钢梯等。作业钢梯多选用定型构件。定型作业钢梯坡度一般较陡，有 45°、59°、73°、90° 4 种。吊车钢梯宜布置在厂房端部的第二个柱距内。

6. 吊车梁走道板是为维修吊车轨道及维修吊车而设置的。

7. 常用的隔断有木板隔断、金属网隔断、预制钢筋混凝土板隔断、铝合金隔断、混合隔断以及塑钢、玻璃钢、石膏板等轻质材料隔断等。

背景知识——地面类型选择

厂房地面类型的选择较复杂，应根据生产特征、使用要求，经综合技术经济比较确定。《建筑地面设计规范》(GB 50037—1996) 对地面类型的选择做了详细规定。

1. 当局部地段受到较严重的物理或化学作用时，应采取局部措施。

2. 有一般清洁要求时，可采用水泥石屑面层、石屑混凝土面层。

3. 有较高清洁要求时，宜采用水磨石面层或涂刷涂料的水泥类面层，或其他板、块材面层等。

4. 有较高清洁和弹性等使用要求时，宜采用菱苦土或聚氯乙烯板面层，当上述材料不能完全满足使用要求时，可局部采用木板面层，或其他材料面层。菱苦土面层不应用于经常受潮湿或有热源影响的地段。在金属管道、金属构件同菱苦土的接触处，应采取非金属材料隔离。有较高清洁要求的底层地面，宜设置防潮层。

5. 木板地面应根据使用要求，采取防火、防腐、防蛀等相应措施。

6. 有空气洁净度要求的建筑地面，其面层应平整、耐磨、不起尘，并易除尘、清洗。其底层地面应设防潮层。面层应采用不燃、难燃或燃烧时不产生有毒气体的材料，并宜有弹性与较低的导热系数。面层应避免眩光，面层材料的光反射系数宜为0.15～0.35。必要时还应不易积聚静电。地面不宜设变形缝。

7. 空气洁净度要求较高的垂直层流的建筑地面，应采用格栅式通风地板，其材料可选择钢板焊接后电镀或涂塑、铸铝等。通风地板下宜采用现浇水磨石、涂刷树脂类涂料的水泥砂浆或瓷砖等面层。

8. 空气洁净度要求较高的地段宜采用导静电塑料贴面面层、聚氨酯等自流平面层。导静电塑料贴面面层宜用成卷或较大块材铺贴，并应用配套的导静电胶黏合。

9. 空气洁净度要求较低的地段可采用现浇水磨石面层，亦可在水泥类面层上涂刷聚氨酯涂料、环氧涂料等树脂类涂料。现浇水磨石面层宜用铜条或铝合金条分格，当金属嵌条对某些生产工艺有害时，可采用玻璃条分格。

10. 生产或使用过程中有防静电要求的地段，应采用导静电面层材料，其表面电阻率、体积电阻率等主要技术指标应满足生产和使用的要求，并应设置静电接地。导静电地面的各项技术指标应符合现行《电子信息系统机房设计规范》(GB 50174—2008)的有关规定。

11. 有水或非腐蚀性液体经常浸湿的地段，宜采用现浇水泥类面层，宜设置隔离层；经常有水流淌的地段，应采用不吸水、易冲洗、防滑的面层材料，并应设置隔离层。隔离层可采用防水卷材类、防水涂料类和沥青砂浆等材料。

12. 防潮要求较低的地面，亦可采用沥青类胶泥涂覆式隔离层或增加灰土、碎石灌沥青等垫层。

13. 湿热地区非空调建筑的地面，可采用微孔吸湿、表面粗糙的面层。

14. 有灼热物件接触或受高温影响的底层地面，可采用素土、矿渣或碎石等面层。当同时有平整和一定的清洁要求时，还应根据温度的接触或影响状况采取相应措施：300 ℃以下时，可采用黏土砖面层；300～500 ℃时，可采用块石面层；500～800 ℃时，可采用耐热混凝土或耐火砖等面层；800～1 400 ℃局部地段，可采用铸铁板面层。上述块材面层的结合层材料宜采用砂或炉渣。

15. 要求不发生火花的地面，宜采用细石混凝土、水泥石屑、水磨石等面层，但其骨料应为不发生火花的石灰石、白云石和大理石等，亦可采用不产生静电作用的绝缘材料作整体面层。

16. 生产和储存食品、食料或药物且有可能直接与地面接触的地段，面层严禁采用有毒性的塑料、涂料或水玻璃类等材料。材料的毒性应经有关卫生防疫部门鉴定。生产和储存吸味较强的食物时，应避免采用散发异味的地面材料。

17. 生产过程中有汞滴落的地段，可采用涂刷涂料的水泥类面层或较聚氯乙烯板整体面层。地面应采用混凝土垫层，并有一定的坡度。

18. 经常受机油直接作用的地段，应采用防油渗混凝土面层；采用防油渗胶泥玻璃纤维布作隔离层时，宜采用无碱玻璃纤维网格布，一布二胶总厚度宜为 4 mm。受机油较少作用的地段，可采用涂有防油渗涂料的水泥类整体面层，并可不设防油渗隔离层。防油渗涂料应具有耐磨性能，可采用聚合物砂浆、聚酯类涂料等材料。

19. 防油渗混凝土地面，其面层不应开裂，面层的分格缝处不得渗漏。对露出地面的电线管、接线盒、地脚螺栓、预埋套管及墙、柱连接处等部位应增加防油渗措施。

20. 通行电瓶车、载重汽车、叉式装卸车及从车辆上倾卸物件或在地面上翻转小型零部件等地段，宜采用现浇混凝土垫层兼面层或细石混凝土面层。

21. 通行金属轮车、滚动坚硬的圆形重物，拖运尖锐金属物件等磨损地段，宜采用混凝土垫层兼面层、铁屑水泥面层。垫层混凝土强度不低于 C25。

22. 行驶履带式或带防滑链的运输工具等磨损强烈的地段，宜采用砂结合的块石面层、混凝土预制块面层、水泥砂浆结合铸铁板面层或钢格栅加固的混凝土面层。预制块混凝土强度不低于 C30。

23. 堆放铁块、钢锭、铸造砂箱等笨重物料及有坚硬重物经常冲击的地段，宜采用素土、矿渣、碎石等面层。

24. 地面上直接安装金属切削机床的地段，其面层应具有一定的耐磨性、密实性和整体性要求。宜采用现浇混凝土垫层兼面层或细石混凝土面层。

25. 有气垫运输的地段，其面层应致密不透气、无缝、不易起尘。宜采用树脂砂浆、耐磨涂料、现浇高级水磨石等面层；地面坡度不应大于 1‰，且不应有连续长坡。表面平整度用 2 m 靠尺检查时，空隙不应大于 2 mm。

本章习题

1. 厂房地面有什么特点和要求？地面由哪些构造层次组成？它们各有什么作用？地面类型有哪些？

2. 选择面层和垫层时应考虑哪些因素？对基层(地基)有什么要求？根据使用或构造要求，有时还需增设结合层、找平层、防水层等，它们一般用什么材料？怎么做？

3. 缩缝、变形缝、变界缝、地沟和坡道在构造上是怎么处理的？

4. 厂房的钢梯有哪些类型？它们在布置和构造上有什么要求？

5. 厂房隔断有什么特点？有哪些类型？

第12章 多层厂房建筑设计

【教学目标与要求】

- 了解多层厂房的特点及使用范围
- 了解多层厂房的平面设计及剖面设计
- 了解多层厂房的楼电梯间和辅助用房的布置

12.1 概　述

随着科学技术的发展、工艺和设备的进步、工业用地的日趋紧张，多层厂房在机械、电子、电器、仪表、光学、轻工、纺织、化工和仓储等行业中具有举足轻重的地位。在工业社会向信息社会转变的今天，随着工业自动化程度的提高，信息设备(计算机)的普及，多层工业厂房在整个工业部门中所占的比重将会越来越大。我国自20世纪80年代以来，随着改革开放和经济的发展，多层厂房的发展速度十分迅速。

12.1.1　多层厂房的特点

和单层厂房相比，多层厂房有以下几个特点；

(1) 生产在不同标高的楼层进行。各层间除解决好水平方向的联系外，须突出解决好竖向层间的生产联系。

(2) 厂房占地面积较小，节约用地，降低基础工程量，缩短厂区道路、管线、围墙等长度。

(3) 屋顶面积较小，一般不需设置天窗，故屋面构造简单，雨雪排除方便，有利于保温和隔热处理。

(4) 厂房一般为梁板柱承重，柱网尺寸较小，生产工艺灵活性受到限制。对大荷载、大设备、大振动的适应性较差，需作特殊的结构处理。

12.1.2　多层厂房的适用范围

(1) 生产上需要垂直运输的企业。这类企业的原材料大部分为粒状和粉状的散料或液体。经一次提升(或升高)后，可利用原料的自重自上而下传送加工，直至产品成型。例如，面粉厂、造纸厂、啤酒厂、乳品厂和化工厂的某些生产车间。

(2) 生产上要求在不同层高操作的企业。如化工厂的大型蒸馏塔、碳化塔等设备，高度比较高，生产又需在不同层高上进行。

(3) 生产环境有特殊要求的企业。由于多层厂房层间房间体积小，容易解决生产所要求的特殊环境，例如，恒温恒湿、净化洁净、无尘无菌等。属于这类企业的有仪表、电子、医药及食品类企业。

(4) 生产上虽无特殊要求，但设备及产品质量较轻，运输量也不大的企业。设备、原料及产品质量较轻的企业(楼面荷载小于 20 kN/m^2)，单件垂直运输小于 30 kN 的企业。

(5) 生产工艺上虽无特殊要求，但建设地点在市区，厂区基地受到限制或改扩建的企业。

12.1.3 多层厂房的结构型式

厂房结构型式的选择首先应该结合生产工艺及层数的要求进行，其次应该考虑建筑材料的供应、当地的施工安装条件、构配件的生产能力以及基地的自然条件等。目前我国多层厂房承重结构按其所用材料的不同一般有：

1. 混合结构

混合结构有砌体承重和内框架承重两种形式。前者包括有横墙承重及纵墙承重的不同布置。但因砌体占用面积较多，影响工艺布置，因而内框架承重的混合结构型式，是目前使用较多的一种结构形式。

由于混合结构的取材和施工均较方便，费用又较经济，保温隔热性能较好，所以当楼板跨度在 4～6 m，层数在 4～5 层，层高在 5.4～6.0 m 左右，楼面荷载不大又无振动的情况下，均可采用混合结构。但当地基条件差，容易不均匀下沉时，选用时应加慎重。此外在地震区亦不宜选用。

2. 钢筋混凝土结构

钢筋混凝土结构是我国目前采用最广泛的一种结构。它的构件剖面较小、强度大，能适应层数较多、荷载较大、跨度较宽的需要。钢筋混凝土框架结构，一般可分为梁板式结构和无梁楼板结构两种。其中梁板式结构又可分为横向承重框架、纵向承重框架及纵横向承重框架 3 种。横向承重框架刚度较好，适用于室内要求分间比较固定的厂房，是目前经常采用的一种形式。纵向承重框架的横向刚度较差，需在横向设置抗风墙、剪力墙，但由于横向联系梁的高度较小，楼层净空较高有利于管道的布置。一般适用于需要灵活分间的厂房。纵横向承重框架，采用纵横向均为刚接的框架，厂房整体刚度好，适用于地震区及各种类型的厂房。无梁楼板结构系由板、柱帽、柱和基础组成。它的特点是没有梁。因此楼板底面平整、室内净空可有效利用。它适用于布置大统间及需灵活分间布置的要求，一般应用于荷载较大(1 000 kg/m^2 以上)的多层厂房及冷库、仓库等类的建筑。

除上述的结构形式外，还可采用门式刚架组成的框架结构以及为设置技术夹层而采用的无斜腹杆平行弦屋架的大跨度桁架式结构。

3. 钢结构

钢结构具有质量轻、强度高、施工方便等优点，是国外采用较多的一种结构形式。目前我国由于钢产量较少，建筑用钢受到限制，钢结构采用得较少；但从发展的趋势来看，钢结构和钢筋混凝土结构一样，将会被更多的应用。钢结构虽然造价较贵，但从国外的经验证明，它施工速度快，能使工厂早日投产(一般认为可提高速度1倍左右)。因此建筑造价虽然贵一点，但可以从提早投产来补偿损失。

目前钢结构主要趋向是采用轻钢结构和高强度钢材。采用高强度钢结构较普通钢结构可节约钢材15%～20%，造价降低15%，减少用工20%左右。

12.2 多层厂房平面设计

多层厂房的平面设计首先应注意满足生产工艺的要求。其次，运输设备和生活辅助用房的布置、基地的形状、厂房方位等都对平面设计有很大影响，必须全面、综合地加以考虑。

12.2.1 生产工艺流程和平面布置

生产工艺流程的布置是厂房平面设计的主要依据。各种不同生产流程的布置在很大程度上决定着多层厂房的平面形状和各层间的相互关系。

按生产工艺流向的不同，多层厂房的生产工艺流程的布置可归纳为自上而下式、自下而上式、上下往复式3种类型(如图12.1所示)。

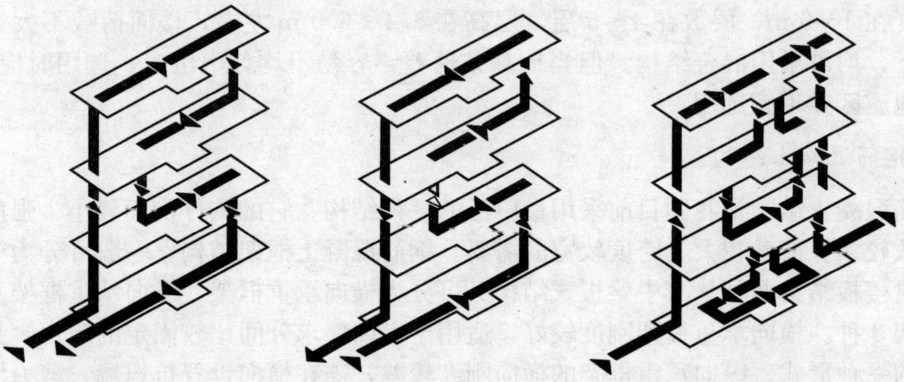

(a) 自上而下式　(b) 自下而上式　(c) 上下往复式

图12.1 3种类型的生产工艺流程

1. 自上而下式

自上而下式布置的特点是把原料送至最高层后，按照生产工艺流程的程序自上而下的逐步进行加工，最后的成品由底层运出。这时常可利用原料的自重，以减少垂直运输设备的设置。一些进行粒状或粉状材料加工的工厂常采用这种布置方式。面粉加工厂和电池干法密闭调粉楼的生产流程都属于这一种类型。

2. 自下而上式

原料自底层按生产流程逐层向上加工，最后在顶层加工成成品。这种流程方式有两种情况：①产品加工流程要求自下而上，例如，平板玻璃生产中底层布置溶化工段，靠垂直辊道由下而上运行，在运行中自然冷却形成平板玻璃；②有些企业的原材料及一些设备较重，或需要有吊车运输等，同时，生产流程又允许或需要将这些工段布置在底层，其他工段依次布置在以上各层，这就形成了较为合理的自下而上的工艺流程。例如，轻工业类的手表厂、照相机厂或一些精密仪表厂的生产流程都是属于这种形式。

3. 上下往复式

上下往复式是有上有下的一种混合布置方式。它能适应不同情况的要求，应用范围较广。由于生产流程是往复的，不可避免地会引起运输上的复杂化，但它的适应性较强，是一种经常采用的布置方式。例如印刷厂，由于铅印车间印刷机和纸库的荷载都比较重，因而常布置在底层，别的车间如排字间一般布置在顶层，装订、包装一般布置在二层。为适应这种情况，印刷厂的生产工艺流程就采用了上下往复的布置方式。

12.2.2 平面设计的原则

在进行平面设计时，一般应注意：厂房平面形式应力求规整，以利于减少占地面积和围护结构面积，便于结构布置、计算和施工；按生产需要，可将一些技术要求相同或相似的工段布置在一起，例如，要求空调的工段和对防震、防尘、防爆要求高的工段可分别集中在一起，进行分区布置；按通风、日照要求合理安排房间朝向。一般来说，主要生产工段应争取南北朝向。但对一些具有特殊要求的房间，例如，要求空调的工段为了减少空调设备的负荷，在炎热地区应注意避免太阳辐射热的影响，寒冷地区应注意减少室外低温及冷风的影响。具体原则如下：

(1) 厂房的平面布置应根据生产工艺流程、工段组合、交通运输、采光通风及生产上各种技术要求，经过综合研究后加以决定。

(2) 厂房的柱网尺寸除应满足生产使用的需求外，还应具有较大程度的灵活性，以适应生产工艺的发展及变更的需要。

(3) 各工段间，由于生产性质、生产环境的不同，组合时应将具有共性的工段作水平和垂直的集中分区布置。

12.2.3 平面布置的形式

由于各类企业的生产性质、生产特点、使用要求和建筑面积的不同，其平面布置形式也不相同，一般有以下几种布置形式：

1. 内廊式

中间为走廊，两侧布置生产房间和办公、服务房间。这种布置形式适宜于各工段面积不大，生产上既需相互紧密联系，但又不希望干扰的工段。各工段可按工艺流程的要求布置在各自的房间内，再用内廊(内走道)联系起来。对一些有特殊要求的生产工段，例如，恒温恒湿、防尘、防震的工段可分别集中布置，以减少空调设施并降低建筑造价(如图 12.2 所示)。

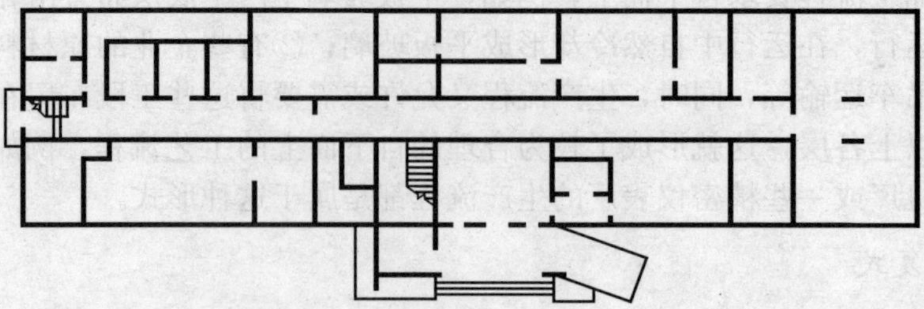

图 12.2　内廊式的平面布置

2. 统间式

中间只有承重柱，不设隔墙。由于生产工段面积较大，各工序相互间又需紧密联系，不宜分隔成小间布置，这时可采用统间式的平面布置(如图 12.3 所示)。这种布置对自动化流水线的操作较为有利。在生产过程中如有少数特殊的工段需要单独布置时，可将它们加以集中，分别布置在车间的一端或一隅。

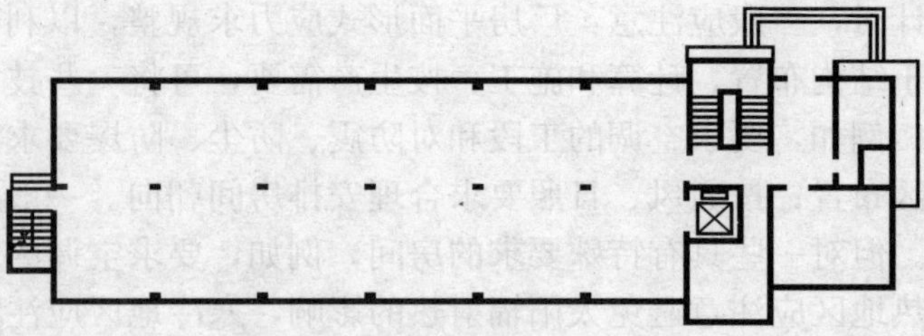

图 12.3　统间式的平面布置

3. 大宽度式

为使厂房平面布置更为经济合理，亦可采用加大厂房宽度，形成大宽度式的平面形式。这时，可把交通运输枢纽及生活辅助用房布置在厂房中部采光条件较差的地区，以保证生产工段所需的采光与通风要求(如图 12.4(a)所示)。此外对一些恒温恒湿、防尘净化等技术要求特别高的工段，亦可采用逐层套间的布置方法来满足各种不同精度的要求。这时的通道往往布置成环状，而沿着通道的外围还可布置一些一般性的工段或生活行政辅助用房(如图 12.4(b)、(c)所示)。

4. 混合式

混合式由内廊式与统间式混合布置而成。依生产工艺需要可采取同层混合或分层混合的形式。它的优点是能满足不同生产工艺流程的要求，灵活性较大。缺点是施工较麻烦，结构类型较难统一，常易造成平面及剖面形式的复杂化，且对防震也不利。

5. 套间式

通过一个房间进入另一个房间的布置形式为套间式。这是为了满足生产工艺的要求，或为保证高精度生产的正常进行(通过低精度房间进入高精度房间)而采用的组合形式。

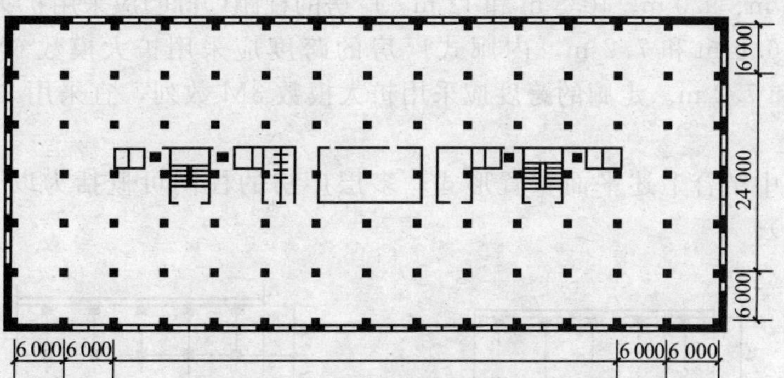

(a) 中间布置交通服务性用房

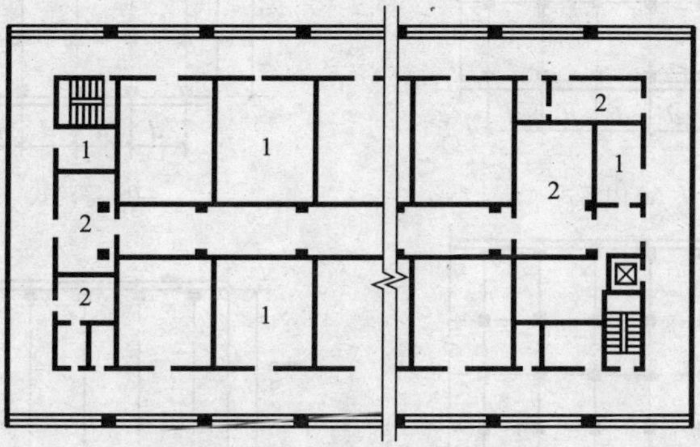

(b) 环状布置通道(通道在外围)

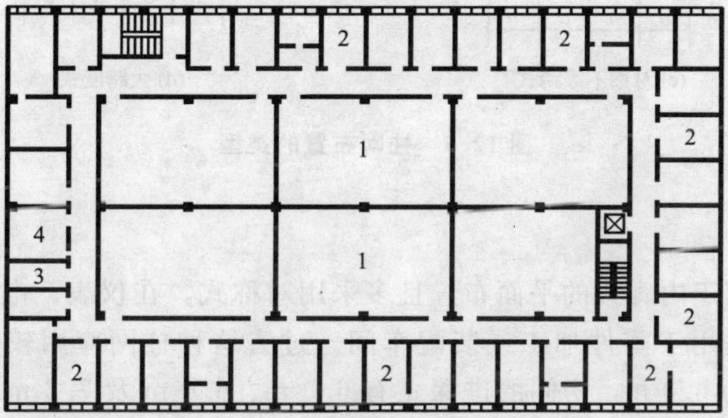

(c) 环状布置通道(通道在中间)

图 12. 4　大宽度式的平面布置

1—生产用房；2—办公、服务性用房；3—管道井；4—仓库

12. 2. 4　柱网(跨度、柱距)的选择

柱网的选择首先应满足生产工艺的需要，其尺寸的确定除了应符合《建筑模数协调统一标准》(GBJ 2—86)和《厂房建筑模数协调标准》(GBJ 6—86)的要求，同时还应考虑厂房的结构形式、采用的建筑材料和其在经济上的合理性及施工上的可能性。

根据《厂房建筑模数协调标准》，多层厂房的跨度(进深)应采用扩大模数 15M 数列，宜采用6.0 m、7.5 m、9.0 m、10.5 m和12 m。厂房的柱距(开间)应采用扩大模数6M数列，宜采用6.0 m、6.6 m和7.2 m。内廊式厂房的跨度应采用扩大模数6M数列，宜采用6.0 m、6.6 m和7.2 m。走廊的跨度应采用扩大模数3M数列，宜采用2.4 m、2.7 m和3.0 m。

在工程实践中结合上述平面布置形式，多层厂房的柱网可概括为以下几种主要类型(如图12.5所示)。

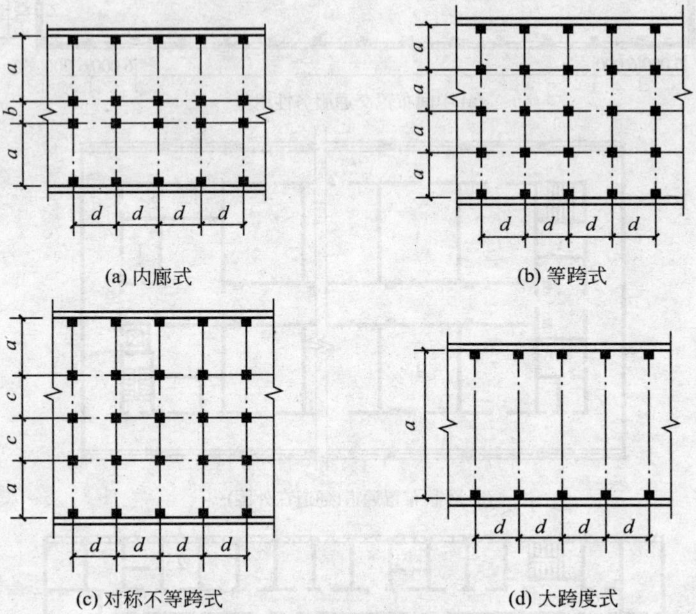

图12.5　柱网布置的类型

1. 内廊式柱网

内廊式柱网适用于内廊式的平面布置且多采用对称式。在仪表、电子、电器等类企业中应用较多，主要是用于零件加工或装配车间。过去这种柱网应用较多，近年来有所减少。常见的柱距d为6.0 m，房间的进深a有6.0 m、6.6 m及7.2 m等；而走廊宽b则为2.4 m、2.7 m及3.0 m。

2. 等跨式柱网

等跨式柱网主要适用于需要大面积布置生产工艺的厂房，底层一般布置机加工、仓库或总装配车间等，有的还布置有起重运输设备。适用于机械、轻工、仪表、电子、仓库等的工业厂房。这类柱网可以是两个以上连续等跨的形式。用轻质隔墙分隔后，亦可作内廊式的平面布置。目前采用的柱距d为6.0 m，跨度a有6.0 m、7.5 m、9.0 m、10.55 m及12.0 m等数种。

3. 对称不等跨柱网

对称不等跨柱网的特点及适用范围基本和等跨式柱网类似。现在常用的柱网尺寸有(6.0＋7.5＋7.5＋6.0)m×6.0 m(仪表类)，(1.5＋6.0＋6.0＋1.55)m×6.0 m(轻工类)，(7.5＋7.5＋12.0＋7.5＋7.5)m×6.0 m 及(9.0＋12.0＋9.0)m×6.0 m(机械类)等数种。

4. 大跨度式柱网

大跨度式柱网由于取消了中间柱子，为生产工艺的变革提供了更大的适应性。因为扩大了跨度(大于 12 m)，楼层常采用桁架结构，这样楼层结构的空间(桁架空间)可作为技术层，用以布置各种管道及生活辅助用房。

除上述主要柱网类型外，在实践中根据生产工艺及平面布置等各方面的要求，也可采用其他一些类型的柱网，例如，(9.0＋6.0)m×6.0 m，(6.0～9.0＋3.0＋6.0～9.0＋3.0＋6.0～9.0)m×6.0 m 等。

无论在国内或国外，多层厂房的柱网参数都有着扩大的趋势(即向着扩大柱网的方向发展)。这主要是由于生产的不断变革，要求厂房的室内空间具有较大的应变能力，以便为生产的变革和发展创造条件。

扩大柱网的趋向在世界各国发展很为普遍，速度亦快。例如，从前苏联至今，多层厂房柱网尺寸由过去的 6 m×6 m 和 6 m×9 m 向 6 m×12 m 和 6 m×18 m 的柱网发展；欧美各国也将柱网扩大到 6 m×12 m、12 m×12 m、9 m×9 m、9 m×18 m 和 12 m×18 m 的大尺寸。

扩大柱网不仅可以提高厂房的灵活性、扩大其应变能力，其综合经济效应也较为明显。据国外资料表明，就 6 m×6 m 和 12 m×18 m 柱网的纺织厂面言，前者的使用面积较之后者要减少 26%左右；仪表厂的 6 m×12 m 柱网较 6 m×6 m 柱网的厂房生产能力可提高 12%左右；电子工业中 6 m×12 m 比 6 m×6 m 柱网的厂房其单位生产面积的产量可增加 20%～25%左右。一般来说，6 m×18 m 柱网的多层厂房在生产面积的利用上要比 6 m×6 m 的柱网经济 12%，比 6 m×9 m 的经济 8%。此外扩大柱网还可节约大量建筑材料。据统计 6 m×12 m 柱网比 6 m×6 m 柱网可节约混凝土 1.5%～6%，节省钢材 4%～5%。总的说来，扩大柱网的优越性是十分明显的；但亦应注意，柱网的尺寸并不总是越大越好，而是要结合实际，从经济和技术的可能性出发，根据生产工艺的不同要求和其发展预测，通过综合分析比较后再加以研究决定。

12.2.5 厂房宽度的确定

多层厂房的宽度一般是由数个跨度所组成。它的大小除应考虑基地的因素外，还和生产特点、建筑造价、设备布置以及厂房的采光、通风等有密切的关系。不同的生产工艺、设备排列和其尺寸的大小常常是决定多层厂房宽度的主要因素。例如，印刷厂的大型印刷机双行排列时，就要求具有 24 m 的厂房宽度；印染厂的大型印染机双行排列时则要求 30 m 的厂房宽度。再如某电视接收机的装配车间，同样是 6 m 柱距，当车间宽度为 17 m(跨度组合为 7.0 m＋3.0 m＋7.0 m)时，只能布置一条生产流线；18 m(跨度组合为 9.0 m＋9.0 m)时则可布置两条生产流线。因而厂房的宽度，除受生产工艺设备布置方式影响外，与跨度的数值及其组合方式也有着密切的关系，在具体设计中应加以具体分析比较。

对生产环境上有特殊要求的工业企业，如净化要求高的精密类工业，常可采用宽度较大的厂房平面，这时可把洁净要求高的工段布置在厂房中间地段，在其周围依次布置洁净要求较低的工段，以此来保证生产环境上较高的要求(如图 12.4 所示)。

就造价而言，在一般情况下，增加厂房宽度会相应的降低建筑造价。这是由于宽度增大时与它相应的外墙和窗的面积增加不多，致使单位建筑面积的造价反而有所降低的缘故(如图 12.6 所示)。因而在条件许可的情况下，一般可加大多层厂房的宽度以得到较好的经济效果。

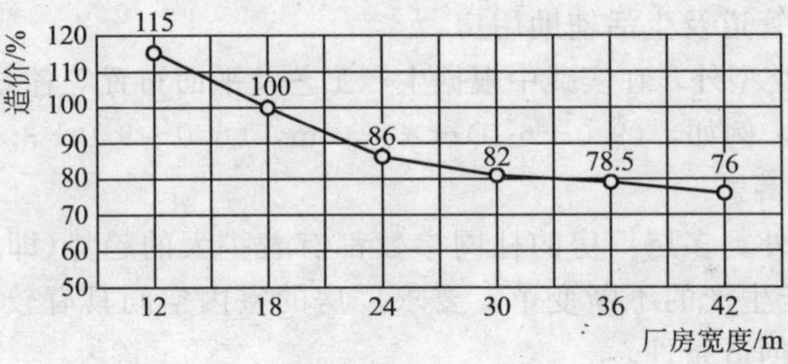

图 12.6　多层厂房的宽度对承重和围护结构造价的影响

然而亦应注意较大宽度的厂房，会造成采光通风的不利，有时还会带来结构构造上的困难。因而在具体设计中要通过综合分析比较后才能决定宽度的具体数值。当采用两侧天然采光时，为满足工作时视力的要求，厂房宽度不宜过大，一般以 24～27 m 为佳。在大宽度的厂房中，中间部分一般均需辅以人工照明来补足天然光线的不足。

12.3　多层厂房剖面设计

多层厂房的剖面设计应该结合平面设计和立面处理同时考虑。它主要是研究和确定厂房的剖面形式、层数和层高、工程技术管线的布置和内部设计等的有关问题。

12.3.1　剖面形式

由于厂房平面柱网的不同，多层厂房的剖面形式亦是多种多样的。不同的结构形式和生产工艺的平面布置都对剖面形式有着直接的影响。

12.3.2　层数的确定

多层厂房层数的确定与生产工艺、楼层使用荷载、垂直运输设施以及地质条件、基建投资等因素均有密切关系。为节约用地，在满足生产工艺要求的前提下，可增加厂房的层数，向竖向空间发展。但就大量性而言，目前建造的多层厂房还是以 3 或 4 层的居多。

在具体设计时，厂房层数的确定应综合考虑下列各项因素：

1. 生产工艺的影响

生产工艺流程、机具设备(大小和布置方式)以及生产工段所需的面积等方面在很大程度上影响着层数的确定。厂房根据竖向生产流程的布置，确定各工段的相对位置，同时相应的也就确定了厂房的层数。例如面粉加工厂，就是利用原料或半成品的自重，用垂直布置生产流程的方式，自上而下地分层布置除尘、平筛、清粉、吸尘、磨粉、打包等6个工段，相应的确定厂房层数为六层(如图12.7所示)。

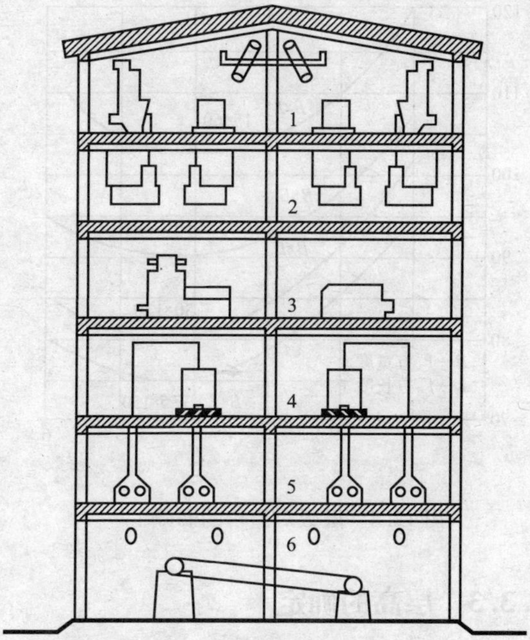

图12.7 面粉加工厂剖面

1—除尘间；2—平筛间；3—清粉、原筛间；4—吸尘、刷面、管子间；5—磨粉机间；6—打包间

又如某轻工业厂房从结构方案上考虑，四层较为合理，但生产工艺要求布置在底层的工段面积为全部面积的1/3左右；这样如果仍按四层设计，势将增加一些不需用的面积，或须将底层某些工段移至二、三、四层布置，这将造成生产使用上的不合理。因此最后还是确定为三层。再如某制药厂，由于设备与产品质量较轻，用电梯就能解决所有垂直运输的需要，楼面使用荷载又小，因而将原设计五层的层数增加至九层，节约了占地面积。

在分层布置时，应将运输量大、荷载重及用水量较多的工段布置在底层，以利于运输、减少楼面荷载和地面排水。将设备质量轻、运输量小和与其他工段联系少的工段尽量布置在楼层。有生产热量或气体散出及有火灾、爆炸危险的工段宜布置在顶层。一些辅助性的工段则既可布置在底层也可布置在其他楼层。

2. 城市规划及其他技术条件的影响

多层厂房布置在城市时，层数的确定还应尽量符合城市规划、城市建筑面貌、周围环境以及工厂群体组合的要求。

此外厂房层数的多少是随着建厂地区的地质条件、建筑材料的供应、结构形式、建筑物的长度、宽度以及施工方法等因素而变化的。在地震区或地质条件较差的地区，厂房层数就不宜过多。另外有时地形条件和厂区面积对厂房层数也有一定限制。总之应该根据各方面的因素进行全面分析比较后再加以确定。

3. 经济因素的影响

据国外研究的资料，经济层数的确定和厂房展开面积的大小有关；展开面积越大，层数越可提高。此外合理的层数和建筑的宽度及长度也有关系。如图12.8所示，建筑宽度为30 m，长度为120 m的单层厂房的单位面积造价为100。图中曲线表示，以3～4层最为经济。当建筑宽度和长度增加时，经济的层数可为4～5层。层数再增多，一般是不经济的。图12.9所示为根据国内资料所绘成的曲线，表示经济层数和每平方米单位造价间的关系。

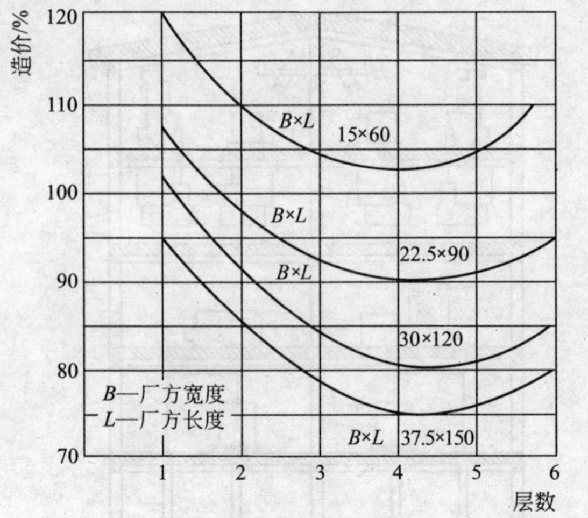

图 12.8 层数对造价的影响

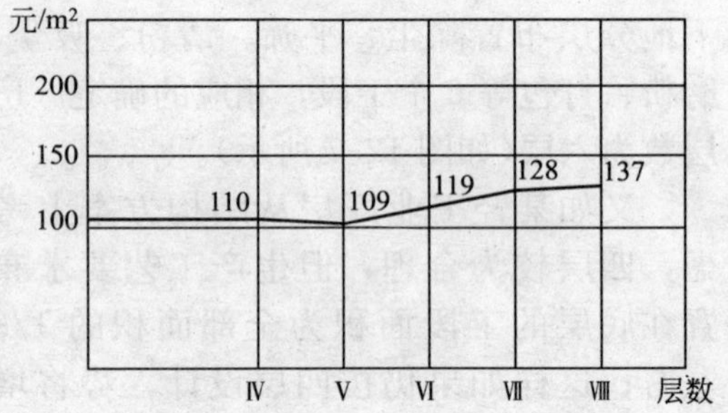

图 12.9 层数与单位面积的造价

12.3.3 层高的确定

1. 层高和生产、运输设备的关系

多层厂房的层高在满足生产工艺要求的同时，还要考虑生产和运输设备(吊车、传送装置等)对厂房层高的影响。一般在生产工艺许可的情况下，把一些质量重、体积大和运输量繁重的设备布置在底层，这样就需相应的加大底层的层高。有时由于某些个别设备高度很高，布置时就可把局部楼面抬高，而形成参差层高的剖面形式。

2. 层高和采光、通风的关系

多层厂房采用双侧天然采光的居多。有时因生产上的特殊需要(如洁净车间的光刻室、制版室、无菌室等)，车间内部可采用空气调节及人工照明。采用侧窗采光时窗口高度越高则光射入越深，厂房中央部位的采光强度也越大。窗口宽度越宽，室内采光越趋均匀，但对厂房深处的采光改善不多，不如增加窗口高度来得有利。因而从采光要求来看，建筑宽度增加到一定范围，就需相应的增加厂房的层高才能满足采光的要求。但增加层高又会增大建筑造价，而不同的采光面积又会影响建筑空间的组合和立面造型的处理，这许多因素都必须综合地加以分析研究。

在一般采用自然通风的车间，厂房净高应满足工业企业卫生规范的有关规定。例如，按每名工人所占有的车间容积规定了每人每小时所需的换气量数值来计算或核算厂房的层高。对散发出热量的工段，则应根据通风计算，以求得所需的层高高度。一般在符合卫生标准和其他建筑要求的前提下，宜尽量降低厂房的层高，不随便增加其高度。

在某些要求恒温恒湿的厂房中，空调管道的剖面较大，而空调系统的送回风方式又不尽相同，这些都会影响厂房具体的层高数值。为了获得有利的空调效果，一般送风口和工人操作地带之间还应保持一定距离。

3. 层高和管道布置

多层厂房的管道布置一般和单层厂房不同，除底层可利用地面以下的空间外，其他层一般都需占有一定的空间高度，因而都要影响厂房各层的层高。例如，一些空调车间由于空调管道剖面较大(高度有达1.5～2.0 m左右的)。这时管道的高度就成为决定层高的主要因素。

在厂房内管道布置除采用结构内部布置的方式外(即利用空心板、空心梁的结构空隙布置管道)，其他的布置方式一般都要影响厂房的层高。图12.10表示几种管道的布置方式。其中图12.10(a)、(b)表示干管布置在底层或顶层的形式，这时就需加大底层或顶层的层高，以便能集中布置管道。图12.10(c)、(d)则表示管道集中布置在各层走廊上部或吊顶层的情形。这时厂房层高也将随之变化。再如当管线数量及种类较多，布置又较复杂时，则可在生产空间上部设置技术夹层集中布置管道，这时就需相应提高厂房的层高。

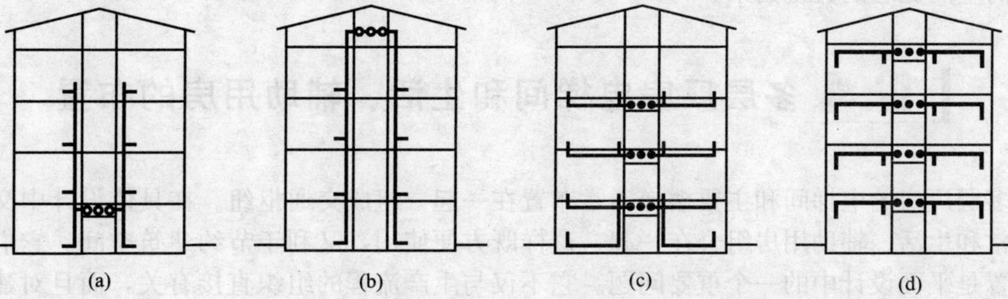

图12.10　多层厂房的几种管道的布置方式

4. 层高和室内空间比例

厂房的层高在满足生产工艺要求的前提下，还要兼顾到室内建筑空间比例的协调。例如，内廊式和统间式的室内空间比例亦各不相同。前者由于分隔为小空间，室内空间高宽比宜在1∶2以下较为合适；而后者为大空间，高宽比则可在1∶4以上。当然具体的高度，还得根据工程的实际情况和其他各种因素，进行比较后再行确定。

5. 层高的经济分析

影响厂房的层高除上述因素外，还应从经济角度予以考虑。从图12.11可以看到，层高和单位面积造价的变化是正比关系。即层高每增加0.6 m，单位面积造价提高约8.3%左右。因此在决定层高的时候不能忽视经济的分析。

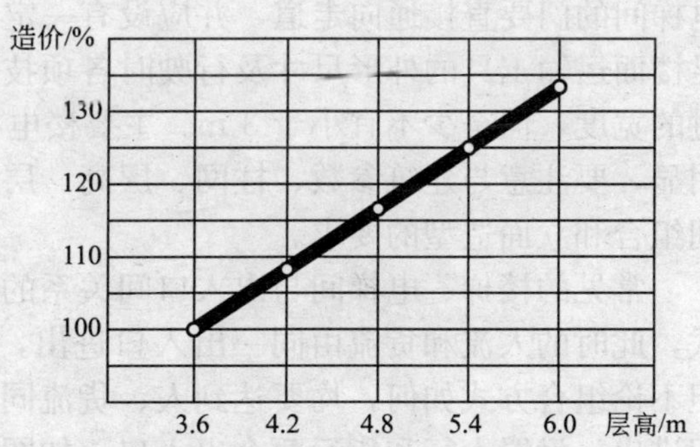

图12.11　层高和单位造价的关系

目前国内采用的多层厂房层高数值有：3.6 m、3.9 m、4.2 m、4.5 m、4.8 m、5.4 m、6.0 m、6.6 m及7.2 m等。按《厂房建筑模数协调标准》规定除层高大于或等于4.8 m时采用6M数列，一般均采用3M数列。目前所选用的层高尺寸，一般底层较其他层高，有空调管道的层高常在4.5 m以上，有运输设备的层高可达6.0 m以上，而仓库的层高应由堆货高度和所需通风空间的高度来决定。在同一幢厂房内层高的尺寸以不超过两种为宜(地下层层高除外)。

12.3.4 室内空间组织

多层厂房的室内空间和人们日常生活中所习惯的室内空间有所不同。因为厂房空间的大小不仅是按照房间的高度和面积的适当比例来确定的，而且主要还要满足生产所提出的各种要求，例如，要布置大小不一的设备、架设多种管道和行驶各种运输工具等。因此在进行平面、剖面设计、管道综合、设备布置时都要尽可能考虑室内空间的完整，尤其对人员较多、活动频繁的车间，更应保证具有足够舒畅的空间，以免造成紊乱压抑的感觉。对某些多层厂房来说，由于室内管线比较集中，因此统一安排和合理组织好管线的布置就成为室内空间处理的关键因素。

12.4 多层厂房电梯间和生活、辅助用房的布置

多层厂房的电梯间和主要楼梯通常布置在一起，组成交通枢纽。在具体设计中交通枢纽又常和生活、辅助用房组合在一起，这样既方便使用，又利于节约建筑空间。它们的具体位置是平面设计中的一个重要问题。它不仅与生产流程的组织直接有关，而且对建筑的平面布置、体型组合与立面处理以及防火、防震等要求均有影响。此外楼梯、电梯间的空间、平面布置对结构方案的选择及施工吊装方法的决定也有影响。

12.4.1 布置原则及平面组合形式

楼梯、电梯间及生活、辅助用房的位置应选择在厂房合适的部位，使之方便运输，有利工作人员上下班的活动，其路线应该符合直接、通顺、短捷的要求，要避免人流、货流的交叉。此外还要满足安全疏散及防火、卫生等的有关规定。对生产上有特殊要求的厂房，生活及辅助用房的位置还要考虑这种特殊的需要，并尽量为其创造有利条件。楼梯、电梯间的门要直接通向走道，并应设有一定宽度的过厅或过道。过厅及过道的宽度应能满足楼面运输工具的外形尺寸及行驶时各项技术要求。一般要满足一辆车等候而另一辆车通过的宽度，但至少不宜小于 3 m。主要楼电梯间应结合厂房主要出入口统一考虑，位置要明显，要注意与建筑参数、柱网、层高、层数及结构形式等的相互配合；更应注意建筑空间组合和立面造型的要求。

常见的楼梯、电梯间与出入口间关系的处理有两种方式：①如图 12.12 所示的处理方式，此时的人流和货流由同一出入口进出，楼梯与电梯的相对位置可有不同的布置方案，但不论组合方式如何，均要达到人、货流同门进出，直接通畅而互不相交。②人、货流分门进出，设置人行和货运两个出入口，如图 12.13 所示，这种组合方式易使人、货流分流明确，互不交叉干扰，对生产上要求洁净的厂房尤其适用。

楼梯、电梯间及生活、辅助用房在多层厂房中的布置方式，有外贴在厂房周围、厂房内部、独立布置以及嵌入在厂房不同区段交接处等数种(如图 12.14 所示)。这几种布置方式各有特点，使用时可结合实际需要，通过分析比较后加以选择；另外亦可采用几种布置方式的混合形式，以适应不同需要。

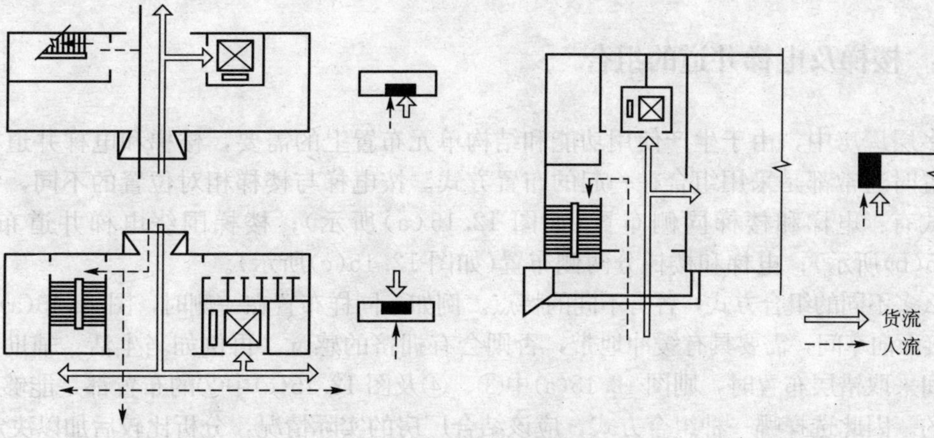

图 12.12 人流货流同门布置

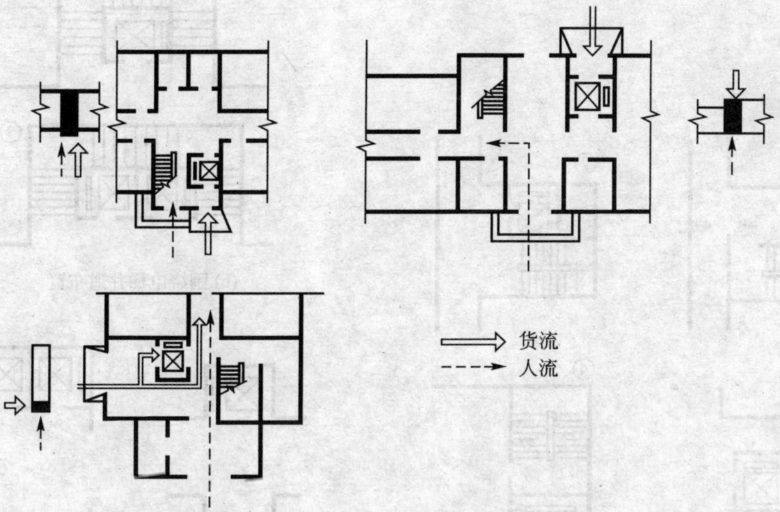

图 12.13 人流货流异门布置

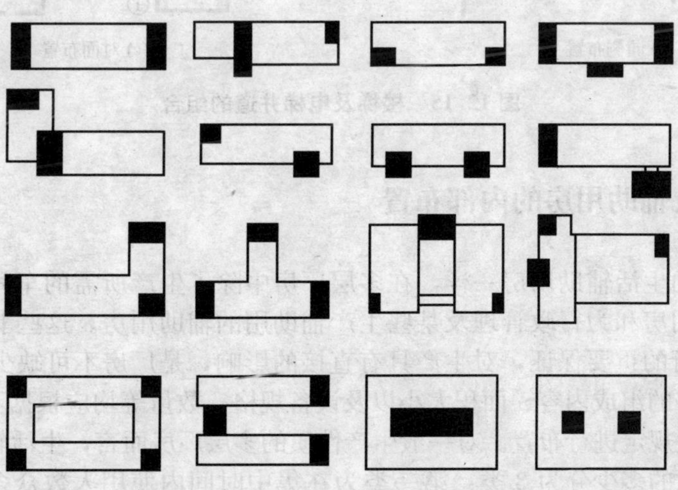

图 12.14 楼梯、电梯间在平面中的位置

12.4.2 楼梯及电梯井道的组合

在多层厂房中，由于生产使用功能和结构单元布置上的需要，楼梯和电梯井道在建筑空间布置时通常都是采用组合在一起的布置方式。按电梯与楼梯相对位置的不同，常见的组合方式有：电梯和楼梯同侧布置(如图 12.15(a)所示)；楼梯围绕电梯井道布置(如图 12.15(b)所示)；电梯和楼梯分两侧布置(如图 12.15(c)所示)。

这么多不同的组合方式，各有不同的特点。例如，同样布置在一侧时，图 12.15(a)中④的布置直接面向车间，需要具有缓冲地带，否则会有拥挤的感觉。再例如当生活、辅助用房与生产车间采取错层布置时，则图 12.15(a)中③、④及图 12.15(c)中②的布置都是能够适应这种要求的。因此选择哪一种组合方式，应该结合厂房的实际情况，分析比较后加以决定。

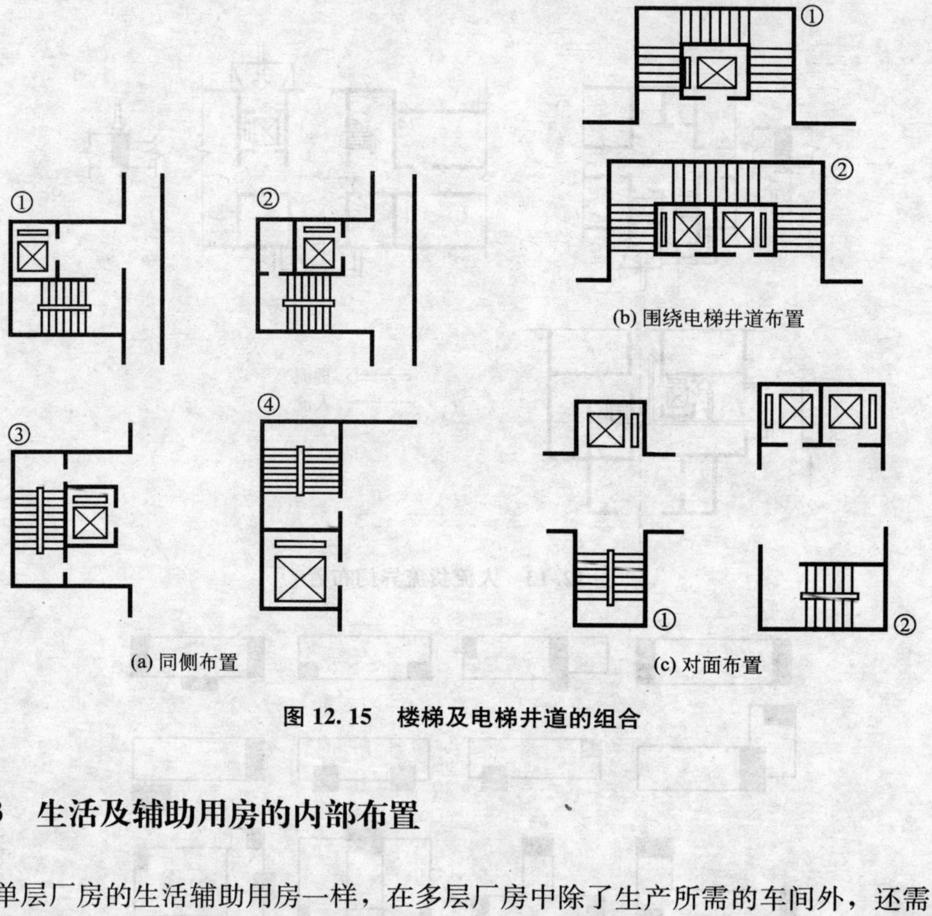

图 12.15 楼梯及电梯井道的组合

12.4.3 生活及辅助用房的内部布置

和单层厂房的生活辅助用房一样，在多层厂房中除了生产所需的车间外，还需布置为工人服务的生活用房和为行政管理及某些生产辅助用的辅助用房。这些非生产性用房是使生产得以顺利进行的重要保证，对生产具有直接的影响，是厂房不可缺少的组成部分。

生活辅助用房的组成内容、面积大小以及设备规格、数量等均应根据不同生产要求和使用特点，按照有关规定进行布置。对一般生产性质的多层厂房而言，生活辅助用房可按其使用时间和使用人数的多少分为 3 类：第一类为在集中时间内使用人数众多的用房，如存衣室、盥洗室等。第二类为在分散时间内多数人使用的房间，如厕所、吸烟室等。第三类则为在分散时间使用，人数亦不多的房间，如保健室、办公室、哺乳室等。在建筑空间组合时这三类用房应分别对待。应使第一类用房能在最大范围内获得使用上的保证，一般常布置在厂房出入口或垂直交通设施附近，可分层或集中布置。第二类用房则要满足其不同功能的服务范围，保证其使用上的方便。如果服务距离过长，还应增设这类服务用房。第三类用房则应结合使用特点，可按具体情况灵活地进行布置。例如保健站宜设在底层的端部，以利人员的出入与减少和其他部分的相互干扰。妇女卫生室则应靠近女厕所、女盥洗室布置，以方便使用等。

对一些生产环境上具有特殊要求的工业生产(如洁净、无菌)，其生活用房的组成不仅要满足一般的使用要求，还必须保证每个工作人员在进入生产工段前必须强行通过的具有一定程度的人行路线，使每个生产人员(还包括加工物料、工具)按照已设计的程序先后完成各项准备工作，然后才能进入生产车间。这时的生活辅助用房就应按照上述的特殊要求进行具体的建筑空间组合。

多层厂房生活辅助用房的柱网尺寸应结合其不同布置形式、内部设备的排列、结构构件的统一化以及和生产车间结构关系等因素综合地研究决定。目前经常采用的柱网组成，在贴建时进深有6.0 m、(6.0+2.1)m及(6.6+2.4)m等，开间为3.6 m、4.2 m及6.0 m数种。独立布置时则有(6.0+2.1+6.0)m×6.0 m、(6.6+2.4+6.6)m×6.0 m、(6.0+3.0+6.0)m×6.0 m及(6.0+6.0+6.0)m×6.0 m等数种。至于布置在车间内部的生活辅助用房，则应和车间柱网相适应，并按实际情况予以灵活设计。

12.5 多层厂房立面设计及色彩处理

多层厂房的立面设计应贯穿在整个设计的全过程中，从方案设计开始就应重视这方面的有关问题，它是整个设计的有机组成部分。只有这样才能使多层厂房具有完整的艺术造型和完美的立面观瞻。

在平面、剖面设计时，根据生产工艺的特征、结构形式的选择以及其他技术、自然条件的影响等，对建筑的体型组合、门窗和室内空间布置进行了考虑，立面设计就是在这一基础上，进一步全面地将厂房的整个外貌形象地表现出来。立面设计应力求使厂房外观形象和生产使用功能、物质技术运用达到有机的统一，给人以简洁、朴实、明快和大方的感觉。

12.5.1 体型组合

多层厂房的体型组合是设计中的重要环节。生产工艺、周围环境是影响体型组合的主要因素。建筑的体型组合应尽可能地协调建筑物内在诸因素，充分反映其使用功能，又应与外界环境相协调。多层厂房由于生产设备的外形不大，生产空间的大小变化不显著，因而它的体型就比较齐整单一。这样不但有利于结构的统一和工业化施工，还有利于内部布置及建筑艺术的处理。

多层厂房的体型一般由3个部分组成：①主要生产部分(生产车间、仓库等)；②生活、办公、辅助用房部分；③交通运输部分，它包括门厅、楼梯、电梯和廊道等(如图12.16所示)。生产部分体量最大，造型上起着主导作用。因此，生产部分的体量处理对多层厂房的立面有着举足轻重的作用。

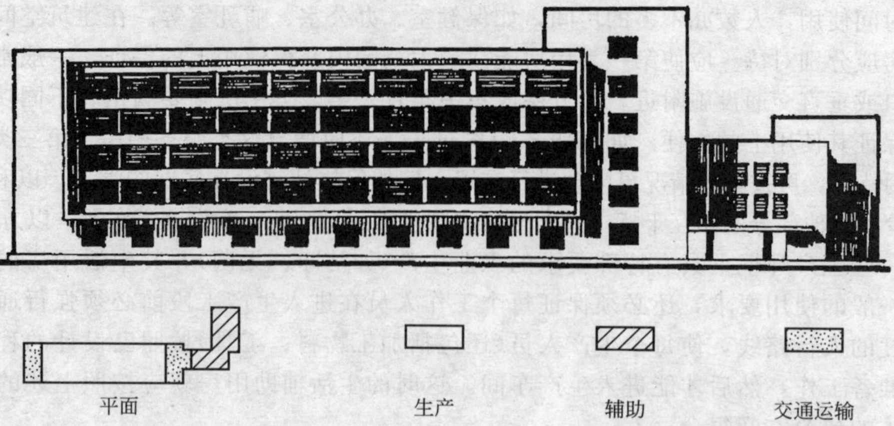

图 12.16　多层厂房体型的组成及突出生产部分体量示意

一般情况下，辅助部分体量都小于生产部分，它可组合在生产部分之内，又可突出于生产部分之外，这两种体量配合得当，可起到丰富厂房造型的作用(如图 12.17 所示)。

多层厂房交通运输部分常将楼梯、电梯或提升设备组合在一起，由于顶部为电梯机房，故在立面上其往往都高于主要生产部分，在构图上与主要生产部分形成强烈的横竖对比，从而改善了墙面冗长的单调感，使整个厂房高大、挺拔，并富有变化性(如图 12.17、图 12.18 所示)。

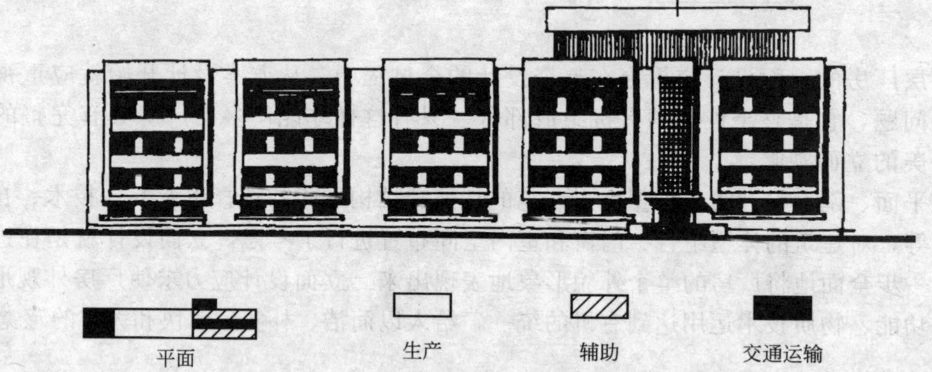

图 12.17　生产部分与辅助部分互相配合的多层厂房实例

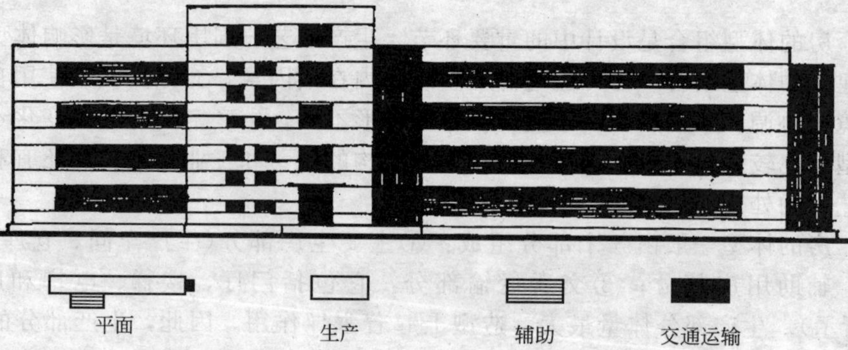

图 12.18　利用辅助及交通运输部分使多层厂房立面取得变化的实例

12.5.2 墙面处理

多层厂房的墙面处理是立面造型设计中的一个主要部分，应根据厂房的采光、通风、结构、施工等各方面的要求，处理好门、窗与墙面的关系。例如，天然采光要求高的厂房，墙面上可开大片玻璃窗口，显得外观通透玲珑。为了防热，还可采用镀膜反射玻璃，既能满足使用要求，又能将周围环境映射在大片玻璃面上，产生变幻莫测的彩色图案。有的厂房因空气调节的需要为了减少冷、热负荷，需要多做实墙面，只需开少数用作打扫清洁的通风窗和对外界的观察窗(如图 12.19 所示)即可。多层厂房的墙面处理方法与单层厂房有类似之处，即是将窗和墙面的某种组合作为基本单元，有规律地重复地布置在整个墙面上，从而获得整齐、匀称的艺术效果。一般常见的处理手法有：

(1) 垂直划分。这种处理给人以庄重、挺拔的感觉，如图 12.20 所示。

(2) 水平划分。这种处理使厂房外形简洁明朗，横向感强，如图 12.21 所示。

(3) 混合划分。这种划分是上述两种划分的混合形式，要注意处理好二者的关系，从厂房整体造型出发，划分可没有主次之分，相互衬托而又协调，从而取得生动、和谐的艺术效果，如图 12.22、图 12.23 所示。

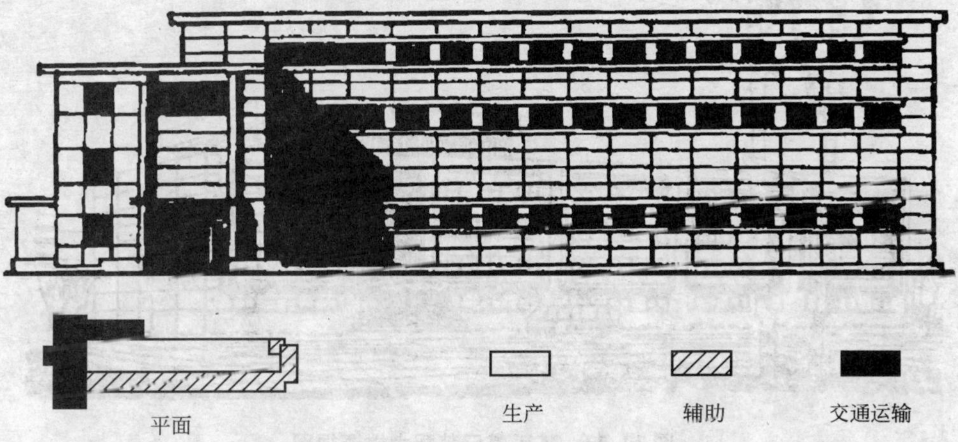

图 12.19 某多层厂房立面

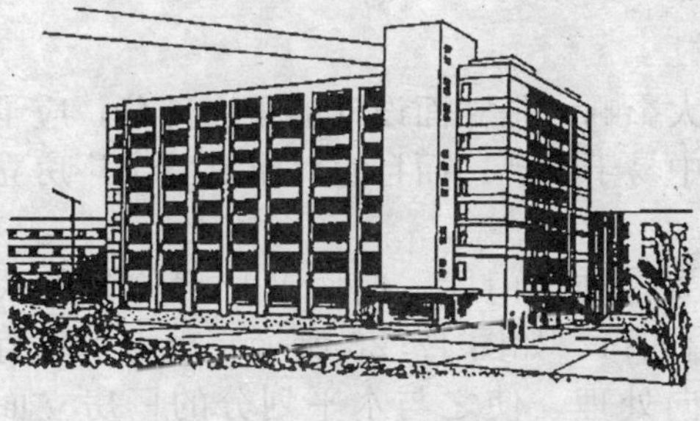

图 12.20 墙面处理—垂直划分图

图 12.21 墙面处理—水平划分

图 12.22　某电视机厂装配大楼透视图

图 12.23　某手表厂装配大楼透视图

12.5.3　交通枢纽及出入口的处理

交通枢纽及出入口对多层厂房的立面设计有很大影响，是立面设计的重点部分，应予以特别重视。因为使出入口重点突出，不仅在使用中易于发现，而且它对丰富整个厂房立面造型会起到画龙点睛的作用。

突出入口最常用的处理方法是：根据平面布置，结合门厅、门廊及厂房体量的大小，采用门斗、雨棚、花格、花台等来丰富主要出入口，如图 12.23 所示。也可把垂直交通枢纽和主要出入口组合在一起，在立面作竖向处理，使之与水平划分的厂房立面形成鲜明对比，以达到突出主要入口，使整个立面达到生动、活泼又富于变化的目的(如图 12.22 所示)。

总之，多层厂房的立面设计，必须在满足生产使用和技术经济的要求下结合建筑材料、结构形式、采光通风等的要求，进行艺术上的综合处理，以求得内容与形式的统一，努力创造简洁明朗、朴素大方，能反映我国特点的工业建筑形象。

12.5.4 色彩处理

厂房的色彩处理是多层厂房设计的一个重要内容，它可改善生产环境，创造出优美宜人的境地，精心适宜的色彩设计能使建筑生辉、观感丰富。实践证明，不同的色彩设计给人的生理、心理上的感受是有很大差异的。有人曾做过试验，长期在一种色彩环境中工作，会使人疲劳。因而厂房色彩设计对工人健康、生产效益、操作安全和经济等问题有着直接的影响。

多层厂房的色彩处理和所选用的建筑材料、构成的建筑空间、结构及构造的方式，所处的环境以及所进行的生产的性质等各方面都有密切的关系。

1. *厂房外部的色彩处理*

多层厂房外部色彩处理对提高厂房建筑的艺术效果、厂区环境和城市面貌等都有直接的影响。厂房的外部色彩与工厂的生产性质、所处地区的气候、周围环境有关，当然还涉及人们对色彩的喜爱习惯等各个方面。例如，南方炎热、温暖地区的厂房，多以冷色调为基调。南方阳光绚丽，阴雨多，用浅淡色调较为合适(如淡蓝色、淡绿、灰色或配以米黄和白色做细部)。而在北方寒冷地区，厂房外墙色调宜为暖色调(如棕、褐、焦红、橙灰色或以黄、浅红、灰、浅绿作细部)。建筑周围环境也是厂房墙面色彩设计的重要依据。如在绿树环绕的环境中，宜用浅色，即白色、灰色、浅黄、淡红、浅绿色，均能取得悦目的效果。此外，还和人的感觉情绪(色彩心理学)有关系。

厂房配色，要从整体、统一协调出发，但要避免单调乏味的感觉，注意运用配色的统一与变化规律，应是在变化中求统　，在统一中有变化。具体采用配色手法如下：

(1) 同一色的变化与统一。这就是全厂色调采用同一基本色。允许在浓淡深浅上有局部的变化，使厂区内建筑群呼应与协调，具有浑然一体的整体感。但要注意避免色彩上的单调感。

(2) 类似色的变化与统一。当厂区很大，需突出主体建筑时，常用对比色来强调其变化。如某厂主厂房用米黄色为基调，而临近建筑物及工厂大门则用浅绿、灰和灰白色调，与主厂房形成对比，主次分明。工厂大门的灰白色在绿树浓荫和柏油马路的衬托下显得淡雅清静，自然地把视线引向较突出的米黄色主厂房。虽然主厂房与大门远离一段路程，终因米黄暖色有亲切向前的感觉，才取得设计配色的效果。

2. *厂房内部的色彩处理*

多层厂房室内的色彩的作用和处理原则同单层厂房，不再重复。

本章小结

1. 多层厂房具有生产在不同标高的楼层上进行并节约用地、节约投资的特点。多层厂房主要适用于轻工业，在工艺上利用垂直工艺流程有利的工业，或利用楼层能创设较合理的生产条件的工业等。

2. 多层厂房的结构形式根据其所用的不同材料可分为混合结构、钢筋混凝土结构和钢结构。

3. 生产工艺流程的布置是厂房平面设计的主要依据。多层厂房的生产工艺可归纳为自上而下式、自下而上式和上下往复式3种类型。

4. 由于各类多层厂房的生产特点不同，通常采用的布置方式有内廊式、统间式及混合式。

5. 多层厂房的柱网由于受楼层结构的限制，其尺寸一般较单层厂房小。柱网选择是平面设计的主要内容之一。多层厂房的柱网类型有：内廊式柱网、等跨式柱网、对称不等跨式柱网、大跨度式柱网。

6. 多层厂房剖面设计的内容主要是确定厂房的层数和层高。层数的确定主要与生产工艺、城市规划及经济等因素有关。层高的确定主要与生产特征及生产设备、运输设备、管道敷设所需空间以及厂房宽度、采光、通风等要求有关。

7. 楼梯、电梯的组合方式有两种：人、货流同门进出；人、货流分门进出。多层厂房的生活间既可布置在生产厂房内也可布置在生产厂房外，应注意对空间的合理运用。

8. 多层厂房的立面设计包括体型组合、墙面划分、入口处理3方面的内容。

背景知识——多层钢结构工业厂房设计

一、多层轻钢结构厂房的特点

1. 采用轻型围护结构

彩色涂层的压型钢板和夹芯金属板，以其自重轻，保温隔热效果好，安装速度快，外表美观的优点，已经取代传统多层厂房的砌体围护墙体，成为多层轻钢厂房不可缺少的围护材料。轻型围护结构有利于大幅度减轻结构自重和降低对基础的要求。

2. 层高与柱网尺寸大

相对多层民用建筑，多层轻钢厂房根据工艺要求，层高比较大，一般为4～8 m。如一个4层厂房的高度可相当于8层民用建筑，多层轻钢厂房内部空间大，柱距多为6～12 m，有时达18 m。

3. 活荷载大

由于原料堆放以及生产工艺的要求，多层轻钢厂房的活荷载多为2.5～20 kN/m^2 远大于多层民用建筑的活荷载。

4. 较多的悬挂与集中荷载

多层厂房的悬挂荷载主要包括安装荷载，工艺流水线，吊车、吊顶等荷载，而集中荷载主要包括设备自重，有时还会有设备振动荷载。

5. 结构错层布置

多层同用建筑的结构多为对称布置，而对于多层轻钢厂房，为了满足工艺要求，常常会出现结构错层现象，这使得楼板不再完整，质量沿高度分布的均匀性被破坏，在地震作用下，可能发生扭转。并且由于“短柱效应”。使得水平剪力成为某些柱段的控制因素。

6. 施工周期短

与传统的钢筋混凝土厂房相比，多层轻钢厂房的设计、生产、施工趋于一体化，加之现场无焊接，无湿作业，这些都有利于缩短周期，加快资金流通。

二、多层轻钢厂房的结构布置

1. 结构体系

多层轻钢厂房宜采用由工形或精形柱和工形梁组成的空间框架体系，构件多为钢板焊接。这种体系侧向刚度较小，需设置侧向支撑，或结合电梯井的布置，可采用框架—抗剪桁架结构，框架—抗剪钢板剪力墙，框架—钢混剪力墙体系，确保对结构水平位移的控制。

2. 柱网布置

厂房结构设计中首先要解决的问题是如何配合工艺要求进行柱网的平面布置，过去我们习惯上将柱距模数定为 3 M（常用 3 m、6 m、9 m、12 m 等），而对于多层轻钢厂房而言，钢架的间距为 6 m，亦可采用 4.5 m、7.5 m、9 m、12 m。刚架的跨度可根据工程需要灵活设定。

本章习题

1. 举例说明生产工艺对多层厂房平、剖面设计的影响(要求从生产流程、生产特征两方面进行论述)。
2. 多层厂房通常采用的房间组合形式有哪几种？决定层数、层高的主要因素是什么？
3. 多层厂房常采用的柱网类型有哪些？
4. 多层厂房生活间的布置应注意哪些问题？
5. 多层厂房常见楼梯、电梯的组合方式有哪几种？
6. 多层厂房墙面划分的方式有哪些？

第13章 特殊工业厂房设计

【教学目标与要求】

- 了解通用厂房的适用范围及设计要点
- 了解恒温车间的要求及设计要点
- 了解洁净车间的要求及设计要点

13.1 通用厂房设计要点

通用厂房又称多单元厂房、标准厂房或工业大厦。它专为出租或出售而建设，没有固定工艺要求，可以分层或分单元出售、出租。

13.1.1 通用厂房的适用范围

通用厂房是一种适用范围广、组合灵活的综合性厂房，适用于生产工艺经常调整、生产设备质量轻、产品质量轻、生产规模小、环境污染小、能源要求少的企业，一般多要求投产时间短，产品产出快。通用厂房广泛适用于服装加工、轻工、电器、电子仪表、食品及部分机械加工等行业。

13.1.2 通用厂房设计

1. 通用厂房的特点

通用厂房的设计应具有使用上的灵活性、适应性与通用性。通用厂房可以根据需要将各单元、楼层独立或并联向用户出租、出售。由于使用厂家及工艺的不确定性，一般建设时只建承重结构及围护墙，而交通运输系统、能源供给系统及生活辅助用房应统一安排，独立设置，以求为用户提供充分选择的余地。

2. 通用厂房的设计要点

为保证通用厂房的通用性、灵活性及适应性，建筑设计中应考虑以下几点：

1）平面设计

(1) 通用厂房尽可能采用较大的柱网，选择适当的柱距和跨度，以有利于生产工艺流程的安排及改进。柱距多采用 4.2 m、6.0 m、9.0 m、12.0 m 等数值，跨度多采用 6.0 m、7.5 m、9.0 m、12.0 m 等数值。

(2) 通用厂房内每个单元的面积一般约为 150～1 500 m^2，一般应当同时具有多种单元类型或划分方式，以满足不同用户的要求。

(3) 通用厂房的生活间设计与多层厂房的生活间设计不太相同。在通用厂房设计中，常将淋浴、开水间、医疗卫生用房等生活用房集中在一起，统一安排，生活间只包括必要的厕所、更衣室、盥洗室等房间(如图 13.1 所示)。生活间位置的选择应结合自然通风与采光的需要，满足环保、卫生、消防及使用要求，适宜分散布置，以便厂房租售后形成相对独立的使用单元。生活间也可以与交通运输设施相结合，组成独立单元布置在各使用单元内。同时生活间的布置还应考虑其对厂房生产面积灵活使用及采光通风的影响，并具有一定的适应性，以有利于生产工艺的变更。

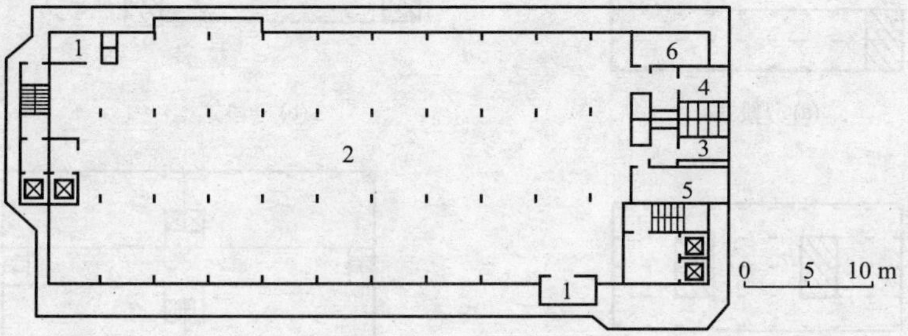

图 13.1　某工业区通用厂房平面

1—办公室；2—生产厂房；3—男厕；4—女厕；5—男更衣室；6—女更衣室

(4) 通用厂房应有完善的安全疏散系统及消防设施。根据是多层或是高层建筑通用厂房分别满足相应防火规范。通用厂房的交通运输系统应直接面向各用户，使之交通顺畅，运输便捷，并在厂房周围设置停车场地及仓库。单元内应考虑配置货梯或留有空间，货梯载重量应大于等于 1 t，单元面积较大时应大于等于 2 t。

2) 剖面设计

(1) 通用厂房结构形式多采用钢筋混凝土结构和钢结构，底层因考虑有可能进车和设置较大设备，使用荷载较其他楼层人。通用厂房的地面或楼面的允许使用荷载，设计时应全面考虑适应不同工艺生产要求(见表 13-1)。

(2) 层高确定时，底层高度一般考虑空调管道或汽车进入，通常高于中间各层。层高按《厂房建筑模数协调标准》(GBJ 6—1986) 应符合 3M 数列，如表 13-1 所示。通用厂房主要靠外墙侧窗进行采光、通风，洞口尺寸确定应满足《工业企业采光设计标准》(GB 50033—2001)，一般按Ⅰ、Ⅱ级采光等级设计。

表 13-1　通用厂房的常用层高、使用荷载参数

位置	层高/m	使用荷载/kN/m²
首层	4.2、4.5、4.8、5.1、5.4、6.0、6.6、7.2	1.2、1.5、2.0、2.5
二层及其以上	3.6、3.9、4.2、4.5、4.8、5.1、5.4、6.0	0.5、0.75、1.0、1.5

3) 其他

(1) 修建通用厂房时，内装修一般只作粗装修，并明确地面及楼面的允许使用荷载，待用户购买或租用后，再根据生产使用要求进行二次装修。

(2) 通用厂房的水、电供应设施应统一设计，应在每个单元适当位置预留接头，保证用户有独立的水表、电表及厕浴等卫生设备。

3. 通用厂房的平面形式

通用厂房的平面形式根据厂房生产面积分布形式及交通运输系统与生活辅助用房的组织方式的不同，可以分为分段式、一段式、大单元并列式及小单元集团式 4 种(如图 13.2 所示)。

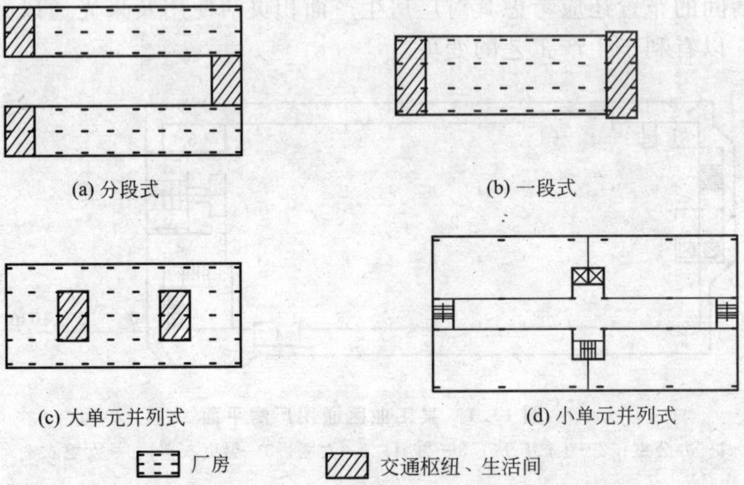

图 13.2 通用厂房的平面形式

(1) 分段式。将通用厂房的生产面积划分成若干部分，每部分称为一段，每段面积约 500～1 500 m^2。段与段之间以交通设施及生活辅助用房相连接。厂房可分段出租或出售。

(2) 一段式。通用厂房的平面布局成“一”字形，交通设施及生活辅助用房集中布置在生产面积的两端或一端。这种平面形式每层面积约 1 000～1 500 m^2，少数可达 5 000 m^2，适合于对生产面积要求较大的用户，平面的灵活性也较强，可以分层出租或出售。

(3) 大单元并列式。每个单元均有独立的交通运输系统和生活辅助用房，每单元面积约 500～1 500 m^2。这种平面由若干个单元并列组成，可以分层或分单元出租、出售。

采用该平面形式时，交通系统与生活间可位于车间内部，也可位于车间外部，即毗连设置或独立设置，并以连廊与车间相连。

(4) 小单元集团式。每个单元的建筑面积约 150～500 m^2，有独立的生活间，公用交通运输系统以公用通道联系各单元与公共交通枢纽。这种平面形式适合按小单元出租或出售。

13.2 恒温室(车间)设计

某些工业生产要求生产环境具有恒定的温度、湿度，常称为恒温恒湿。温(湿)度的控制标准有两个指标：①指温(湿)度基数，亦称基准度；②温(湿)度的允许波动范围，即温

(湿)度精度。恒温室(车间)是指室内空气的温度控制在规定的基数上，并允许有一定的波动范围(即精度)的房间。恒温室通常还有恒湿要求，对空气的温度、湿度、压力、气流速度和洁净度均加以控制，多用于生产精密仪器、仪表、精密机床及检验、计量等特殊工种。

恒温室一般利用空气调节系统来达到恒温恒湿的要求。空气调节是指用人工方法将室外新鲜空气由进风口吸入，在空气处理室经过除尘、降温或加热、干燥或加湿等处理，使之达到规定的温度、湿度后，由送风系统通过风道、送风口送到恒温室内；恒温室内的污浊空气经回风系统抽回，部分排除室外，部分送回空气处理室，与室外新鲜空气混合，经处理后循环使用。恒温室常用参数指标为温度和相对湿度。例如，精密性生产和科研工作的温度基数为 18 ℃、20 ℃、24 ℃等；恒温精度为±1 ℃、±0.5 ℃、±0.1～0.2 ℃等；相对湿度的基数为 40％～60％。这个使空气达到预定要求的过程，称为空气温湿度处理，如图 13.3 所示。因而机房、风道、送回风口的布置和气流组织方式都和厂房的建筑空间设计有着密切的关系。

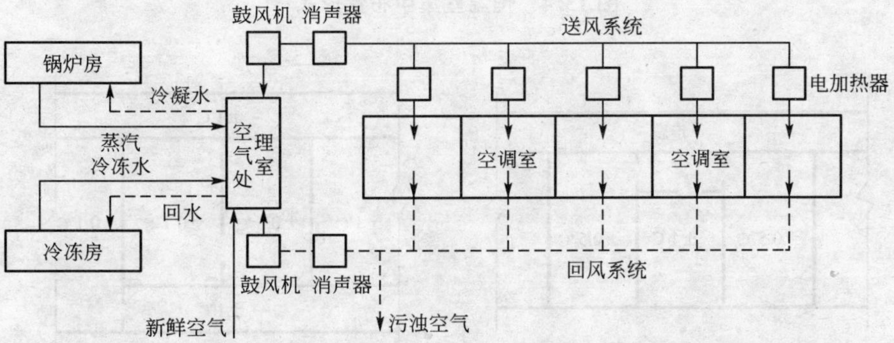

图 13.3　空气温湿度处理过程示意

13.2.1　恒温室平面布置及设计要点

1. 恒温室的组成

恒温室除了生产用房外，主要还包括生活间、工具房、清洗室、管理间以及空调机房、控制室、变配电室等房间。

2. 恒温室的布置方式

恒温室的平面形状应简洁规整，力求方整，尽量减少外墙长度。在气流分布许可条件下，可加大恒温室的进深，以利保温。

(1) 集中布置。当厂房内有多个恒温室时，应集中布置，可同层水平集中，分层竖向对齐集中(垂直集中)，也可混合集中或布置在地下层(如图 13.4 所示)。集中布置可以减少外围结构，有利于温湿度的保持和管道长度的缩短。室内温湿度精度要求和使用功能相近的恒温室宜相邻布置；当不同精度要求的恒温室相邻布置时，可将要求高的恒温室布置在要求较低的恒温室的里面，利用其作为精度高的恒温室的套间，以节约空调费用，并有利于保证高精度的要求(如图 13.5 所示)。

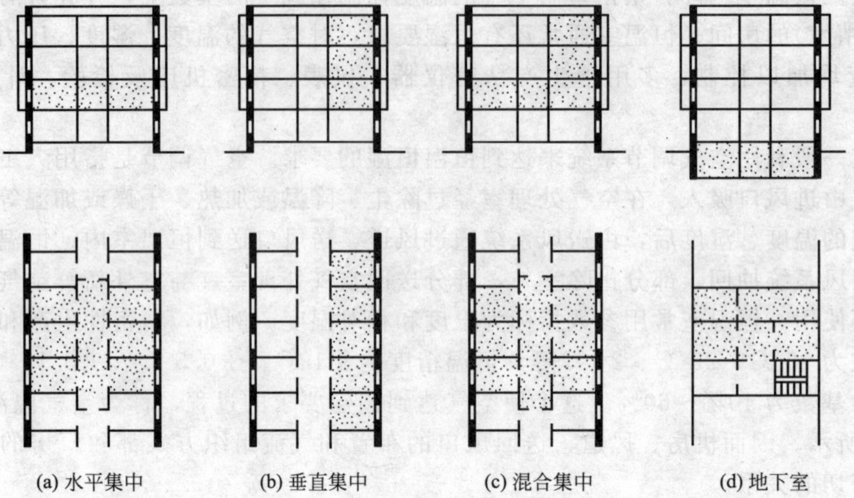

图 13.4　恒温室集中布置形式

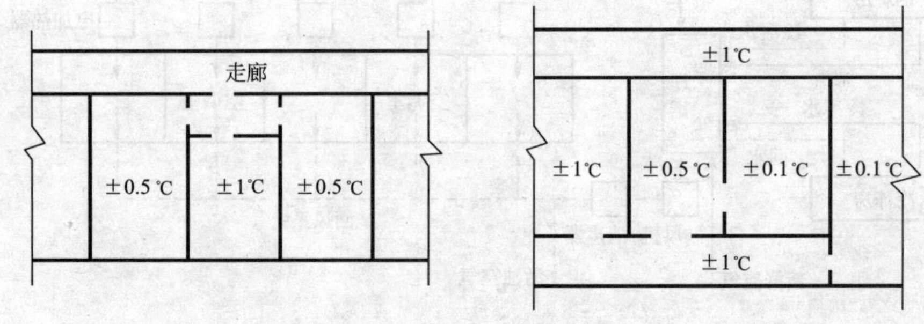

图 13.5　恒温室套间布置

① 水平集中是将恒温室集中同一楼层内布置。优点是管线集中、管理方便，但有时不利于工艺流程的布置及恒温室的朝向选择。

② 垂直集中是将恒温室置于多层厂房各层的相应位置上，有利于管线的竖向组织、工艺流程布置及恒温室的朝向选择，但不便于管理。

③ 混合集中则根据生产的具体要求，将水平集中与垂直集中两种布置方式加以综合。

④ 空调精度要求高的恒温室，适宜布置在地下室。这是因为地下室的温湿度较为稳定，容易满足恒温室的较高精度要求。

(2) 分散布置。当厂房内恒温室面积小、数量少且对温、湿度有不同要求时，适宜采用分散式的布置方式，以便于恒温室的管理、使用。

恒温室布置时应注意与有振源设备的车间应保持一定的隔振间距，并有隔振措施。恒温室不宜与高温、潮湿、多灰的车间相邻。恒温室不应布置在多水房间(如厕所、盥洗室)的下面，以免楼板渗漏影响保温。

3. 生活间设计

恒温室宜设通过式生活间，使工作人员通过专用通道进入恒温室，组织单向人流交通。通过式生活间的人流组织可分为尽端式或人货分流两种形式(如图 13.6 所示)。

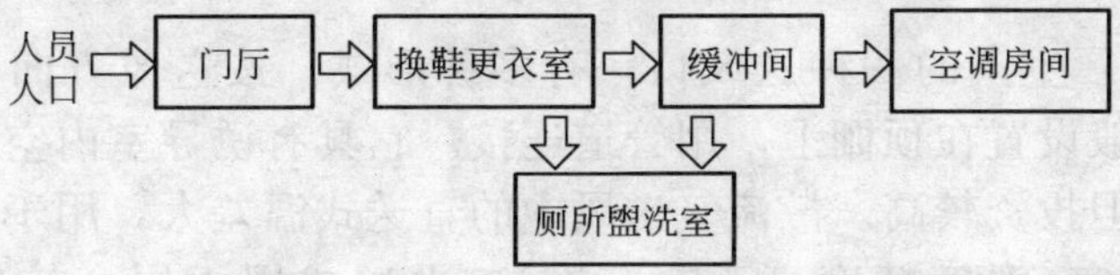

图 13.6 通过式生活间人流组织

4. 空调机房与空调系统布置方式

空调机房的位置，一般应布置在恒温室的附近，靠近其负荷中心，以期减少冷热能量的损失、缩短系统运行距离和风管长度、节约投资。但由于鼓风机有振动，机房还应远离需防微振、防噪声的恒温车间。有时亦可利用变形缝将两者分开布置。

空调系统按服务对象需用空气量的不同，可分集中式、分散式和混合式 3 种布置。

(1) 集中式是将空调设备集中布置在一个空调机房内或几个空调机房集中布置，通过送、回风系统进行空气调节。特点是设备集中，便于管理与维修，适用于面积大、数量较多且布局相对集中的恒温室。但其设备管道占用空间较大，管道延伸过长(风管总长不宜超过 70 m)，并且需设置竖向管道井等设施，系统复杂、防火性差。

(2) 分散式是将空调设备组装成不太大的机组分散布置。可以分设于各恒温室内，或分层设于各层尽端。空调机房也可以与生活间、楼梯间组合在一起布置。特点是系统简单，温、湿度及风量均便于调节，适用于分散布局且数量较多或空调精度各不相同的恒温室，也适用于小面积(500 m^2 以下)的恒温室。

(3) 混合式是将集中式与分散式相结合，适用于改建厂房或大面积、精度要求不高、层高较低的恒温室，应用广泛。其特点是新风集中处理、系统和设备较简单、管径也较小，但水系统复杂，系统清洁、维修工作量大。

5. 气流组织方式

恒温室的气流，一般要求分布均匀，工作区要处于回流中，温差要小。其气流的组织方式，有侧送侧回、顶送侧回、下送上回、顶送下回等几种。

(1) 侧送侧回的送风方式是一种最为常见的气流组织方式。由于其送出的气流经墙壁而回流(双侧送风要求每侧气流能射至房间一半距离)，使工作区都处于回流中，较为简单经济，布置亦较方便，因而采用得较多。其适用于层高较低、面积较小的恒温室，不适用于室内有高大设备阻碍气流的恒温室及超净室。室温精度可达±0.5 ℃左右。按其送回风位置的不同，它又可分为上送上回与上送下回两种方式(如图 13.7、图 13.8 所示)。

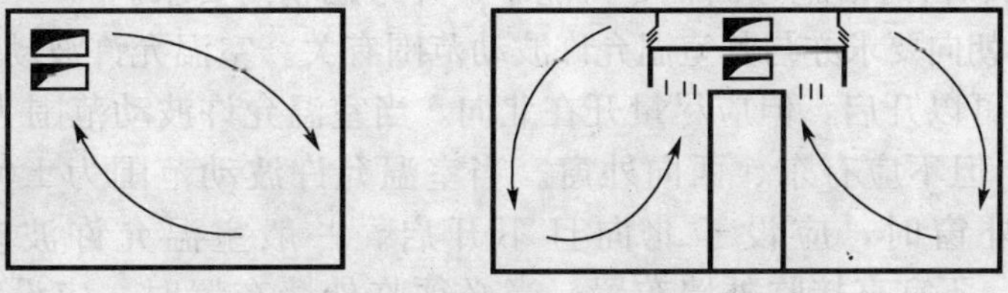

图 13.7 上送上回的气流组织示意

(2) 顶送侧回的送风方式一般需设室内技术夹层。根据送风方式可分散流器送风与孔板送风两种方式。

① 散流器是工厂生产的一种送风口，有多种形式。按送风方向的不同，有直送式和平送式两种。一般设置在顶棚上，用管道连接。它具有诱导室内空气使之与送风射流迅速混合的特性，但投资较高。散流气送风中的直送式温差大，用于 3.5～4.0 m 层高、有洁净要求的恒温室(温度精度高于 0.5 ℃)。平送式用于层高较低，面积较小的恒温室。

② 孔板送风是空气经顶棚上面的稳压层(静压箱)及具有细孔的孔板送入室内的一种送风方式(如图 13.9 所示)。按需要，孔板可布置为全面孔板或局部孔板两种。孔板送风的特点是射流扩散和混合较好，混合过程短，工作区的气流速度和温差都很小，但造价较高。可用于空调精度和洁净度较高的恒温室(精度小于±0.5 ℃)。

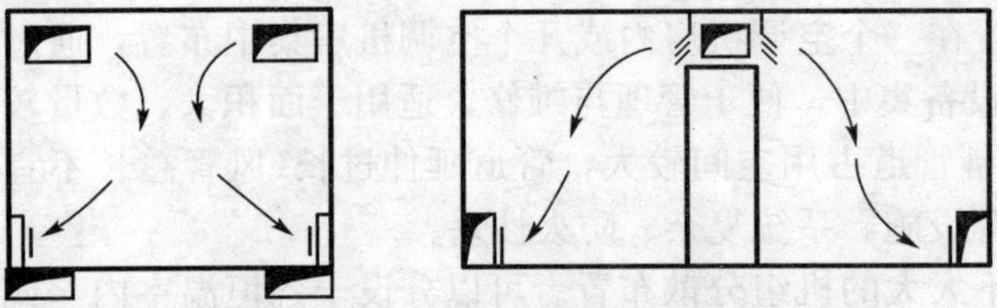

图 13.8　上送下回的气流组织示意

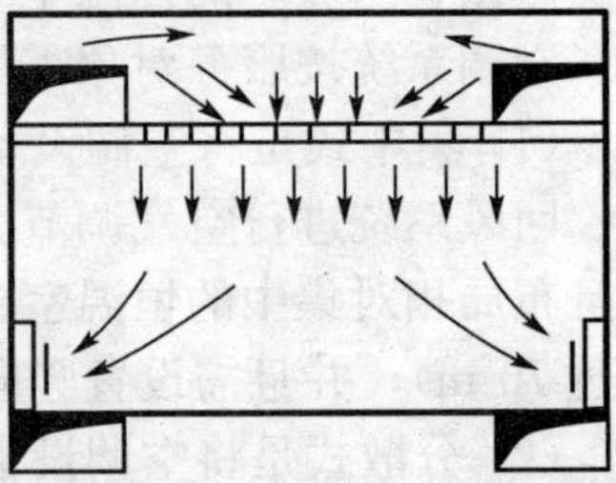

图 13.9　孔板送风的气流组织示意

(3) 下送上回的送风方式由于其易使地面灰尘扬起，常采用在精度要求不高的恒温室中，如计算机房等特殊生产用房。

(4) 顶送下回的送风方式适用于洁净室。

同时，空调系统的布置与恒温室的进深有关。一般进深小于 9 m 时，多采用单侧送风；进深大于或等于 9 m 时，应布置双侧送风。

13.2.2　恒温室的朝向及围护结构设计

(1) 恒温室在建筑设计时，首先要注意它的朝向。从我国来讲，为了尽量减少太阳辐射热及风的影响，最好为北向布置，其次是东北或西北，而以西向为最差。为防止冬季热损量过多，在布置时应考虑冬季主导风向的影响，其纵墙面宜与主导风向平行。但当阳面建筑物高出恒温室建筑的高度大于 2/3 建筑间距时，恒温室可不受朝向的限制。

(2) 恒温室的围护结构应采用满足热工要求的构件，外窗采用双层玻璃窗或中空玻璃窗。外窗应有遮阳和密封措施，面积尽可能小，并考虑朝向要求。

恒温室的外窗朝向要求亦与其室温允许波动范围有关。室温允许波动范围大于±1.0 ℃时，外窗部分窗扇可以开启，但应尽量开在北向。当室温允许波动范围为±1.0 ℃时，外窗部分可以开启，但不应有东、西向外窗。当室温允许波动范围为±0.5 ℃时，不应设外窗，当必须设外窗时，应设于北向且不开启。一般室温允许波动范围为±0.1～±0.2 ℃的恒温室，不宜直接临外墙布置，当必须临外墙布置时，应设套廊以利保温(见表 13-2)。

表 13-2 恒温室外墙朝向布置

室温允许波动范围	外墙	外墙朝向	层次
≥±1.0 ℃	宜减少外墙	宜北向	宜避免顶层
±0.5 ℃	不宜有外墙	如有外墙时，宜北向	宜底层
±0.1～0.2 ℃	不应有外墙	—	宜底层

注：表中规定的“北向”，适用于北纬 23.5°以北地区；该纬度以南地区可相应采用“南向”。

13.2.3 恒温室的入口处理

利用门斗、走廊及套间作为恒温室入口的缓冲区，可以减少入口对恒温室温、湿度的影响，并减少噪声干扰(如图 13.10 所示)。

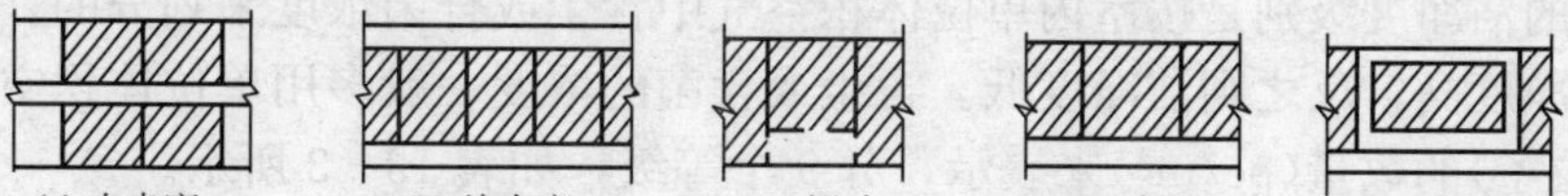

图 13.10 恒温室入口缓冲区布置

恒温室的门与门斗的设置与恒温室温允许波动范围有关。当室温允许波动范围大于等于±1.0 ℃时，恒温室不宜有外门，如果有经常开启的外门时，应设门斗；内门两侧温差大于或等于 7 ℃时也宜设门斗；当室温允许波动范围为±0.5 ℃时，恒温室不应有外门，有外门时必须设门斗；内门两侧温差大于 3 ℃时，也宜设门斗。当室温允许波动范围在±0.1～0.2 ℃之间时，不设外门，内门不宜通向空温基数不同或室温允许波动范围大于±1 ℃的房间，恒温室的外门应门缝严密，当门两侧温度大于等于 7 ℃时，应设保温门。

恒温室通常都有防噪声的要求。一般防噪要求较高的恒温室应远离声源，并减少门窗洞口，并在入口处设缓冲区，减少空气传声。

13.2.4 恒温室的层高

恒温室的层高应根据生产工艺要求，结合设备管网及气流组织方式来确定。变形缝不应穿过恒温室，照明设备、电线、管网宜暗敷。过高的层高会导致空气分层、温度分布不均等现象，所以室内净高亦要尽量降低。净高可根据气流组织形式进行计算(参考有关空调气流计算资料)。一般孔板送风净高约在 2.5～3.0 m 左右；侧送及散流器送风净高可在 3.5～4.0 m 左右。有技术夹层时，夹层高度的设计要考虑管道设备及检修所需的高度。在剖面设计时，还应配合空调系统、风口位置并按充分利用空间的原则来布置管道。如将空调管道集中布置在走廊顶部、技术夹层或管道竖井等的空间处理方式(如图 13.22 所示)。

13.3 洁净室(车间)设计

随着现代化技术的迅速发展，对产品的微型化、高精度、高可靠性以及加工的精确化都提出了新的要求。洁净生产环境是高精密度、高洁净产品制造与包装的必要条件。净化的主要任务是控制生产环境中的含尘量，使之达到一定的洁净程度。这种对空气中尘粒(悬浮粒子)浓度以及温度、湿度、压力进行控制的生产空间称为洁净室或洁净车间(亦称净化车间或白室)。洁净室主要应用于精密仪器、精密机床、电子、生物制药及食品等工业中。

13.3.1 洁净室洁净度等级及分类

1. 洁净度等级

室内洁净度的确定，必须与所生产产品的防尘要求相适应。不同的工序，其防尘程度也有所不同，洁净度要求也有所差别。

洁净室的洁净度级别是按室内单位体积空气中含尘或合菌浓度来划分的。含尘及含菌浓度低，洁净度高，反之则洁净度低。含尘或含菌的浓度一般多用单位体积空气中含浮游尘粒(悬浮粒子)的数量(pc/m^3)来表示，分9个等级，如表13-3所示。

表13-3 我国洁净室空气洁净度等级

空气洁净度等级/N	大于或等于表中粒径的最大浓度限值/pc/m^3					
	0.1μm	0.2μm	0.3μm	0.5μm	1μm	5μm
1	10	2				
2	100	24	10	4		
3	1 000	237	102	35	8	
4	10 000	2 370	1 020	352	83	
5	100 000	23 700	10 200	3 520	832	29
6	1 000 000	237 000	102 000	35 200	8 320	293
7				352 000	83 200	2 930
8				3 520 000	832 000	29 300
9				35 200 000	8 320 000	293 000

2. 洁净室分类

洁净室主要有两类，即工业洁净室和生物洁净室。

(1) 工业洁净室主要应控制室内生产环境中的含尘(悬浮粒子)浓度。

(2) 生物洁净室则主要应控制室内生产环境中的含菌(悬浮微生物)浓度。

13.3.2 洁净室净化

洁净室的灰尘主要来源分两类：①洁净室内部生产过程中产生的灰尘，如生产过程中的粉尘、建筑材料的剥落、磨损和机器设备运行产生的粉尘等。②通过各种途径从外部进入洁净室的灰尘，如从空调系统、门窗间隙以及物料设备和工作人员出入等所带入的灰尘。因此洁净室主要是对空气、人员和物料采取净化措施，以达到所要求的洁净度。

1. 空气净化

空气净化系统一般采用三级过滤系统。它由初效、中效、高效(或亚高效)空气过滤器组成(如图 13.11 所示)。新鲜空气一般通过初级过滤器(过滤空气中＞10 μm 的悬浮性微粒)和回风混合后经过中效过滤器(过滤空气中 1～10 μm 的尘粒)，最后再经过高效过滤器(滤除＜1 μm 尘粒)送入洁净室内。

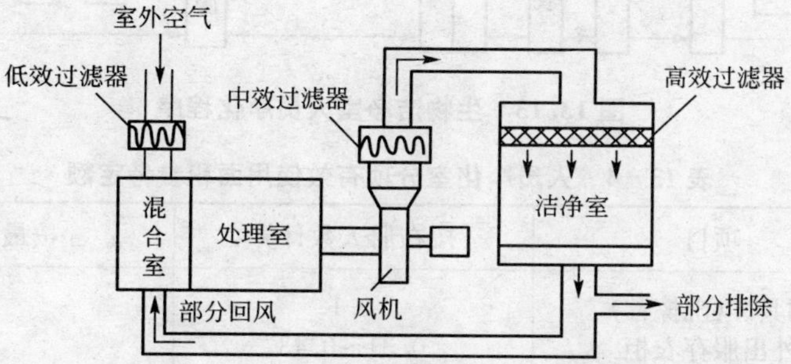

图 13.11 三级过滤空气净化系统示意

2. 人员净化

人员净化主要是去除人自身产生和携带的污染物。室外人员净化主要是注重洁净室外部环境的建设，如加强绿化、铺筑道路，以减少尘土；并在室外入口处设有去除尘土的措施及净鞋、换鞋设施。室内措施主要是利用人员净化室。人员净化室主要包括雨具存放室、换鞋室、更衣室、盥洗室、洁净工作服室、管理室及空气吹淋室等用房，并严格区分污染及洁净路线，使之不相互交叉干扰。另外限制工作人员的数量和活动量，并制订严格的规章管理制度，亦是保证净化的有效措施。生活辅助用房可根据需要综合设置。

工业洁净室与生物洁净室的人员净化程序不同(如图 13.12、图 13.13 所示)，后者需要除菌，程序更复杂。我国《洁净厂房设计规范》GB 50073—2001 中对人员净化室的设计做了详细地规定。人员净化室的面积指标与空气洁净度等级及人员数量有关，寒冷地区的指标较大，可参照表 13-4 和表 13-5 所列设计。

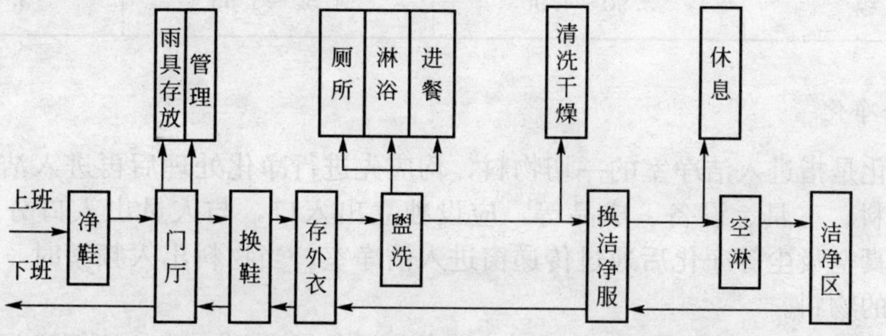

图 13.12 工业洁净室人员净化程序

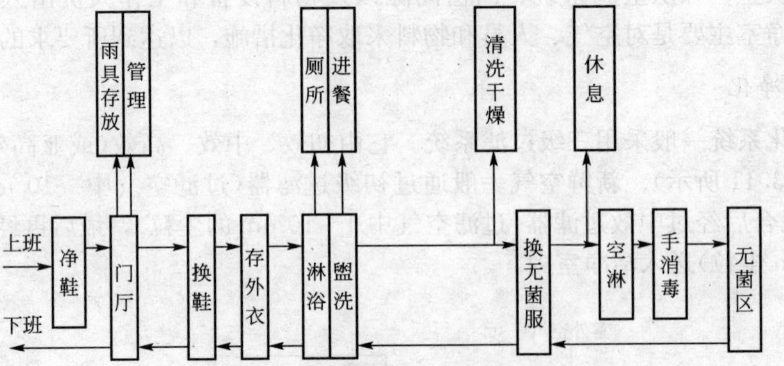

图 13.13　生物洁净室人员净化程序

表 13-4　人员净化室分项有效使用面积参考定额　m^2/人

	项目	按在册人数计算	按最大班人数计算
非洁净区	雨具、(洗擦鞋) 外出服存衣柜 外出鞋柜	0.1 0.31～0.43 0.24	(0.1)
过渡区	盥洗 厕所 淋浴 休息		0.13～0.16 0.20～0.40 (无菌用)1.80～2.70 0.50
洁净区	洁净工作服柜 洁净鞋柜 空气吹淋	0.15～0.20 0.12	 0.25～0.34
总　计		0.92～1.09	1.18～1.50，2.98～4.20

表 13-5　人员净化用室面积参考指标　m^2/人

洁净度等级	人　数		
	<10 人	10～30 人	>30 人
1～5 级	6.80	5.60	4.40
6～9 级	5.90～4.90	4.50～3.65	3.10～2.40

3. 物料净化

物料净化是指进入洁净室的一切物料，均应先进行净化处理后再进入洁净室。物料主要包括原材料、工具、设备、成品等，应设独立出入口，与人员出入口分开布置。经清洗、擦抹和真空吸尘等净化后通过传递窗进入洁净室。当物料出入频繁时，还应设转手库放置清洗后的物料。

物料净化室包括粗净化间和清洗间。粗净化间包括套间、准备间等房间，可设于非洁净区内，室内环境也不需净化。清洗间用于物料的进一步精净化，宜与洁净区相邻或设于其中；净化后的物料可以通过双层密闭式带气幕的传递窗进入洁净室。物料的净化过程及在洁净室内的流程应符合工艺流程的要求，短捷顺畅(如图 13.14 所示)。

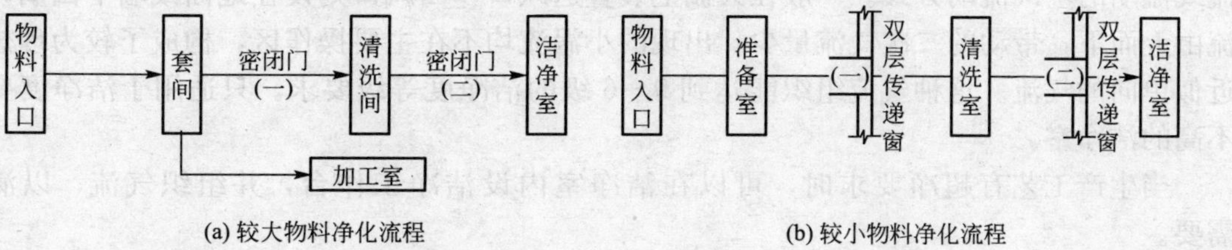

图 13.14 物料净化流程

13.3.3 气流组织

净化的气流组织与一般恒温室的气流组织有所不同，它的作用在于保证尘埃在室内停留量为最少。要求流向单一、涡流最少、风速要均匀并有足够的换气次数。一般空调仅在于满足人的舒适感，要求在室内空间尽量造成二次气流，即具有某些向上气流及一定涡流。但这种不规则的多向气流会使空气中的尘粒产生分层现象，使已沉降的尘粒重新扬起，对除尘净化不利，因此洁净室内要尽量避免二次气流的产生。

净化的气流组织一般都采用层流式和乱流式两种组织形式。

(1) 层流式的气流组织。是指新鲜空气沿平行流向通过工作区的整个剖面，然后进入回风系统的气流组织形式。层流式气流组织方式可以使洁净室有较强自净能力，避免因气流紊乱引起的污染物交叉污染，在有超净要求的洁净室常被采用。按气流的流向气流组织可分垂直层流和水平层流两种形式(如图 13.15 所示、图 13.16 所示)。

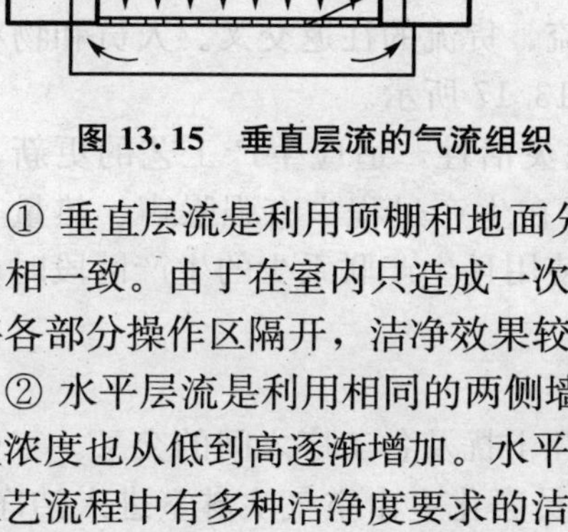

图 13.15 垂直层流的气流组织

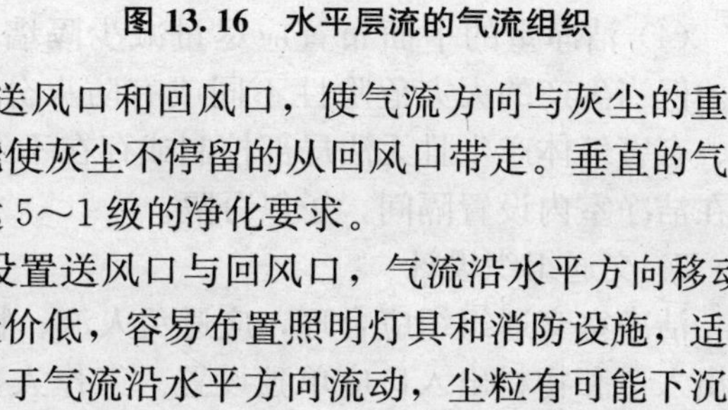

图 13.16 水平层流的气流组织

① 垂直层流是利用顶棚和地面分别设置送风口和回风口，使气流方向与灰尘的重力方向相一致。由于在室内只造成一次气流，能使灰尘不停留的从回风口带走。垂直的气幕能将各部分操作区隔开，洁净效果较佳，可达 5～1 级的净化要求。

② 水平层流是利用相同的两侧墙面分别设置送风口与回风口，气流沿水平方向移动，含尘浓度也从低到高逐渐增加。水平层流式造价低，容易布置照明灯具和消防设施，适用于工艺流程中有多种洁净度要求的洁净室。由于气流沿水平方向流动，尘粒有可能下沉后再被扬起的现象，此外上风向的操作区会对其他操作区产生影响。因而在同一空间内可有

不同洁净度的标准。一般能达到 7～5 级的洁净度要求。

(2) 乱流式(紊流式)的气流组织。是指送入室内的气流以不均匀的速度，呈不平行的流线流动的空气流动方式。一般在天棚上装置送风口，回风口则设在地面或墙下四周，气流由上而下，带动的二次气流量少，出现的小涡流均不在主要操作区，构成了较为理想的近似单向的气流。这种气流组织能达到 9～6 级的洁净度等级要求。只适用于洁净度要求不高的洁净室。

当生产工艺有超净要求时，可以在洁净室内设洁净工作台，并组织气流，以满足需要。

13.3.4 洁净厂房的建筑布置

洁净厂房主要由洁净工作室、人员及物料净化用房、空调机房等组成。有时还包括冷冻机房、电力控制室、水泵房、纯水站等辅助用房。

1. 洁净厂房建筑布置

洁净厂房的位置选择很为重要，如果所处环境不合适，就会直接影响净化效果。因此洁净室应布置在厂房内空气含尘浓度低、环境较好、人流货流不穿越或穿越较少的区域，并明确划分洁净区与非洁净区。并考虑振动对洁净室的影响。人员、物料的出入口及交通组织也需各自独立。

除防尘要求更严格外，洁净室的平面布置原则基本与恒温室相同。

1) 平面布置

洁净室的平面布局具有很强的综合性。生产工艺流程及洁净度等级是决定平面布局的首要因素，空气调节与净化技术、照明设备、交通组织等措施对平面布局也有直接影响。因此，在洁净室的平面设计中应考虑以下几点。

(1) 洁净室的工艺布置应尽量紧凑、合理，使平面简单而经济。

(2) 平面布置时应将不同级别的洁净室相对集中布置，有利于空调系统等设备的布置。空气洁净度等级低的洁净室应布置在靠近洁净区入口处，而将空气洁净度等级高的洁净室布置在靠近空气调节净化机房处。

(3) 洁净室布置时应将洁净区、人员净化室、物料净化室及空气调节净化机房等辅助用房结合生产工艺流程采取分区布置的办法，以免相互干扰。通常把洁净室布置在人流最少的地方，并使其具有明确畅通的交通路线，避免人流、货流的往返交叉。人员和物料的净化用房应尽量贴近洁净室布置，避免再污染，如图 13.17 所示。

(4) 洁净室的平面布置应尽量减少隔墙，以增加灵活性，适应生产工艺的更新、改造。但当生产的火灾危险性不同或有防火分隔要求或在生产过程中有强噪声、热量、粉尘、有害气体产生且无法局部控制或存在不经常同时使用且生产联系少的生产区段时，可以在洁净室内设置隔间，予以分隔。

2) 交通组织设计

洁净室交通组织应合理，应避免人流、物流的相互干扰及各工序之间的交叉。工作人员出入口和物料出入口应单独设置。工作人员经过人员净化室由空气吹淋室进入洁净区，应从洁净度低的洁净室或洁净区流向洁净度高的洁净室或洁净区。物料经过物料净化室由

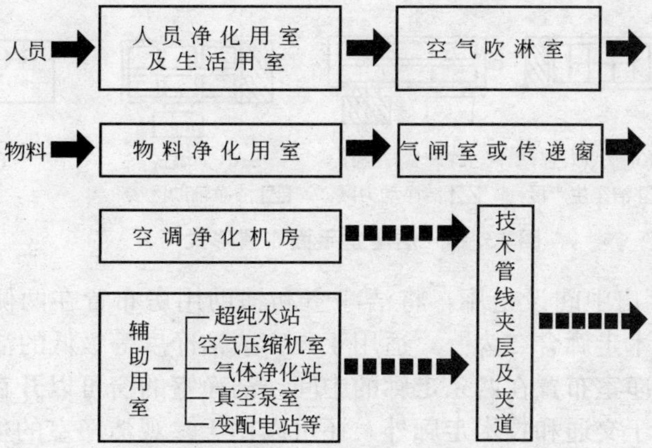

图 13.17 洁净室的平面组成

传递窗进入洁净区，也应从洁净度低的洁净室或洁净区流向洁净度高的洁净室或洁净区。物料的传递路线应最短，减少中途产生的污染。洁净室垂直运输物料，可采用洁净区内的专用净化楼梯，也可以采用货梯。此时电梯间应设在洁净区外，并设置物料净化室，电梯间底层设气闸。

洁净厂房的耐火等级不应低于二级。洁净室的安全疏散必须满足现行《建筑设计防火规范》(GB 50016—2006) 及《洁净厂房设计规范》(GB 50073—2001) 中防火及疏散要求。由于洁净室的密闭性高，通过人身净化程序的人流路线往往较为迂回曲折，因此设计时必须设置足够的安全出入口和报警安全设施，并需配置有明显的标志和事故照明。洁净室的人员净化程序及路线应当与安全疏散相结合，符合防火要求。洁净室内各工作点至出入口、出入口至疏散口的距离应满足有关规范要求(见表 13－6)。

表 13－6 洁净室安全疏散距离

生产火灾危险性	厂房类型	洁净室内最远工作地点到外部出口或楼梯的安全疏散距离/m
甲、乙类	单层厂房	30
	多层厂房	25
丙、丁、戊类	单层厂房	75
	多层厂房	50

甲、乙类生产的洁净厂房宜为单层，其防火分区最大允许建筑面积，单层厂房宜为 3 000 m^2，多层厂房宜为 2 000 m^2。丙、丁、戊类生产的洁净厂房其防火分区最大允许建筑面积应符合《建筑设计防火规范》(GB 50016—2006) 的规定。

3) 平面组合方式

洁净室的平面形式主要有廊式、大厅式、夹墙式和套间式 4 种布置方式(如图 13.18 所示)。

(1) 廊式平面。廊式平面是以走廊与各洁净室相贯通的，联系方便。按廊的多少可分单廊、双廊及三廊等布置方式。以走廊作为交通运输线路兼技术走廊布置空调风道及各种设备管道。

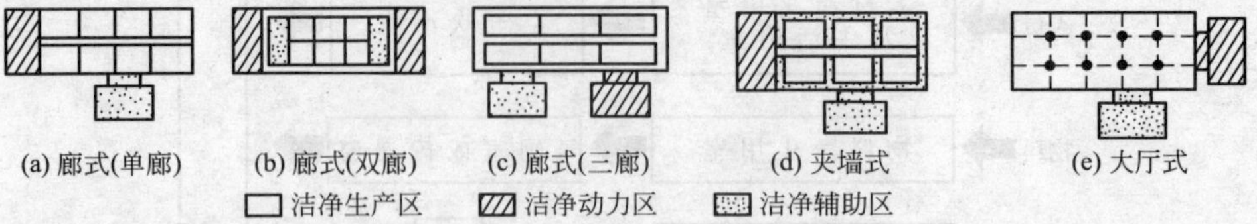

图 13.18　洁净室平面布置形式

单廊式平面是在厂房中间设走廊，将洁净室和辅助用房布置在两侧。走廊可以自然采光，将交通通道与技术走廊合二为一，适用于无窗或洁净度等级低的洁净室。

双廊式平面是将洁净室布置在两条走廊的中间，洁净室的窗可以开在走廊上而不直接开向室外。双走廊除用于交通和技术走廊外，还可以用于参观洁净室的生产过程，能够对保温、保湿、防尘起缓冲作用，适用于洁净度要求较高的洁净室。

三廊式平面类似于双廊式洁净室，且其中有一条走廊可兼作技术走廊，架设全部管线，满足较高使用技术要求。

双廊式和三廊式平面形式可以采用各种气流组织方式，因此可以布置有各种不同洁净度要求的洁净室。但缺点是建筑构造复杂，面积较浪费。

(2) 大厅式平面采用方形或近似方形柱网，用固定的或可移动的装配式轻质隔断作隔墙，可根据生产工艺的变更，调整隔墙的位置，改变平面的组合形式，具有较大的灵活性与适应性。洁净室的气流组织采用上送下回的方式，适用范围较广，是洁净室建设的发展方向之一。

(3) 夹墙式平面是利用夹墙作为技术走廊。夹墙净宽一般为 0.8 m，便于设备的安装与检修。夹墙式布置洁净室的优点是布局紧凑，可以节省走道面积，但平面布局也因夹墙固定设置而缺乏灵活性与适应性。

(4) 套间式为按工作程序布置的平面形式，平面组合具有较大的灵活性(如图 13.19 所示)。

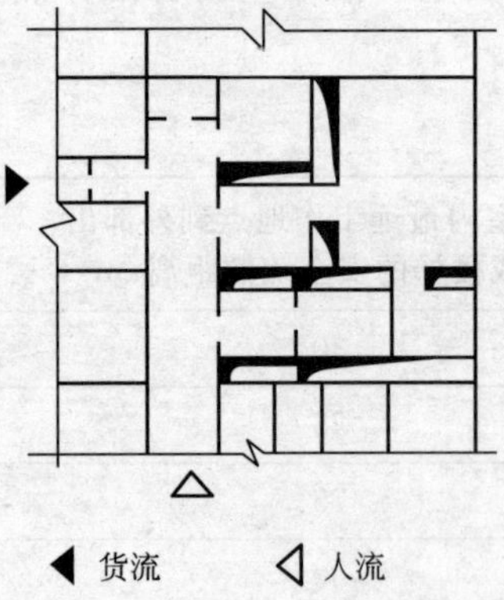

图 13.19　洁净室套间式平面布置

4) 洁净室的平面形状

洁净室的平面形状应力求简洁、规整、紧凑，以减少集尘面，利于节能并降低造价。多采用近似方形或矩形平面，可减少涡流产生，使气流组织顺畅。此外应尽量减少洁净室的面积和体积，并尽量减少凹凸部分，以便保证洁净要求及降低设备费用。洁净室的平面形状有窄矩形平面、宽矩形平面和梳形平面三种(如图 13.20 所示)。

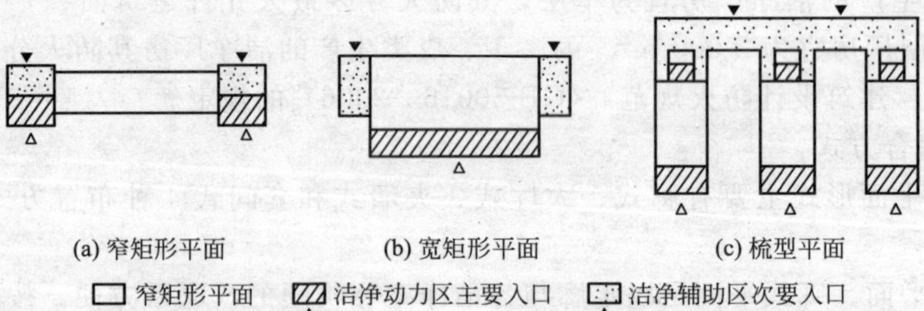

图 13.20　洁净室平面形状

(1) 窄矩形平面的优点是占地少、建筑体形较好，并可以直接或间接采光。缺点是进深小、平面灵活性差、技术管道复杂、各层之间会产生干扰等。窄矩形平面多用于多层厂房。

(2) 宽矩形平面的优点是工艺布局紧凑、灵活性大、适应性强、平面分区合理、运输距离短，并有利保温、防尘和管线布置。缺点是占地较大、无自然采光，且安全疏散设计复杂。它多以单层厂房与局部多层厂房共同组成。

(3) 梳形平面的优点是有利于改建或扩建，洁净室内部工艺布置灵活，并可以直接或间接采光。缺点是占地大，形体复杂，外墙面积大，不利于节能、保温和防尘。它多由若干单层厂房与多层厂房相连组合而成。

5) 洁净室的剖面设计

洁净室的层高主要受生产设备及工艺操作的空间要求、气流组织方式、管道布置以及辅助设施布局的影响。

洁净室的层高在不给人造成压抑感的情况下，应尽量压低以减少通风换气量。通常洁净室的净高以 100 mm 为基本模效，适当从严控制，以利节能及提高净化效果。同时考虑剖面变化的可能性，可通过局部提高吊顶净高以满足生产设备的特殊高度需求。门窗应尽量减少，以保证其密闭性。

2. 空调机房布置

和恒温室一样，空调机房的布置是洁净室设计的一个重要内容。机房的位置既要能使风管长度尽量缩短，又要不因振动和噪声而影响洁净室的正常使用，此外还要适应厂房的发展需求。一般在多层厂房中，空调机房除单独布置外，还可布置在厂房的一端、一侧或两侧，亦可布置在地下室(或底层)或分散布置在洁净室的附近。

(1) 机房紧贴洁净区布置，可以减少洁净区外墙面积，有利于防尘、保温，并且管道短捷，系统划分灵活，但机房的振动和噪声影响较大，需进行处理。机房紧靠洁净区窄端布置可以减少机房振动与噪声对洁净区的影响；但缺点是当洁净区平面很长时，风压不易均匀，当风量大而系统多时，管道交叉，技术夹层高度增大。

(2) 机房与洁净区脱开布置，是将机房的风管通过管廊与洁净区相连，优点是机房振动与噪声对洁净区影响小，但增加了管道长度，当系统多时，管道布置困难。

(3) 机房布置在洁净区的下方或顶部，可以减少管道长度，系统划分灵活，节省用地，但机房的振动与噪声对洁净区影响较大，应进行处理(如图 13.21 所示)。

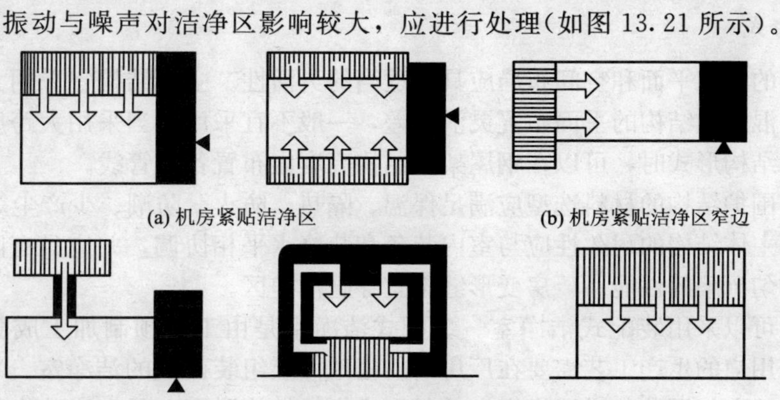

图 13.21 洁净室空调净化机房的布置

3. 管道布置

由于洁净室管道较多，其中风管的截面最大，占用空间最多。为适应洁净的要求，在平面和剖面设计时都采用了一些特殊的处理以统一布置各种管线。一般可采取技术夹层、技术夹墙和技术走廊的形式(如图 13.22 所示)。有时亦可在竖向管道密集之处设置管道竖井来解决垂直方向的管线布置，使各种管线隐藏起来，以利于空气的洁净。同时管道的走线接管应具有一定的灵活性，以增强洁净室的使用灵活性。

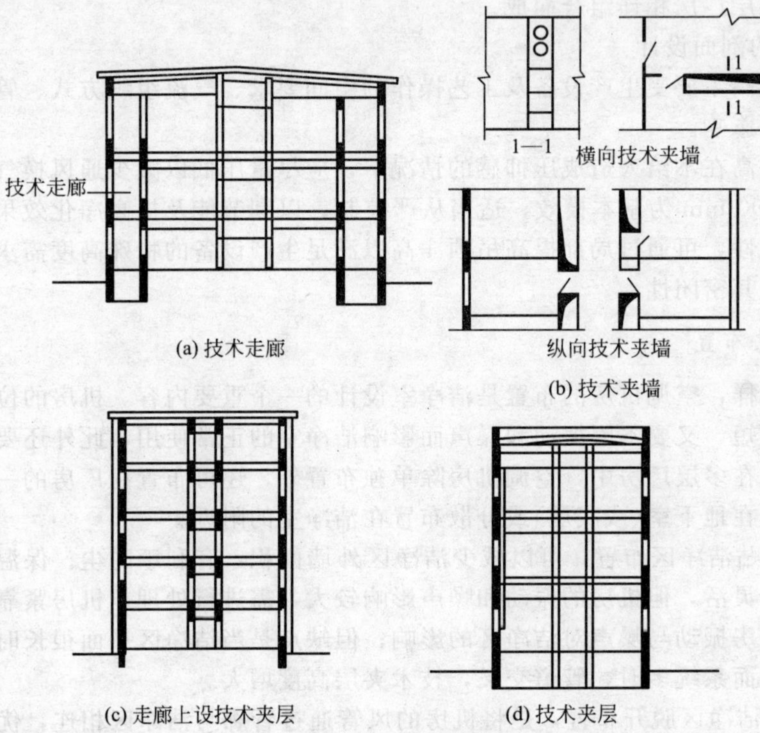

(a) 技术走廊

(b) 技术夹墙

(c) 走廊上设技术夹层

(d) 技术夹层

图 13.22 管道布置

4. 结构形式

洁净厂房的建筑平面和空间布局应具有适当的灵活性。主体结构宜采用大空间及大跨度柱网。因砖混承重结构的平面布置灵活性差，一般不宜采用。当采用大跨度钢筋混凝土柱网钢屋架的结构形式时，可以在钢屋架的结构高度内布置各种管线。

洁净厂房围护结构的材料选型应满足保温、隔热、防火、防潮、少产尘等要求。

洁净厂房主体结构的耐久性应与室内装备和装修水平相协调，并应具有防火、控制温度变形和不均匀沉陷的性能。厂房变形缝不宜穿越洁净区。

洁净室还可以采用装配式洁净室。装配式洁净室是由工厂预制加工成套定型的构配件，然后根据用户的生产工艺需要在厂房内的楼地面上组装而成的洁净室。装配式洁净室自己带有独立的空气调节与过滤机组，并与厂房主体结构脱离，具有安装方便并可拆装移动的特点。一般适用于洁净度要求单一、规模小且房间划分规整的洁净室，也可以安装在洁净度低的洁净室内，以达到局部的高洁净度。

本章小结

1. 通用厂房又称多单元厂房、标准厂房或工业大厦，专为出租或出售而建设。通用厂房的设计应具有使用上的灵活性、适应性与通用性，尽可能采用较大的柱网。通用厂房的平面形式根据厂房生产面积分布形式及交通运输系统与生活辅助用房的组织方式的不同，可以分为分段式、一段式、大单元并列式及小单元集团式4种。

2. 恒温室(车间)是指室内空气的温度控制在规定的基数上，并允许有一定的波动范围(即精度)的房间。恒温室通常还有恒湿要求。恒温室一般利用空气调节系统来达到恒温恒湿的要求。恒温室的布置方式有集中布置、分散布置。恒温室宜设通过式生活间。空调系统按服务对象需用空气量的不同，可分集中式、分散式和混合式3种布置。恒温室在建筑设计时，首先要注意它的朝向，最好为北向布置。

3. 对空气中尘粒以及温度、湿度、压力进行控制的生产空间称为洁净室或洁净车间。洁净室主要有工业洁净室和生物洁净室。洁净室的洁净度级别是按室内单位体积空气中含尘或含菌浓度来划分的。洁净厂房主要由洁净工作室、人员及物料净化用房、空调机房等组成。洁净室主要是对空气、人员和物料采取净化措施，以达到所要求的洁净度。空气净化系统一般采用三级过滤系统。洁净室的平面形式主要有廊式、大厅式、夹墙式和套间式4种布置方式。洁净室的平面形状应力求简洁、规整、紧凑，以减少集尘面，利于节能并降低造价，多采用近似方形或矩形平面。

背景知识——某半导体厂多层洁净车间设计分析

工程实例：某半导体厂多层洁净车间，首层平面图如图13.23所示。

平面形式采用双廊式平面布置，将洁净室布置在两条走廊的中间，洁净室的窗可以开在走廊上而不直接开向室外。双走廊除用于交通和技术走廊外，还可以用于参观洁净室的生产过程，能够对保温、保湿、防尘起缓冲作用，适用于洁净度要求较高的洁净室。

结构形式采用框架结构，柱距，跨度分别为8 m、12 m、6 m。

洁净室的平面布置，将洁净区、人员净化室、物料净化室及空气调节净化机房等辅助用房分区布置，避免相互干扰。工作人员出入口和物料出入口分别单独设置。工作人员经过门厅、雨具存放、换鞋、更衣、洗烘室由空气吹淋室进入洁净区。物料经过物料吸尘净化室由传递窗进入洁净区，物料的传递路线应最短，减少中途产生的污染。

空调系统布置采用集中式方式布置，将空调设备集中布置在首层的空调机房内，通过送、回风系统进行空气调节。

交通组织合理，避免人流、物流的相互干扰及各工序之间的交叉。

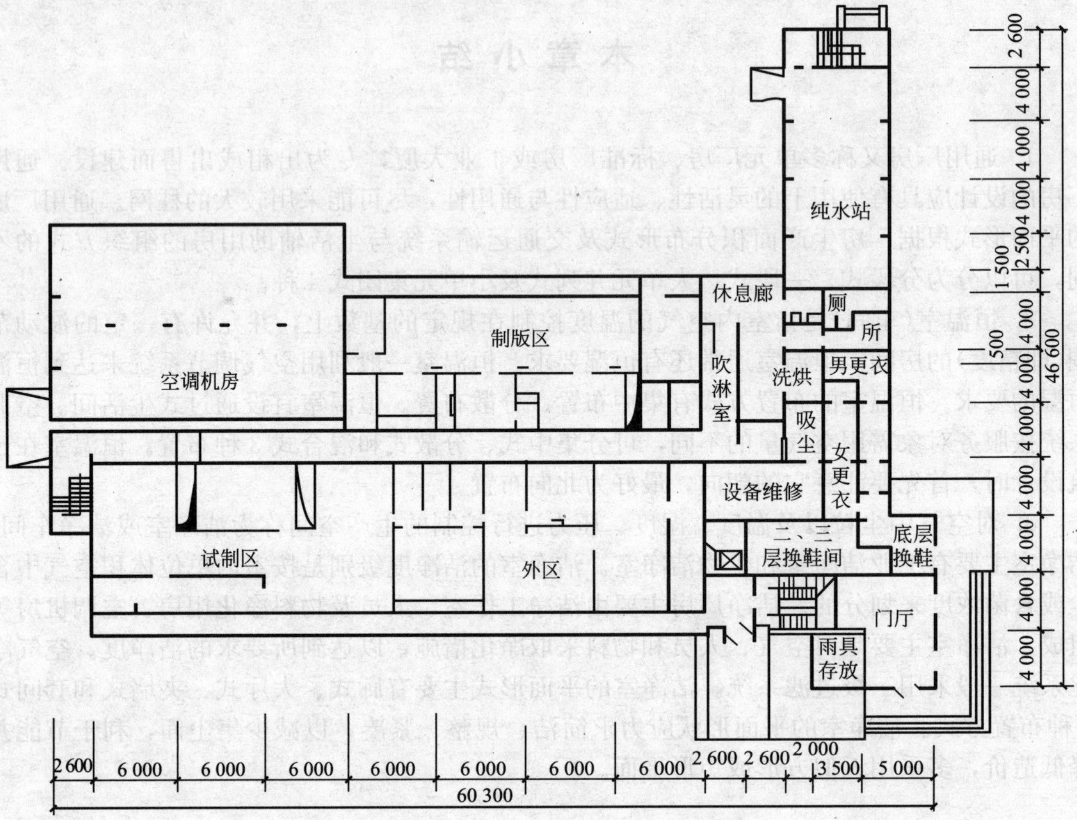

图 13.23　某半导体厂多层洁净车间(一层平面)

本 章 习 题

1. 什么是通用厂房？通用厂房的特点、适用范围、设计要求、平面形式及层高如何确定？

2. 什么是恒温车间？恒温车间的特点、适用范围、设计要求、平面布置方式及层高如何确定？空调机房与空调系统布置方式如何？

3. 什么是洁净车间？试述洁净车间的特点、适用范围、设计要求。

4. 洁净车间洁净度等级如何划分？洁净室净化内容？空调系统、空调管道如何布置？

5. 洁净室建筑如何布置？平面布置形式有哪些？平面形状有哪些？层高如何确定？

参考文献

[1] 同济大学，西安建筑科技大学，东南大学，重庆大学．房屋建筑学［M］．北京：中国建筑工业出版社，2005.
[2] 西安建筑科技大学等七院校合编．房屋建筑学［M］．北京：中国建筑工业出版社，2006.
[3] 李必瑜．房屋建筑学［M］．武汉：武汉理工大学出版社，2003.
[4] 房志勇．房屋建筑构造学［M］．北京：中国建材工业出版社，2003.
[5] 金虹．房屋建筑学［M］．北京．科学出版社，2002.
[6] 聂洪达等．房屋建筑学［M］．北京：北京大学出版社，2007.
[7] 戴念慈等．建筑设计资料集［M］．北京：中国建筑工业出版社，2007.
[8] 巢元凯，张方，滕绍华．实用建筑设计手册［M］．北京：中国建筑工业出版社，1999.
[9] 建筑抗震设计规范 GB 50011—2001［S］．北京：中国计划出版社，2001.
[10] 建筑制图统一标准 GB/T 50104—2001［S］．北京：中国计划出版社，2001.
[11] 建筑设计防火规范 GB 50016—2006［S］．北京：中国计划出版社，2006.
[12] 民用建筑设计通则 GB 50352—2005［S］北京：中国计划出版社，2005.
[13] 厂房建筑模数协调标准 GBJ 6—1986［S］．北京：中国计划出版社，1986.
[14] 建筑地面设计规范 GB 50037—96［S］．北京：中国计划出版社，1996.
[15] 工业企业设计卫生标准 GBZ 1—2002［S］．北京：中国计划出版社，2002.
[16] 工业企业总平面设计规范 GB 50187—1993［S］．北京：中国计划出版社，1993.
[17] 洁净厂房设计规范 GB 50073—2001［S］．北京：中国计划出版社，2001.
[18] 工业企业采光设计标准 GB 50033—1991［S］．北京：中国计划出版社，1991.
[19] 通用桥式起重机 GB/T 14405—1993［S］．北京，中国计划出版社，1993.
[20] 建筑采光设计标准 GB/T 50033—2001［S］．北京：中国计划出版社，2001.
[21] 外墙外保温建筑构造(一)02J 12—1［S］．北京：中国计划出版社，2007.
[22] 墙体建筑节能构造(一)06J 123［S］．北京：中国计划出版社，2006.
[23] 室外工程 02J 003［S］．北京：中国计划出版社，2006.
[24] 混凝土结构设计规范 GB 50010—2002［S］．北京：中国计划出版社，2002.
[25] 砌体结构设计规范 GB 50003—2001［S］．北京：中国计划出版社，2001.
[26] 楼地面建筑构造 01(03)J 304［S］．北京：中国计划出版社，2003.
[27] 建筑结构荷载规范 GB 50009—2001［S］．北京：中国计划出版社，2001.
[28] 平屋面建筑构造(一)03J 201—1［S］．北京：中国计划出版社，2007.
[29] 平屋面建筑构造(二)03J 201—2［S］．北京：中国计划出版社，2007.
[30] 坡屋面建筑构造(有檩体系)02J 202—2［S］．北京：中国计划出版社，2005.
[31] 坡屋面建筑构造 00(03)J 202—1［S］．北京：中国计划出版社，2007.
[32] 节能系列图集［S］．北京：中国计划出版社，2007.
[33] 屋面节能建筑构造(一)06J 204［S］．北京：中国计划出版社，2006.
[34] 屋面工程技术规范 GB 50345—2004［S］．北京：中国计划出版社，2004.
[35] 外装修(一)06J 501—1［S］．北京：中国计划出版社，2006.
[36] PVC 塑料门 JG/T 03017—1994［S］．北京：中国计划出版社，1994.
[37] PVC 塑料窗 JG/T 03018—1994［S］．北京：中国计划出版社，1994.
[38] 中国建筑工业出版社．现行建筑设计规范大全［M］．北京．中国建筑工业出版社，1990.
[39] 建筑设计资料集编委会．建筑设计资料集［M］．2 版．北京．中国建筑工业出版社，1994.

[40] 建筑物抗震构造详图 97G 329(一)～(九) [S]. 北京：中国计划出版社，1998.
[41] 戴国欣. 钢结构 [M]. 武汉：武汉理工大学出版社，2000.
[42] 钢天窗架建筑构造 05J 623—1 [S]. 北京：中国计划出版社，2005.
[43] 天窗 05J 621—1 [S]. 北京：中国计划出版社，2006.
[44] 开窗机(一)06CJ 06—1 [S]. 北京：中国计划出版社，2007.
[45] 电动采光排烟天窗 04J 621—2 [S]. 北京：中国计划出版社，2007.
[46] 天窗挡风板及挡雨片 07J 623—3 [S]. 北京：中国计划出版社，2008.
[47] 重载地面、轨道等特殊楼地面 06J 305 [S]. 北京：中国计划出版社，2006.
[48] 建筑防腐蚀结构 08J 333 [S]. 北京：中国计划出版社，2008.
[49] 钢梯国家建筑标准设计图集 02(03)J401 [S]. 北京：中国计划出版社，2006.

北京大学出版社土木建筑系列教材(已出版)

序号	书名	主编	定价	序号	书名	主编	定价
1	建筑设备(第2版)	刘源全　张国军	46.00	48	工程经济学	张厚钧	36.00
2	土木工程测量(第2版)	陈久强　刘文生	40.00	49	工程财务管理	张学英	38.00
3	土木工程材料	柯国军	35.00	50	土木工程施工	石海均　马　哲	40.00
4	土木工程计算机绘图	袁　果　张渝生	28.00	51	土木工程制图	张会平	34.00
5	工程地质(第2版)	何培玲　张　婷	26.00	52	土木工程制图习题集	张会平	22.00
6	建设工程监理概论(第2版)	巩天真　张泽平	30.00	53	土木工程材料	王春阳　裴　锐	40.00
7	工程经济学(第2版)	冯为民　付晓灵	42.00	54	结构抗震设计	祝英杰	30.00
8	工程项目管理(第2版)	仲景冰　王红兵	45.00	55	土木工程专业英语	霍俊芳　姜丽云	35.00
9	工程造价管理	车春鹂　杜春艳	24.00	56	混凝土结构设计原理	邵永健	40.00
10	工程招标投标管理(第2版)	刘昌明　宋会莲	30.00	57	土木工程计量与计价	王翠琴　李春燕	35.00
11	工程合同管理	方　俊　胡向真	23.00	58	房地产开发与管理	刘　薇	38.00
12	建筑工程施工组织与管理(第2版)	余群舟	31.00	59	土力学	高向阳	32.00
13	建设法规(第2版)	肖　铭　潘安平	32.00	60	建筑表现技法	冯　柯	42.00
14	建设项目评估	王　华	35.00	61	工程招投标与合同管理	吴　芳　冯　宁	39.00
15	工程量清单的编制与投标报价	刘富勤　陈德方	25.00	62	工程施工组织	周国恩	28.00
16	土木工程概预算与投标报价	叶　良　刘　薇	28.00	63	建筑力学	邹建奇	34.00
17	室内装饰工程预算	陈祖建	30.00	64	土力学学习指导与考题精解	高向阳	26.00
18	力学与结构	徐吉恩　唐小弟	42.00	65	建筑概论	钱　坤	28.00
19	理论力学(第2版)	张俊彦　黄宁宁	40.00	66	岩石力学	高　玮	35.00
20	材料力学	金康宁　谢群丹	27.00	67	交通工程学	李　杰　王　富	39.00
21	结构力学简明教程	张系斌	20.00	68	房地产策划	王直民	42.00
22	流体力学	刘建军　章宝华	20.00	69	中国传统建筑构造	李合群	35.00
23	弹性力学	薛　强	22.00	70	房地产开发	石海均　王　宏	34.00
24	工程力学	罗迎社　喻小明	30.00	71	室内设计原理	冯　柯	28.00
25	土力学	肖仁成　俞　晓	18.00	72	建筑结构优化及应用	朱杰江	30.00
26	基础工程	王协群　章宝华	32.00	73	高层与大跨建筑结构施工	王绍君	45.00
27	有限单元法	丁　科　陈月顺	17.00	74	工程造价管理	周国恩	42.00
28	土木工程施工	邓寿昌　李晓目	42.00	75	土建工程制图	张黎骅	29.00
29	房屋建筑学	聂洪达　郄恩田	36.00	76	土建工程制图习题集	张黎骅	26.00
30	混凝土结构设计原理	许成祥　何培玲	28.00	77	材料力学	章宝华	36.00
31	混凝土结构设计	彭　刚　蔡江勇	28.00	78	土力学教程	孟祥波	30.00
32	钢结构设计原理	石建军　姜　袁	32.00	79	土力学	曹卫平	34.00
33	结构抗震设计	马成松　苏　原	25.00	80	土木工程项目管理	郑文新	41.00
34	高层建筑施工	张厚先　陈德方	32.00	81	工程力学	王明斌　庞永平	37.00
35	高层建筑结构设计	张仲先　王海波	23.00	82	建筑工程造价	郑文新	38.00
36	工程事故分析与工程安全	谢征勋　罗　章	22.00	83	土力学(中英双语)	郎煜华	38.00
37	砌体结构	何培玲	20.00	84	土木建筑 CAD 实用教程	王文达	30.00
38	荷载与结构设计方法	许成祥　何培玲	20.00	85	工程管理概论	郑文新　李献涛	26.00
39	工程结构检测	周　详　刘益虹	20.00	86	景观设计	陈玲玲	49.00
40	土木工程课程设计指南	许　明　孟茁超	25.00	87	色彩景观基础教程	阮正仪	42.00
41	桥梁工程	周先雁　王解军	52.00	88	工程力学	杨云芳	42.00
42	房屋建筑学(上：民用建筑)	钱　坤　王若竹	32.00	89	工程设计软件应用	孙香红	39.00
43	房屋建筑学(下：工业建筑)	钱　坤　吴　歌	26.00	90	城市轨道交通工程建设风险与保险	吴宏建　刘宽亮	68.00
44	工程管理专业英语	王竹芳	24.00	91	混凝土结构设计原理	熊丹安	32.00
45	建筑结构 CAD 教程	崔钦淑	36.00	92	城市详细规划原理与设计方法	姜　云	36.00
46	建设工程招投标与合同管理实务	崔东红	38.00	93	工程经济学	都沁军	42.00
47	工程地质	倪宏革　时向东	25.00	94	结构力学	边亚东	42.00